变电站现场调试技术与应用

刘铁城　主编

U0344715

化学工业出版社
·北京·

内 容 简 介

本书内容紧跟变电站和智能电网发展形式，系统地阐述了新建变电站电气设备安装后、投产前需开展的全部调试项目。

全书共分为6章，第1章全面概括了智能变电站的技术特征，介绍了现场调试流程；第2章分别介绍了变电站内主要高压电气设备的特性类试验、绝缘类试验和特殊类试验；第3章详细介绍了变电站内充油一次设备的绝缘油及气体试验相关内容；第4章介绍了变电站内一次、二次设备单体调试及分系统调试流程、标准与注意事项；第5章介绍了变电站运行及启动调试过程的流程与试验项目，并给出了具体示例；第6章以某500kV变电站新建工程为例，对其调试过程进行完整阐释。

本书在编写过程中吸收了大量新建变电站工程建设、现场调试、缺陷处理的宝贵经验，从原理和技术入手，涵盖面广、内容翔实，具有较强的技术性和可操作性。可为工程调试人员提供现场指导和技能培训，也可供从事电力系统基建、检修、运维等专业人员以及高校、科研单位、设备制造厂商等相关人员学习参考。

图书在版编目（CIP）数据

变电站现场调试技术与应用 / 刘铁城主编. —北京：
化学工业出版社，2024.1（2024.6重印）

ISBN 978-7-122-44360-1

Ⅰ. ①变…　Ⅱ. ①刘…　Ⅲ. ①变电所–电气设备–调
试方法　Ⅳ. ①TM63

中国国家版本馆 CIP 数据核字（2023）第 201935 号

责任编辑：廉　静　　　　　　　　　文字编辑：赵　越
责任校对：杜杏然　　　　　　　　　装帧设计：王晓宇

出版发行：化学工业出版社（北京市东城区青年湖南街 13 号　邮政编码 100011）
印　　装：涿州市般润文化传播有限公司

787mm×1092mm　1/16　印张 20¼　字数 502 千字　2024 年 6 月北京第 1 版第 2 次印刷

购书咨询：010-64518888　　　　　　　　售后服务：010-64518899
网　　址：http://www.cip.com.cn

凡购买本书，如有缺损质量问题，本社销售中心负责调换。

定　　价：89.00 元

编委会名单

（排名不分先后）

总　顾　问：杨屹东　刘立新

编委会主任：刘铁城

编　　　委：刁彦平　刘学文　张　强　张世峰　李金生　赵宇超
　　　　　　魏　刚　詹爱东　刘　轩　郑　建　张　策　姚雪松
　　　　　　唐晓桐　张天宇　朱江峰　孙福兴　范伟捷　李铁岭
　　　　　　张　赛　王重阳　陈司晗　马泽乔　邵志伟　常　盛
　　　　　　王晓卉　张　涛　刘超颖

随着我国电力事业的快速发展，新技术、新设备大量涌现并应用于发电厂、变电站的基建及改造进程中。调试是在变电站电气设备安装结束后进行整体的试验和最后的质量把关，对于变电站的重要性不言而喻。为保证电力系统安全稳定运行，调试人员既要了解旧设备原理特性，又要掌握新设备的性能及调试方法，对基层调试人员在技术素质普及和提高方面提出更高要求。

目前，有关变电站调试方面书籍种类繁多，但大部分理论性较强，关于应用技能指导不足。教材内容很难及时跟踪现场生产技术的发展，特别是对于变电站现场调试来说，更是如此。同时，电力调试领域人才短缺，青年调试人员缺乏现场调试历练机会，成长缓慢。要快速培养出一支技术过硬的调试团队，需要付出大量人力、物力和财力。我们以此作为出发点，基于北京送变电有限公司调试分公司调试人员多年变电站现场调试经验，编制列举出基建变电站调试项目模板和现场实际调试遇到的问题解决方法，目的是将我们历年的工作经验及教训总结出来供读者借鉴参考，提升调试人员的实际动手能力，这是我们编写这本书的初衷。期望能给调试专业缺乏实际工作经验的青年人员带来启迪。

本书以新建变电站现场调试技术应用为主线，系统阐述了变电站各个一次、二次设备的试验项目及试验方法，总结了北京送变电有限公司调试分公司在变电站建设过程中的工程应用经验。鉴于变电站基本知识的通用性，结合当前一二次装置的现状，本教材在选材时做了一部分调整。本书收集的调试实例均以现阶段普遍流行使用的设备为主，增添了部分新理论与新技术，同时涉及少量要淘汰设备的调试篇幅只为起到举一反三的启发作用。由于本书的受众主要是针对入职不久的青年调试人员，重视处理好教材的难度与深度的关系。学习深奥的变电站原理知识，可能会影响读者学习兴趣以及积极性；而忽略这部分学习对于新入职员工将来的实际工作能力影响也不大，因此本书在保留了内容完整性的前提下，对于这部分内容进行了适当的删减。此外，为保证青年调试员工的职业发展潜力，也适当考虑了教材内容的宽度与广度。把生产厂家的最新技术资料补充进来，避免了长篇大论的叙述，可以起到扩展读者视野的目的。

本书由北京送变电有限公司组织编写，刘铁城担任主编，杨屹东、刘立新担任总顾问。参加编写的同志都具有丰富的现场实践经验和较强的理论基础。全书共分为6章，其中第

1章由刁彦平、范伟捷、李铁岭编写，第2章由詹爱东、张世峰、唐晓桐、陈司晗编写，第3章由魏刚、刘轩、张策、姚雪松编写，第4章由张强、王晓卉、朱江峰、邵志伟、常盛编写，第5章由赵宇超、张赛、张天宇、马泽乔编写，第6章由李金生、郑建、张涛、孙福兴、王重阳、曹宇鹏编写。

在本书的编写过程中，得到北京送变电有限公司、冀北电力公司各市供电公司等单位领导的高度重视并给予了大力支持；同时本书得到了南瑞继保、南瑞科技、国电南自、北京四方、许继电气等公司的大力支持与帮助。另外本书的编写还参阅了相关参考文献、技术标准及说明书等。在此，对以上单位表示衷心的感谢！

由于作者水平有限，书中难免有疏漏和不足之处，诚恳希望专家、读者批评指正！

编者

2023年10月

第1章　概论 ··· 001

1.1　变电站技术 ·· 001
1.2　智能变电站的定义及技术特征 ·· 001
1.3　智能变电站调试流程 ·· 002
1.4　智能变电站现场调试 ·· 003

第2章　高压电气设备试验 ·· 005

2.1　变压器设备电气试验 ·· 006
　　2.1.1　特性类试验 ··· 007
　　2.1.2　绝缘类试验 ··· 010
　　2.1.3　特殊试验 ·· 013
2.2　电流互感器设备电气试验 ·· 018
　　2.2.1　特性类试验 ··· 019
　　2.2.2　绝缘类试验 ··· 023
　　2.2.3　特殊试验 ·· 024
2.3　电压互感器设备电气试验 ·· 027
　　2.3.1　特性类试验 ··· 028
　　2.3.2　绝缘类试验 ··· 031
　　2.3.3　特殊试验 ·· 033
2.4　断路器及组合电器试验 ·· 036
　　2.4.1　特性类试验 ··· 038
　　2.4.2　绝缘类试验 ··· 043
　　2.4.3　特殊试验 ·· 044
2.5　隔离开关电气试验 ··· 045
2.6　高压电缆设备电气试验 ·· 047
　　2.6.1　特性类试验 ··· 048
　　2.6.2　绝缘类试验 ··· 049
2.7　电容器设备电气试验 ·· 050
　　2.7.1　特性类试验 ··· 052
　　2.7.2　绝缘类试验 ··· 052
　　2.7.3　特殊试验 ·· 053
2.8　电抗器设备电气试验 ·· 053
　　2.8.1　特性类试验 ··· 055

　　　2.8.2　绝缘类试验···056

　　　2.8.3　特殊试验···057

　2.9　避雷器设备电气试验···057

　　　2.9.1　绝缘类试验···059

　　　2.9.2　特殊试验···061

　2.10　接地系统试验···062

　　　2.10.1　地网接地阻抗测试··063

　　　2.10.2　接触电压及跨步电压测试·······································064

　　　2.10.3　接地电气完整性测试··064

第3章　油气化及变压器附件试验···066

　3.1　绝缘油试验···066

　　　3.1.1　绝缘油外观检查···067

　　　3.1.2　绝缘油水溶性酸 pH 值试验·······································068

　　　3.1.3　绝缘油酸值试验···068

　　　3.1.4　绝缘油闭口闪点试验··069

　　　3.1.5　绝缘油含水量试验··069

　　　3.1.6　绝缘油击穿电压试验··070

　　　3.1.7　绝缘油热态介损试验··070

　　　3.1.8　绝缘油溶解气体试验··071

　　　3.1.9　绝缘油含气量试验··072

　　　3.1.10　绝缘油糠醛试验···072

　　　3.1.11　绝缘油颗粒度试验···073

　3.2　SF₆ 气体试验···073

　　　3.2.1　SF₆新气试验··074

　　　3.2.2　SF₆注入设备后微水纯度及分解物试验····························083

　3.3　SF₆密度继电器试验··084

　3.4　变压器瓦斯继电器常规试验···086

　　　3.4.1　瓦斯继电器外观检查··087

　　　3.4.2　瓦斯继电器绝缘电阻试验···088

　　　3.4.3　瓦斯继电器密封性试验··088

　　　3.4.4　瓦斯继电器重瓦斯流速值试验·····································088

　　　3.4.5　瓦斯继电器轻瓦斯气体容积值试验·································089

　　　3.4.6　瓦斯继电器干簧触点试验···089

　3.5　变压器压力释放阀常规试验···089

　　　3.5.1　压力释放阀外观检查··090

　　　3.5.2　压力释放阀信号开关绝缘性能试验·································090

　　　3.5.3　压力释放阀时效开启压力及关闭压力试验·························091

　　　3.5.4　压力释放阀密封试验··091

3.6　变压器压力式温度计试验 ………………………………………………… 091

　　3.6.1　温度计外观检查 …………………………………………………………… 092

　　3.6.2　温度计绝缘电阻检查 ……………………………………………………… 092

　　3.6.3　温度计精度测试 …………………………………………………………… 093

第4章　设备单体及系统调试 ……………………………………………………… 094

4.1　二次回路检查 …………………………………………………………………… 095

　　4.1.1　二次回路检查的意义 ……………………………………………………… 095

　　4.1.2　二次回路通用检查内容 …………………………………………………… 095

　　4.1.3　二次回路通用检查方法 …………………………………………………… 096

　　4.1.4　电流互感器二次回路调试 ………………………………………………… 096

4.2　一次设备单体调试 ……………………………………………………………… 098

　　4.2.1　变压器调试 ………………………………………………………………… 098

　　4.2.2　断路器调试 ………………………………………………………………… 115

　　4.2.3　隔离开关、接地刀闸调试 ………………………………………………… 123

　　4.2.4　电流互感器调试 …………………………………………………………… 127

　　4.2.5　电压互感器调试 …………………………………………………………… 133

4.3　继电保护装置调试 ……………………………………………………………… 140

　　4.3.1　调试前准备 ………………………………………………………………… 140

　　4.3.2　变压器保护装置调试 ……………………………………………………… 143

　　4.3.3　线路保护装置调试 ………………………………………………………… 147

　　4.3.4　母线保护装置调试 ………………………………………………………… 154

　　4.3.5　断路器保护装置调试 ……………………………………………………… 160

　　4.3.6　短引线保护装置调试 ……………………………………………………… 165

　　4.3.7　电容器保护装置调试 ……………………………………………………… 168

　　4.3.8　电抗器保护装置调试 ……………………………………………………… 172

　　4.3.9　安全自动装置调试 ………………………………………………………… 176

4.4　其他装置调试 …………………………………………………………………… 196

　　4.4.1　测控装置调试 ……………………………………………………………… 196

　　4.4.2　合并单元调试 ……………………………………………………………… 201

　　4.4.3　智能终端调试 ……………………………………………………………… 204

　　4.4.4　故障录波器调试 …………………………………………………………… 208

　　4.4.5　继电器调试 ………………………………………………………………… 211

4.5　分系统调试 ……………………………………………………………………… 213

　　4.5.1　交流供电分系统调试 ……………………………………………………… 213

　　4.5.2　母线分系统调试 …………………………………………………………… 225

　　4.5.3　变压器分系统调试 ………………………………………………………… 235

　　4.5.4　故障录波及保护故障信息分系统调试 …………………………………… 241

　　4.5.5　自动化分系统调试 ………………………………………………………… 247

　　　4.5.6　二次安防系统调试 ································· 264

4.6　一体化电源调试 ·· 267
　　　4.6.1　直流系统调试 ····································· 267
　　　4.6.2　交流系统调试 ····································· 271
　　　4.6.3　UPS 系统调试 ····································· 273
　　　4.6.4　事故照明系统调试 ································· 275

4.7　辅助分系统调试 ·· 276
　　　4.7.1　电量采集系统调试 ································· 276
　　　4.7.2　设备状态在线监测系统调试 ······················· 280
　　　4.7.3　变电站安防系统调试 ······························ 282
　　　4.7.4　消防系统调试 ····································· 287

第5章　变电站试运行及启动调试 ································ 291

5.1　概述 ·· 291
　　　5.1.1　启动试运行前准备 ································· 291
　　　5.1.2　启动试运行应具备的条件 ··························· 291
　　　5.1.3　启动条件 ··· 291

5.2　启动前检查 ·· 293
　　　5.2.1　CT 二次回路检查 ··································· 293
　　　5.2.2　PT 二次回路检查 ··································· 293
　　　5.2.3　保护定值整定及核对 ································· 294
　　　5.2.4　保护定值校验 ····································· 294
　　　5.2.5　压板投入检查 ····································· 295
　　　5.2.6　二次安全措施检查 ································· 295
　　　5.2.7　一次设备状态检查 ································· 296

5.3　启动试验项目 ·· 296
　　　5.3.1　电压定相、核相 ··································· 296
　　　5.3.2　电流相量检查 ····································· 297
　　　5.3.3　保护测控等二次设备采样检查 ······················· 297
　　　5.3.4　投运装置和设备检查 ································· 297

5.4　启动试验示例 ·· 298
　　　5.4.1　某 B 站对 500kV 线路冲击三次，无问题不拉开 ·········· 298
　　　5.4.2　PT 电压二次核相 ··································· 298
　　　5.4.3　保护相量 ··· 298

5.5　安全措施及注意事项 ······································ 299
　　　5.5.1　安全措施 ··· 299
　　　5.5.2　注意事项 ··· 300
　　　5.5.3　预控措施 ··· 300

第6章　工程实例——廊坊北 500kV 变电站新建工程 ················ 301

6.1　工程总体概况 ··· 301

6.2　调试方案 ··· 301

    6.2.1　设计规模 ·· 301

    6.2.2　设计特点 ·· 301

6.3　调试流程 ··· 301

6.4　调试台账对照及隐患排查 ·· 302

    6.4.1　调试问题台账对照 ······································ 302

    6.4.2　继电保护及安全自动装置二次回路"雷区"隐患清单 ········· 303

    6.4.3　廊坊北调试问题及分析 ·································· 308

6.5　调试时间节点 ··· 309

6.6　现场调试要点 ··· 310

参考文献 ··· 312

第1章

概　论

1.1　变电站技术

变电站是电力系统进行电压变换、电能集中与分配、电能流向控制及电压调整的重要节点，起到联系发电厂和用户的纽带作用。作为电力系统中不可缺少的环节，变电站既是电压与无功的"调节控制中心"，又是电力系统重要的"信息源"和"信息中继站"。

20 世纪 90 年代以来，随着电子技术、信息技术、网络通信技术的发展，以微处理器为核心的智能化自动装置在电网控制领域得到了广泛的应用，促进了变电站综合自动化技术的快速发展。传统变电站内原本分离的一、二次设备，通过功能组合和优化设计，实现了对站内主要设备和输配电线路的自动监视、测量、控制、继电保护以及调度通信等综合性的自动化功能。

按照国际流行惯例，变电站自动化系统需完成的功能有 63 种，归纳起来可分为 7 个功能组，即控制、监视功能，自动控制功能，测量表计功能，继电保护功能，与继电保护有关的功能，接口功能，系统功能。

1.2　智能变电站的定义及技术特征

根据 Q/GDW 383—2009《智能变电站技术导则》的定义，智能变电站是采用先进、可靠、集成、低碳、环保的设备组合而成的，以全站信息数字化、通信平台网络化、信息共享标准化为基本要求，自动完成信息采集、测量、控制、保护、计量和监测等基本功能，并可根据需要支持电网实时自动控制、智能调节、在线分析决策、协同互动等高级应用功能的变电站。

智能变电站的特点如下：

① 具有高度可靠性。高度可靠性是智能变电站应用于智能电网最基本、最重要的要求。高度可靠性不仅意味着站内设备和变电站本身具有高可靠性，而且要求变电站本身具有自诊断和自治功能，能够对设备故障提早预防、预警，并在故障发生的第一时间内对其做出快速反应，将设备故障带来的供电损失降低到最低程度。

② 具有很强的交互性。智能变电站必须向智能电网提供可靠、充分、准确的电力系统保护与控制及安全的信息。为了满足智能电网运行、控制的要求，智能变电站所采集的各种信息不仅要求能够实现站内共享，而且要求实现与电网内其他高级应用系统相关对象之间的互动，为各级电网的安全稳定经济运行提供基本信息保障。

③ 具有高集成度的特点。智能变电站将现代通信技术、现代网络技术、计算机技术、传感测量技术、控制技术、电力电子技术等诸多先进技术和原有的变电站技术进行高度的融合，

并且兼容了微网和虚拟电厂技术，简化了变电站的数据采集模式，形成了统一的电网信息支撑平台，从而为实现电网的实时控制、智能调节、在线分析决策等各类高级应用提供了信息支持。

④ 具有低碳、环保的特点。智能变电站内部使用光纤代替了传统的电缆接线；集成度高且功耗低的电子元件广泛应用于变电站内各种电子设备；采用电子式互感器代替粗重的传统充油式互感器。这些不但节省了资源消耗，降低了变电站的建设成本，而且减少了变电站内部的电磁污染、噪声、辐射和电磁干扰，净化了变电站内部的电磁环境，优化了变电站的性能，使智能变电站更加符合环境保护的要求。

智能变电站的技术特征表现在以下三个方面：

① 各类数据从源头实现数字化，真正实现信息集成、网络通信、数据共享。在电流、电压的采集环节采用智能化电气测量系统，如光电/电子式互感器，实现了电气量数据采集的智能化应用，并为实现常规变电站装置冗余向信息冗余的转变以及信息集成化应用提供了基础，打破了常规变电站的监视、控制、保护、故障录波、量测与计量等几乎都是功能单一、相互独立的装置的模式，改变了硬件重复配置、信息不共享、投资成本大的局面。智能变电站使得原来分散的二次系统装置，具备了进行信息集成和功能合理优化、整合的基础。

② 系统结构更加紧凑，数字化电气量监测系统具有体积小、质量轻等特点，可以有效地集成在智能开关设备系统中，按变电站机电一体化设计理念进行功能优化组合和设备布置。对一次、二次设备进行统一建模，资源采用全局统一命名规则，变电站内及变电站与控制中心之间实现了无缝通信，从而简化系统维护、配置和工程实施。

③ 设备实现广泛在线监测，使得设备状态检修更加科学可行。在智能变电站中，可以有效地获取电网运行状态数据、各种智能电子装置（Intelligent Electronic Device，IED）的故障和动作信息及信号回路状态。智能变电站中将几乎不再存在未被监视的功能单元，在设备状态特征量的采集上没有盲区。设备检修策略可以从常规变电站设备的"定期检修"变成"状态检修"，这将大大提高系统的可用性。

1.3　智能变电站调试流程

目前智能变电站的一次设备和常规变电站基本相同，一次设备的工作原理和安装形式没有发生大的变化。和传统变电站一样，智能变电站的一次核心设备还是变压器、断路器、隔离开关、避雷器等。因此一次高压设备的试验方法和判断标准，与常规变电站基本一致。智能变电站二次系统的调试主要是针对智能组件及其功能实现。具体调试包括两个部分，一是各 IED 的功能调试，包括测量、控制、计量（如集成）、监测、保护（如集成）等；二是智能组件的整体调试，主要检验各 IED 与站控层网络和过程层网络的信息交互情况，检验结果应符合设计要求。依据各 IED 功能，已有标准的按标准要求调试，无标准的按功能实现要求调试。

智能变电站整体的调试流程除了增加入厂系统联调外，其他部分和传统变电站的调试流程基本相同。500kV 智能变电站调试流程如图 1-1 所示。从图中可以看出，智能变电站的调试流程和传统变电站的调试流程大体相同，参与调试的人员可分为一次试验人员和二次试验人员，每个工作面可配置两人，现场调试总负责人应了解每个工作面的工作难点、危险点和质量关键点。

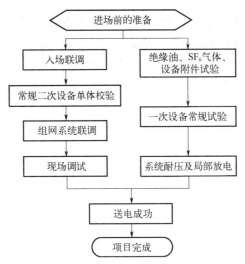

图1-1　500kV智能变电站调试流程图

1.4　智能变电站现场调试

智能变电站的现场调试分为一次设备试验和二次系统调试，在设备安装就位、人员到位以及试验仪器、资料准备好之后就可以开始试验。在开始试验前必须编写标准化作业票（卡）、危险点及安全措施，并准备好报告原始记录本等。现场调试具体流程如图1-2所示。

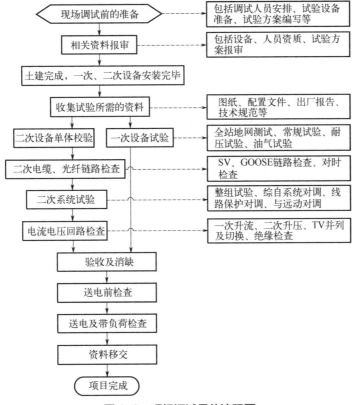

图1-2　现场调试具体流程图

　　智能变电站的调试工作主要分为单体调试、分系统调试、试运行及启动调试三个环节。单体调试主要是对一次设备进行高压试验和绝缘油、气化验，对二次设备进行装置校验。分系统调试是在单体调试通过的基础上对保护、自动化、一体化电源等分系统进行调试，确保其运行正确可靠。最后，进行变电站试运行和启动调试，保证变电站顺利投运。

第2章

高压电气设备试验

　　高压电气设备在制造、运输、运行、检修过程中，由于材质、工艺存在瑕疵或者由于人员工作失误，在电气设备内部可能留下潜伏性的缺陷。如果将存在缺陷的电气设备投入电力系统运行，就有可能发生事故。有的虽然暂时不发生事故，但在运行一段时间后，由于受电动力、湿度和温度等的作用，原有的缺陷进一步发展，最后也会扩大为事故。电气设备在运行中发生事故会引起严重后果，不仅设备损坏，而且造成线路跳闸，供电中断，严重影响社会生活秩序和生产活动。

　　为了防止电气设备在投入运行时或后续运行中，由于机械性能下降或绝缘老化发生事故，高压电气设备投运前必须进行高压试验，通过技术手段对电气设备的机械性能和绝缘性能进行检测以便及时发现设备潜伏的缺陷。因此高压试验是防止电气事故的重要手段，对电力系统安全运行具有重要意义。

　　本章主要阐述了变电高压电气设备预防性试验方法和现场试验工作流程及标准，详细介绍了 220kV 及以上变电站电力变压器、断路器、电压互感器、电流互感器、避雷器、电容器、隔离开关等高压设备的试验项目、试验目的、试验方法及试验数据的综合分析判断。高压电气设备试验流程如图2-1。

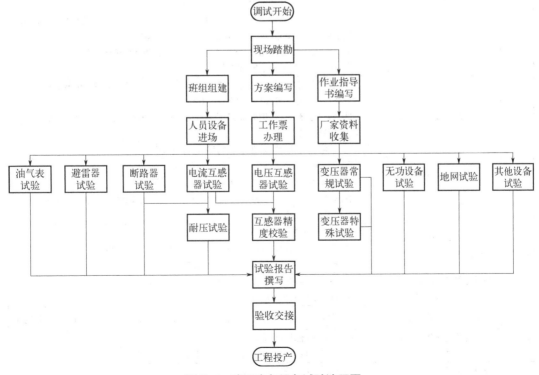

图2-1　高压电气设备试验流程图

2.1　变压器设备电气试验

电力变压器是发电厂和变电所的主要设备之一。变压器是利用电磁感应原理来改变交流电压的装置，不仅能升高电压把电能送到用电地区，还能把电压降低，以满足联网和用电的需要。

变压器由绕在同一铁芯上的两个或两个以上线圈组成，线圈之间通过交变磁场联系，应用电磁感应原理工作。

变压器的试验项目及工序要求、危险点及安全措施见表2-1和表2-2。

表2-1　变压器试验项目及工序要求

序号	工序名称	工序要求
1	安全准备	① 工作票符合要求 ② 现场设置安全围栏 ③ 安全工器具，例如绝缘脚垫、绝缘手套、安全带等器具齐备且在有效期内
2	试验人员准备	① 试验人员数量不少于3人，其中至少1人为工程师或技师及以上资格人员 ② 安全监护人员数量不少于1人
3	被试设备状态检查	变压器安装完成，外观无异物，无开裂渗漏油情况，变压器绝缘油静止时间满足规程要求
4	拆接电源	拆接电源必须两人进行，电源应符合试验要求
5	绕组直流电阻测试	① 将变压器直流电阻测试仪通过测试线与被试绕组可靠连接，非被试绕组悬空 ② 绕组电阻值应在仪器满量程的70%之上 ③ 测量前被试绕组应充分放电 ④ 电压引线和电流引线要分开，且越短越好 ⑤ 测量电流不要超过10A，以免发热影响测量结果及剩磁过大 ⑥ 必须等测试仪读数完全稳定方可记录 ⑦ 电源线及测试线应牢固可靠，试验过程中不允许突然断线或断电，避免因电流突然中断产生高电压，测量结束后，应采取放电措施 ⑧ 试验结束后必须充分消磁，建议使用直流消磁装置充分消磁 ⑨ 注意油温对试验结果的影响
6	有载分接开关测试	① 设置分接开关在极性开关切换+1或-1挡，设置仪器测试挡位与实际挡位一致，待显示波形为直线后按"确认"按钮 ② 操作分接开关，例如从10挡升至11挡，生成波形后，读取波形中的过渡时间和过渡电阻值 ③ 对测试的试验数据进行分析判断，得出结论
7	电压比及极性测试	① 高、低压绕组接线不得接反 ② 变压器变比测试仪试验精度应不低于0.2级
8	绕组变形测试	试验前对变压器应充分放电，以防止剩余电荷对试验数据造成影响，建议消磁后进行绕组变形试验
9	绕组连同套管的绝缘电阻、吸收比及极化指数测试	① 按照试验接线示意图接好试验线 ② 打开试验仪器开关，按照不同的测试位置，选择试验电压 ③ 分别记录15s、1min及10min绝缘电阻值
10	绕组连同套管的介质损耗因数与电容量测试	① 恢复末屏时一定要接牢，必要时进行试验检查验证 ② 高压引线应尽可能短且悬空
11	绕组连同套管泄漏电流测试	变压器试验后必须进行充分放电，放电时间至少大于充电时间，且放电时间越长越好
12	绕组连同套管交流耐压测试	① 非被试绕组短路接地 ② 试验前充分放电，放电时间大于施加电压时间
13	绕组连同套管长时感应耐压及局部放电测试	① 试验前必须进行适应性计算 ② 现场试验电源必须符合适应性计算要求

表 2-2　变压器试验危险点及安全措施

序号	危险点内容	安全措施
1	作业人员进入作业现场不戴安全帽、不穿绝缘鞋可能发生人员伤害事故	工作负责人负责，检查监督安全防护用品佩戴合格
2	试验过程中变压器本体有非试验人员工作，造成人身触电事故	变压器本体及出线位置禁止有人工作
3	试验现场不设安全围栏，非试验人员进入试验现场，造成触电	设置安全围栏，悬挂标识牌
4	测量时，介质损耗测试仪接地不良，对试验人员造成人身伤害	使用牢固可靠的专用接地线夹
5	试验加压时，试验人员误碰试验引线或屏蔽线，造成人身触电事故	设置安全围栏，悬挂标识牌，并指定专人监护
6	升压过程不实行呼唱制度，造成人员触电	严格执行呼唱制度
7	攀爬变压器作业时发生高空坠落	登高作业使用安全带、安全绳
8	更换试验接线时，未断开试验电源，未充分放电，造成触电事故，损害设备	更换试验接线时，首先断开试验电源，然后进行充分放电
9	绝缘电阻表接线位置不正确造成测得的绝缘电阻值异常	绝缘电阻表的 L 端和 E 端不能对调、不能铰接，高压线应采用专用测试线
10	未可靠恢复引线造成电网运行安全事故	引线恢复后进行力矩检查，主通流回路进行回路电阻测量
11	攀爬绝缘子或瓷套，造成绝缘子或瓷套破损	使用升降车作业

2.1.1　特性类试验

2.1.1.1　绕组直流电阻测试

（1）测试目的

在变压器的所有试验项目中是一项较为方便而有效的考核绕组纵绝缘和电流回路连接状况的试验，它能够检查出绕组匝间短路、绕组断股、绕组接头焊接不良、引出线断裂、分接开关接触不良等缺陷，也是判断各相绕组电阻是否平衡、调压开关挡位是否正确的有效手段。变压器的绕组直流电阻试验是变压器在交接、大修和改变分接开关后必不可少的试验项目，也是故障后的重要检查项目。

（2）测试方法及要求

① 测量位置：按照出厂试验测量位置进行，全部绕组、各挡位均需进行此试验。

② 试验仪器：变压器直流电阻测试仪。

试验仪器相关要求：

a. 使用与试验仪器配套的直流电阻测试线，且电压线与电流线必须分开。

b. 使用 6mm² 及以上的电源轴，且满足"一机一闸一保护"的安全要求。

c. 测试仪精度不得低于 0.2 级。

③ 试验方法：按照图 2-2 所示进行接线，依据被试绕组电阻值和测试仪输出电流进行选

择，选取适合的试验电流。注意：一般不超过 10A，以防止剩磁过大而影响其余试验项目准确性。待测试电流升至试验电流值且稳定后，读取稳定的电阻值并做记录。测试完成后，将测试仪复位，待放电完成，关闭测试仪，拆除试验接线，进行下一绕组测量。对于采用有载分接开关调节挡位的变压器，测试仪可以不复位持续测量全部挡位，采用无载分接开关调节挡位的变压器，必须在测试仪复位放电后更换挡位再测量，否则会损坏试验仪器。

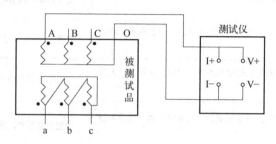

图 2-2　变压器绕组直流电阻测量接线

④ 试验要求：

a. 必须使用直接测量法，严禁使用助磁法、三相同测法等。

b. 非被试绕组必须悬空。

c. 实测值必须按照出厂值测试温度进行折算后与出厂值进行比较，差别不应超过 2%；换算公式为

$$R_2 = R_1(T + t_2)/(T + t_1)$$

式中，R_1、R_2 分别为温度 t_1、t_2 时的电阻值；T 为电阻温度常数，铜导线取 235，铝导线取 225。

d. 三相绕组之间不平衡率必须进行计算，计算结果符合规程要求。

e. 规程要求：

● 1.6MVA 以上变压器，各相绕组电阻相互间的差别不应大于三相平均值的 2%，无中性点引出的绕组，线间差别不应大于三相平均值的 1%。

● 1.6MVA 及以下变压器，相间差别一般不大于三相平均值的 4%，线间差别一般不大于三相平均值的 2%。

● 与以前相同部位测得值比较，其变化不应大于 2%。

（3）注意事项

① 在测试过程中，测试仪显示直阻测量值严重波动，原因如下：

一是变压器铁芯中存在剩磁，可以对变压器进行消磁试验后再测量，或者将变压器全部绕组短路接地持续半小时以上再进行测试。二是被试变压器周围有运行设备，运行设备与被试变压器之间存在相互感应或空间电位分布，可以在被试变压器各侧绕组选取一点进行接地处理，消除影响。

② 测试完成后一定要先复位再拆除测试线，如果未复位或复位不彻底，在拆除测试线时会伤及试验人员、损坏测试仪。变压器直流电阻测试仪复位需要一定时间，若出现明显复位时间短的情况，禁止拆除测试线或关闭测试仪电源，可以采用再次测量，待测量电流稳定后再次复位的方法。

③ 对于无载分接变压器，应在定挡后（定挡时间一般为投运前数日）重新测量三相直流

电阻，测试结果符合规程要求。

2.1.1.2　电压比及极性测试

（1）测试目的

变压器联结组别即电压比和极性，是变压器并联运行的重要条件。电压比一般按线电压计算，是变压器的一个重要的性能指标，测量变压器电压比与极性目的：一是检查是否与铭牌相符，以保证对电压的正确变换；二是检查分接开关位置是否正确；三是在变压器发生故障后，通过测量变比来检查绕组是否存在匝间短路。

（2）测试方法及要求

① 测量位置：对于两绕组变压器，应进行高压绕组对低压绕组测试；对于三绕组变压器（包括 500kV 自耦式变压器），应进行高压绕组对中压绕组、高压绕组对低压绕组、中压绕组对低压绕组测试。

② 试验仪器：变压器变比测试仪。

试验仪器相关要求：

a. 试验仪器具备三相同时测试和单相测试功能。

b. 使用 6mm² 及以上的电源轴，且满足"一机一闸一保护"的安全要求。

③ 试验方法：按照图 2-3 所示进行接线，依据被试变压器的铭牌设置试验参数，以上工作准备好后直接测量即可。

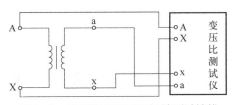

图 2-3　变压器电压比及极性测试接线

④ 试验要求：

a. 电压比测试结果满足规程要求；联结组别与变压器铭牌相符。

b. 规程要求：

● 额定分接电压比误差不应大于 0.5%。

● 其他分接电压比误差不应大于 1%。

（3）注意事项

对于无载分接变压器，应在定挡后（定挡时间一般为投运前数日）重新进行该挡位电压比测试，结果应满足规程要求。

2.1.1.3　有载分接开关测试

（1）测试目的

作为变压器中的唯一运动部件——有载调压开关，它的工作状态直接影响变压器的运行品质。变压器带电前应进行有载调压开关切换过程试验，包括检查切换开关、切换触头的全部动作顺序、测量过渡电阻值和切换时间。测得的过渡电阻值、三相同步偏差、切换时间、正反向切换时间偏差均应满足规程要求，以保证有载分接开关的可靠动作。由于变压器结构及接线原因无法测量的，不进行该项试验。

（2）测试方法及要求

① 测量位置：带有载分接开关的绕组按照有载分接开关测试仪的接线要求连接测试仪，低压绕组短路接地。

② 试验仪器：有载分接开关测试仪。

试验仪器相关要求：

a. 测试仪具备 1A 及以上的恒定电流输出能力。

b. 测试仪需使用 3mm² 专用测试线。

c. 使用 6mm² 及以上的电源轴，且满足"一机一闸一保护"的安全要求。

③ 试验方法：接线完毕后，有载分接开关测试仪选择带绕组测量方式，选择最大测试电流，待显示充电稳定后，进入测量界面，操作变压器有载分接开关进行切换，完成测量。

④ 试验要求：有载分接开关需测试正、反两个方向的过渡时间和过渡电阻，切换波形图显示应无毛刺、抖动，应无过零情况，正、反两方向过渡时间和过渡电阻值应符合制造厂规定且与出厂数据无明显差别。

（3）注意事项

① 有载分接开关测试仪为恒流源设备，在关闭测试仪之前禁止将测试线拆除，否则接线端子会出现拉弧现象，造成人员伤害和设备损坏。

② 被短接绕组必须接地良好。

2.1.2 绝缘类试验

2.1.2.1 绝缘电阻测试

（1）测试目的

加直流电压于电介质，经过一定时间极化过程结束后，流过电介质的泄漏电流对应的电阻称绝缘电阻。

测量绕组连同套管一起的绝缘电阻和吸收比或极化指数，对于检查变压器整体的绝缘状况具有较高的灵敏度，能有效检查出变压器绝缘整体受潮、整体劣化、部件表面受潮或脏污以及贯穿性的集中缺陷。例如各种贯穿性短路、瓷件破裂、引线接壳、器身内有铜线搭桥等现象引起的半贯穿性或金属性短路等。

测量变压器铁芯、夹件绝缘电阻，可以发现铁芯、夹件及其引出线是否安装正常，是否存在绝缘低和多点接地的情况。

（2）测试方法及要求

① 测量位置：

a. 绕组连同套管：三绕组变压器按照高压对中压+低压+地、中压对高压+低压+地、低压对高压+中压+地、高压+中压对低压+地、高压+中压+低压对地五种方式进行测量。500kV 单相自耦式变压器，按照高压+中压对低压+地、低压对高压+中压+地、高压+中压+低压对地三种方式测量。部分变压器制造厂家在出厂试验时还有其他测量方式，现场试验时须按厂家要求执行。

b. 铁芯和夹件：铁芯对夹件+地、夹件对铁芯+地、铁芯对夹件。

② 试验仪器：电子式绝缘电阻表。

试验仪器相关要求：

a. 测试仪具备 3mA 输出电流能力。

b. 测试仪需使用 5000V 电压下无泄漏的高绝缘强度测试线。

③ 试验方法：

a. 绕组连同套管：将变压器各侧绕组（包括中性点）全部短接，绝缘电阻表使用 DC 2500V 或 DC 5000V 挡位，绝缘电阻表 "L" 端连接被试绕组，其余绕组接地，按照上述测量方式依次进行试验，分别记录 15s、60s、600s 的电阻值，进而计算吸收比和极化指数。

b. 铁芯和夹件：绝缘电阻表使用 DC 2500V 挡位（个别厂家要求使用 DC 1000V 测试），绝缘电阻表 "L" 端连接被试部位，"E" 端接地，测试时间为 1min。

④ 试验要求：

a. 吸收比（10～30℃范围）不低于 1.3 或极化指数不低于 1.5。

b. 铁芯、夹件绝缘电阻与出厂值比较测试结果应无显著差别。

（3）注意事项

① 变压器绝缘电阻测试，受环境温度、湿度以及被试品表面潮湿度影响很大。如果出现测试结果明显变小的情况，应将被试部位擦拭干净或对瓷瓶进行表面屏蔽处理。

② 变压器安装完成后，注入绝缘油前应进行铁芯、夹件的绝缘电阻测试。

③ 变压器铁芯和夹件的接地引出线应与其一起进行绝缘测试，防止出现接地引出线绝缘不良的情况。

④ 电子式绝缘电阻表在电量不足时，测试结果不准确，测试前必须保证绝缘电阻表电量充足。

⑤ 由于试验电压较高，应使用专用测试线短接绕组，且全部短接线应拉直无弧垂，尽可能减少空间杂散电容影响。

⑥ 在进行绕组连同套管的绝缘电阻测试时，必须将变压器的铁芯和夹件良好接地。

2.1.2.2　绕组连同套管的介质损耗因数与电容量测试

（1）测试目的

测量介质损耗因数是判断变压器绝缘状态的一种有效手段，是变压器绝缘项目试验之一，主要用来检测变压器整体受潮、油质劣化、绕组上附着油泥及严重的局部放电等缺陷。

（2）测试方法及要求

① 测量位置：三绕组变压器按照高压对中压+低压+地、中压对高压+低压+地、低压对高压+中压+地、高压+中压对低压+地、高压+中压+低压对地五种方式进行测量。500kV 单相自耦式变压器，按照高压+中压对低压+地、低压对高压+中压+地、高压+中压+低压对地三种方式测量。部分变压器制造厂家在出厂试验时还有其他测量方式，现场试验时须按厂家要求执行。

② 试验仪器：介质损耗测试仪。

试验仪器要求：

a. 高压输出线必须具有承受 10kV 电压且不被击穿的能力。

b. 使用 6mm² 及以上的电源轴，且满足 "一机一闸一保护" 的安全要求。

③ 试验方法：试验前，检查套管末屏、铁芯、夹件是否接地良好。介质损耗测试仪采用反接法接线，高压输出线连接被试绕组，非被试绕组短路接地，试验电压为 10kV。

④ 试验要求：tanδ 值与出厂数值比较不应有显著变化，一般不大于 30%，电容量与出厂值比较不应大于 105%。

（3）注意事项

① 如果出现环境温度过低，在现场条件允许的情况下，尽可能在变压器热油循环结束后，

油温降至 20℃ 左右进行绕组连同套管的介质损耗和电容量测试。

②　在试验中高压测试线电压为 10kV，应注意对地绝缘问题。

2.1.2.3　绕组连同套管泄漏电流测试

（1）测试目的

测试绕组连同套管泄漏电流的作用和测试绝缘电阻类似，其试验电压更高，能有效发现其他试验项目所不能发现的变压器局部缺陷问题。

（2）测试方法及要求

①　测量位置：与绕组连同套管的绝缘电阻测试位置相同。

②　试验仪器：直流高压发生器。

试验仪器要求：

a. 高压输出线具有承受 60kV 电压而无泄漏功能。

b. 使用 6mm² 及以上的电源轴，且满足"一机一闸一保护"的安全要求。

③　试验方法：如图 2-4，被试绕组短接后连接直流高压发生器首端，试验过程应匀速、持续、缓慢地升压，防止升压过快出现直流高压发生器过流保护现象。每次试验，当升压至 1/2 试验电压时，保持 1min，记录 1min 时的泄漏电流值。测试完毕后将直流高压发生器的电压快速降至零位，关闭高压输出开关，此时变压器被试绕组在充电后正在通过直流高压发生器的阻容结构对地反向放电，待直流高压发生器操作台电压显示为 0 时，关闭直流高压发生器操作台电源。

使用专用放电棒对被试绕组放电，放电时间必须大于升压时间。

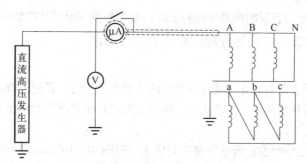

图 2-4　变压器绕组连同套管泄漏电流测试接线

④　试验要求：

a. 由泄漏电流换算成的绝缘电阻值，应与绝缘电阻表所测绝缘电阻值相近。

b. 泄漏电流值要求见表 2-3。

表 2-3　泄漏电流测试直流试验电压值

绕组额定电压值/kV	3	6～10	20～35	110/66～220	500
直流试验电压值/kV	5	10	20	40	60

（3）注意事项

a. 由于试验电压高，应使用专用测试线短接绕组，且全部短接线应拉直无弧垂，尽可能减少空间杂散电容影响。

b. 由于泄漏电流为微安级，为了保证试验数据的准确性，必须使用直流高压发生器静电电压表读取泄漏电流。

c. 施加直流电压时，变压器可以近似看成是一个电容结构，试验过程为电容充电过程，因此在试验完成后必须对被试绕组使用放电棒充分放电，放电时间必须大于加压时间。同时，在完成绕组连同套管的直流泄漏测试项目后，必须将变压器各绕组全部短路接地放电 12h 以上，避免影响试验结果和变压器投运。

d. 在进行此项试验前，应检查变压器铁芯、夹件和套管末屏是否可靠接地。

2.1.3　特殊试验

2.1.3.1　绕组变形测试

（1）测试目的

电力变压器绕组变形是指在电动力和机械力的作用下，绕组的尺寸或形状发生不可逆的变化。它包括轴向和径向尺寸的变化、器身位移、绕组扭曲、鼓包和匝间短路等。绕组变形是电力系统安全运行的一大隐患。因此，开展绕组变形试验是变压器出厂试验、交接试验及例行性试验的重要测试项目，对判断变压器是否具备投入运行条件具有决定性的意义。

（2）测试方法及要求

① 低电压短路阻抗测试

a. 测量位置：按照出厂测试位置进行测试。

b. 试验仪器：变压器短路阻抗测试仪、调压器、电流表、电压表。

试验仪器要求：电流表和电压表精度等级为 0.2 级及以上；使用 6mm² 及以上的电源轴，且满足"一机一闸一保护"的安全要求。

c. 试验方法：如图 2-5 所示，进行高压绕组对中压绕组、高压绕组对低压绕组、中压绕组对低压绕组三种测量，加压绕组按照出厂加压方式进行，且测试分接位置与出厂方式保持一致，对应绕组短路接地，无关绕组开路。

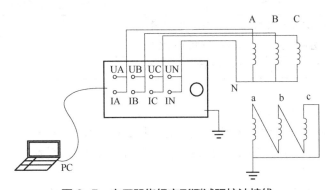

图 2-5　变压器绕组变形测试阻抗法接线

d. 试验要求：施加的电流和电压，至少两者之一与出厂值相近。

② 频率响应测试

a. 测量位置：全部绕组。

b. 试验仪器：变压器频率响应测试仪。

试验仪器要求：频率响应测试仪具备 1～1000kHz 频率的输出功能；使用屏蔽专用测试线，

且每根测试线单独具备接地功能；使用 6mm² 及以上的电源轴，且满足"一机一闸一保护"的安全要求。

　　c. 试验方法：变压器挡位设置为 1 挡，试验接线如图 2-6 所示。测量高压侧时，中性点 N 端输入，分别在 A、B、C 高压端接收信号。测量低压侧时，分别是 a 输入，b 接收信号；b 输入，c 接收信号；c 输入，a 接收信号。

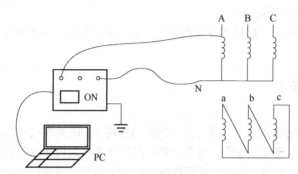

图2-6　变压器绕组变形测试频率响应法接线

　　d. 试验要求：

低电压短路法试验标准：与出厂值比较，不应大于出厂值的 1.6%。

频率响应法试验标准参考表 2-4。

表2-4　频率响应法试验参考标准

序号	绕组变形程度	相关系数
1	严重变形	$R_{LF}<0.6$
2	明显变形	$0.6 \leq R_{LF}<1.0$ 或者 $R_{MF}<0.6$
3	轻度变形	$1.0 \leq R_{LF}<2.0$ 或者 $0.6 \leq R_{MF}<1.0$
4	正常绕组	$R_{LF} \geq 2.0$ 和 $R_{MF} \geq 1.0$ 和 $R_{HF} \geq 0.6$
说明	R_{LF} 为曲线在低频段（1～100kHz）内的参数	
	R_{MF} 为曲线在中频段（100～600kHz）内的参数	
	R_{HF} 为曲线在高频段（600～1000kHz）内的参数	

（3）常见问题及处理方法

　　① 专用测试线屏蔽接地不良造成测试曲线出现毛刺、抖动等情况。

　　② 套管首段接线板存在氧化层或脏污，使专用测试线线夹与套管首端接线板接触不良造成测试曲线整体上下偏移。

　　③ 专用测试线屏蔽地线在测量过程中不应移动，在接线准备阶段，应保证屏蔽地线一次接地完成各侧绕组的全部测量。

　　④ 如果变压器存在剩磁或残余电荷等情况，会对此项试验造成较大影响，尽可能将此项试验列为变压器第一个试验项目，如果条件不允许，在进行此项试验前，将全部绕组、铁芯和夹件全部短路接地 12h 以上。

　　⑤ 试验结果判定方法：

　　a. 经过反复测试后试验结果不变。

b. 与出厂测试波形图相似。

c. 相关系数值与出厂值无较大差别。

2.1.3.2 绕组连同套管交流耐压测试

（1）测试目的

交流耐压试验是鉴定变压器绝缘强度和承受过电压能力最直接、最有效的办法，尤其是考核变压器主绝缘是否存在局部缺陷，例如绕组主绝缘受潮、开裂或者在运输及安装过程中存在绕组松动和位移、绕组引出线位移、绕组附着异物等情况。

（2）测试方法和要求

① 测量位置：变压器各侧绕组，非被试绕组短路接地。

② 试验仪器：串联谐振交流耐压装置。

试验仪器要求：

a. 经适应性计算，试验所使用的串联谐振交流耐压装置容量满足试验要求。

b. 使用 35mm² 的电源电缆，电源空气开关额定电流不得小于 200A。

c. 电压监测装置精度不得低于 0.2 级。

③ 试验方法：铁芯、夹件及套管末屏接地良好，升高座电流互感器二次绕组全部短路接地。各侧绕组分别短路，被试绕组施加试验电压值 1min，非被试绕组接地，变压器中性点交流耐压试验如图 2-7 所示，变压器低压绕组对地交流耐压试验如图 2-8 所示。

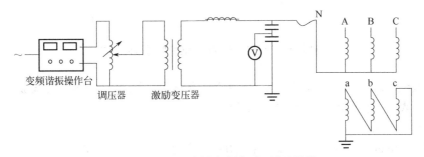

图 2-7 变压器中性点交流耐压试验接线

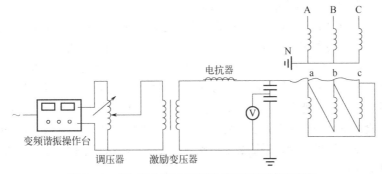

图 2-8 变压器低压绕组对地交流耐压试验接线

④ 试验要求：各绕组施加出厂交流耐压值的 80%。

（3）注意事项

① 充油电力设备在注油后应有足够的静置时间才可进行耐压试验。静置时间如无制造厂

规定，则应依据设备的额定电压满足以下要求：500kV 设备静置时间大于 72h，220kV 设备静置时间大于 48h，110kV 及以下设备静置时间大于 24h。

② 根据耐压试验前后油中气体含量变化的趋势，可判断是否还有一些不明显的潜伏性故障。如某气体含量或总烃有明显增长，应根据情况具体分析缺陷的性质和缺陷的部位。

2.1.3.3　绕组连同套管长时感应耐压及局部放电测试

（1）测试目的

变压器感应耐压试验是考核变压器绕组纵绝缘承受过电压能力的重要手段，同时变压器的绝缘结构非常复杂，内部发生局部放电的原因多种多样，长时间内部局部放电，会导致固态绝缘材质持续劣化，造成绝缘油持续产生特征气体，在降低绝缘油性能的同时亦会造成保护动作。采用感应耐压及局部放电是鉴定变压器是否具备投入运行条件的最重要手段。

（2）测试方法及要求

① 试验加压程序如图 2-9 所示。

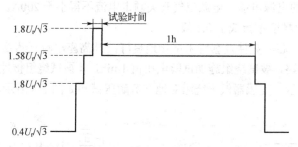

图 2-9　变压器局部放电试验加压程序示意

② 试验仪器：无局放励磁变压器、无局放变频电源、无局放分压器、无局放补偿电抗器、局部放电检测仪、检测阻抗、脉冲发生器等。

试验仪器要求：

a. 使用 70mm² 的电源电缆，电源空气开关额定电流不得小于 400A。

b. 变频柜及励磁变压器容量匹配，其容量不得小于 450kVA。

c. 全部试验仪器固有局放量不得大于 10pC。

③ 试验方法：现场局部放电试验采用脉冲电流法，按图 2-10 进行试验接线。保证各高压引线的绝缘距离，连接励磁变压器和被试变压器低压套管端头的导线应用绝缘带固定，防止摆动，在变压器套管顶部安装试验专用均压罩，应接触可靠。从变压器被试端注入标准方波进行校准；校准按"多端测量、多端校准"的方式进行，在各端头分别注入标准信号进行校准；观测背景放电量水平、波形特点、相位等情况并进行记录。如合闸后背景放电量较大，需处理试验电源，同时检查空间干扰原因并进行处理；如升压过程中背景放电量较大，需检查整个试验回路在试验电压下的背景干扰，采取必要措施进行处理，确保背景值小于 100pC。

试验顺序如下：

a. 在不大于 $0.4U_r/\sqrt{3}$ 的电压下接通电源。

b. 试验电压升高至 $0.4U_r/\sqrt{3}$，进行背景局部放电测量并记录。

c. 试验电压升高至 $1.2U_r/\sqrt{3}$，保持至少 1min 以进行稳定的局部放电测量。

d. 测量并记录放电量水平。

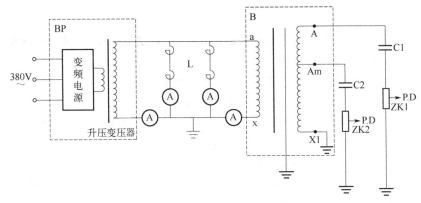

图2-10　变压器局部放电试验接线

B—被试变压器；BP—变频电源及励磁变压器；L—补偿电抗器；A—监测用电流表；

C1—变压器高压套管对地等效电容；C2—变压器中压套管对地等效电容；

P.D—局放测试仪；ZK1，ZK2—检测阻抗

e. 试验电压升高至 $1.58U_r/\sqrt{3}$ 的局部放电测量电压，保持至少 5min 以进行稳定的局部放电测量。

f. 测量并记录放电量水平。

g. 电压升高至增强电压，保持时间为：当试验电压频率小于或等于两倍额定频率时，试验时间为 60s，当试验电压频率大于两倍额定频率时，试验时间为 120×额定频率/试验频率，但不应小于 15s。

h. 之后立刻不间断地将试验电压降至 $1.58U_r/\sqrt{3}$ 的局部放电测量电压。

i. 测量并记录放电量水平。

j. 保持局部放电测量电压至少 1h，并进行局部放电量测量。

k. 在 1h 内每隔 5min 测量并记录放电量水平。

l. 1h 的局部放电测量最后一次完毕后，降低电压至 $1.2U_r/\sqrt{3}$，保持至少 1min 以进行稳定的局部放电测量。

m. 测量并记录局部放电水平。

n. 试验电压降至 $0.4U_r/\sqrt{3}$ 进行背景局部放电测量并记录。

o. 试验电压降至 $0.4U_r/\sqrt{3}$ 以下。

p. 切断电源。

④ 试验要求：

a. 试验过程中，试验电压不发生突然下降情况。

b. 在 1h 局部放电试验期间，没有超过 250pC 的局部放电量记录，局部放电水平无上升趋势，在最后 20min 局部放电水平无突然持续增加，局部放电水平的增加量不超过 50pC。

c. 在 1h 局部放电测量后，电压降至 $1.2U_r/\sqrt{3}$ 时测量的局部放电量水平不超过 100pC。

d. 耐压及局部放电试验 24h 后取绝缘油样进行油中溶解气体色谱分析，试验结果应合格。

（3）注意事项

① 局部放电试验前，被试变压器全部常规试验（包括绝缘油试验）的结果合格。

② 试验前被试变压器各侧套管 CT 的二次端子全部短路接地，铁芯、夹件及绕组中性点接

地良好。

③ 被试变压器真空注油后静置时间满足规程要求；被试变压器经过充分排气和充分放电。

④ 被试变压器各侧套管引线不安装。

⑤ 局部放电试验过程中，被试变压器周围的电气施工应停止，以减少试验干扰。

⑥ 选取适当容量的试验电源，试验过程中随时监视输入电源的电流大小。尤其是在运行站，需要检查现场试验用电源至站内 400V 开关柜全部负荷开关是否满足试验要求。

⑦ 试验完成后励磁变压器输出端挂接地线，对试验回路充分放电后拆线。

⑧ 为消除地网中杂散电流对测试的影响，应检查地线连接，坚持局部放电试验测试回路一点接地的原则，同时所有接地线采用带有绝缘护套的地线，并将试验电源、励磁变压器和补偿电抗器外壳接地线分别引至被试变压器油箱的接地引下线上，防止地线环流产生干扰。

⑨ 所测局部放电量不应大于 100pC。

2.2　电流互感器设备电气试验

电流互感器是依据电磁感应原理将一次侧大电流转换成二次侧小电流的电气设备。电流互感器由闭合的铁芯和绕组组成。

电流互感器一次侧绕组匝数很少，串接在需要测量电流的线路中，因此经常有线路的全部电流流过，二次侧绕组匝数较多，串接在测量仪表和保护回路中。电流互感器工作时，二次侧回路始终闭合，因此测量仪表和保护回路串联线圈的阻抗很小，电流互感器的工作状态接近短路。

运行中的电流互感器二次侧严禁开路。

电流互感器的试验项目及工序要求、危险点及安全措施见表 2-5 和表 2-6。

表 2-5　电流互感器试验项目及工序要求

序号	工序名称	工序要求
1	安全准备	① 工作票符合要求 ② 现场设置安全围栏 ③ 安全工器具，例如绝缘脚垫、绝缘手套、安全带等器具齐备且在有效期内
2	试验人员准备	① 试验人员数量不少于 3 人，其中至少 1 人为工程师或技师及以上资格人员 ② 安全监护人员数量不少于 1 人
3	被试设备状态检查	电流互感器安装完成，油浸式无开裂渗漏油情况，气体式无漏气现象
4	拆接电源	拆接电源必须两人进行，电源应符合试验要求
5	直流电阻测试	① 直流电流源，采用直流压降法 ② 依据被试绕组电阻选取适合的电流挡位 ③ 测量前被试绕组应充分放电 ④ 待测试电流升至试验电流值且稳定后，读取稳定的电阻值并做记录 ⑤ 测试线应牢固可靠，试验过程中不允许突然断线或断电，测量结束后，应进行放电 ⑥ 注意绕组温度对试验结果的影响
6	电流比测试	高、低压绕组接线不得接反

续表

序号	工序名称	工序要求
7	极性测试	测量绕组与电流互感器铭牌一致
8	励磁特性测试	① 对保护级线圈进行测试 ② 有多个变比抽头时，对实际使用抽头或最大变比抽头进行试验 ③ 选取电压饱和点附近6个测量点进行
9	绝缘电阻测试	① 进行各绕组对地、一次绕组对二次绕组、二次绕组之间以及末屏对地的绝缘电阻测试 ② 加压时间1min后读取绝缘电阻值
10	介质损耗因数与电容量测试	① 恢复末屏时一定要接牢，必要时进行试验检查验证 ② 高压引线应尽可能短且悬空
11	互感器精度试验	① 确保二次绕组与装置断开 ② 对被试绕组所有抽头进行精度校验 ③ 必要时将非被测绕组短路接地
12	交流耐压试验	① 二次绕组必须短路接地 ② 绝缘油油位、SF_6气体压力必须满足要求且绝缘油、SF_6气体经检测合格 ③ 本体及末屏必须可靠接地

表2-6 电流互感器试验危险点及安全措施

序号	危险点内容	安全措施
1	作业人员进入作业现场不戴安全帽、不穿绝缘鞋可能发生人员伤害事故	工作负责人负责，检查监督安全防护用品佩戴合格
2	试验现场不设安全围栏，非试验人员进入试验现场，造成人身触电事故	设置安全围栏，悬挂标识牌
3	测量时，介质损耗测试仪接地不良，对试验人员造成伤害	使用牢固可靠的专用接地线夹
4	试验加压时，试验人员误碰试验引线或屏蔽线，造成人身触电事故	设置安全围栏，悬挂标识牌，并指定专人监护
5	升压过程不实行呼唱制度，造成人员触电	严格执行呼唱制度
6	登高作业时发生高空坠落	登高作业使用安全带、安全绳
7	更换试验接线时，未断开试验电源，未充分放电，造成触电事故，损害设备	更换试验接线时，一定要先断开试验电源，充分放电
8	绝缘电阻表接线不正确造成测得的绝缘电阻值异常	绝缘电阻表的L端和E端不能对调、不能铰接，高压线应采用专用测试线
9	未可靠恢复引线造成电网运行安全事故	引线恢复后进行力矩检查，主通流回路进行回路电阻测量
10	攀爬绝缘子或瓷套，造成绝缘子或瓷套破损	使用升降车作业

2.2.1 特性类试验

2.2.1.1 绕组直流电阻测试

（1）测试目的

进行绕组直流电阻试验的目的是发现制造或运行中因振动而产生的机械应力造成的导线断裂、接头开焊、接触不良、匝间短路等缺陷。

（2）测试方法及要求

① 测量位置：所有绕组，所有变比抽头均需进行此试验项目。

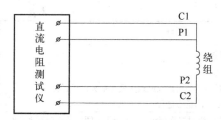

图 2-11 电流互感器直流电阻测试接线

C1，C2—电流线；P1，P2—电压线

② 试验仪器：直流电阻测试仪。

试验仪器相关要求：

a. 使用与试验仪器配套的直流电阻测试线，且电压线与电流线必须分开。

b. 测试仪输出电流 1mA～2A，测试精度不得低于 0.2 级。

③ 试验方法：直流电阻测试接线如图 2-11 所示。测试使用直流电流源，采用直流压降法，依据被试绕组电阻选取适合的电流挡位，待测试电流升至试验电流值且稳定后，读取稳定的电阻值并做记录。测试完成后，将绕组直流电阻测试仪复位，待复位提示音结束后，本次测量结束，进行下一绕组测量。

④ 试验要求：

a. 试验电流值一般不超过被试绕组额定电流值。

b. 实测值应折算至出厂值或初始测试温度下的测量值，与出厂值或初始值比较满足规程规定。

c. 同批次、同型号被试绕组横向比较应无较大差别。

d. 规程要求：

· 同型号、同规格、同批次绕组直流电阻与平均值相差不超过 10%。

· 与以前相同部位测得值比较，变化不应大于 10%。

（3）注意事项及常见问题

① 试验时应记录环境温度。

② 实测值异常：直流电阻测试仪测试线断线，被试品绕组引出线断线、破损或端子松动，被试品绕组引出线接线错误。

③ 被试绕组开路：被试品绕组引出线接线错误。

2.2.1.2 电流比测试

（1）测试目的

现场进行电流比测试，测得结果要符合设计、制造、使用及规程要求，满足保护装置和计量装置的功能。

（2）测试方法及要求

① 测量位置：所有绕组，所有变比抽头。

② 试验仪器：调压器、升流器、标准电流互感器、交流电流表。

试验仪器相关要求：

a. 表计精度满足 1.0 级。

b. 使用 6mm² 及以上的电源轴，且满足"一机一闸一保护"的安全要求。

③ 试验方法：按照图 2-12 完成试验接线，由调压器及升流器等构成升流回路，待检电流互感器一次绕组串入升流回路，同时用标准电流互感器和交流电流表加在一次绕组测量电流 I_1，用另一块交流电流表测量待检二次绕组的电流 I_2，计算 I_1/I_2 的值，判断是否与铭牌上该绕组的额定电流比（I_{1n}/I_{2n}）相符。各二次绕组及其各分接头分别进行检查。测量某二次绕组时，其余所有二次绕组均应短路，不得开路。

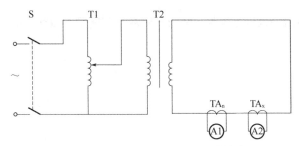

图 2-12　电流互感器电流比试验接线

T1—调压器；T2—升流变压器；TA$_n$—标准电流互感器；TA$_x$—被试电流互感器

A1，A2—交流电流表

④ 试验要求：

a. 试验过程中二次绕组禁止开路。

b. 电流比应与制造厂设备铭牌标志相符，并与设计图纸一致。

（3）常见问题及处理方法

① 电流比误差大：检查试验接线，检查一次回路二次回路是否有分流。

② 电流比错误：检查二次绕组接线端子引出是否正确，一次绕组串并联关系是否正确。

③ 根据待检电流互感器的额定电流和升流器的升流能力选择量程合适的标准电流互感器和电流表。

2.2.1.3　极性测试

（1）测试目的

电流互感器的极性是指它的一次绕组和二次绕组间电流方向的关系。按照规定，电流互感器一次绕组的首端标为 L1，尾端标为 L2；二次绕组的首端标为 K1（或 S1），尾端标为 K2（或 S2）。在接线中，L1 与 K1、L2 与 K2 分别称为同极性端。当电流互感器的一次、二次绕组同时在同极性端子输入电流时，它们在铁芯中产生的磁通方向相同，这时电流互感器极性标志称为减极性，反之称为加极性。

现场检测电流互感器的极性，是为了确定电流互感器接入二次回路后，可以保证各种仪器、仪表的指示和电能计量的正确性，防止继电保护装置误动作。

（2）测试方法及要求

① 测量位置：所有绕组。

② 试验仪器：干电池、指针式直流毫伏表（或指针式万用表）。

③ 试验方法：按图 2-13 所示，将指针式直流毫伏表的"+""−"输入端接在待检二次绕组的端子上，方向必须正确。"+"端接在 K1，"−"端接在 K2 上；将电池负极与电流互感器一次绕组的 L2 端相连，从一次绕组 L1 端引一根测试线，在电池正极进行突然连通动作，此时指针式直流毫伏表的指针应随之正向摆动；当拉开测试线时，指针应反向摆动，表明被检二次绕组为减极性，极性正确。反之则极性不正确。

④ 试验要求：极性为减极性，应与被试品铭牌标志相符。

（3）注意事项

① 接线本身的正负方向必须确认无误，才能正确判断电流互感器的极性。

② 测试时应先将指针式直流毫伏表（或指针式万用表）的直流毫伏挡放在一个较大挡位，

根据指针摆动的幅度对挡位进行调整，使得既能观察到明确的摆动又不至于超量程损坏仪表。

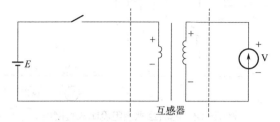

图 2-13　电流互感器极性测试接线

2.2.1.4　励磁特性测试

（1）测试目的

励磁特性是指电流互感器在一次侧开路的情况下，其二次侧励磁电流与二次侧所加电压的关系曲线（电压为纵坐标，电流为横坐标），也称铁芯的磁化曲线。

现场进行励磁特性试验，可以鉴别电流互感器的饱和程度（即电压拐点位置），判断二次绕组有无匝间短路等缺陷，确保设备安全运行。

（2）测试方法及要求

① 测量位置：保护级二次绕组。

② 试验仪器：调压器、升压变压器、电流表、电压表。

试验仪器相关要求：

a. 表计精度满足 1.0 级。

b. 使用 6mm² 及以上的电源轴，且满足"一机一闸一保护"的安全要求。

③ 试验方法：按照图 2-14 所示完成接线。待检电流互感器一次及所有二次绕组均开路，将升压变压器的电压输出高压端接至待检二次绕组的一端，待检二次绕组另一端通过电流表接回升压变压器的高压尾，将电压表与升压变压器的电压测量抽头并联。先对被测绕组进行退磁，再寻找饱和点。匀速升压，并观察电流变化，当电压匀速增长，电流增速变快时，表明铁芯开始饱和，此处即为饱和点。将电压降至零，重新升压，并在饱和点附近取 6 个电流测量点，记录电流、电压数据值，即为该绕组励磁特性曲线。测量完成后，将电压归零，切断电源。

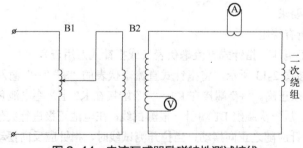

图 2-14　电流互感器励磁特性测试接线

B1—调压器；B2—升压变压器；A—电流表；V—电压表

④ 试验要求：

a. 与出厂值相比应无明显变化，同类型电流互感器相比也不应有明显区别。

b. 多抽头绕组选用最大抽头或使用抽头进行试验。

c. 一次回路保持开路状态。

d. 规程要求：同型号、同规格、同批次励磁特性曲线饱和点应相近。

（3）常见问题及处理方法

① 伏安特性电压降低：确认电流互感器一次回路是否保持开路状态。

② 伏安特性饱和电压过低：检查绕组是否匝间短路或接错位置。

③ 若施加的电压高于绕组允许值（电压峰值 4.5kV），应降低试验电源频率。

2.2.2　绝缘类试验

2.2.2.1　绝缘电阻测试

（1）测试目的

能有效地发现设备绝缘局部或整体受潮和脏污以及绝缘击穿和严重的过热老化等缺陷。

（2）测试方法及要求

① 测量位置：各绕组对地、一次绕组对二次绕组、二次绕组之间以及末屏对地的绝缘电阻。

② 试验仪器：电子式绝缘电阻表或手摇绝缘电阻表。

试验仪器相关要求：

a. 测试仪具备 2500V 输出电压、3mA 输出电流能力。

b. 测试仪需使用 5000V 电压下无泄漏的高绝缘强度测试线。

③ 试验方法：试验前，应检查绝缘电阻表状态。将火线与地线悬空测量绝缘电阻，应为无穷大，将火线与地线短接测量绝缘电阻，应为零，确认绝缘电阻表完好即可开展绝缘电阻测量。绝缘电阻表采用负极性电压对被试绕组进行测量，非被试绕组及端子应接地。接线完毕后，选取 2500V 作为试验电压，试验时间为 60s，当到达试验时间后记录试验数据，并对被试绕组进行放电。试验结束后拆除试验接线，将被试品恢复至最初的接线状态。

④ 试验要求：

a. 试验中，不发生绝缘击穿。

b. 绝缘电阻值应符合所采用规程对该设备的标准要求，电容型电流互感器的末屏对地的绝缘电阻一般不低于 1000MΩ。

c. 绝缘电阻受温度影响较大，应记录试验时环境温度。

（3）常见问题及处理方法

① 试验时接线掉落，被试设备会有剩余电荷，应先充分放电再重新进行接线，以免发生人身触电。

② 被试品表面脏污造成绝缘电阻下降，需清洁绝缘介质表面，采用屏蔽法排除干扰。

2.2.2.2　介质损耗因数及电容量测试

（1）测试目的

介质损耗因数表示电介质在交流电压下的有功损耗和无功损耗之比，值越大，介质损耗越大，反映了电介质在交流电压下的损耗性能，在发现绝缘受潮、老化等分布性缺陷方面灵敏有效。

（2）测试方法及要求

① 测量位置：

a. 一次导体对末屏。

b. 末屏对地。

② 试验仪器：介质损耗测试仪。

试验仪器要求：

a. 介质损耗测试仪需要具有较好的抗干扰能力。

b. 高压输出线具有承受 10kV 电压且不被击穿的能力。

c. 使用 6mm² 及以上的电源轴，且满足"一机一闸一保护"的安全要求。

③ 试验方法：测量电容型电流互感器的主绝缘时，二次绕组、外壳等应接地，末屏（或专用测量端子）接测试仪信号端子，电流互感器一次侧接高压，采用正接线测量，试验电压 10kV，如图 2-15 所示。当末屏对地绝阻低于 1000MΩ 时，应测量末屏对地的介质损耗因数及电容量，采用反接线测量，试验电压 2kV。

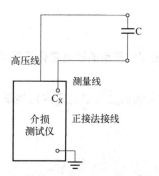

图 2-15　电流互感器介质损耗因数及电容量测试正接法接线

C—被试品；C_X—介损测试仪测量端子

④ 试验要求：

a. 试验时应记录环境温度、湿度。

b. 确认绝缘介质类型以及相应的执行标准。

c. 介质损耗因数及电容量与出厂值或者初值相比，误差符合规程要求。

（3）注意事项

① 被试品表面受潮、脏污等情况，应采取屏蔽法进行测量，排除被试品表面泄漏的影响。

② 拆除末屏接地线时注意不要转动末屏结构，测量完成后恢复末屏接地及二次绕组各端子的正确连接状态，避免运行中电流互感器二次绕组及末屏开路。

2.2.3　特殊试验

2.2.3.1　电流互感器精度试验

（1）试验目的

用于测量或计量用的电流互感器需要进行精度校验，即角差、比差测量，以满足计量装置的功能和计费的准确性。

（2）试验方法及要求

① 相关被试品：电流互感器。

② 试验仪器：标准电流互感器、升流器、电流互感器负载箱、调压器、互感器校验仪、CT 分析仪。

③ 试验方法：采用比较法，按图 2-16 进行接线。被检电流互感器一次绕组的 L1 和标准电流互感器的 L1 端对接，二次绕组的 K1 端和标准电流互感器的 K1 端对接。共用一次绕组的其他电流互感器二次绕组端子用导线短路并接地。Z 为电流负荷箱。

二次额定电流 5A 的电流互感器，下限负荷按 3.75VA 选取；二次额定电流 1A 的电流互感器，下限负荷按 1VA 选取。准确度等级 0.1 级和 0.2 级的互感器，比差精确到 0.001%，相位差精确到 0.01′，准确度等级 0.5 级和 1 级的互感器，比差精确到 0.01%，相位差精确到 0.1′。

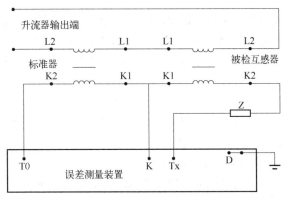

图 2-16　电流互感器精度试验测量接线

④ 试验要求：

a. 电流互感器测量点选择。根据被检互感器的变比和准确度等级，测量时可以从最大的百分数开始。也可以从最小的百分数开始。电流互感器误差测量点参见表 2-7。

表 2-7　电流互感器误差测量点

项目	1%[①]	5%	20%	100%	120%
上限负荷	+	+	+	+	+
下限负荷	+	+	+	+	−

① 只对 S 级。

b. 误差限值。电流互感器按准确度分为 0.1 级、0.2S 级、0.2 级、0.5S 级、0.5 级、1 级，电流互感器的误差不得超出表 2-8 给定的限值范围。

表 2-8　电流互感器基本误差限值

准确度等级	电流百分比/%	1	5	20	100	120
1	比差/%	—	3.0	1.5	1.0	1.0
	相位差/(′)	—	180	90	60	60
0.5	比差/%	—	1.5	0.75	0.5	0.5
	相位差/(′)	—	90	45	30	30
0.5S	比差/%	1.5	0.75	0.5	0.5	0.5
	相位差/(′)	90	45	30	30	30
0.2	比差/%	—	0.75	0.35	0.2	0.2
	相位差/(′)	—	30	15	10	10
0.2S	比差/%	0.75	0.35	0.2	0.2	0.2
	相位差/(′)	30	15	10	10	10
0.1	比差/%	—	0.4	0.2	0.1	0.1
	相位差/(′)	—	15	8	5	5

（3）注意事项

① 对电流互感器进行测试时，非被测试绕组短路接地。

② 电流互感器误差测量结果应以退磁后的误差为准，如果被检电流互感器本身有剩磁，可以用开路退磁法进行退磁。将电流互感器二次绕组开路，用升流变压器向一次绕组通入10%～15%的额定一次电流，然后平稳缓慢地将电流降到零。为了获得好的退磁效果，一般要重复多次。

③ 测试电流互感器时，要求将标准电流互感器和被测电流互感器一次侧和二次侧极性端对接，测试仪出现"极性反"是由于标准电流互感器或被测电流互感器一次或二次极性接反。一般互感器检验仪都具有"极性反"报警功能。当校验仪显示"极性反"报警时，只要将标准电流互感器或被测电流互感器极性端对调即可。

④ 测试电流互感器时，要求标准电流互感器与被测电流互感器的电流比相同，出现"变比错"的情况，即是标准电流互感器与被测电流互感器电流比不同，这时互感器校验仪的读数会超出相应准确度等级的电流互感器误差限值，如果电流比相差较大，还可能超出相应准确度等级的互感器校验仪的显示范围。这时应仔细核对被测电流互感器与标准电流互感器的电流比是否一致，保证二者的电流比相同即可。

2.2.3.2 交流耐压试验

（1）试验目的

交流耐压试验是鉴定电气设备绝缘强度最直接的方法，它对于判断电气设备是否能投入运行具有决定性的意义，也是保证设备绝缘水平、避免发生绝缘事故的重要手段。交流耐压试验可以检测电流互感器的绝缘强度，同时验证线圈的匝间绝缘是否良好。

（2）测试方法及要求

① 相关被试品：电流互感器。

② 试验仪器：试验变压器、电抗器、变频电源、分压器。

③ 试验方法：如图 2-17 所示，交流耐压试验采用串联谐振加压方式，被试品接在试验电抗器或电容分压器的一次首端，将互感器二次绕组及外壳短路接地，耐压值为出厂值的80%，耐压时间 1min。GIS 电流互感器与 GIS 设备一同耐压。

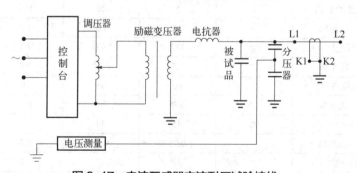

图 2-17　电流互感器交流耐压试验接线

④ 试验要求：

a. 在试验过程中如果发生击穿放电，则应根据放电能量和放电引起的声、光、电、化学等各种效应及耐压试验过程中进行的其他故障诊断技术所提供的资料，进行综合判断。遇有放电情况，可采取以下步骤：

• 进行重复试验。如果该设备或气隔还能经受规定的试验电压，则该放电是自恢复放电，认为耐压试验通过。

• 如重复试验再次失败，设备解体，打开放电气隔，仔细检查绝缘情况，修复后，再次进行耐压试验。

b. 耐压试验前、后对被试品进行绝缘电阻测试，各气室进行 SF_6 气体组分测试，对充油设备进行色谱分析，试验结果应合格，且无明显变化。

（3）注意事项

① 交流耐压试验前被试设备全部常规试验结果合格。

② 试验前被试设备所有电流互感器的二次端子全部短路接地，并用万用表通断挡进行检查；充气设备静止时间大于 24h 且测试结果合格，并检查密度表阀门是否位于打开位置。

③ 选取适当容量的试验电源，试验过程中随时监视输入电源的电流大小。

④ 试验完成后励磁变压器输出端挂接地线，对试验回路充分放电后再进行拆线工作。

2.3 电压互感器设备电气试验

电压互感器是一种用于变换电压的特种变压器。工作时，电压互感器将一次（高压）侧交流电压按照额定电压比转换成可供电测仪表、继电保护装置或控制装置使用的二次（低压）侧电压。电压互感器将二次侧设备以及二次系统与一次系统高压设备在电气方面很好地隔离，从而保证了二次设备和人身的安全。

电压互感器的试验项目及工序要求、危险点及安全措施见表 2-9 和表 2-10。

表 2-9 电压互感器试验项目及工序要求

序号	工序名称	工序要求
1	安全准备	① 工作票符合要求 ② 现场设置安全围栏 ③ 安全工器具，例如绝缘脚垫、绝缘手套、安全带等器具齐备且在有效期内
2	试验人员准备	① 试验人员数量不少于 3 人，其中至少 1 人为工程师或技师及以上资格人员 ② 安全监护人员数量不少于 1 人
3	被试设备状态检查	电压互感器安装完成，外观无开裂，油浸式无开裂渗漏油情况
4	拆接电源	拆接电源必须两人进行，电源应符合试验要求
5	直流电阻测试	① 直流电流源，采用直流压降法 ② 依据被试绕组电阻选取适合的电流挡位 ③ 测量前被试绕组应充分放电 ④ 待测试电流升至试验电流值且稳定后，读取稳定的电阻值并做记录 ⑤ 测试线应牢固可靠，试验过程中不允许突然断线或断电，测量结束后，应进行放电 ⑥ 注意绕组温度对试验结果的影响
6	电压比测试	高、低压绕组接线不得接反
7	极性测试	测量点与电压互感器铭牌一致
8	绝缘电阻测试	① 按照试验接线示意图接好试验线 ② 进行各绕组对地、一次绕组对二次绕组、二次绕组之间以及电磁单元低压端对地的绝缘电阻测试 ③ 加压时间 1min 后读取绝缘电阻值

续表

序号	工序名称	工序要求
9	介质损耗因数与电容量测试	① 恢复 N、X 点时一定要接牢，必要时进行试验检查验证 ② 高压引线应尽可能短且悬空
10	空载电流测试	① 选择与设备出厂试验相同的绕组加压 ② 拆除与电压互感器相连的导体、导线及金属体 ③ 感应耐压前后均应进行此项试验，空载电流不应有明显差别 ④ 电磁式电压互感器进行此项试验
11	互感器精度试验	① 确保二次绕组与装置断开 ② 对被试绕组所有抽头进行精度校验 ③ 必要时将非被测绕组短路
12	交流（感应）耐压试验	① 全绝缘电磁式电压互感器应同时进行交流耐压及感应耐压 ② 安装完成的 GIS 电压互感器，整体耐压前进行 15min 老练试验后退出 ③ 感应耐压试验值为出厂耐压值的 80%

表 2-10　电压互感器试验危险点及安全措施

序号	危险点	安全措施
1	作业人员进入作业现场不戴安全帽、不穿绝缘鞋可能发生人员伤害事故	工作负责人负责，检查监督安全防护用品佩戴合格
2	试验现场不设安全围栏，非试验人员进入试验现场，造成人身触电事故	设置安全围栏，悬挂标识牌
3	测量时，介质损耗测试仪接地不良，对试验人员造成伤害	使用牢固可靠的专用接地线夹
4	试验加压时，试验人员误碰试验引线或屏蔽线，造成人身触电事故	设置安全围栏，悬挂标识牌，并指定专人监护
5	升压过程不实行呼唱制度，造成人员触电	严格执行呼唱制度
6	登高作业时发生高空坠落	登高作业使用安全带、安全绳
7	更换试验接线时，未断开试验电源，未充分放电，造成触电事故，损害设备	更换试验接线时，一定要先断开试验电源，充分放电
8	更换试验接线时，未断开试验电源，未充分放电，可能造成触电事故，损害设备	更换试验接线时，一定要先断开试验电源，充分放电
9	绝缘电阻表接线不正确造成测得的绝缘电阻值异常	绝缘电阻表的 L 端和 E 端不能对调、不能铰接，高压线应采用专用测试线
10	攀爬绝缘子或瓷套，造成绝缘子或瓷套破损	使用升降车作业

2.3.1　特性类试验

2.3.1.1　绕组直流电阻测试

（1）测试目的

进行绕组直流电阻试验的目的是发现制造或运行中因振动而产生的机械应力等所造成的导线断裂、接头开焊、接触不良、匝间短路等缺陷。

（2）测试方法及要求

① 测量位置：所有绕组。

② 试验仪器：直流电阻测试仪。

试验仪器相关要求：

a. 使用与试验仪器配套的直流电阻测试线，且电压线与电流线必须分开。

b. 测试仪输出电流 1mA～2A，测试精度不得低于 0.2 级。

③ 试验方法：直流电阻测试接线如图 2-18 所示。测试使用直流电流源，采用直流压降法，依据被试绕组电阻选取适合的电流挡位，待测试电流升至试验电流值且稳定后，读取稳定的电阻值并做记录。测试完成后，将绕组直流电阻测试仪复位，待复位提示音结束后，本次测量结束，进行下一绕组测量。

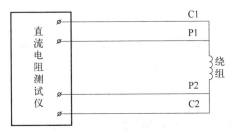

图 2-18　电压互感器直流电阻测试接线

C1，C2—电流线；P1，P2—电压线

④ 试验要求：

a. 实测值应折算至出厂值，或初始值测试温度下，与出厂值或初始值比较满足规程规定。

b. 同批次、同型号被试绕组横向比较应无较大差别。

c. 规程要求：

• 一次绕组直流电阻测量值，与换算到同一温度下的出厂值比较，相差不宜大于 10%。

• 二次绕组直流电阻测量值，与换算到同一温度下的出厂值比较，相差不宜大于 15%。

（3）注意事项

① 试验时应记录环境温度。

② 实测值异常原因：直流电阻测试仪测试线断线；被试品绕组引出线断线、破损或端子松动；被试品绕组引出线接线错误。

③ 被试绕组开路原因：被试品绕组引出线接线错误。

④ 试验时一次高压端有感应电压，应保持安全距离。

2.3.1.2　电压比测试

（1）测试目的

现场进行电压比测试，测得结果要符合设计、制造、使用及规程要求，满足保护装置和计量装置的功能。电压比测试还能发现绕组有无匝间短路的情况。

（2）测试方法及要求

① 测量位置：所有绕组。

② 试验仪器：调压器、交流电压表。

试验仪器相关要求：

a. 表计精度满足 1.0 级。

b. 使用 6mm² 及以上的电源轴，且满足"一机一闸一保护"的安全要求。

③ 试验方法：按照图 2-19 所示完成试验接线，电压互感器所有绕组必须保持开路，被试绕组接电压表。接通电源，通过调压器调节电压至试验电压，分别读取并联接入到被试电压互感器一次绕组及二次绕组的电压表数值，完成后将调压器归零，并计算实际电压比。

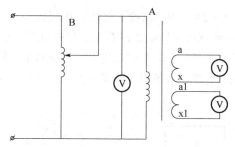

图 2-19　电压互感器电压比试验接线

B—调压器；V—交流电压表

④ 试验要求：

a. 在电压比试验过程中电压互感器非被测试的二次绕组不能短路。

b. 电压比应与铭牌标志相符，与设计图纸一致。

（3）常见问题及处理方法

① 电压比错误：检查二次绕组接线端子引出是否正确。

② 根据待检电压互感器选择量程合适的电压表。

2.3.1.3　极性测试

（1）测试目的

现场检测电压互感器的极性，是为了保证电压互感器接入二次回路后，各种仪器、仪表的指示和电能计量的正确性，同时防止继电保护装置误动作。

（2）测试方法及要求

① 测量位置：所有绕组。

② 试验仪器：干电池、指针式直流毫伏表（或指针式万用表）。

③ 试验方法：按图 2-20 所示，将指针式直流毫伏表的"+""−"输入端接在待检二次绕组的端子上，方向必须正确。"+"端接在 a，"−"端接在 x 上；将电池负极与电流互感器一次绕组的 A 端相连，从一次绕组 A 端引一根测试线，在电池正极进行突然连通动作，此时指针式直流毫伏表的指针应随之正向摆动；当拉开测试线时，指针应反向摆动，表明被检二次绕组为减极性，极性正确。反之则极性不正确。

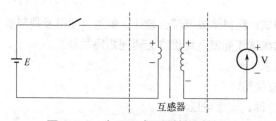

图 2-20　电压互感器极性测试接线

④ 试验要求：

极性为减极性，应与被试品铭牌标志相符。

（3）注意事项

① 低压激励时，高压侧会产生较高电压：此时应注意安全距离，防止人身触电。

② 测试时应先将指针式直流毫伏表（或指针式万用表）的直流毫伏挡放在一个较大挡位，根据指针摆动的幅度对挡位进行调整，使得既能观察到明确的摆动又不超量程损坏仪表。

2.3.2　绝缘类试验

2.3.2.1　绝缘电阻测试

（1）测试目的

能有效地发现设备绝缘局部或整体受潮和脏污以及绝缘击穿和严重的过热老化等缺陷。

（2）测试方法及要求

① 测量位置：

a. 电压互感器：各绕组对地、一次绕组对二次绕组、二次绕组之间以及一次绕组末端对地的绝缘电阻。

b. 电容式电压互感器：各分压电容、中间变压器、各绕组对地、一次绕组对二次绕组、二次绕组之间的绝缘电阻。

② 试验仪器：电子式绝缘电阻表或手摇绝缘电阻表。

试验仪器相关要求：

a. 测试仪具备 2500V 电压输出、3mA 输出电流能力。

b. 测试仪需使用 5000V 电压下无泄漏的高绝缘强度测试线。

③ 试验方法：选取 2500V 作为试验电压，试验时间为 60s。试验前，应检查绝缘电阻表状态，将火线与地线悬空测量绝缘电阻，应为无穷大，将火线与地线短接测量绝缘电阻，应为零，确认绝缘电阻表完好即可开展绝缘电阻测量。绝缘电阻表采用负极性电压对被试设备进行测量，非被试绕组及端子应接地。接线完毕后，选择好试验电压开始试验，当到达试验时间后记录试验数据，并对被试设备进行放电。试验结束后拆除试验接线，并将被试品恢复至最初的接线状态。

④ 试验要求：

a. 试验中，不发生绝缘击穿。

b. 绝缘电阻值应符合所采用规程对该设备的标准要求。

c. 绝缘电阻受温度影响较大，应记录试验时环境温度。

（3）常见问题及处理方法

① 试验时接线掉落，被试设备会有剩余电荷，应先充分放电再重新进行接线，以免发生人身触电。

② 被试品表面脏污造成绝缘电阻下降，需清洁绝缘介质表面，采用屏蔽法排除干扰。

2.3.2.2　介质损耗因数与电容量测试

（1）测试目的

介质损耗因数表示电介质在交流电压下的有功损耗和无功损耗之比，值越大，介质损耗越大，它反映了电介质在交流电压下的损耗性能。测量介质损耗因数与电容量是为了检测电压互感器局部有无集中性和整体性缺陷，内部有无气泡、杂质、受潮，电容式电压互感器（CVT）电容层之间有无断层击穿现象。

（2）测试方法及要求

① 测量位置：

电磁式电压互感器：一次绕组对二次绕组。

电容式电压互感器：分压电容。

② 试验仪器：介质损耗测试仪。

试验仪器要求：

a. 高压输出线具有承受 10kV 电压且不被击穿的能力。

b. 使用 6mm² 及以上的电源轴，且满足"一机一闸一保护"的安全要求。

③ 试验方法：

电磁式电压互感器正接法：如图 2-21 左图所示，将电磁式电压互感器的一次首尾相连，接介损电桥的高压端，二次绕组短路相连，接测量线，用正接法测量。正接法主要是测量一次对二次的电容量及介质损耗。

电磁式电压互感器反接法：如图 2-21 右图所示，把电磁式电压互感器的一次首尾相连，接介损电桥的高压端，二次绕组短路相连接地，用反接法测量。反接法主要是测量一次对二次及地的电容量及介质损耗。

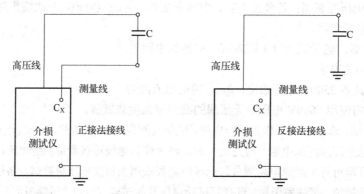

图 2-21　电磁式电压互感器介质损耗因数与电容量测试接线

C—被试品；C_X—介损测试仪测量端子

电容式电压互感器自励磁法：如图 2-22 所示，首先将仪器低压输出电源与 CVT 二次侧绕组相连，作为升压电源使用；将仪器测量线接 CVT 高压侧（A 点），高压线接 CVT 分压电容末端（N 点）且不能接地，CVT 中间变压器末端（X 点）必须接地。施加电压不能大于 2500V。

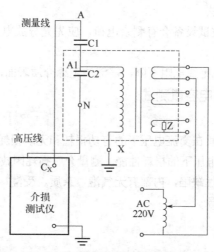

图 2-22　电容式电压互感器介质损耗因数与电容量测试（自励磁法）接线

C1，C2—分压电容；C_X—介损测试仪测量端子

④ 试验要求：

a. 确认绝缘介质类型，以及相应的执行标准；

b. 介损、电容量与出厂值或者初值相比，误差符合规程要求。

（3）注意事项

① 被试品表面受潮、脏污等，应采取屏蔽法进行测量，排除被试品表面泄漏影响。

② 严禁在电压互感器一次绕组有电位差时将二次绕组短路。

2.3.3　特殊试验

2.3.3.1　空载电流测试

（1）测试目的

针对电磁式电压互感器，主要检查铁芯硅钢片的质量和绕组是否存在匝间短路现象。

（2）测试方法及要求

① 测量位置：电磁式电压互感器二次绕组。

② 试验仪器：调压器、交流电压表、交流电流表、空载测试仪。

试验仪器相关要求：

a. 表计精度满足 1.0 级。

b. 使用 6mm² 及以上的电源轴，且满足"一机一闸一保护"的安全要求。

③ 试验方法：如图 2-23 所示，将一次绕组的尾端（X 端）接地，高压端悬空，在其中一个二次绕组加压，其他二次绕组尾端单端接地；将调压器的电压输出端接至加压二次绕组，在此接入测量用电压表、电流表。接好线路后合闸，缓慢升压，当电压升至该二次绕组额定电压的 50%、80%、100%和 120%时读取电压、电流值。升至最高测试电压后，读取电压、电流值并迅速降压，断开电源。

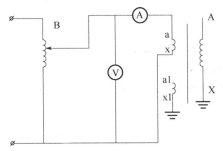

图 2-23　电压互感器空载电流测试接线

B—调压器；A—交流电流表；V—交流电压表

④ 试验要求：

a. 空载电流与出厂值比较不应有明显变化，不大于出厂值的 130%。

b. 中性点非有效接地系统拐点电压不低于 $1.9U_\mathrm{m}/\sqrt{3}$；中性点有效接地系统拐点电压不低于 $1.5U_\mathrm{m}/\sqrt{3}$。

（3）注意事项

① 试验过程中一次高压端会产生高电压，请保持一定的安全距离，并在试验设备及被试品周围设围栏且由专人监护。

② 感应耐压前后均应进行此项试验，空载电流不应有明显差别。

③ 电磁式电压互感器的现场测试值与其出厂值误差较大，需要具体问题具体分析，有可能是现场设备的状态和试验方式与出厂试验时不同。

2.3.3.2　电压互感器精度试验

（1）试验目的

用于测量或计量用的电压互感器需要进行精度校验，即角差、比差测量，以满足计量装置的功能和计费的准确性。

（2）试验方法及要求

① 相关被试品：电压互感器。

② 试验仪器：标准电压互感器、升压变压器、电压互感器负载箱、电抗器、调压器、互感器校验仪。

③ 试验方法：采用比较法，按图2-24及图2-25进行接线。图2-24用于测试电磁式电压互感器。图2-25使用串联谐振升压装置，主要用于测试电容式电压互感器。测试某一绕组，非被测试绕组单端接地，一次末端接地。电压互感器的下限负荷按2.5VA选取，电压互感器有多个二次绕组时，下限负荷分配给被检二次绕组，其他二次绕组空载。准确度等级0.1级和0.2级的互感器，读取的比差保留到0.001%，相位差保留到0.01'，准确度等级0.5级和1级的互感器，读取的比差保留到0.01%，相位差保留到0.1'。

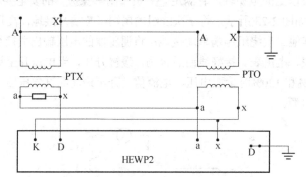

图2-24　电磁式电压互感器精度试验接线

PTX—被试电压互感器；PTO—标准电压互感器；HEWP2—误差测量装置

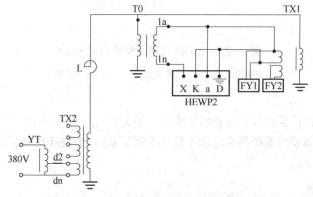

图2-25　电容式电压互感器精度试验接线

L—谐振电抗器；HEWP2—误差测量装置；YT—调压器；TX2—升压器；

FY1/FY2—电压负荷箱；TX1—被试电压互感器；T0—标准电压互感器

④ 试验要求：

a. 电压互感器测量点选择参见表2-11。

表2-11　电压互感器误差测量点及对应的基本误差限值

项目	80%	100%	110%①	115%②
上限负荷	+	+	+	+
下限负荷	+	+	−	−

① 适用于 330kV 和 500kV 电压互感器。

② 适用于 220kV 及以下电压互感器。

b. 被检互感器在全部检定点的误差，如不超过表2-12所示的基本误差限值且稳定性、运行变差和磁饱和裕度符合要求，则认为误差合格，否则认为不合格。

c. 对电压互感器进行测试时，非被测试绕组单端接地，一次末端和外壳可靠接地。

d. 进行误差试验前，应先进行互感器的外观和绝缘检查。

表2-12　电压互感器基本误差限值

准确度等级	电压百分比/%	80~120
1	比差/%	1.0
	相位差/（′）	40
0.5	比差/%	0.5
	相位差/（′）	20
0.2	比差/%	0.2
	相位差/（′）	10
0.1	比差/%	0.1
	相位差/（′）	5

e. 全封闭式组合电器 GIS 中的电磁式电压互感器，无法进行单只互感器升压，必须带着母线才能进行一次升压，而母线存在较大的寄生电容，使得一次升压很困难，被试互感器容量不大，强行利用其二次的剩余绕组升压会损坏被试互感器。现场试验时可以把 GIS 母线和被试互感器看作一个整体，组成相当于一个电容式电压互感器，可以用串联谐振的方法对被试互感器进行升压试验。为了减少现场使用的电抗器数量，可以采用三相母线并联再与电抗器串联谐振方式升压。

2.3.3.3　交流（感应）耐压试验

（1）试验目的

检测电压互感器的绝缘强度，同时考核线圈的匝间绝缘是否良好。

（2）试验方法及要求

① 测量位置：电磁式电压互感器二次绕组加压感应至一次绕组。全绝缘电磁式电压互感器也可采用外施交流耐压方式直接加压至一次绕组。

② 试验仪器：三倍频感应耐压装置、变频电源、补偿电抗、试验变压器。

③ 试验方法：

感应耐压：如图 2-26 所示，将一次绕组的尾端（X 端）接地，高压 A 端悬空，选择最大容量的二次绕组施加励磁电压，使一次感应出规定的试验电压值，其他二次绕组开路（或并接补偿电抗器）并尾端接地。

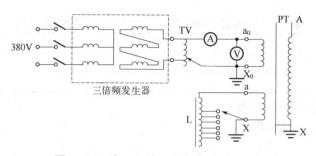

图 2-26　电压互感器感应耐压试验接线

TV—调压器；L—补偿电感；PT—被试电压互感器

交流耐压：如图 2-27 所示，一次绕组短路，二次绕组短路接地，外壳接地。使用试验变压器直接施加试验电压至一次绕组，使用电容分压器从一次侧监测试验电压。

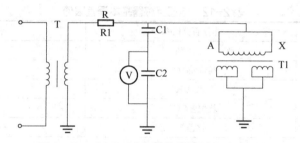

图 2-27　电压互感器外施交流耐压试验接线

T—试验变压器；C1，C2—电容分压器；T1—被试互感器；R—保护电阻；V—峰值电压表

④ 试验要求：

a. 感应耐压试验的频率 $f>100Hz$ 时，试验持续时间 $t=60\times100/f$（s），但不应小于 15s，且 f 不应大于 300Hz。

b. 试验过程中不应发生击穿、闪络放电现象。

c. 感应耐压试验前后，空载电流不应有明显变化。

（3）注意事项

① 被试品表面受潮、脏污等情况，应采取屏蔽法进行测量，排除被试品表面泄漏的影响。

② 升压设备的容量应足够，试验前应确认高压、升压等设备功能正常，当励磁电流超过 20A，必须用电抗器进行补偿。

③ 耐压试验应在高压侧测量试验电压，尽量避免在施加电压的二次侧测量电压；当必须在二次侧换算试验电压时，必须进行容升计算。

2.4　断路器及组合电器试验

断路器是指能够关合、承载和开断正常回路条件下的电流，并能关合、在规定时间内承载和开断异常回路条件（包括短路条件）下的电流的机械开关装置。

　　断路器是电力系统重要设备之一，其最大特点就是开断负荷电流和短路电流。主要功能是：正常运行时，断开和闭合正常工作电流，改变电力系统运行方式，起控制作用。当电力系统发生故障时，快速切除故障回路，以保证非故障部分正常运行，起保护作用。

　　断路器的试验项目及工序要求、危险点及安全措施见表 2-13 和表 2-14。

表 2-13　断路器试验项目及工序要求

序号	工序名称	工序要求
1	安全准备	① 工作票符合要求 ② 现场设置安全围栏 ③ 安全工器具，例如绝缘脚垫、绝缘手套、安全带等器具齐备且在有效期内
2	试验人员准备	① 试验人员数量不少于 3 人，其中至少 1 人为工程师或技师及以上资格人员 ② 安全监护人员数量不少于 1 人
3	被试设备状态检查	① 断路器及组合电器安装完成，SF_6 气体充至额定压力 ② 断路器及组合电器高压套管与一次引线断开，且引线断开的距离应符合安规内容的有关规定
4	拆接电源	拆接电源必须两人进行，电源应符合试验要求
5	分、合闸线圈直流电阻测试	① 使用单臂电桥测量分、合闸电磁铁线圈的直流电阻 ② 测量前被试绕组应充分放电 ③ 必须等测试仪读数完全稳定方可记录 ④ 电源线及测试线应牢固可靠，试验过程中不允许突然断线或断电，测量结束后，应采取放电措施，避免因电流突然中断产生高电压 ⑤ 试验结束后必须充分放电
6	分、合闸电磁铁的最低动作电压测试	① 将直流电源的输出经刀闸分别接入断路器二次控制线的合闸或分闸回路中，在一个比较低的电压下迅速合上并拉开直流电源的出线刀闸，断路器不会动作，逐步提高此电压值，重复以上步骤，当断路器正确动作时，记录此前的电压值，则分别为分、合闸电磁铁的最低动作电压值 ② 如果存在第二分闸回路，则应同时测量第二分闸电磁铁的最低动作电压 ③ 对测试的试验数据进行分析判断，得出结论
7	断路器时间特性及同期性以及合闸电阻预投入时间测试	① 将直流电源的输出经刀闸分别接入断路器二次控制回路中，用试验线将断路器一次各断口的引线接入测试的时间通道，将可调直流电源调至额定操作电压，通过控制断路器的特性试验测试仪，对断路器进行分、合闸操作，得出各相的分、合闸时间，合闸弹跳时间及同期 ② 如果断路器有合闸电阻，则应同时测量合闸电阻的预先投入时间
8	分、合闸速度测试	① 本试验可结合测量断路器分、合闸时间同时进行，所要测速传感器可靠固定，并将传感器运动部分牢固连接至断路器机构的传动部件上，利用断路器特性测试仪进行分、合闸操作，根据测量得到的时间-行程特性曲线求得分、合闸速度 ② 分、合闸速度特性测量方法和测量结果应符合制造厂规定
9	导电回路电阻测试	① 将导电回路测试仪试验接线接至断路器一次接线端上，电压线接在内侧，电流线接在外侧，采用直流压降法，电流不小于 100A ② 注意保持与带电设备的距离
10	辅助及控制回路绝缘电阻测试及分、合闸线圈的绝缘电阻测试	① 使用 1000V 绝缘电阻表，辅助和控制回路交流耐压值为 1000V，可采用普通试验变压器或 2500V 绝缘电阻表遥测 1min 代替 ② 测量后充分放电

续表

序号	工序名称	工序要求
11	断口并联电容器的绝缘电阻、电容量和介质损耗因数测试	① 瓷柱式断路器，与断口同时测量，测得的电容值和 $\tan\delta$ 与原始值比较，应无明显变化 ② 罐式断路器（包括组合电器中的断路器）按制造厂规定
12	交流耐压试验	① 试验前必须进行适应性计算 ② 现场试验电源必须符合适应性计算要求 ③ 试验前后充分放电，放电时间大于施加电压时间 ④ 罐式断路器交流耐压包括合闸对地及断口间耐压

表 2-14　断路器试验危险点及安全措施

序号	危险点	安全措施
1	作业人员进入作业现场不戴安全帽、不穿绝缘鞋可能发生人员伤害事故	工作负责人负责，检查监督安全防护用品佩戴合格
2	试验过程中断路器有非试验人员工作，造成人身触电事故	断路器上禁止有人工作
3	试验现场不设安全围栏，非试验人员进入试验现场，造成触电	设置安全围栏，悬挂标识牌
4	测量时，介质损耗测试仪接地不良，对试验人员造成人身伤害	使用牢固可靠的专用接地线夹
5	试验加压时，试验人员误碰试验引线或屏蔽线，造成人身触电事故	设置安全围栏，悬挂标识牌，并指定专人监护
6	升压过程不实行呼唱制度，造成人员触电	严格执行呼唱制度
7	高处作业时，发生高空坠落	登高作业使用安全带、安全绳
8	更换试验接线时，未断开试验电源，未充分放电，造成触电事故，损害设备	更换试验接线时，要先断开试验电源，并进行充分放电
9	绝缘电阻表接线位置不正确造成测得的绝缘电阻值异常	绝缘电阻表的 L 端和 E 端不能对调、不能铰接，高压线应采用专用测试线
10	未可靠恢复引线造成电网运行安全事故	引线恢复后进行力矩检查，主通流回路进行回路电阻测量
11	攀爬绝缘子或瓷套，造成绝缘子或瓷套破损	使用升降车作业
12	在断路器机构上安装传感器时，断路器动作造成人身伤害	① 断开控制电源 ② 将断路器操作机构的能量释放，安装完毕后再储能
13	吊装、组装试验设备时，发生设备倾斜、翻倒或坠落，造成人身伤害、设备损坏	起吊、安装试验设备时必须由专人指挥和监护，设备吊运安放平稳，防止侧滑、倾倒、坠落事件发生，起吊设备下方区域禁止人员进入或经过。试验设备的底座须水平，设备组合连接须使用专用螺钉固定
14	交流耐压试验结束后未对被试品充分放电，发生人身触电	为保证人身和设备安全，在进行试验后应对试品充分放电；分压器应每节都放电后拆装

2.4.1　特性类试验

2.4.1.1　分、合闸线圈直流电阻测试

（1）测试目的

通过测量断路器分、合闸线圈的直流电阻，可以发现在出厂运输或运行中因振动而产生的

机械应力等所造成的分、合闸线圈导线断裂，接头开焊，接触不良，匝间短路等缺陷。

（2）测试方法及要求

① 测量位置：分闸线圈、合闸线圈。

② 试验仪器：单臂电桥。

试验仪器相关要求：使用精度满足要求的单臂电桥测量。

③ 试验方法：

a. 调整检流计零位。测量前应将检流计开关拨向"内接"位置，即打开检流计的锁扣，然后调节调零器使指针指在零位。

b. 用万用表的欧姆挡估测被测电阻，得出估计值。

c. 接入被测电阻时应采用较粗较短的导线并将接头拧紧。

d. 根据被测电阻的估计值，选择适当的比例臂，使比较臂的四挡电阻都能被充分利用，从而提高测量准确度。例如，被测电阻约为几十欧时应选用×0.01 的比例臂，被测电阻约为几百欧时应选用×0.1 的比例臂。

e. 当测量电感线圈的直流电阻时，应先按下电源按钮，再按下检流计按钮；测量完毕，应先松开检流计按钮，后松开电源按钮。这样可以避免被测线圈产生自感电动势损坏检流计。

f. 电桥电路接通后，若检流计指针向"+"方向偏转，应增大比较臂电阻，反之应减小比较臂电阻。

g. 检流计平衡时，读取被测电阻值（比例臂读数×比较臂读数）。

h. 电桥使用完毕，应先切断电源，然后拆除被测电阻，最后将检流计锁在扣锁上。

④ 试验要求：

a. 测量前被试绕组应充分放电，试验结束后必须充分放电。

b. 测试导线越短越好。

c. 必须等测试仪读数完全稳定方可记录。

d. 试验过程中不允许突然断线或断电，测量结束后，应采取放电措施，避免因电流突然中断产生高电压。

e. 规程要求：实测值必须按照出厂值测试温度进行折算，与出厂值进行比较，差别不应超过 5%。

（3）注意事项

① 测试前断开控制回路，防止出现短路。

② 测试完成后一定要先复位再拆除测试线，如果未复位或复位不彻底，在拆除测试线时会伤及试验人员和测试仪。

③ 若测试结果偏差大，应检查回路端子有无松动。

2.4.1.2　分、合闸电磁铁的最低动作电压测试

（1）测试目的

断路器进行分、合闸电磁铁的最低动作电压试验，目的是保证断路器在变电站的操作电源为允许变动范围之内而且又偏低时，仍能可靠动作。断路器动作电压过高或过低，都会引起断路器误分闸和误合闸，以及在断路器发生故障时拒绝分闸，造成事故，甚至影响整个电网的稳定。

（2）测试方法及要求

① 测量位置：分闸线圈、合闸线圈。

② 试验仪器：断路器动特性测试仪。

试验仪器相关要求：

a. 试验仪器具备三相同时测试和单相测试功能。

b. 使用 6mm² 及以上的电源轴，且满足"一机一闸一保护"的安全要求。

③ 试验方法：如图 2-28 所示，将动作电压测试仪的直流输出，经刀闸分别接入断路器二次控制的合闸或分闸回路中，在一个较低电压下迅速合上并拉开直流电源出线刀闸，若断路器不动作，则逐步提高电压值，重复以上步骤，当断路器正确动作时，记录此前的电压值，则分别为合闸、分闸电磁铁的最低动作电压值。

图 2-28　分、合闸电磁铁的最低动作电压测试接线

K—小开关；V—直流电压表；L—断路器分、合闸线圈

④ 试验要求：

a. 最低动作电压测试结果满足规程要求。

b. 规程要求：

· 并联合闸脱扣器应能在其交流额定电压的 85%～110%范围或直流额定电压的 80%～110%范围内可靠动作；

· 并联分闸脱扣器应能在其额定电源电压 65%～120%范围内可靠动作，当电源电压低至额定值的 30%或更低时不应脱扣。

（3）注意事项

① 最低动作电压超标：反复动作断路器或者开启加热电源，使分、合闸线圈及操作机构处于标准工作状态后再测量，如果依然超标，联系设备厂家进行调节或更换线圈。

② 动作电压测试仪的直流输出严禁短路。

③ 采用外接直流电源时，应防止串入站内运行直流系统。

④ 加在合闸、分闸线圈上的直流电压时间不宜过长，防止烧毁线圈。

2.4.1.3　断路器时间特性及同期性以及合闸电阻预投入时间测试

（1）测试目的

断路器分闸时间过长，会延长断路器切除故障时间，引起振荡过电压，对电网安全构成威胁；若合闸时间过长，会延长重合闸时间，造成电网瓦解事故，所以断路器的分、合闸时间对电力系统非常重要。分闸的不同期性对电网安全运行也能带来很大危害，不同期时间过长，断路器相当于非全相运行，产生的不平衡电流导致继电保护装置误动；合闸不同期相差过大，会造成过电压。

电力系统中投、切空载线路，会产生操作过电压。为此，要在断路器上装设合闸电阻，释放电网能量，从而保护电网的电气设备。断路器断开时合闸电阻在主触头合上前先退出。在主断口（灭弧室）合闸前的几毫秒投入，防止操作过电压，在主断口合上若干毫秒后自动切除。

（2）测试方法和要求

① 测量位置：SF_6断路器、真空断路器。

② 试验仪器：断路器动作特性测试仪。

试验仪器相关要求：

a. 试验仪器具备三相同时测试和单相测试功能。

b. 使用 $6mm^2$ 及以上的电源轴，且满足"一机一闸一保护"的安全要求。

③ 试验方法：将断路器特性测试仪的分、合闸控制线分别接入断路器二次分、合闸线圈控制线中，将断路器一次各断口的引线接入测试仪的时间通道，如图 2-29 所示。将可调直流电源调至额定操作电压，通过控制断路器特性测试仪对断路器进行分、合闸操作，得出各相分、合闸时间。三相合闸时间中的最大值与最小值之差即为合闸不同期，三相分闸时间中的最大值与最小值之差即为分闸不同期。

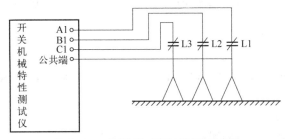

图 2-29　断路器时间特性测试接线

L1—A 相开关断口；L2—B 相开关断口；L3—C 相开关断口

④ 试验要求：

a. 合闸、分闸及合分时间应符合厂家及规程规定。

b. 真空断路器需同时测量合闸弹跳时间。

（3）注意事项

① 分、合闸时间及同期性超标：确认储能机构压力是否达到额定值，如果条件都具备而依然不合格，应联系厂家进行调节。

② 断路器储能方式为弹簧储能时，须多次测量以确保数据准确。

2.4.1.4　分、合闸速度测试

（1）测试目的

断路器分、合闸速度的大小直接影响到断路器分断和关合短路电流的能力，是断路器的重要参数之一。断路器工作情况的好坏，与其分合闸速度有密切关系。如果分、合闸速度低，电弧熄灭的时间会延长，断路器触头就会烧伤，引起爆炸事故。在运行中机构调整不当、脏污、卡涩、润滑油缺少及质量不好等原因，均会使分、合闸速度降低。

（2）测试方法及要求

① 测量位置：SF_6断路器、真空断路器。

② 试验仪器：断路器动特性测试仪。

试验仪器相关要求：

a. 试验仪器具备三相同时测试和单相测试功能；

b. 使用 6mm² 及以上的电源轴，且满足"一机一闸一保护"的安全要求。

③ 试验方法：分、合闸时间和速度测量可同时进行，将速度传感器固定在断路器传动轴上，速度线与仪器相连。试验仪器控制线与分、合闸线圈相连，调整触发电压为断路器额定控制电压，触发分、合闸线圈，使断路器动作，读取仪器中分、合闸时间，根据速度定义，计算速度值。

④ 试验要求：

a. 合闸、分闸速度按照厂家标准进行测量，应符合厂家及规程规定。

b. 真空断路器须同时测量分闸反弹。

（3）注意事项

① 速度超标：将速度架进行紧固，若仍不能满足，联系厂家人员进行调整。

② 安装速度传感器前，应进行一次分、合闸操作，确定传动轴位置。

③ 安装速度传感器前，须将储能卸掉，避免安装时出现安全隐患。

2.4.1.5　导电回路电阻测试

（1）测试目的

检测动静触头之间、导体之间接触情况是否满足设计要求，避免因接触不良、制造缺陷等而造成发热损毁情况。

（2）测试方法及要求

① 测量位置：按照出厂试验测量位置进行，主通流回路。

② 试验仪器：回路电阻测试仪。

试验仪器相关要求：

a. 使用与试验仪器配套的回路电阻测试线，且电压线与电流线必须分开。

b. 使用 6mm² 及以上的电源轴，且满足"一机一闸一保护"的安全要求。

③ 试验方法：使用直流电流源，采用电流电压法，接线方式如图 2-30 所示，试验电流一般为 100A。待测试电流升至试验电流值且稳定后，读取稳定的电阻值并做记录。测试完成后，切断试验电流，关闭仪器，断开电源。

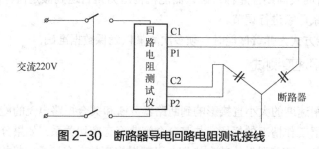

图 2-30　断路器导电回路电阻测试接线

C1，C2—电流线；P1，P2—电压线

④ 试验要求：

a. 电阻值符合厂家标准以及规程相关要求。

b. 应在电气设备反复动作后测量，组合电器应在全部安装完成后且隔离开关电动之后测量。

c. 同批次、同型号被试位置横向比较应无较大差别。

（3）注意事项

① 在运行站进行回路电阻测试时，感应电会对人身及设备造成伤害，试验开始前，应在断路器一端加装接地线，确保安全后方可开展试验。

② 测量组合电器回路电阻时，测量点两端均接地会产生分流，导致测量值偏小，影响数据判断，应拆除一点接地后再进行测量。

2.4.2　绝缘类试验

2.4.2.1　辅助及控制回路绝缘电阻及分、合闸线圈的绝缘电阻测试

（1）测试目的

测量断路器控制回路及分、合闸线圈绝缘电阻可以有效发现断路器控制回路二次电缆及线圈绝缘受潮、损坏的缺陷。

（2）测试方法及要求

① 测量位置：控制回路及分、合闸线圈。

② 试验仪器：电子绝缘电阻表。

试验仪器相关要求：

a. 测试仪具备 3mA 输出电流能力。

b. 测试仪需使用 5000V 电压下无泄漏的高绝缘强度测试线。

③ 试验方法：选取 1000V 作为试验电压，试验时间一般设备为 60s。试验前，应检查绝缘电阻表状态，将火线与地线悬空测量绝缘电阻，应为无穷大，将火线与地线短接测量绝缘电阻，应为零，确认绝缘电阻表完好即可开展绝缘电阻测量。试验时，绝缘电阻表采用负极性电压对被试设备进行测量。接线完毕后，选择好试验电压开始试验，当到达试验时间后记录试验数据，并对被试设备进行放电。试验结束后拆除试验接线，并恢复被试品接线状态。

④ 试验要求：

a. 试验中，不发生绝缘击穿。

b. 绝缘电阻值应符合规程要求。

c. 绝缘电阻受温度影响较大，应记录试验时环境温度。

（3）常见问题及处理方法

试验时接线掉落：被试设备会有剩余电荷，应先充分放电再重新进行接线，以免发生人身触电。

2.4.2.2　断口并联电容器的电容量和介质损耗因数测试

（1）测试目的

断路器断口并联电容器承担着多断口均压及抑制暂态恢复电压的重要作用，因此并联电容的可靠性至关重要。介质损耗因数是判断电气设备绝缘状态的一种有效手段，主要用来检测电气设备整体受潮、劣质老化及局部放电等缺陷。

（2）测试方法及要求

① 测量位置：并联在断路器断口的电容器。

② 试验仪器：介质损耗测试仪。

试验仪器要求：

a. 高压输出线必须具有承受 10kV 电压且不被击穿的能力。

b. 使用 6mm² 及以上的电源轴，且满足"一机一闸一保护"的安全要求。

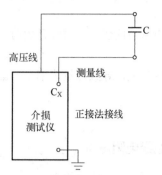

图 2-31　断路器断口并联电容器的电容量和介质损耗因数测试接线

C—被试品；C_X—介损测试仪测量端子

③ 试验方法：如图 2-31 所示，试验采用正接法，试验电压为 10kV，高压线和测量线分别接在断路器断口两侧，确认安全后开始试验，试验后立即切断高压电源并记录数据。

④ 试验要求：

a. 介损、电容量与出厂值或者初值相比，误差符合规程要求。

b. 确认绝缘介质类型以及相应的执行标准。

（3）常见问题及处理方法

① 介质损耗值受低温环境影响极大，如果出现普遍介质损耗值偏高，可查阅出厂说明书中的温度换算公式，换算后再进行比较。

② 被试品表面受潮、脏污等情况，应采取屏蔽法进行测量，排除被试品表面泄漏的影响。

2.4.3　特殊试验

这是主要讲述交流耐压试验。

（1）试验目的

检测断路器及 GIS 设备的绝缘强度是否良好，这是设备投运前最重要的试验项目。

（2）试验方法及要求

① 相关被试品：断路器、GIS 设备。

② 试验仪器：试验变压器、电抗器、变频电源、分压器等。

③ 试验方法：如图 2-32 所示，交流耐压试验采用串联谐振加压方式，被试品接试验电抗器或电容分压器的一次首端，为降低有功损耗，提高品质因数，试验引线采用防晕导线。

根据 GB 50150—2016《电气装置安装工程　电气设备交接试验标准》、DL/T 555—2004《气体绝缘金属封闭开关设备现场耐压及绝缘试验导则》，交流耐压试验加压程序如图 2-33 所示。施加试验电压时，严格按照程序要求进行；在交流耐压试验完成后，电压降至 $1.2U_r/\sqrt{3}$（U_r 为设备额定电压）进行局部放电测量。

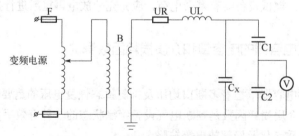

图 2-32　断路器交流耐压试验接线

B—激励变压器；UR—有功损耗的等效电阻；UL—电抗器；C1, C2—电容分压器高、低压臂电容；C_X—被试品

④ 试验要求：

a. 被试品的每一部件均按选定的试验程序耐受规定的试验电压而无击穿放电，则认为整个交流耐压试验通过。

b. 在试验过程中如果发生击穿放电，则应根据放电能量和放电引起的声、光、电、化学等各种效应及耐压试验过程中进行的其他故障诊断技术所提供的资料，进行综合判断。遇有放电情况，可采取以下步骤：

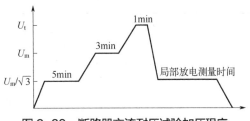

图 2-33　断路器交流耐压试验加压程序

•进行重复试验。如果该设备或气隔还能经受规定的试验电压，则该放电是自恢复放电，认为耐压试验通过。

•如重复试验再次失败，应解体设备，打开放电气隔，仔细检查绝缘情况，修复后，再次进行耐压试验。

c. 耐压试验前、后对被试品进行绝缘电阻测试，各气室进行 SF_6 气体组分测试，试验结果应合格，且无明显变化。

（3）注意事项

① 交流耐压试验前被试电气设备全部常规试验结果应合格。

② 试验前被试设备所有电流互感器的二次端子全部短路接地，并用万用表通断挡进行检查；充气设备静止时间大于 24h 且测试结果合格，并检查密度表阀门是否打开；检查被试品的分合闸状态位置是否正确。

③ 被试的 GIS、HGIS 所有接地连片均安装牢固；被试品的全部外部引线必须拆除并保持足够绝缘距离。

④ 试验过程中检查带电显示装置是否正常工作。

⑤ 选取适当容量的试验电源，试验过程中随时监视输入电源的电流大小。

⑥ 试验完成后励磁变压器输出端挂接地线，对试验回路充分放电后拆线。

2.5　隔离开关电气试验

隔离开关是一种主要用于隔离电源、倒闸操作、连通和切断小电流电路的无灭弧功能的开关器件。隔离开关在分闸位置时，触头间有符合规定要求的绝缘距离和明显的断开标志，在合闸位置时，能承载正常的运行电流及在规定时间内的异常（例如短路）电流。隔离开关的工作原理及结构比较简单，但是由于使用量大，工作可靠性要求高，对安全运行的影响较大。

隔离开关的试验项目及工序要求、危险点及安全措施见表 2-15 和表 2-16。

表 2-15　隔离开关试验项目及工序要求

序号	工序名称	工序要求
1	安全准备	① 工作票符合要求 ② 现场设置安全围栏 ③ 安全工器具，例如绝缘脚垫、绝缘手套、安全带等器具齐备且在有效期内
2	试验人员准备	① 试验人员数量不少于 3 人，其中至少 1 人为工程师或技师及以上资格人员 ② 安全监护人员数量不少于 1 人

序号	工序名称	工序要求
3	被试设备状态检查	隔离刀闸安装完成，外观无异物，与引线断开。引线断开的距离应符合安规内容的有关规定，检查确认 GIS 组合电器应断开的引线确已断开，接地铜排已解下，接好试验接线并核对，做好环境温度、湿度的记录
4	拆接电源	拆接电源必须两人进行，电源应符合试验要求
5	导电回路电阻测试	将导电回路电阻测试仪试验接线接至断路器一次接线端上，电压线接在内侧，电流线接在外侧，采用直流压降法，电流不小于 100A 注意保持与带电设备的距离

表 2-16　隔离开关试验危险点及安全措施

序号	危险点	安全措施
1	作业人员进入作业现场不戴安全帽、不穿绝缘鞋可能发生人员伤害事故	工作负责人负责，检查监督安全防护用品佩戴合格
2	试验过程中断路器有非试验人员工作，可能造成触电事故	断路器上禁止有人工作
3	试验现场不设安全围栏，使非试验人员进入试验现场，造成触电	设置安全围栏，悬挂标识牌
4	攀爬断路器作业时可能会发生高空坠落	登高作业使用安全带、安全绳
5	更换试验接线时，未断开试验电源，未充分放电，可能造成触电事故，损害设备	更换试验接线时，一定要先断开试验电源，充分放电
6	未可靠恢复引线造成电网运行安全事故	引线恢复后进行力矩检查，主通流回路进行回路电阻测量
7	攀爬绝缘子或瓷套，造成绝缘子或瓷套破损	使用升降车

这里主要讲述导电回路电阻测试。

（1）测试目的

由于接触面氧化、接触紧固不良等原因，隔离开关的触头接触电阻增大，当有大电流流过时，接触点的温度升高，加速了接触面氧化，接触电阻进一步增大，导致严重事故。测量闭合状态下导电回路的接触电阻，可以有效检查接触面是否有氧化层，检查回路是否有接触缺陷，通流能力是否良好。

（2）测试方法及要求

① 测量位置：按照出厂试验测量位置进行，主通流回路。

② 试验仪器：回路电阻测试仪。

试验仪器相关要求：

a. 使用与试验仪器配套的回路电阻测试线，且电压线与电流线必须分开。

b. 使用 6mm² 及以上的电源轴，且满足"一机一闸一保护"的安全要求。

③ 试验方法：导电回路电阻测试原理如 2-34 所示，使用直流电流源，采用电流电压法，试验电流为 100A，待测试电流升至试验电流值且稳定后，读取稳定的电阻值并做记录。测试完成后，切断试验电流，关闭仪器，断开电源。

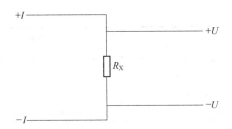

图 2-34 隔离开关导电回路电阻测试接线

④ 试验要求：

a. 电阻值符合厂家标准以及规程相关要求。

b. 应在组合电器全部安装完成，隔离开关、断路器多次动作之后测量。

c. 同批次、同型号被试位置横向比较应无较大差别。

（3）常见问题及处理方法

① 在进行线路侧隔离开关回路电阻测试时，由于线路上存在高压感应电，会对人身设备造成伤害，试验开始前，应在出线侧加装接地线，确保安全后方可开展试验。

② 测量组合电器回路电阻时，测量点两端均接地会产生分流，导致测量值偏小，影响数据判断，应拆除一点接地后再进行测量。

2.6 高压电缆设备电气试验

高压电缆是电力电缆的一种，是指用于 1～1000kV 的电力电缆，多应用于电力传输和分配。高压电缆从内到外的组成部分包括导体、绝缘体、内护层、填充料（铠装）、外绝缘层。

高压电缆的试验项目及工序要求、危险点及安全措施见表 2-17 和表 2-18。

表 2-17 高压电缆试验项目及工序要求

序号	工序名称	工序要求
1	安全准备	① 工作票符合要求 ② 现场设置安全围栏 ③ 安全工器具，例如绝缘脚垫、绝缘手套、安全带等器具齐备且在有效期内
2	试验人员准备	① 试验人员数量不少于 3 人，其中至少 1 人为工程师或技师及以上资格人员 ② 安全监护人员数量不少于 1 人
3	电力电缆状态检查	电力电缆安装完成，检查确认电力电缆引线已断开，引线断开的距离满足符合安规内容的有关规定
4	拆接电源	拆接电源必须两人进行，电源应符合试验要求
5	绝缘电阻测试	① 试验前，应检查绝缘电阻表状态，将火线与地线悬空测量绝缘电阻，应为无穷大，将火线与地线短接测量绝缘电阻，应为零，确认绝缘电阻表完好即可开展绝缘电阻测量 ② 根据电力电缆选取合适的试验电压，一般设备选取 2500V 作为试验电压 ③ 试验时间一般为 60s，试验结束对电力电缆进行放电 ④ 试验结束后拆除试验接线，并恢复电力电缆接线状态
6	直流电阻测试	① 依据被试电缆出厂电阻选取适合的电流挡位，待测试电流升至试验电流值且稳定后，读取稳定的电阻值并做记录 ② 测试完成后，将绕组直流电阻测试仪复位，待复位提示音结束后，本次测量结束

续表

序号	工序名称	工序要求
7	相位检查	相位检查需在电缆两端进行，一端接地，另外一端测量
8	交流耐压试验	① 试验前必须进行适应性计算 ② 现场试验电源必须符合适应性计算要求 ③ 试验前后充分放电，放电时间大于施加电压时间

表 2-18　高压电缆试验危险点及安全措施

序号	危险点	安全措施
1	作业人员进入作业现场不戴安全帽、不穿绝缘鞋可能发生人员伤害事故	工作负责人负责，检查监督安全防护用品佩戴合格
2	试验现场不设安全围栏，非试验人员进入试验现场，造成触电	设置安全围栏，悬挂标识牌
3	试验加压时，试验人员不得误碰试验引线或屏蔽线，可能造成触电事故	设置安全围栏，悬挂标识牌，并指定专人监护
4	升压过程不实行呼唱制度，会造成人员触电	严格执行呼唱制度
5	攀爬作业时可能会发生高空坠落	登高作业使用安全带、安全绳
6	更换试验接线时，未断开试验电源，未充分放电，可能造成触电事故，损害设备	更换试验接线时，一定要先断开试验电源，充分放电
7	绝缘电阻表接线不好造成测得的绝缘电阻值异常	绝缘电阻表的 L 端和 E 端不能对调、不能绞接，高压线应采用专用测试线
8	未可靠恢复引线造成电网运行安全事故	引线恢复后进行力矩检查，主通流回路进行回路电阻测量
9	攀爬绝缘子或瓷套，造成绝缘子或瓷套破损	使用升降车

2.6.1　特性类试验

2.6.1.1　直流电阻测试

（1）测试目的

对高压电缆进行直流电阻测试，可以发现电缆制造或运行中因振动而产生的机械应力等所造成的电缆断裂、相间短路等缺陷。

（2）测试方法及要求

① 测量位置：电缆导体、金属屏蔽。

② 试验仪器：直流电阻测试仪。

试验仪器相关要求：

a. 使用与试验仪器配套的直流电阻测试线，且电压线与电流线必须分开。

b. 测试仪输出电流 1mA～2A，测试精度不得低于 0.2 级。

③ 试验方法：依据被试电缆出厂电阻选取适合的电流挡位，待测试电流升至试验电流值且稳定后，读取稳定的电阻值并做记录。测试完成后，将直流电阻测试仪复位，待复位提示音结束后，本次测量结束。

④ 试验要求：测量在相同温度下的回路金属屏蔽和导体的直流电阻，并求取金属屏蔽和导体电阻比，作为今后监测的基础数据。

（3）注意事项

相同型号、相同长度电缆的金属屏蔽和导体的直流电阻三相之间大致相同。

2.6.1.2　相位检查

（1）检查目的

电力系统是三相供电系统，其三相之间有一个固定的相位差，当两个或两个以上的电力网并列时，其相位必须相同，否则会使电网无法并列运行，导致电网事故。

（2）检查方法及要求

① 测量位置：电缆两端。

② 试验仪器：万用表。

③ 试验方法：在电缆的一端将 A 相通过导线与地相连，用万用表通断挡在电缆另一端测量三相对地的导通情况，A 相通，B 相、C 相不通。使用相同方法检查 B 相和 C 相。

④ 试验要求：

a. 电缆两端相位与电网一致。

b. 电缆相别安装标识正确。

（3）常见问题及处理方法

相序相别标识错误：更改为正确相序或相别标识。

2.6.2　绝缘类试验

2.6.2.1　绝缘电阻测试

（1）测试目的

检测电力电缆是否存在整体受潮、整体劣化和贯穿性缺陷。

（2）测试方法及要求

① 测量位置：

a. 电缆各相导体之间及地。

b. 外护层对地。

② 试验仪器：电子式绝缘电阻表。

试验仪器相关要求：

a. 测试仪具备 3mA 输出电流能力。

b. 测试仪需使用 5000V 电压下无泄漏的高绝缘强度测试线。

③ 试验方法：

a. 电缆各相导体之间及地：绝缘电阻表使用 DC 2500V 挡位，"L"输出端连接被测相导体，"E"输出端接任一相导体，测试时间 1min，记录 1min 绝缘电阻值。

b. 外护层对地：绝缘电阻表使用 DC 1000V 挡位，"L"输出端连接电缆金属屏蔽，"E"输出端接地，测试时间 1min，记录 1min 绝缘电阻值。

④ 试验要求：

a. 绝缘电阻表的两根电压输出线不要相互缠绕。

b. 加压线对地悬空试验中，不发生绝缘击穿。

c. 耐压试验前后，绝缘电阻应无明显变化。

（3）常见问题及处理方法

试验时接线掉落：电力电缆会有剩余电荷，应先充分放电再重新进行接线，以免发生人身触电。

2.6.2.2　交流耐压试验

（1）试验目的

电缆的交流耐压试验，可以进一步检测电力电缆的绝缘是否存在受潮、劣化和贯穿性缺陷，有效检验电缆的电气强度。

（2）试验方法及要求

① 相关被试品：高压电缆。

② 试验仪器：试验变压器、电抗器、变频电源、分压器等。

③ 试验方法：如图 2-35 所示，电力电缆交流耐压试验采用串联谐振加压方式，被试品接试验电抗器或电容分压器的一次首端，为降低有功损耗，提高品质因数，试验引线采用防晕导线。

根据 GB 50150—2016《电气装置安装工程　电气设备交接试验标准》和 Q/GDW 11316—2018《高压电缆线路试验规程》规定，110kV 及以下电缆的耐压值为 $2U_0$，220kV 及以上电缆的耐压值为 $1.7U_0$，时间为 1h。

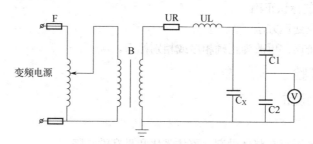

图 2-35　高压电缆交流耐压接线

B—激励变压器；UR—有功损耗的等效电阻；UL—电抗器；

C1，C2—电容分压器高、低压臂电容；C_X—被试品（电缆）

④ 试验要求：

a. 按照试验方案，电力电缆在试验过程中承受规定的试验电压值，无击穿放电现象，认为耐压试验通过。

b. 对 66kV 及以上电缆线路，在主绝缘交流耐压试验期间应同步开展局部放电检测。

c. 耐压试验前、后对被试品进行绝缘电阻测试，试验结果应合格，且无明显变化。

（3）注意事项

① 如耐压过程中出现击穿现象，应重点检查电缆头及中间接头部分，修复后再次进行耐压试验。

② 选取适当容量的试验电源，试验过程中随时监视输入电源的电流大小。

③ 试验完成后励磁变压器输出端挂接地线，对试验回路充分放电后拆线。

2.7　电容器设备电气试验

并联电容器主要用于补偿电力系统感性负荷的无功功率，以提高功率因数，改善电压质量，降低线路损耗。电容器主要由芯子、外壳和出线结构等几部分组成。用金属箔（作为极板）与绝缘纸或塑料薄膜叠起来一起卷绕，由若干元件、绝缘件和紧固件经过压装而构成电容芯子，并浸渍绝缘油。电容极板的引线经串、并联后通过连接片与出线瓷套管下端相连。

电容器的试验项目及工序要求、危险点及安全措施见表 2-19 和表 2-20。

表 2-19　电容器试验项目及工序要求

序号	工序名称	工序要求
1	安全准备	① 工作票符合要求 ② 现场设置安全围栏 ③ 安全工器具，例如绝缘脚垫、绝缘手套、安全带等器具齐备且在有效期内
2	试验人员准备	① 试验人员数量不少于 3 人，其中至少 1 人为工程师或技师及以上资格人员 ② 安全监护人员数量不少于 1 人
3	被试设备状态检查	电容器安装完成，表面没有渗漏油现象，器身无变型，试验前对被试设备进行充分放电
4	拆接电源	拆接电源必须两人进行，电源应符合试验要求
5	电容器电容量测试	① 按照试验接线示意图接好试验线 ② 必须等测试仪读数完全稳定才记录 ③ 电源线及测试线应牢固可靠，试验过程中不允许突然断线 ④ 试验后要对电容器进行充分放电
6	电容器绝缘电阻测试	① 按照试验接线示意图接好试验线 ② 打开试验仪器开关，选择试验电压 ③ 加压时间 1min 后读取绝缘电阻值
7	并联电容器交流耐压试验	① 交流耐压试验前被试电气设备全部常规试验的结果合格 ② 试验前后充分放电，放电时间大于施加电压时间

表 2-20　危险点及安全措施

序号	危险点	安全措施
1	作业人员进入作业现场不戴安全帽、不穿绝缘鞋可能发生人员伤害事故	工作负责人负责，检查监督作业人员防护用品佩戴合格
2	试验过程中电容器有可能有剩余电荷，可能造成触电事故	电容器试验前后要对其充分放电
3	试验现场不设安全围栏，会使非试验人员进入试验现场，造成触电	设置安全围栏，悬挂标识牌
4	试验加压时，试验人员不得误碰试验引线或屏蔽线，否则可能造成触电事故	设置安全围栏，悬挂标识牌，并指定专人监护
5	升压过程不实行呼唱制度，会造成人员触电	严格执行呼唱制度
6	攀爬电容器作业时可能会发生高空坠落	登高作业使用安全带、安全绳
7	更换试验接线时，未断开试验电源，未充分放电，可能造成触电事故，损害设备	更换试验接线时，一定要先断开试验电源，充分放电
8	绝缘电阻表接线不好造成测得的绝缘电阻值异常	绝缘电阻表的 L 端和 E 端不能对调、不能绞接，高压线应采用专用测试线

2.7.1 特性类试验

这里讲述电容器电容量测试试验。

（1）测试目的

测量单只电容器电容量，确定是否与铭牌相符，可以判断内部接线是否正确及绝缘是否受潮等。测量整组电容器及桥臂电容量，确保三相整组之间的电容量和单相桥臂之间的电容量分别符合规程和设计要求，以保证发生故障后差流或差压保护动作，及时切除整组电容器，达到隔离故障、保护电网运行安全的目的。

（2）测试方法及要求

① 测量项目：并联电容器单只电容和整体电容及桥臂电容。

② 试验仪器：电容电感测试仪、电容表。

试验仪器相关要求：

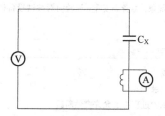

图 2-36　电容器电容量测试原理图

C_X—被测电容

　　a. 使用与试验仪器配套的测试线。

　　b. 使用 6mm^2 及以上的电源轴，且满足"一机一闸一保护"的安全要求。

　　③ 试验方法：将电容电感测试仪专用测试线接于被测电容两极，钳形电流表卡在所需测量的单只电容器的套管处，测试原理如图 2-36 所示。条件允许时推荐单只测量，拆有难度时应确认被试品测量回路中没有其他串并联支路，以免影响测试结果；测量整体电容，应与其他桥臂或其他电容器组断开连接，单独测量。

　　④ 试验要求：

a. 电容器表面没有渗漏油现象，器身无变型。

b. 试验结果与额定值比较符合规程要求。

c. 桥臂间保持电容量平衡。

（3）常见问题及处理方法

① 单只电容值超标：断开与其他电容器的连接单独测量，校准试验仪器后再次测量。

② 桥臂间电容量不平衡：对组内电容器进行调换，调节至电容量平衡。

2.7.2 绝缘类试验

这里讲述绝缘电阻测试。

（1）测试目的

测量两极对外壳的绝缘电阻（测量时两极应短接），检查器身套管等对地绝缘，可以及时发现电容器内部绝缘是否受潮。

（2）测试方法及要求

① 测量位置：两极对外壳的绝缘电阻。

② 试验仪器：绝缘电阻表。

试验仪器相关要求：试验仪器采用 2500V 绝缘电阻表。

③ 试验方法：测量前电容器应充分放电，将被测电容器两极短路，测量电极对地 60s 的绝缘电阻值，关闭绝缘电阻表，被测电容器对地放电。

④ 试验要求：测量前后均应对电容器充分放电，测量过程中，应先断开绝缘电阻表与电

容器的连接再停止摇动绝缘电阻表，以免电容器反向充电对人员和设备造成伤害。

（3）常见问题及处理方法

① 试验时接线掉落，被试设备会有剩余电荷，应先充分放电再重新进行接线，以免发生人身触电。

② 被试品表面脏污造成绝缘电阻下降，需清洁绝缘介质表面，采用屏蔽法排除干扰。

2.7.3 特殊试验

这里讲述电容器交流耐压试验。

（1）试验目的

电容器的交流耐压试验，对考核电容器的绝缘强度、检查局部缺陷具有决定性的作用，有利于发现介质受潮、开裂以及运输中引起的内部介质松动、位移而造成的绝缘距离不够等缺陷。

（2）测试方法及要求

① 相关被试品：电容器的两极对外壳。

② 试验仪器：试验变压器、电抗器、变频电源、分压器等。

③ 试验方法：如图 2-37 所示，采用串联谐振加压方式，电容器两极短接后接试验电抗器或电容分压器的一次首端，电容器外壳接地，根据 GB 50150—2016《电气装置安装工程　电气设备交接试验标准》进行交流耐压试验。在试验设备容量允许的情况下，可多只电容器并联同时进行交流耐压试验。

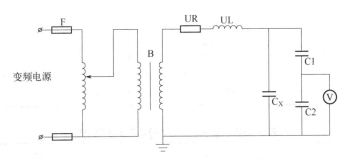

图 2-37　电容器交流耐压试验接线

B—激励变压器；UR—有功损耗的等效电阻；UL—电抗器；

C1，C2—电容分压器高、低压臂电容；C_X—被试品（电容器）

④ 试验要求：

a. 被试品无击穿放电。

b. 交流耐压值为出厂值的 75%。

（3）注意事项

① 选取适当容量的试验电源，试验过程中随时监视输入电源的电流大小。

② 试验完成后励磁变压器输出端挂接地线，对试验回路充分放电后拆线。

2.8　电抗器设备电气试验

高压串联电抗器，能够有效抑制和吸收高次谐波，限制合闸涌流及操作过电压，保护电容器组，改善系统的电压波形，提高电网功率因数。

高压并联电抗器，并联在超高压输电线的末端和地之间，起无功补偿作用。当负载较小或末端开路时会出现工频过电压，线路中并联电抗器可以有效解决这一问题。

电抗器的试验项目及工序要求、危险点及安全措施见表 2-21 和表 2-22。

表 2-21　电抗器试验项目及工序要求

序号	工序名称	工序要求
1	安全准备	① 工作票符合要求 ② 现场设置安全围栏 ③ 安全工器具，例如绝缘脚垫、绝缘手套、安全带等器具齐备且在有效期内
2	试验人员准备	① 试验人员数量不少于 3 人，其中至少 1 人为工程师或技师及以上资格人员 ② 安全监护人员数量不少于 1 人
3	被试设备状态检查	电抗器安装完成，器身无变型，试验前对被试设备进行充分放电
4	拆接电源	拆接电源必须两人进行，电源应符合试验要求
5	电抗器绕组直流电阻测试	① 按照试验接线示意图接好试验线 ② 必须等测试仪读数完全稳定才记录 ③ 电源线及测试线应牢固可靠，试验过程中不允许突然断线
6	电抗器电感值测试	① 按照试验接线示意图接好试验线 ② 必须等测试仪读数完全稳定才记录 ③ 电源线及测试线应牢固可靠，试验过程中不允许突然断线
7	电抗器绝缘电阻测试	① 按照试验接线示意图接好试验线 ② 打开试验仪器开关，选择试验电压 ③ 加压时间 1min 后读取绝缘电阻值，分别记录 15s、1min 及 10min 电阻值 ④ 对于铁芯电抗器还需测量与铁芯绝缘的各紧固件的绝缘电阻
8	电抗器交流耐压试验	试验前后充分放电，放电时间大于施加电压时间

表 2-22　电抗器试验危险点及安全措施

序号	危险点	安全措施
1	作业人员进入作业现场不戴安全帽、不穿绝缘鞋可能发生人员伤害事故	工作负责人负责，检查监督作业人员防护用品佩戴合格
2	试验现场不设安全围栏，会使非试验人员进入试验现场，造成触电	设置安全围栏，悬挂标识牌
3	试验加压时，试验人员不得误碰试验引线或屏蔽线，可能造成触电事故	设置安全围栏，悬挂标识牌，并指定专人监护
4	升压过程不实行呼唱制度，会造成人员触电	严格执行呼唱制度
5	攀爬电抗器作业时可能会发生高空坠落，攀爬电抗器支柱绝缘子，造成支柱绝缘子破损	登高作业使用安全带、安全绳
6	更换试验接线时，未断开试验电源，未充分放电，可能造成触电事故，损害设备	更换试验接线时，一定要先断开试验电源，充分放电
7	绝缘电阻表接线不好造成测得的绝缘电阻值异常	绝缘电阻表的 L 端和 E 端不能对调、不能绞接，高压线应采用专用测试线

2.8.1　特性类试验

2.8.1.1　绕组直流电阻测试

（1）测试目的

测量电抗器绕组直流电阻用以发现制造或运行中因振动而产生的机械应力等造成的导线断裂、接头开焊、接触不良、匝间短路等缺陷。

（2）测试方法及要求

① 测量位置：电抗器绕组。

② 试验仪器：直流电阻测试仪。

试验仪器相关要求：

a. 使用与试验仪器配套的测试线。

b. 使用 6mm² 及以上的电源轴，且满足 "一机一闸一保护" 的安全要求。

③ 试验方法：将直流电阻测试仪通过测试线与被测绕组可靠连接，仪器接地，测试原理如图 2-38 所示。使用直流电流源，采用电流电压法，依据被试绕组电阻选取适合的电流挡位，待测试电流升至试验电流值且稳定后，读取稳定的电阻值并做记录。测试完成后，将绕组直流电阻测试仪复位，待复位提示音结束后，本次测量结束。

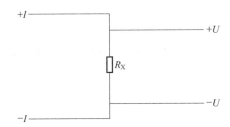

图 2-38　电抗器绕组直流电阻测试原理

④ 试验要求：

a. 电压引线和电流引线要分开，且越短越好。

b. 测量时应注明绕组温度，不同温度下测得的电阻值应按下式进行换算：

$$R_2 = R_1 (T+t_2) / (T+t_1)$$

式中，R_1、R_2 分别为温度 t_1、t_2 时的电阻值；T 为电阻温度常数，铜导线取 235，铝导线取 225。

c. 等测试仪读数完全稳定后记录试验数据。

d. 电源线及测试线应牢固可靠，试验过程中不允许突然断线，避免因电流突然中断产生高电压。

（3）常见问题及原因

实测值异常：直流电阻测试仪测试线断线；被试品绕组引出线断线、破损或匝间短路。

2.8.1.2　电感值测试

（1）测试目的

测量电抗器电感值，以确定是否与铭牌相符，判断内部接线是否正确等。

（2）测试方法及要求

① 测量位置：电抗器绕组。

② 试验仪器：电容电感测试仪。

试验仪器相关要求：

a. 使用与试验仪器配套的测试线；

b. 使用 6mm² 及以上的电源轴，且满足"一机一闸一保护"的安全要求。

③ 试验方法：测试干式空心电抗器时需将电容电感测试仪通过测试线与电抗器的被测绕组相连，测试得到干式空心电抗器的电感值；对于干式铁芯电抗器，其电感值与其工作条件有关，呈非线性关系，因此测量时，应尽可能使电抗器处于实际工作状态，测试干式铁芯电抗器时，应在电抗器线端施加对称三相电压。

④ 试验要求：

a. 等测试仪读数完全稳定再记录。

b. 电源线及测试线应牢固可靠，试验过程中不允许突然断线，避免因电流突然中断产生高电压。

（3）常见问题及原因

实测值异常：电容电感测试仪测试线断线；被试品绕组引出线断线、匝间短路。

2.8.2　绝缘类试验

这里讲述绝缘电阻测试。

（1）测试目的

测量电抗器绕组绝缘电阻能有效地检查出电抗器绝缘整体受潮、整体劣化、部件表面受潮或脏污以及贯穿性的集中缺陷。

（2）测试方法及要求

① 测量项目：

a. 干式空心电抗器需测量绕组连同套管的绝缘电阻、吸收比和极化指数；

b. 干式铁芯电抗器，除了测量绕组连同套管的绝缘电阻、吸收比和极化指数，还应测量铁芯和夹件的绝缘电阻。

② 试验仪器：绝缘电阻表。

试验仪器相关要求：试验仪器采用 2500V 绝缘电阻表。

③ 试验方法：

a. 绕组连同套管：将电抗器绕组短接，绝缘电阻表使用 DC 2500V 挡位，绝缘电阻表 L 端连接被试绕组，E 端接地，分别记录 15s、60s、600s 的电阻值，进而计算吸收比和极化指数。

b. 铁芯和夹件：绝缘电阻表使用 DC 2500V 挡位（个别厂家要求使用 DC 1000V 测试），绝缘电阻表 L 端连接被试部位，E 端接地，测试时间为 1min。

④ 试验要求：

a. 吸收比（10～30℃范围）不低于 1.3 或极化指数不低于 1.5。

b. 铁芯夹件绝缘电阻与出厂值比较，测试结果应无显著差别。干式铁芯电抗器测量铁芯对地绝缘电阻、夹件对地绝缘电阻、铁芯对夹件绝缘电阻，采用 2500V 绝缘电阻表测量，持续时间应为 1min，应无闪络及击穿现象。

（3）常见问题及处理方法

① 试验时接线掉落，被试设备会有剩余电荷，应先充分放电再重新进行接线，以免发生人身触电。

② 被试品表面脏污造成绝缘电阻下降，需清洁绝缘介质表面。

2.8.3 特殊试验

这里讲述交流耐压试验。

（1）试验目的

电抗器的交流耐压试验对考核电抗器的绝缘强度、检查局部缺陷具有决定性的作用，能发现介质受潮、开裂以及运输中引起的内部介质松动、位移而造成的绝缘距离不够等缺陷。

（2）测试方法及要求

① 相关被试品：电抗器。

② 试验仪器：试验变压器、电抗器、变频电源、分压器等。

③ 试验方法：如图 2-39 所示，采用串联谐振加压方式，被试品接试验电抗器或电容分压器的一次首端。根据 GB 50150—2016《电气装置安装工程　电气设备交接试验标准》施加试验电压。

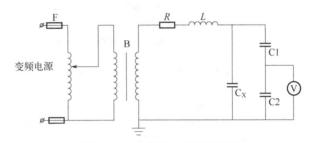

图 2-39　电抗器交流耐压接线

B—激励变压器；R—有功损耗的等效电阻；L—电抗器；

C1，C2—电容分压器高、低压臂电容；Cx—被试品（电抗器）

④ 试验要求：

a. 被试品无击穿放电，认为交流耐压试验通过。

b. 耐压试验前、后对被试品进行绝缘电阻测试，试验结果应合格，且无明显变化。

（3）注意事项

① 选取适当容量的试验电源，试验过程中随时监视输入电源的电流大小。

② 试验完成后励磁变压器输出端挂接地线，对试验回路充分放电后拆线。

2.9 避雷器设备电气试验

避雷器用于保护电气设备免受雷击时瞬态过电压，并限制续流时间和续流幅值。避雷器也称为过电压保护器、过电压限制器。避雷器具有优异的非线性伏安特性，响应特性好，无续流，通流容量大，残压低，抑制过电压能力强，耐污秽，抗老化，不受海拔约束，结构简单，无间隙，密封严，寿命长等。

避雷器的试验项目及工序要求、危险点及安全措施见表 2-23 和表 2-24。

表 2-23　避雷器试验项目及工序要求

序号	工序名称	工序要求
1	安全准备	① 工作票符合要求 ② 现场设置安全围栏 ③ 安全工器具，例如绝缘脚垫、绝缘手套、安全带等器具齐备且在有效期内
2	试验人员准备	① 试验人员数量不少于 3 人，其中至少 1 人为工程师或技师及以上资格人员 ② 安全监护人员数量不少于 1 人
3	避雷器状态检查	避雷器安装完成，外观无异物，无开裂渗漏油情况，检查确认避雷器引线已断开，引线断开的距离符合安规内容的有关规定
4	拆接电源	拆接电源必须两人进行，电源应符合试验要求
5	绝缘电阻测试	① 试验前，应检查绝缘电阻表状态，将火线与地线悬空测量绝缘电阻，应为无穷大，将火线与地线短接测量绝缘电阻，应为零，确认绝缘电阻表完好即可开展绝缘电阻测量 ② 根据避雷器选取合适的试验电压，一般设备选取 2500V 作为试验电压 ③ 如果有环境影响应加屏蔽线 ④ 试验时间一般为 60s，试验结束对避雷器进行放电 ⑤ 试验结束后拆除试验接线，并恢复避雷器接线状态
6	直流参考电压及泄漏电流测试	① 避雷器不直接接地，只能通过微安表接地，此试验电压很高，需着重做好安全监护工作 ② 将直流高压发生器的高压出线与避雷器的高压端相连接，避雷器的低压端接微安表，然后接地 ③ 试验开始后，先匀速升压，当微安表电流超过 200μA 后开始降低升压速度，当电流超过 800μA 后，改为微调升压，当微安表显示泄漏电流达到 1000μA 时，记录当前电压为直流 1mA 参考电压 ④ 按下操作界面 75%电压控制键，待电压稳定后读取微安表上 75%参考电压下的泄漏电流 ⑤ 将电压归零，关闭仪器，用放电棒对避雷器及周围不带电设备进行放电，先通过放电电阻放电，再将地线与避雷器相连充分放电
7	运行电压下的泄漏电流测试	① 运行电压下的泄漏电流测试，作为高电压试验，需要做好安全监护工作 ② 连接试验接线，开启测试仪，根据试验变压器测量线圈变比在仪器上进行设置 ③ 开始试验后，调节调压器对避雷器施加电压，当达到其系统运行电压时，在测试仪上读取并记录当前泄漏电流的全电流 I_x 和阻性电流基波峰值 I_{r1p} ④ 调压器归零，切断试验电源，对避雷器进行放电
8	放电计数器测试	① 拆除放电计数器首端引线，将放电棒尾端与避雷器计数器接地端连接 ② 开启放电棒，点触避雷器计数器首端 ③ 关闭放电棒，恢复计数器引线

表 2-24　避雷器试验危险点及安全措施

序号	危险点	安全措施
1	作业人员进入作业现场不戴安全帽、不穿绝缘鞋可能发生人员伤害事故	工作负责人负责，检查监督安全防护用品佩戴合格
2	试验过程中避雷器本体有非试验人员工作，可能造成触电事故	本体出线上禁止有人工作
3	试验现场不设安全围栏，会使非试验人员进入试验现场，造成触电	设置安全围栏，悬挂标识牌
4	试验加压时，试验人员不得误碰试验引线或屏蔽线，可能造成触电事故	设置安全围栏，悬挂标识牌，并指定专人监护
5	升压过程不实行呼唱制度，会造成人员触电	严格执行呼唱制度

序号	危险点	安全措施
6	攀爬绝缘子或瓷套，造成绝缘子或瓷套破损	使用绝缘杆或升降车
7	更换试验接线时，未断开试验电源，未充分放电，可能造成触电事故，损害设备	更换试验接线时，一定要先断开试验电源，充分放电
8	绝缘电阻表接线不好造成得的绝缘电阻值异常	绝缘电阻表的 L 端和 E 端不能对调、不能绞接，高压线应采用专用测试线
9	未可靠恢复引线造成电网运行安全事故	引线恢复后进行力矩检查，主通流回路进行回路电阻测量
10	仪器放置不当导致仪器倾倒	选择坚实平坦的地面，使用底座妥善放置试验设备

2.9.1　绝缘类试验

2.9.1.1　绝缘电阻测试

（1）测试目的

检测避雷器是否存在整体受潮、整体劣化和贯穿性缺陷。

（2）测试方法及要求

① 测量位置：

a. 避雷器底座对地。

b. 避雷器两端主绝缘。

② 试验仪器：电子式绝缘电阻表。

试验仪器相关要求：

a. 测试仪具备 3mA 输出电流能力；

b. 测试仪需使用 5000V 电压下无泄漏的高绝缘强度测试线。

③ 试验方法：

a. 避雷器底座对地：绝缘电阻表使用 DC 2500V 挡位，绝缘电阻表 L 输出端连接避雷器底座，绝缘电阻表 E 输出端接地，测试时间 1min，记录 1min 绝缘电阻值。

b. 避雷器两端主绝缘：绝缘电阻表使用 DC 2500V 挡位，绝缘电阻表 L 输出端连接避雷器上端，绝缘电阻表 E 输出端接避雷器下端，测试时间 1min，记录 1min 绝缘电阻值。

④ 试验要求：

a. 绝缘电阻表的两根电压输出线不要相互缠绕。

b. 加压线对地悬空，试验中不发生绝缘击穿。

（3）注意事项

① 试验时接线掉落：避雷器会有剩余电荷，应先充分放电再重新进行接线，以免发生人身触电。

② 避雷器表面脏污造成绝缘电阻下降：清洁绝缘介质表面，采用屏蔽法排除干扰。

③ 试验结束后对周围避雷器进行放电。

2.9.1.2　直流参考电压及泄漏电流测试

（1）测试目的

1mA 参考电压和 0.75 倍该电压下的泄漏电流反映了特性曲线拐点的位置，是确定避雷器特性的两个重要参数，可以直接反映出避雷器是否劣化和受潮。

（2）测试方法及要求

① 测量位置：避雷器。

② 试验仪器：直流高压发生器、氧化锌避雷器带电测试仪。

试验仪器相关要求：

a. 高压输出线能承受 30kV 电压，且无泄漏。

b. 使用 6mm² 及以上的电源轴，且满足"一机一闸一保护"的安全要求。

③ 试验方法：试验接线如图 2-40 所示，先匀速升压，当微安表电流超过 200μA 后开始降低升压速度，当电流超过 800μA 后，改为微调升压，当微安表显示泄漏电流达到 1000μA 时，记录当前电压为直流 1mA 参考电压；再按下操作界面 75%电压控制键，待电压稳定后读取微安表上 75%参考电压下的泄漏电流。将电压归零，关闭仪器，用放电棒对避雷器进行放电，先通过放电电阻放电，再将地线与避雷器相连充分放电。

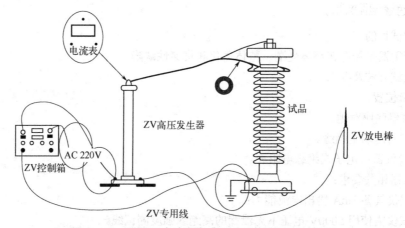

图 2-40　避雷器直流参考电压及泄漏电流测试接线

④ 试验要求：

a. 试验值应符合出厂规定，并符合规程要求与出厂值的误差。

b. 高压引线与地及其他设备之间应保持足够的安全距离。

c. 试验接线正确，接地牢靠。

d. 试验前后对避雷器充分放电。

e. 试验前确保避雷器表面干燥、清洁。

f. 泄漏电流测量偏大时，应考虑消除电晕和外绝缘表面泄漏电流的影响（如使用屏蔽线）。

g. 对于单相多节串联结构避雷器应逐节进行。

（3）常见问题及处理方法

① 泄漏电流超标：选择干燥环境进行试验，清洁避雷器表面，在高压侧加屏蔽线；试验接线尽量与设备保持水平。

② 放电后设备仍有残余电荷：试验前对被试品着重放电，全部试验结束后对所有避雷器统一进行充分放电。

③ 附近容性设备会产生电荷：试验前，对附近可能产生电荷的设备进行短路或接地，设专人监护防止其他工作人员误碰，试验后对此类设备进行充分放电。

2.9.2　特殊试验

2.9.2.1　运行电压下的泄漏电流测试

（1）测试目的

当避雷器内部绝缘状况不良、电阻片特性发生变化时，通过运行电压下的泄漏电流及阻性分量判断避雷器状态的好坏。

（2）测试方法及要求

① 测量位置：避雷器。

② 试验仪器：调压器、升压变压器、阻性电流测试仪。

试验仪器相关要求：

a. 高压输出线能承受 30kV 电压，且无泄漏；

b. 使用 6mm² 及以上的电源轴，且满足"一机一闸一保护"的安全要求。

③ 试验方法：全电流及阻性电流测试原理图如图 2-41 所示。连接试验接线，通过调节调压器，使施加电压达到其系统运行电压，到达电压后，在测试仪上读取并记录当前泄漏电流的全电流 I_x 和阻性电流基波峰值 I_{r1p}。将调压器归零，切断试验电源，对避雷器进行放电。

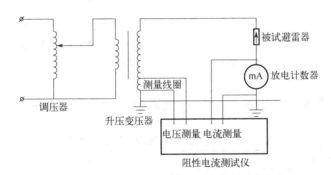

图 2-41　避雷器全电流及阻性电流测试原理

④ 试验要求：

a. 交流试验值与同类型设备相比应相近。

b. 高压引线与地及其他设备之间应保持足够的安全距离。

c. 试验接线正确，接地牢靠。

d. 试验前后对避雷器充分放电。

e. 试验前确保避雷器表面干燥、清洁。

f. 对于单相多节串联结构避雷器应逐节进行。

（3）常见问题及处理方法

① 放电后设备仍有残余电荷：试验前对被试品着重放电，全部试验结束后对所有避雷器统一进行充分放电。

② 试验时，电压电流夹角应在第一象限并在 80°～90° 间，如果处于第四象限，需在电压测量处调换接线。

2.9.2.2　避雷器放电计数器测试

（1）测试目的

检测避雷器放电计数器能否正确动作，放电计数器动作的可靠性对于电力系统非常重要，及时判断避雷器运行过程中的异常情况，可以防止事故的发生，提高电力系统运行的可靠性。

（2）测试方法及要求

① 测量位置：避雷器放电计数器。

② 试验仪器：放电棒。

试验仪器相关要求：放电棒具备输出能力。

③ 试验方法：开启放电棒，放电棒尾端连接避雷器计数器接地端，放电端点触计数器首端。

④ 试验要求：

a. 点触测试 3～5 次，每次应正确动作。

b. 在试验过程中防止放电棒伤人。

（3）常见问题及处理方法

试验时接线掉落：关闭放电棒，重新接线，以免发生人身触电。

2.10 接地系统试验

接地系统（接地网）是对埋在地下一定深度的多个金属接地极和由导体将这些接地极相互连接组成一网状结构的接地体的总称。对接地装置进行检查，可以发现接地网埋设不慎，或受到外界环境影响导致的接地装置接地电阻变化。若设备出现短路，地面跨步电压相对较大，会对巡视人员的安全造成影响。

接地系统的试验项目及工序要求、危险点及安全措施见表 2-25 和表 2-26。

表 2-25 接地系统试验项目及工序要求

序号	工序名称	工序要求
1	安全准备	① 工作票符合要求 ② 现场设置安全围栏 ③ 安全工器具，例如绝缘脚垫、绝缘手套、安全带等器具齐备且在有效期内
2	试验人员准备	① 试验人员数量不少于 3 人，其中至少 1 人为工程师或技师及以上资格人员 ② 安全监护人员数量不少于 1 人
3	被试设备状态检查	主接地网施工完成，线路避雷线与变电站接地装置的连接断开
4	拆接电源	拆接电源必须两人进行，电源应符合试验要求
5	接地网阻抗测试	① 以施工图纸设计值为参考试验标准 ② 采用三极法中的直线法进行测试
6	接触电压及跨步电压测试	① 以施工图纸设计值为参考试验标准 ② 选取变电站内人员频繁走动或就地操作的位置
7	电气接地完整性测试	① 仪器分辨率不大于 1mΩ，准确度不低于 1.0 ② 对全站所有接地点逐一进行测量

表 2-26 接地系统试验危险点及安全措施

序号	危险点	安全措施
1	作业人员进入作业现场不戴安全帽、不穿绝缘鞋可能发生人员伤害事故	工作负责人负责，检查监督安全防护用品佩戴合格
2	接地网阻抗放线时，环境、道路情况可能引发生人员安全事故	放线时一人放线，一人监护，选择放线路径尽量避免环境及交通复杂的路径

续表

序号	危险点	安全措施
3	地网接地阻抗测量线放置不当可能导致交通、人身事故	测量线贴近道路边缘布放，禁止悬空放置，如需过路时，须用重物将测试线固定于地面，并采取适当的防碾压措施

2.10.1　地网接地阻抗测试

（1）测试目的

地网接地阻抗测试是检验变电站主接地网是否满足设计要求的重要试验项目。接地网性能对于全站电气设备工作接地、过电压下的安全性及防雷保护具有重要意义。

（2）测试方法及要求

① 测量位置：全站主接地网。

② 试验仪器：地网接地阻抗测试仪。

③ 试验方法：采用三极法中的直线法，测试原理如图 2-42 所示。电流线长度为被试接地装置最大对角线长度的 4～5 倍，电压线长度为电流线长度的 0.5～0.6 倍，电压极应在被测接地装置与电流极连线方向移动三次，每次移动距离为电流线长度的 5% 左右，三次测试结果误差在 5% 以内。电压、电流线角度为 0°，保持平行放线，没有交叉。所用的导线截面积为 4mm²。电流极、电压极紧密插入土壤中不少于 100cm。

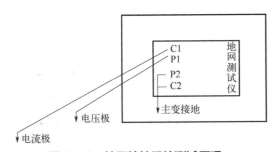

图 2-42　地网接地阻抗测试原理

④ 试验要求：

a. 测量前，应将线路避雷线与变电站接地装置的连接断开。

b. 为避免运行中输电线路的影响，应尽可能使测量线远离运行中的输电线路或与其垂直。

c. 测量前 5 日内未下过雨、雪。

d. 测量电极的布置要避开河流、水渠、地下管道等。

e. 接地阻抗测量值符合设计要求。

（3）常见问题及处理方法

接地电阻值偏大，降低接地电阻值的常用方法：

① 引外接地方式：该类降阻方式适用于高土壤电阻率地区，且存在可以利用的低土壤电阻率资源（如水源），选择在地下水位较高的位置时，将接地体引入以达到降阻目的。

② 深井接地方式：人工制造直径 100mm、深度 200m 左右的深井，在井内铺设镀锌钢管并灌注泥浆。这一方法能够有效降低接地电阻，且占地面积小，使用寿命长，不易受周围环境变化影响，但这类方法的缺点是成本相对较高。

2.10.2 接触电压及跨步电压测试

（1）测试目的

测量接触电压和跨步电压，能够模拟检验当有故障电流经接地体向大地流散时，在接地体周围产生的电位差是否符合设计要求。

（2）测试方法及要求

① 测量位置：变电站内人员频繁走动或就地操作的位置。

② 试验仪器：选频电压表。

试验仪器相关要求：

a. 测试专用的电极。

b. 使用 6mm² 及以上的电源轴，且满足"一机一闸一保护"的安全要求。

③ 试验方法：接触电压及跨步电压测试原理图如图 2-43 所示。在场区边缘、重要通道处测试跨步电压，测试电极可用铁钎紧密插入土壤中，如测试部位是水泥地面，可采用包裹湿布直径 20cm 的金属圆盘，并压上重物。选择一个测量点，以该点为圆心，在半径 1m 的圆弧上选取 3～4 个不同方向的点进行测试，找出最大跨步电位差。

测试接触电压，电极处理与测量跨步电压相同，重点测量场区边缘及人员频繁走动或接触的部位（距地面 1.8m 处），如隔离开关、设备小室金属门、构架等。

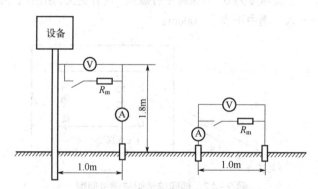

图 2-43　地网接触电压及跨步电压测试原理

④ 试验要求：测试结果符合设计文件中对接触电位差及跨步电位差的要求。

2.10.3 接地电气完整性测试

（1）测试目的

测试接地电气完整性，能够检验全站电气设备的接地引线与主地网连接是否完好可靠，以确保全站设备的接地性能。

（2）测试方法及要求

① 测量位置：全站设备接地引线。

② 试验仪器：直流电阻测试仪。

试验仪器相关要求：

a. 仪器分辨率不大于 1mΩ；

b. 仪器精度不低于 1.0。

③ 试验方法：选定与主地网连接良好的设备接地引下线作为参考点，再测试周围电气设

备接地部分与参考点之间的直流电阻，逐一测量。被试部位包括各电压等级之间，各高压、低压设备之间，主控及内部各接地干线之间，独立避雷针与主地网之间，其他必要部位与主地网之间。

④ 试验要求：

a. 状况良好的接地，测试值应在 50mΩ 以下。

b. 测试值大于 50mΩ 时应反复测试，50～200mΩ 的设备状况尚可，200mΩ～1Ω 的设备状况不佳，1Ω 以上视为与主地网未连接。

c. 独立避雷针的测试值应在 500mΩ 以上，否则视为未独立。

（3）注意事项

① 测试中应注意减小接触电阻对测试的影响。

② 开始测试时，就有很多测试结果不正确，宜考虑更换参考点。

第3章

油气化及变压器附件试验

本章适用于变电站内充油一次设备，包括变压器、互感器、电抗器、套管等。本章规定了绝缘油交接验收试验、预防性试验、大修后常规电气试验的引用标准、仪器设备要求、作业程序和方法、试验结果判断方法和试验注意事项等。

3.1　绝缘油试验

绝缘油是电气设备的主要绝缘介质，其性能的优劣直接关系到电气设备的使用寿命及安全运行状态。油化试验可以有效判断变压器、互感器等大型一次设备内部绝缘油是否存在绝缘缺陷，从而确定其是否能够正常投入运行，对电网安全起到重要的作用。变电站绝缘油试验的判断原则是与出厂试验和历史数据比较，有关标准和技术条件的各项条款试验判据也是依据这一原则制定的，其目的是规范绝缘油试验的操作，保证试验结果的准确性，为设备运行、监督、检修提供依据。

绝缘油试验的试验项目及工序要求、危险点及安全措施见表 3-1 和表 3-2。

表 3-1　绝缘油试验项目及工序要求

序号	工序名称	工序要求
1	安全准备	① 工作票符合要求 ② 现场设置安全围栏 ③ 安全工器具，例如绝缘脚垫、绝缘手套、安全带等器具齐备且在有效期内
2	试验人员准备	① 试验人员数量不少于 3 人，其中至少 1 人为工程师或技师及以上资格人员 ② 安全监护人员数量不少于 1 人
3	绝缘油外观检查	检查绝缘油外观是否存在淤泥、纤维、脏物
4	绝缘油含水量试验	检查卡尔费休试剂是否出现变质情况，如试剂发红褐色，应及时更换
5	绝缘油介质损耗试验	含水量试验不合格不进行介质损耗试验，防止油杯击穿发生危险
6	绝缘油耐压试验	① 确认电极，直径 25mm 厚 4mm 的圆盘，两极间距 2.5mm，电极与油杯壁及试油液面的距离不小于 15mm ② 将试样慢慢倒入已准备好的油杯，倒试样时要避免空气泡的形成（可借助清洁干燥的玻璃棒），操作应在防尘干燥的场所进行，以免污染试样 ③ 静置时间 10~15min，3kV/s 匀速升压，保持搅拌以除掉因击穿而产生的游离态，并再静置 5min，按上述步骤重复 6 次
7	绝缘油酸值试验	① 取无水乙醇 50mL 倒入有试油（8~10g）的锥形烧瓶中，装上回流冷凝器，于水浴上加热，在不断摇动下回流 5min ② 取下锥形烧瓶，加入 0.2mL 溴百里香酚蓝指示剂，趁热以 0.02~0.05mol/L 的氢氧化钾乙醇溶液滴定至溶液由黄色变成蓝绿色，记下消耗的氢氧化钾乙醇溶液的体积

续表

序号	工序名称	工序要求
8	绝缘油水溶性酸试验	① 取 50mL 试油于 250mL 锥形瓶内，加入等体积预先煮沸过的蒸馏水，加热（禁用明火）至 70～80℃，并在此温度下摇动 5min ② 将锥形瓶中的液体倒入分液漏斗内，待分层并冷却至室温后，取 5mL 水抽出液加入比色管，同时加入 0.3mL 溴甲酚绿指示剂，摇匀后放入海立奇比色计的比色槽里与比色盘进行比色，记录其 pH 值
9	绝缘油闪点试验	① 闪点测试仪要放在避风和较暗的地方，以方便观察明火，为了更有效地避免气流和光线的影响，闪点测试仪应围着防护屏 ② 试样装满到试杯环状标记处，加热速度要均匀上升，并进行搅拌，火焰调整到接近球形直径为 3～4mm，试样温度到达预期闪点前 10℃ 时，对于闪点低于 104℃ 的试样每经 1℃ 进行点火试验，对于闪点高于 104℃ 的试样每经 2℃ 进行点火试验 ③ 试样在试验期间都要转动搅拌器进行搅拌，只有在点火时才停止搅拌。点火时，使火焰在 0.5s 内降到杯上含蒸汽的空间中，留在这一位置 1s 立即迅速回到原位。如果看不到闪火，就继续搅拌试样，并按本条的要求重复进行点火试验
10	绝缘油色谱及含气量试验	① 用 1mL 玻璃注射器从标气瓶里准确抽取样品气 1mL（或 0.5mL），进样分析。最小检知浓度（灵敏度）$C_2H_2 \leqslant 0.1\mu L/L$、$H_2 \leqslant 2\mu L/L$、$CO \leqslant 25\mu L/L$、$CO_2 \leqslant 25\mu L/L$ ② 使用 100mL 注射器加入试油 40mL，注入 10mL 载气，升温 50℃，脱气振荡 20min 静置 10min，取气读取脱气量、气压、温度，进行试验，进样量为 1mL（或 0.5mL） ③ 每次进样后，进样用的注射器要用载气洗涤干净。进样操作要做到"三快""三防"（三快：进针要快、要准；推针要快；取针要快。"三防"：防漏出样气；防样气失真；防操作条件变化）
11	绝缘油颗粒度试验	① 对被试试验烧瓶使用沸程 90～120℃ 的石油醚进行清洗 ② 将被测绝缘油倒入试验瓶中，使用超声波清洗剂振荡 5min，再将试验瓶进行充分摇晃，放入试验操作台中 ③ 打开仪器进行测试

表3-2　绝缘油试验危险点及安全措施

序号	危险点	安全措施
1	工作人员不熟悉工作内容和危险点	工作负责人每日开工前与工作班成员进行安全交底
2	电源接线不规范，引起触电	使用合格的电源设备和专用接电线
3	试验装置不良好接地，发生触电危险	试验开始前，检查试验仪器接地情况，保证地地良好
4	试验过程没有监护人在场，出现操作失误	试验时要两人在场，一人工作，一人监护，监护人不得离开
5	色谱试验时氢气泄漏引起爆炸	检查氢气管路、阀门，防止气体泄漏
6	有机溶剂引起皮肤过敏	试验操作时佩戴橡胶手套
7	吸入有害气体引起眩晕	进入试验室前，坚持"先通风、再检测、后作业"原则，闪点等试验在排风柜内进行，使有害气体及时排出
8	恶劣天气的影响	绝缘油取样应在天气良好、无风的情况下进行
9	工作结束后清理工作现场，且工作区域无任何遗留物件	工作负责人到现场逐一检查核实

3.1.1　绝缘油外观检查

（1）检查目的

检查绝缘油的外观，可以发现油中不溶性油泥、纤维和脏物。

（2）试验方法及要求

① 试验依据：DL/T 429.1—2017《电力用油透明度测定法》。

② 试验仪器：比色管、温度计。

③ 试验步骤：将 10mL 试油注入干燥洁净的比色管中，试油温度在 20～25℃下，于自然光充足的地方透光观察。

（3）试验标准

油样均匀，无杂质或悬浮物，无混浊现象。

3.1.2　绝缘油水溶性酸 pH 值试验

（1）试验目的

变压器油在氧化初级阶段一般易生成低分子有机酸，如甲酸、乙酸等，因为这些酸的水溶性较好，当油中水溶性酸含量增加（即 pH 值降低），油中又含有水时，会使固体绝缘材料和金属产生腐蚀，并降低电气设备的绝缘性能，缩短设备的使用寿命。

（2）试验方法及要求

① 试验依据：GB/T 7598—2008《运行中变压器油水溶性酸测定法》。

② 试验仪器：海力奇比色计、比色盘、温度计、水浴、锥形瓶、分液漏斗、pH 指示剂（溴甲酚绿、溴百里香酚蓝）。

③ 试验步骤：

a. 取 50mL 试油于 250mL 锥形瓶内，加入等体积预先煮沸过的蒸馏水，加热（禁用明火）至 70～80℃，并在此温度下摇动 5min。

b. 将锥形瓶中的液体倒入分液漏斗内，待分层并冷却至室温后，取 5mL 水抽出液加入比色管，同时加入 0.3mL 溴甲酚绿指示剂，摇匀后放入海立奇比色计的比色槽里与比色盘进行比色，记录其 pH 值。

（3）试验注意事项

加热振荡时注意勿被高温下的锥形瓶及恒温水浴烫伤。

（4）试验标准

变压器、电抗器：pH≥5.4。

3.1.3　绝缘油酸值试验

（1）试验目的

油中所含酸性产物会使油的导电性增高，降低油的绝缘性能，在运行温度较高时（如 80℃以上）还会促使固体纤维质绝缘材料老化和造成腐蚀，缩短设备使用寿命。由于油中酸值可反映出油质的老化情况，所以加强酸值的监督，对于采取正确的维护措施是很重要的。

（2）试验方法及要求

① 试验依据：GB 264—1983《石油产品酸值测定法》。

② 试验仪器：恒温水浴、锥形瓶、回流冷凝管、滴定管。

③ 试验步骤：

a. 取无水乙醇 50mL 倒入有试油（8～10g）的锥形烧瓶中，装上回流冷凝器，于水浴上加热，在不断摇动下回流 5min。

b. 取下锥形烧瓶加入 0.2mL 溴百里香酚蓝指示剂，趁热以 0.02～0.05mol/L 的氢氧化钾乙醇溶液滴定至溶液由黄色变成蓝绿色，记下消耗的氢氧化钾乙醇溶液的体积。

（3）试验注意事项

加热振荡时注意勿被高温下的锥形瓶及恒温水浴烫伤。

（4）试验标准

变压器、电抗器：≤0.03mgKOH/g。

3.1.4　绝缘油闭口闪点试验

（1）试验目的

闪点对运行油的监督是必不可少的项目。闪点降低表示油中有挥发性可燃气体产生；这些可燃气体往往是电气设备局部过热、电弧放电造成绝缘油在高温下热裂解而产生的。通过闪点的测定可以及时发现设备的故障。同时对新充入设备及检修处理后的变压器油来说，测定闪点也可防止或发现混入轻质馏分的油品，从而保障设备的安全运行。

（2）试验方法及要求

① 试验依据：GB 261—2021《闪点的测定　宾斯基-马丁闭口杯法》。

② 试验仪器：ZHB202 闭口闪点全自动测试仪。

③ 试验步骤：

a. 闪点测试仪要放在避风和较暗的地方，方便观察闪火。为了更有效地避免气流和光线的影响，闪点测试仪应围着防护屏。

b. 试样装满到试杯环状标记处，加热速度要均匀上升，并进行搅拌，火焰调整到接近球形直径为 3～4mm，试样温度到达预期闪点前 10℃时，对于闪点低于 104℃的试样每经 1℃进行点火试验，对于闪点高于 104℃的试样每经 2℃进行点火试验。

c. 试样在试验期间都要转动搅拌器进行搅拌，只有在点火时才停止搅拌。点火时，使火焰在 0.5s 内降到杯上含蒸汽的空间中，留在这一位置 1s 立即迅速回到原位。如果看不到闪火，就继续搅拌试样，并按本条的要求重复进行点火试验。

（3）试验注意事项

提取油杯或者更换油样时，防止被高温下的油杯烫伤。

（4）试验标准

变压器、电抗器、分接开关：≥140℃（10 号、25 号油）；≥135℃（45 号油）。

3.1.5　绝缘油含水量试验

（1）试验目的

水分是影响变压器设备绝缘老化的重要原因之一。变压器油和绝缘材料中含水量增加，将直接导致绝缘性能下降并会促使油老化，影响设备运行的可靠性和使用寿命。对水分进行严格的监督，是保证设备安全运行必不可少的一个试验项目。绝缘油介损测试仪，用于绝缘油等液体绝缘介质的介质损耗因数和直流电阻率的测量。

（2）试验方法及要求

① 试验依据：GB/T 7600—2014《运行中变压器油和汽轮机油水分含量测定法（库仑法）》或 GB/T 7601—2008《运行中变压器油、汽轮机油水分测定法（气相色谱法）》。

② 试验仪器：微量水分测试仪、1μL 注射器、1mL 注射器。

③ 试验步骤：

a. 注射器量取 0.1μL 蒸馏水或除盐水（或用已知含水量的标样），通过电解池进样口注入电解池，进行校正。仪器显示毫库数与理论值相对误差不应超过±5%，超出此范围，应调整电流补偿器。当连续三次进 0.1μL 水均达要求值，才能认为仪器调整完毕。

b. 仪器调整平衡后，用注射器取试油，再排掉，冲洗三次最后准确量取 1mL 试油（若试油含水量低，可以增加进油量）。

c. 按启动钮，试油通过电解池上部进样口注入电解池。此时，自动电解至终点，记下显示数字。同一试验至少重复操作两次以上，取平均值。

（3）试验注意事项

抽取试验废油时应佩戴手套、口罩，防止吡啶中毒。

（4）试验标准

变压器、电抗器、分接开关、互感器（66kV 以上）：500kV，≤10mg/L；220kV，≤15mg/L；110kV/66kV，≤20mg/L。

3.1.6   绝缘油击穿电压试验

（1）试验目的

变压器油的击穿电压用来检验变压器油耐受极限电应力情况，是一项非常重要的监督手段，通常情况下，它主要取决于油被污染的程度，当油中水分较高或含有杂质颗粒时，对击穿电压影响较大。

（2）试验方法及要求

① 试验依据：GB/T 507—2002《绝缘油 击穿电压测试法》。

② 试验仪器：BTS75-3 绝缘耐压测试仪。

③ 试验步骤：

a. 确认电极，直径 25mm 厚 4mm 的圆盘，两极间距 2.5mm，电极与油杯壁及试油液面的距离不小于 15mm。

b. 将试样慢慢倒入已准备好的油杯，倒试样时要避免空气泡的形成（可借助清洁干燥的玻璃棒）。操作应在防尘干燥的场所进行，以免污染试样。

c. 静置时间 10～15min，3kV/s 匀速升压，保持搅拌以除掉因击穿而产生的游离碳，并再静置 5min，按上述步骤重复 6 次。

（3）试验注意事项

试验电源要有明显的断开点，试验时操作人员穿绝缘鞋，站在绝缘垫上，与电极的距离保持大于 0.7m，更换试样及人工搅拌时必须拉掉电源，严禁湿手操作仪器，试验应在温度 15～20℃，湿度不高于 75%的环境下进行。

（4）试验标准

变压器、电抗器、分接开关、互感器、集合式电容器：500kV，≥60kV；66～220kV，≥40kV；15～35kV，≥35kV；15kV 及以下，≥30kV。

3.1.7   绝缘油热态介损试验

（1）试验目的

介质损耗因数对判断变压器油的老化与污染程度是很灵敏的。新油中所含极性杂质少，所以介质损耗因数也甚微小，一般仅有 0.01%～0.1%数量级。但由于氧化或过热而引起油质老化或混入其他杂质时，所生成的极性杂质和带电胶体物质逐渐增多，介质损耗因数也就会随之增加。在油的老化产物甚微，用化学方法尚不能察觉时，介质损耗因数就已能明显分辨出来。因此介质损耗因数的测定是变压器油检验监督的常用手段，具有特殊的意义。

（2）试验方法及要求

① 试验依据：GB/T 5654—2007《液体绝缘材料　相对电容率、介质损耗因数和直流电阻率的测量》。

② 试验仪器：油质介损及体积电阻率测试仪。

③ 试验步骤：

a. 试样注入电极杯：对电极杯进行排油和注油，以油洗油，最后用试油注满电极杯。

b. 试验电压 2000V，频率 50Hz，电压值应能保证油杯两极之间电场强度为 1kV/mm。当内电极的温度达到（90±1）℃时，开始升压测量介质损耗因数。测量完后立即倒出试油，装入第二份试油进行平行试验。

（3）试验注意事项

使用丙酮、石油醚清洗电极杯时需通风顺畅，当心溶剂不小心泼出遇到高温引起火灾，提取油杯或者更换油样时，注意不要被高温下的油杯烫伤。

（4）试验标准

注入设备前，≤0.5%；注入设备后，≤0.7%。

3.1.8　绝缘油溶解气体试验

（1）试验目的

油中可燃气体一般都是设备的局部过热或放电分解产生的。产生可燃气体的原因如不及时查明和消除，对设备的安全运行是十分危险的。因此采用气相色谱法测定油中气体组分，对于消除变压器的潜伏性故障是十分有效的。该项目是变压器油运行监督中一项必不可少的检测内容。

（2）试验方法及要求

① 试验依据：GB/T 7595—2017《运行中变压器油质量》、GB/T 17623—2017《绝缘油中溶解气体组分含量的气相色谱测定法》。

② 试验仪器：2000B 气相色谱仪，脱气加热振荡仪，100mL 注射器，5/10mL 注射器，1mL 注射器。

③ 试验步骤：

a. 用 1mL 玻璃注射器从标气瓶里准确抽取样品气 1mL（或 0.5mL），进样分析。最小检知浓度（灵敏度）C_2H_2（乙炔）≤0.1μL/L、H_2（氢气）≤2μL/L、CO（一氧化碳）≤25μL/L、CO_2（二氧化碳）≤25μL/L。

b. 使用 100mL 注射器加入试油 40mL，注入 10mL 载气，升温 50℃，脱气振荡 20min 后静置 10min，取气读取脱气量、气压、温度，进行试验，进样量为 1mL（或 0.5mL）。

c. 每次进样后，进样用的注射器要用载气洗涤干净。进样操作要做到"三快""三防"（三快：进针要快、要准；推针要快；取针要快。三防：防漏出样气；防样气失真；防操作条件变化）。

（3）试验注意事项

a. 气瓶要固定可靠并远离热源，开启气瓶时用力过快过猛会使气瓶总阀损坏发生事故，色谱室内若有烟火，会有火灾爆炸的危险，仪器工作时，手接触到进样口及点火位置容易烫伤。

b. 色谱仪从标样开始到试验结束，都应保持系统温度、压力、流速等的相对恒定，即保持操作条件的相对恒定，油样在脱气过程中要尽量避免空气的混入。

（4）试验标准

变压器：氢气<30μL/L，乙炔=0μL/L，总烃<20μL/L。

互感器/套管：氢气<50μL/L，乙炔=0μL/L，总烃<10μL/L。

3.1.9　绝缘油含气量试验

（1）试验目的

用气相色谱法测定变压器油中溶解气体的组分含量，是发、供电企业判断运行中的充油电力设备是否存在潜伏性的过热、放电等故障，以保障电网安全有效运行的有效手段，也是充油电气设备制造厂家对其设备进行出厂检验的必要手段。

（2）绝缘油含气量的试验方法及要求

① 试验依据：DL/T 423—2009《绝缘油中含气量的测试方法　真空压差法》。

② 试验仪器：2000B 气相色谱仪，脱气加热振荡仪，100mL 注射器，5/10mL 注射器，1mL 注射器，氩气。

③ 试验步骤：与色谱试验相同。

（3）试验注意事项

a. 气瓶要固定可靠并远离热源，开启气瓶时用力过快过猛会使气瓶总阀损坏发生事故，色谱室内若有烟火，会有火灾爆炸的危险，仪器工作时，手触及进样口及点火位置容易烫伤。

b. 色谱仪从标样开始到试验结束，都应保持系统温度、压力、流速等的相对恒定，即保持操作条件的相对恒定。油样在脱气过程中要尽量避免空气的混入。

c. 载气需要使用氩气。

（4）试验标准

500kV 变压器电抗器：注入设备后，≤1%。

3.1.10　绝缘油糠醛试验

（1）试验目的

在充油电气设备中，由于构成固体绝缘的纤维质材料的老化导致纤维素分解从而产生几种化合物，如糠醛和呋喃衍生物，其中呋喃衍生物大部分被吸附在纸绝缘物上，而小部分则溶于变压器油中。这些物质的存在可以作为运行设备固体绝缘老化程度的诊断依据，也可以作为对溶解气体分析的补充。

（2）试验方法及要求

① 试验方法：液相色谱法。

② 试验仪器：FL2000 液相色谱仪、离心机、1μL 进样针、一次性针头及注射器、甲醇、去离子水。

③ 试验步骤：

a. 取 5mL 油样至 50mL 离心管中，再加入 5mL 甲醇。放入涡旋混合器混合 5min，然后放入离心机中，以 5000r/min 离心 5min。

b. 取上层清液注入仪器分析。

（3）试验注意事项

过滤甲醇及去离子水时切勿混用滤纸。

（4）试验标准

220kV 及以上变压器交接时绝缘油中应无糠醛。

3.1.11　绝缘油颗粒度试验

（1）试验目的

绝缘油中颗粒杂质对变压器电气性能影响非常明显，大量的悬浮颗粒在电场的作用下规则排列形成导电小桥，严重降低油的击穿电压。

（2）试验方法及要求

① 试验方法：使用光学检测法进行测量。

② 试验仪器：颗粒度测试仪。

③ 试验步骤：

a. 对试验烧瓶使用 90～120℃沸程的石油醚进行清洗。

b. 将被测绝缘油倒入试验瓶中，使用超声波清洗剂振荡 5min，再将试验瓶进行充分摇晃，放入试验操作台中。

c. 打开仪器进行测试。

（3）试验注意事项

使用丙酮、石油醚清洗试验瓶时需通风顺畅。

（4）试验标准

500kV 变压器本体注入后油颗粒度总数小于 2000。直径大于 100μm 的颗粒数为 0。

3.2　SF_6 气体试验

SF_6 是强负电性气体，它的分子极易吸附自由电子而形成质量大的负离子，削弱气体中碰撞电离过程，因此其电气绝缘强度很高，在均匀电场中约为空气绝缘强度的 2.5 倍。SF_6 气体在 $t \approx 2000K$ 时会出现热分解高峰，因此在交流电弧电流过零时，SF_6 对弧道的冷却作用比空气强得多，其灭弧能力约为空气的 100 倍。

由于 SF_6 气体具有优良的灭弧性能和绝缘性能以及良好的化学稳定性，因此被广泛用作高压电气设备的绝缘介质。SF_6 气体绝缘的全封闭开关设备比常规的敞开式高压配电装置占地面积小得多，且其运行不受外界气象和环境条件的影响，因此 SF_6 广泛用于超高压和特高压电力系统。

如果 SF_6 气体不纯净，含水量高，会在电场下发生放电现象，进而造成人身和设备伤害，所以进行 SF_6 的试验是很有必要的。

SF_6 气体的试验项目及工序要求、危险点及安全措施见表 3-3 和表 3-4。

表 3-3　SF_6 气体试验项目及工序要求

序号	工序名称	工序要求
1	安全准备	① 工作票符合要求 ② 试验室设置良好保持通风 ③ 安全工器具，例如减压阀、绝缘手套、安全带等器具齐备且在有效期内
2	试验人员准备	① 试验人员数量不少于 3 人，其中至少 1 人为工程师或技师及以上资格人员 ② 安全监护人员数量不少于 1 人

续表

序号	工序名称	工序要求
3	被试设备状态检查	SF$_6$ 气体钢瓶无开裂漏气情况
4	拆接电源	拆接电源必须两人进行，电源应符合试验要求

表 3-4　SF$_6$ 气体试验危险点及安全措施

序号	危险点	安全措施
1	工作人员不熟悉工作内容和危险点	工作负责人每日开工前与工作班成员进行安全交底
2	电源接线不规范，引起触电	使用合格的电源设备和专用接电线
3	试验装置不良好接地，发生触电危险	试验开始前，检查试验仪器接地情况，保证接地良好
4	试验过程没有监护人在场，出现操作失误	试验时要两人在场，一人工作，一人监护，监护人不得离开
5	色谱试验时氢气泄漏引起爆炸	检查氢气管路、阀门，防止气体泄漏
6	有机溶剂引起皮肤过敏	试验操作时佩戴橡胶手套
7	吸入有害气体引起眩晕	进入试验室前，坚持"先通风、再检测、后作业"原则，闪点等试验在排风柜内进行，使有害气体及时排出

3.2.1　SF$_6$ 新气试验

3.2.1.1　SF$_6$ 气体含水量试验

（1）试验目的

当 SF$_6$ 气体中含水量超过一定限度时，气体的稳定性会受到破坏，表现在气体中绝缘材料表面的耐压下降，绝缘受到破坏。由于水分使某些电弧分解气发生反应，会产生腐蚀性极强的 HF 和 SO$_2$ 等酸性气体，加速腐蚀设备。水解反应会阻碍开断后 SF$_6$ 分解物的复原，从而增加气体中有害杂质的组成和含量。

（2）试验方法及要求

① 试验仪器：兴迪 DP99mini 水分仪。

试验仪器相关要求：

a. 使用与钢瓶口配套的试验接头，且保证接头处没有漏气；

b. 使用 6mm^2 及以上的电源轴，且满足"一机一闸一保护"的安全要求。

② 试验方法：使用仪器连接 SF$_6$ 钢瓶减压阀接头，打开仪器，调节仪器流量至（40～60）×10^{-6} 开始测试，待仪器数值稳定后，读取数值，记录试验结果。

（3）试验标准

水分（H$_2$O）含量（质量分数）≤5×10^{-6}。

3.2.1.2　SF$_6$ 纯度及分解物试验

（1）试验目的

根据气体纯度的变化，就可以判断设备是否有任何严重的故障。

（2）试验方法及要求

① 试验仪器：热导气相色谱仪。要求所采用的气相色谱仪对 SF$_6$ 中空气、四氟化碳的检测限不大于 10×10^{-6}（体积分数）。

试验仪器相关要求：

a. 使用与钢瓶口配套的试验接头,且保证接头处没有漏气;

b. 使用 6mm² 及以上的电源轴,且满足"一机一闸一保护"的安全要求。

② 试验方法:使用仪器连接 SF_6 钢瓶减压阀接头,仪器稳定后按仪器说明书进行测定操作。平行测定气体标准样品和样品气至少两次,直至相邻两次测定结果之差不大于测定结果平均值的 20%,取其平均值。

(3) 试验标准

① SF_6 纯度(质量分数)$\geqslant 99.9 \times 10^{-2}$。

② 空气含量(质量分数)$\leqslant 300 \times 10^{-6}$。

③ 四氟化碳(CF_4)含量(质量分数)$\leqslant 100 \times 10^{-6}$。

④ 六氟乙烷(C_2F_6)含量(质量分数)$\leqslant 200 \times 10^{-6}$。

3.2.1.3　SF_6 酸度试验

(1) 试验目的

当 SF_6 气体发生故障时,会产生 SF、SOF 等酸性物质。这些物质的毒性和腐蚀性极强,会对电气设备的绝缘产生破坏,因此测量气体中的酸度是很有意义的。

(2) 试验方法及要求

① 试验仪器:试样中的酸和酸性物质与过量的氢氧化钠标准溶液发生中和反应,以甲基红-溴甲酚绿为指示剂,用硫酸标准滴定溶液滴定过量的碱,从而测定出试样的酸度。

② 试剂、溶液相关要求:

氢氧化钠标准溶液:NaOH 0.01mol/L。由 0.1mol/L 标准溶液稀释制取。

硫酸标准滴定溶液:$1/2H_2SO_4$ 0.01mol/L。由 0.1mol/L 标准溶液稀释制取。

混合指示剂:甲基红乙醇溶液与溴甲酚绿乙醇溶液按 1:3 体积比混合。

③ 试验方法:酸度测定的吸收装置如图 3-1 所示。缓冲瓶、吸收瓶均为 300mL 锥形瓶,吸收瓶内各装入 100mL 新煮沸过的水和 4.00mL 氢氧化钠标准溶液。气体分布管口距瓶底 8mm,试样气体流速 500mL/min,通气量 30L,由湿式气体流量计计量。通气完毕,从系统中取下吸收瓶,加入 4~5 滴混合指示剂,用硫酸标准滴定溶液滴定,溶液由蓝绿色变为红色为终点。

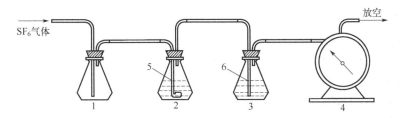

图 3-1　SF_6 酸度试验吸收装置原理

1—缓冲瓶;2,3—吸收瓶;4—湿式气体流量计;

5—多空气体分布管;6—开口气体分布管

(3) 试验标准

取平行测定结果的算术平均值为测定结果。两次平行测定结果的绝对差值应不大于 0.05×10^{-6}。

3.2.1.4　SF₆可水解氟化物试验

（1）试验目的

测定 SF₆ 气体中可水解氟化物的含量。

（2）试验方法及要求

① 试验仪器

a. 分光光度计，配有 2cm 或 4cm 玻璃比色皿。

b. 1000mL 玻璃吸收瓶，能够承受真空 13.3Pa 压力。

c. 球胆，大于 1000mL。

d. U 形水银压差计。

e. 真空泵。

f. 10mL 皮下注射器，并配有一个 6 位注射针头。

g. 酸度计。

h. 玻璃电极。

i. 甘汞电极。

j. 氟离子选择电极。

k. 电磁搅拌器。

l. 盒式空气压计。

② 试验试剂

a. 茜素氟蓝（3-氨甲基茜素-N，N-双乙酸）。

b. 氢氧化铵溶液，密度 $0.880kg/m^3$。

c. 乙酸铵溶液，重量体积比 20%。

d. 无水乙醇分析纯。

e. 冰乙酸分析纯。

f. 丙酮分析纯。

g. 氧化镧，含量 99.99%。

h. 0.1mol/L 盐酸。

i. 2mol/L 盐酸。

j. 氟化钠分析纯。

k. 0.1mol/L 氢氧化钠溶液。

l. 5mol/L 氢氧化钠溶液。

m. 氯化钠分析纯。

n. 柠檬酸三钠（含两个结晶水）分析纯。

③ 试验步骤

试验准备：

a. 茜素-镧络合试剂的配制：在 50mL 烧杯中，称量 0.048g（精确到 ±0.001g）茜素氟蓝，并加入 0.1mL 氢氧化铵溶液、1mL 乙酸铵溶液及 10mL 去离子水，使其溶解。

在 250mL 容量瓶中，加入 8.2g 无水乙酸钠和冰乙酸溶液（6.0mL 冰乙酸和 25mL 去离子水）使其溶解。然后将上述茜素氟蓝溶液定量地移入容量瓶中，并边摇荡边缓慢地加入 100mL 丙酮。

注：如果茜素氟蓝溶液中有沉淀，需用滤纸将它过滤到 250mL 容量瓶中，再用少量去离子水冲洗滤纸，滤液一并加到容量瓶中。冲洗烧杯及滤纸的水量都应尽量少，否则最后溶液体积会超过 250mL。加丙酮摇匀的过程中有气体产生，因此要防止溶液溢出，最后要把容量瓶塞子打开一下，以防崩开。

在 50mL 烧杯中称量 0.041g（精确到 ±0.001g）氧化镧，并加入 2.5mL 盐酸，温和地加热以助溶解。再将该溶液定量地移入上述容量瓶中，将溶液充分混合均匀、静置，待气泡完全消失后，用去离子水稀释至刻度。

该试剂在 15～20℃下可保存一周，在冰箱冷藏室中可保存一个月。

b. 氟化钠储备液（1mg/mL）的配制：称 2.210g（精确到 ±0.001g）干燥的氟化钠溶于 50mL 去离子水及 1mL 氢氧化钠溶液中，然后再定量地转入 1000mL 容量瓶中，用去离子水稀释至刻度。此溶液储存于聚乙烯瓶中。

c. 氟化钠工作液 A 的配制：当天使用时，取氟化钠储备液按体积稀释 1000 倍。

d. 氟化钠工作液 B 的配制：称 4.198g（精确到 ±0.001g）干燥的氟化钠，溶于 50mL 去离子水及 1mL 氢氧化钠溶液中，然后再定量地转入 1000mL 容量瓶中，用去离子水稀释至刻度。

e. 总离子调节液（缓冲溶液）的配制：将 57mL 冰乙酸溶于 500mL 去离子水中，然后加入 58g 氯化钠和 0.3g 柠檬酸三钠，用氢氧化钠溶液将其 pH 调至 5.0～5.5，然后转移到 1000mL 容量瓶中并用去离子水稀释至刻度。

吸收方法：

a. 按图 3-2 所示安装好取样系统。用手将球胆中的空气挤压干净，充满 SF_6 气体，再用手将 SF_6 气体挤压干净，然后再充满 SF_6 气体。如此重复三次，使球胆内完全无空气，全部充满 SF_6 气体，旋紧螺旋夹 8。

b. 将预先准确测量过体积（V）的玻璃吸收瓶充满 SF_6 气体的球胆，将真空三通活塞 2 和 3 分别旋到 a 和 d 的位置，开始抽真空。当 U 形水银压差计液面稳定后（真空度达 13.3Pa 时）再继续抽 2min，然后将真空活塞 2 旋到 b 的位置，将吸收瓶 1 与真空系统的连接处断开，停止抽真空。

c. 缓慢旋松螺旋夹 8，球胆中的 SF_6 气体缓慢地充满玻璃吸收瓶。将活塞 2 旋至 c 瞬间再迅速旋至 b，使吸收瓶中的压力与大气压平衡。

d. 用皮下注射器将 10mL 氢氧化钠溶液从胶管处缓慢注入玻璃吸收瓶中（此时要用手轻轻挤压充有 SF_6 气体的球胆，以使碱液全部注入）。随后将活塞 2 旋到 e 的位置，旋紧螺旋夹 8，取下球胆，紧闭玻璃吸收瓶，在 1h 内每隔 5min 用力振荡 1min（一定要用力摇荡，使 SF_6 气体尽量与稀碱充分接触）。

e. 取下玻璃吸收瓶上的塞子，将瓶中的吸收液及冲洗液一起并入 100mL 小烧杯中，在酸度计上用盐酸溶液和氢氧化钠调节 pH 值为 5.0～5.5，然后定量转入 100mL（V_a）容量瓶中待用。

（3）氟离子测定方法

① 比色法

a. 在 100mL（V_a）容量瓶中加入 10mL 茜素-镧络合试剂。用去离子水稀释至刻度混匀后避光静置 30min。

b. 用 2cm 或 4cm 的比色皿，在波长 600nm 处，以加入了所有试剂的"空白"试样为参比测量其吸光度，从工作曲线上读取氟含量。

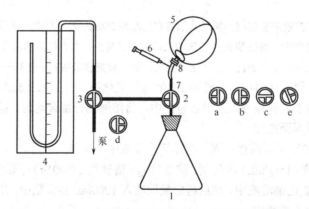

图 3-2　SF$_6$可水解氟化物试验振荡吸收法取样系统示意

1—玻璃吸收瓶；2，3—真空三通活塞；4—U 形水银压差计；5—球胆；

6—皮下注射器；7—上支管；8—螺旋夹

　　c. 绘制工作曲线。

　　向五个 100mL 的容量瓶中，分别加入 0mL、5.0mL、10.0mL、15.0mL、20.0mL 的氟化钠工作液 A 及少量去离子水，混匀后与样品同时加入 10.0mL 茜素-镧络合试剂。用所测得的吸光度绘制氟离子含量-A 吸光度的工作曲线，如图 3-3 所示。

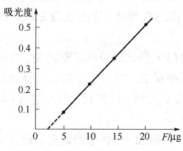

图 3-3　比色法工作曲线图例

　　d. 结果计算。可水解氟化物含量以氢氟酸（HF）质量分数（10^{-6}）表示的计算公式为：

$$HF = \frac{20n}{19 \times 6.16V \dfrac{p}{101325} \times \dfrac{293}{273+t}}$$

式中　n——吸收瓶溶液中氟离子含量，μg；

　　　V——吸收瓶体积，L；

　　　p——大气压力，Pa；

　　　t——环境温度，℃；

　　　19——氟离子的摩尔质量，g/mol；

　　　20——氢氟酸摩尔质量，g/mol；

　6.16——SF$_6$气体密度，g/L。

　e. 精确度。

•两次平行试验结果的相对偏差不能大于 40%。

・取两次平行试验结果的算术平均值为测定值。

② 氟离子选择电极法

a. 使用氟离子选择电极前，先将其在 10^{-3}mol/L 的氟化钠溶液中浸泡 1～2h，再用去离子水清洗，使其在去离子水中的−mV 值为 300～400。

b. 将氟离子选择电极、甘汞电极及酸度计或高阻抗的毫伏计连接好，并用标准氟化钠溶液校验氟电极的响应是否符合能斯特公式，若不符合应查明原因。

c. 在 100mL（V_a）容量瓶中加入 20mL 总离子调节液，用去离子水稀释至刻度。

d. 把溶液转移到 100mL 烧杯中，将甘汞电极及事先活化好的氟离子选择电极浸到烧杯的溶液中，打开酸度计，开动搅拌器。待数值稳定后读取−mV 值，从工作曲线上读出样品溶液中的氟离子浓度。

e. 绘制工作曲线。用移液管分别向两个 100mL 容量瓶中加入 10mL 氟化钠工作液 B，在其中一个容量瓶中加入 20mL 总离子调节液。然后用去离子水稀释至刻度，该溶液中氟离子浓度为 10^{-2}mol/L。在另一个容量瓶中则直接用去离子水稀释到刻度，该溶液中氟离子的浓度也为 10^{-2}mol/L。

再用移液管分别向两个 100mL 的容量瓶中，加入 10mL 未加总离子调节液的 10^{-2}mol/L 的氟化钠标准液。在其中一个容量瓶中加入 20mL 总离子调节液，然后用去离子水稀释至刻度，该溶液的浓度为 10^{-3}mol/L；而在另一个容量瓶中直接用去离子水稀释至刻度，该溶液中氟离子浓度也为 10^{-3}mol/L。以相同方法依次配制加有总离子调节液的 10^{-4}mol/L、10^{-5}mol/L、10^{-6}mol/L、$10^{-6.5}$mol/L 的氟化钠标准溶液。用所测得的−mV 值与氟离子浓度负对数（−mV-lgF$^-$）绘制工作曲线，如图 3-4 所示（每次测定都需重新绘制工作曲线）。

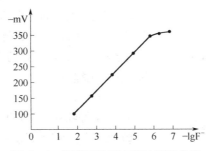

图 3-4　氟离子选择电极法工作曲线

f. 结果计算。可水解氟化物的含量以氢氟酸（HF）质量分数（10^{-6}）表示的计算公式为：

$$HF = \frac{20 \times 10^6 \, n V_a}{6.16 V \dfrac{p}{101325} \times \dfrac{293}{273 + t}}$$

式中　n——吸收瓶溶液中氟离子浓度，mol/L；

　　　V_a——吸收瓶体积，L；

　　　p——大气压力，Pa；

　　　t——环境温度，℃；

　　　V——吸收瓶体积，L；

　　　20——氢氟酸摩尔质量，g/mol；

　　　6.16——SF$_6$ 气体密度，g/L。

g. 试验标准。

· 两次平行试验结果的相对偏差不能大于 40%。

· 取两次平行试验结果的算术平均值为测定值。

3.2.1.5　SF₆ 气体中矿物油含量的测定（红外光谱分析法）

（1）试验目的

测定 SF₆ 气体中矿物油的含量。

（2）试验准备

① 试验仪器：

a. 任何适用的红外分光光度计。

b. 固定液体吸收池（石英或氯化钠均可），要求为在 3250～2750cm⁻¹ 范围内透光、无选择性吸收、程长为 20mm。

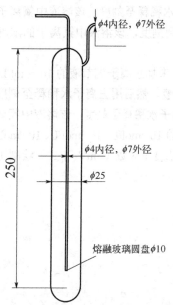

ϕ4内径，ϕ7外径

ϕ4内径，ϕ7外径

ϕ25

250

熔融玻璃圆盘ϕ10

图 3-5　吸收装置连接原理图

c. 吸收装置：

· 100mL 封固式玻璃洗气瓶，导管末端装有一个 1 号多孔熔融玻璃圆盘（微孔直径 90～150μm），尺寸见图 3-5。

· 连接硅套管或氟橡胶管。

· 湿式气体流量计测量 SF₆ 气体至 30L 时，其准确度为±2%。

d. 盒式气压计。

e. 100mL、500mL 容量瓶。

② 试验试剂：新蒸馏的（沸程 76～77℃）四氯化碳分析纯。（注：根据需要可配制大浓度标准液。如果环境温度变化，使原来已经稀释至刻度的标准液面升高或降低，不得再用四氯化碳去调整液面。）

（3）试验步骤

① 调整好红外分光光度计。

② 在两只液体吸收池中装入新蒸馏的四氯化碳，将它们分别放在仪器的样品及参比池架上，记录 3250～2750cm⁻¹ 范围的光谱图。如果在 2930cm⁻¹ 出现反方向吸收峰，则把池架上两只吸收池的位置对调一下，做好样品及参比池的标记，计算出 2930cm⁻¹ 吸收峰的吸光度，在以后计算标准溶液及样品溶液的吸光度时应减去该数值。

③ 工作曲线的绘制。

a. 矿物油工作液（0.2mg/mL）的配制。在 100mL 烧杯中，称取直链饱和烃和烃矿物油 100mg（精确到±0.0002mg），用四氯化碳将油定量地转移到 500mL 容量瓶中并稀释至刻度。

b. 矿物油标准液的配制。用移液管向七个 100mL 容量瓶中分别加入 0.5mL（5.0mL）、1.0mL（10.0mL）、2.0mL（20.0mL）、3.0mL（30.0mL）、4.0mL（40.0mL）、5.0mL（50.0mL）、6.0mL（60.0mL）矿物油工作液，并用四氯化碳稀释，其溶液浓度分别为 1.0mg/L（10.0mg/L）、2.0mg/L（20.0mg/L）、4.0mg/L（40.0mg/L）、5.0mg/L（60.0mg/L）、8.0mg/L（80.0mg/L）、10.0mg/L（100.0mg/L）、12.0mg/L（120.0mg/L）。

注：根据需要可按括号内的取液量，配制大浓度标准液。

c. 将矿物油标准液与空白四氯化碳分别移入样品池及参比池,放在仪器的样品池架及参比池架处,记录 3250~2750cm^{-1} 的光谱图,以过 3250cm^{-1} 且平行于横坐标的切线为基线。计算 2930cm^{-1} 吸收峰的吸光度,然后用溶液浓度相对于吸光度绘图,即得工作曲线,如图 3-6 所示。

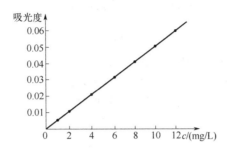

图 3-6　红外光谱法测定矿物油含量的工作曲线图例

④ 油含量的测定。

a. SF$_6$ 气体中的矿物油的吸收。分别于两只洁净的干燥洗气瓶中加入 35mL 四氯化碳,将洗气瓶置于 0℃冰水浴中并按图 3-7 组装好。记录在气量计处的起始温度、大气压力和体积读数(精确至 0.025L)。在针形阀关闭的条件下,打开钢瓶总阀,然后小心地打开并调节针形阀(或浮子流量计),使气体以最大 10L/h 的流速稳定地流过洗气瓶。当总流量大约为 29L 时,关闭针形阀,同时记录气量计处的终结温度、大气压力和体积读数(精确至 0.025L)。从洗气瓶的进气端至出气端,依次拆除硅胶管节(千万要防止四氯化碳吸收液的倒吸),撤掉冰水浴。将洗气瓶外壁的水擦干,用少量空白四氯化碳将洗气瓶的连接处外壁冲洗干净,然后把两只洗气瓶中的吸收液定量地转移到同一个 100mL 容量瓶中,用空白四氯化碳稀释至刻度。注:往洗气瓶中加四氯化碳时,只能用烧杯或注射针筒,而绝不能用硅(乳)胶管作导管。如果由于倒吸,吸收液流经了连接的硅胶管节,此次试验作废。

b. 测定吸收液 2930cm^{-1} 吸收峰的吸光度,再从 c-吸光度工作曲线上查出吸收液中矿物油的浓度。

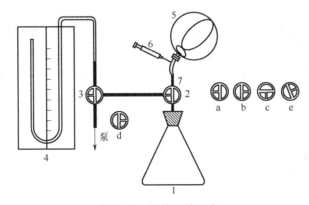

图 3-7　吸收系统示意

1—SF$_6$ 气瓶;2—氧气减压表;3—针形阀;4—封固式玻璃洗气瓶;

5—冰水浴;6—微量气体流量计;7—硅(或氟)胶管节

（4）结果计算

① 按下式计算在 20℃ 和 101325Pa 时的校正体积（L）：

$$V_{c} = \frac{\frac{1}{2} \times (p_1 + p_2) \times 293}{101325 \times \left[273 + \frac{1}{2} \times (t_1 + t_2)\right]} \times (V_2 - V_1)$$

式中　p_1，p_2——起始和终结时的大气压力，Pa；

　　　t_1，t_2——起始和终结时的环境温度，℃；

　　　V_1，V_2——气量计上起始和终结时的体积读数，L。

② 按下式计算矿物油总量在 SF_6 气体试样中的含量：

$$w = \frac{100c}{6.16V_{c}}$$

式中　w——SF_6 气体中矿物油的质量分数，10^{-6}；

　　　c——吸收液中矿物油的浓度，mg/L；

　　　6.16——SF_6 气体密度，g/L。

（5）试验标准

① 两次平行试验结果的差值，不应超过表 3-5 所列数值。

② 取两次平行试验结果的算术平均值为测定值。

表 3-5　矿物油含量精确度

含油量/mg	精确度/%
0.1	±25
0.5	±15
1.0	±10

3.2.1.6　SF_6 气体毒性生物试验

（1）试验目的

SF_6 气体毒性生物试验的目的是评估 SF_6 对生物体的毒性程度。这种试验通常在实验室环境中进行，使用不同浓度的 SF_6 暴露给特定的生物模型，如小鼠、大鼠、兔子或其他动物。通过观察和测量暴露后的生物体的生理、行为和生化指标的变化，可以评估 SF_6 对生物体的毒性效应。

（2）试验方法及要求

① 试验仪器：

a. 4L 真空干燥器。

b. 4.5L 气体混合器。

c. 氧气钢瓶。

d. 浮子流量计。

e. 皂膜流量计。

f. 秒表。

g. 健康雌性小白鼠，体重约 20g，5 只。

② 试验步骤：

a. 准确测量真空干燥器及气体混合器的容积。

b. 按图 3-8 连接好仪器设备。

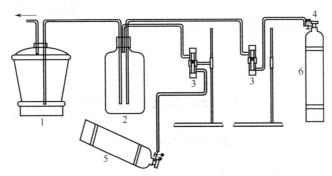

图 3-8　SF$_6$ 气体毒性试验装置示意图

1—试验容器；2—气体混合器；3—浮子流量计；4—氧气减压表；

5—SF$_6$ 气体钢瓶；6—氧气钢瓶

c. 按 79% SF$_6$ 气（SF$_6$ 气体钢瓶须倒置）和 21% 氧气的比例以及每分钟通入混合器的气体总量不少于容器容积的 1/8 的要求，计算 SF$_6$ 气和氧气流速。然后将 SF$_6$ 气和氧气通入混合器。

d. 将 5 只经过 5 天饲养、确认健康的雌性小白鼠（体重约 20g）放在干燥器中，并放入充足的食物和水。

e. 每隔 1h 观察并记录一次小白鼠活动情况。

f. 24h 后试验结束，把小白鼠放回原来的容器中，继续观察 72h。

（3）试验结果

① 如小白鼠在 24h 试验和 72h 观察中都活动正常，则判断气体无毒。

② 如果偶尔有一只或几只小白鼠出现异常现象，或者有死亡，则可能是由于气体毒性造成的，应重新用 10 只小白鼠进行重复试验，以判断前几次试验结果的正确性。

③ 在有条件的地方，应对在试验中死亡或有明显中毒症状的小白鼠进行解剖，以查明死亡或中毒原因。

（4）试验注意事项

① 试验中应控制好气体的比例，否则不能真实反映出试验结果。

② 试验室的温度不可太低，以 25℃ 左右为宜。

③ 试验残气一律进行安全处理。

3.2.2　SF$_6$ 注入设备后微水纯度及分解物试验

（1）试验目的

测量 SF$_6$ 气体中微水纯度及分解物可以及时发现被试设备的注气工艺的好坏，保证被试设备的绝缘强度。

（2）试验方法及要求

① 试验仪器：SF$_6$ 气体综合测试仪。

② 试验步骤：选取与设备注气口相应的接口进行连接，确保在试验过程中接口密封性良好，不能存在漏气的情况。调节测试仪流量旋钮，使气体流量达到仪器的测试规定范围，对注入设备后的气体进行检测，待仪器稳定后，测出试验结果并记录。

（3）试验注意事项

① 宜在晴好天气进行测量，以免空气中过多的水蒸气影响测量准确性。

② 断路器充气后一般应稳定 48h 后再进行测量。

（4）试验标准

试验标准如表 3-6 所示。

表 3-6　SF_6 注入设备后检测标准

气室位置	检测项目	指标
灭弧气室	SF_6 气体的质量分数/%	≥99.9
	空气的质量分数/%	≤0.05
	四氟化碳（CF_4）的质量分数/%	≤0.05
	湿度（20℃）/（μL/L）	≤150
非灭弧气室	SF_6 气体的质量分数/%	≥99.9
	空气的质量分数/%	≤0.05
	四氟化碳（CF_4）的质量分数/%	≤0.05
	湿度（20℃）/（μL/L）	≤250

3.3　SF_6 密度继电器试验

SF_6 断路器的绝缘和灭弧性能在很大程度上取决于 SF_6 气体的密度，所以对 SF_6 气体密度的监视显得特别重要。为了能达到监视密度的目的，SF_6 断路器应装设压力表或 SF_6 气体密度表和密度继电器。压力表或 SF_6 气体密度表起监视作用，密度继电器起控制和保护作用。

SF_6 密度继电器的试验项目及工序要求、危险点及安全措施见表 3-7 和表 3-8。

表 3-7　SF_6 密度继电器试验项目及工序要求

序号	工序名称	工序要求
1	安全准备	① 工作票符合要求 ② 试验室设置良好保持通风 ③ 安全工器具，例如绝缘手套、安全带等器具齐备且在有效期内
2	试验人员准备	① 试验人员数量不少于 3 人，其中至少 1 人为工程师或技师及以上资格人员 ② 安全监护人员数量不少于 1 人
3	被试设备状态检查	SF_6 密度继电器无开裂、漏气、漏油情况
4	拆接电源	拆接电源必须两人进行，电源应符合试验要求
5	SF_6 密度继电器精度试验	① 确定环境温度与校验台温度传感器温度一致 ② 密度继电器与密度继电器操作台选取合适的转接头连接紧固 ③ 缓慢升压到额定压力，对比表上压力与操作台压力是否一致 ④ 缓慢降压力至报警点记录数据 ⑤ 继续降压至闭锁点记录数据

表 3-8　SF₆密度继电器试验危险点及注意事项

序号	危险点	安全措施
1	工作人员不熟悉工作内容和危险点	工作负责人每日开工前与工作班成员进行安全交底
2	电源接线不规范，引起触电	使用合格的电源设备和专用接电线
3	试验装置不良好接地，发生触电危险	试验开始前，检查试验仪器接地情况，保证接地良好
4	试验过程没有监护人在场，出现操作失误	试验时要两人在场，一人工作，一人监护，监护人不得离开
5	吸入有害气体引起眩晕	进入试验室前，坚持"先通风、再检测、后作业"原则，闪点等试验在排风柜内进行，使有害气体及时排出

这里讲述密度继电器精度试验。

（1）试验目的

SF₆密度继电器用于监测气室内 SF₆的气压变化，在 SF₆气压过低时报警或闭锁，确保 SF₆断路器的安全运行。现场运行的 SF₆气体密度继电器因不常动作，经过一段时期后，时常出现动作不灵活、触点接触不良等现象，有的还会出现密度继电器温度补偿性能变差，当环境温度突变时导致 SF₆密度继电器误动作。因此应定期对 SF₆气体密度继电器进行校验，测试其闭锁值、报警值、闭锁回复值和报警回复值与预设值是否相同。

（2）试验方法及要求

① 试验方法：采用密度继电器校验仪对 SF₆密度继电器进行校验。

② 试验仪器：密度继电器校验仪。

③ 试验步骤：

a. 按图 3-9 所示，连接密度继电器校验仪与 SF₆密度继电器的气路和接点。图中接点号码（如 135、136 等）为示例，具体校验时接点号码视每台设备而不同。

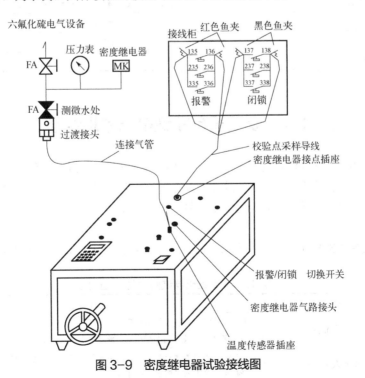

图 3-9　密度继电器试验接线图

b. 切断被测设备的密度继电器气路与设备本体气路。

c. 断开被测设备的密度继电器控制回路电源。

d. 选择合适的过渡接头将 SF$_6$ 密度继电器进气口和校验仪气路测量接口通过气管相连。

e. 打开密度继电器的二次接线盒，解开二次信号线，将校验仪信号测试线的闭锁线和报警线分别接入对应的二次信号线。

f. 调节密度继电器校验台储气缸的压力，使其达到被测密度继电器的报警或闭锁压力。

g. 记录密度继电器达到报警或闭锁的动作值及返回值。

h. 对于同时安装有压力表的设备，校验报警或闭锁的动作值或返回值时，可同时记录压力表的示值，与密度继电器校验台的给出压力值比对（另外可按需要增校 2～4 点不同压力值）。每块压力表的校验应校验 5～8 点。

（3）试验注意事项

① 校验时应正确选择密度继电器校验台接点插座的连接位置，避免连接到密度继电器的常开或常闭接点上。

② 使用的密度继电器校验台的压力、温度示值应由计量检定部门检定。检定周期按国家压力、温度量器的检定周期处理。

③ 本项作业试验结果不符合出厂值时，应对试验进行复核。确认不合格时，应及时联系监理项目部和施工项目部进行处理。

（4）试验标准

仪表的准确度等级及示值最大允许误差应符合表 3-9 的规定。

表 3-9　密度继电器准确度等级及示值最大允许误差

准确度等级	最大允许误差（以量程的百分数表示）/%
1.0	±1.0
1.6	±1.6
2.5	±2.5

3.4　变压器瓦斯继电器常规试验

瓦斯继电器（又称气体继电器）是变压器所用的一种保护装置，装在变压器的储油柜和油箱之间的管道内，利用变压器内部故障而使油分解产生气体或造成油流涌动时，使瓦斯继电器的接点动作，接通控制回路，并及时发出信号告警（轻瓦斯）或启动保护元件自动切除故障变压器（重瓦斯）。

瓦斯继电器的试验项目及工序要求、危险点及安全措施见表 3-10 和表 3-11。

表 3-10　瓦斯继电器试验项目及工序要求

序号	工序名称	工序要求
1	安全准备	① 试验室设置良好保持通风 ② 安全工器具，例如减压阀、绝缘手套、安全带等器具齐备且在有效期内
2	试验人员准备	① 试验人员数量不少于 3 人，其中至少 1 人为工程师或技师及以上资格人员 ② 安全监护人员数量不少于 1 人

续表

序号	工序名称	工序要求
3	被试设备状态检查	瓦斯继电器无开裂、渗漏油情况
4	拆接电源	拆接电源必须两人进行，电源应符合试验要求
5	绝缘试验	① 干簧触点应用 1000V 绝缘电阻表测量绝缘电阻，其电阻值不应小于 300MΩ ② 出线端子对地以及无电气联系的出线端子间，用工频电压 1000V 进行 1min 介质强度试验，或用 2500V 绝缘电阻表进行 1min 介质强度试验，无击穿、闪络发生。采用 2500V 绝缘电阻表在耐压试验前、后测量绝缘电阻应不小于 10MΩ
6	重瓦斯流速试验	① 继电器动作流速整定值试验，油流速度从 0m/s 开始，在流速整定值的 30%～40% 之间的油流冲击下，稳定 3～5min，观察其稳定性。然后开始缓慢、均匀、稳定增加流速，直至有跳闸动作输出时测得稳态流速值为流速动作值，从缓慢、均匀、稳定增加流速开始至有跳闸动作输出时流速的平均变化量不能大于 0.02m/s ② 重复试验三次
7	轻瓦斯气体动作容积试验	① 将继电器充满变压器油后，两端封闭，水平放置 ② 打开继电器放气阀，并对继电器进行缓慢放油，直至有信号动作输出 ③ 测量放出油的体积，即为继电器气体容积动作值
8	瓦斯密封试验	① 对继电器充满变压器油，在常温下加压至 0.2MPa，稳压 20min ② 检查放气阀、探针、干簧管、出线端子、壳体及各密封处，应无渗漏
9	干簧触点试验	① 将干簧接点接入电路中，对继电器进行油流冲击使干簧管产生开断动作，重复试验 3 次，应能正常接通和断开 ② 采用直流 110V 供电时负载选用 30W 灯泡进行试验 ③ 采用直流 220V 供电时负载选用 60W 灯泡进行试验

表 3-11　瓦斯继电器试验危险点及安全措施

序号	危险点	安全措施
1	工作人员不熟悉工作内容和危险点	工作负责人每日开工前与工作班成员进行安全交底
2	电源接线不规范，引起触电	使用合格的电源设备和专用接电线
3	试验装置不良好接地，发生触电危险	试验开始前，检查试验仪器接地情况，保证接地良好
4	试验过程没有监护人在场，出现操作失误	试验时要两人在场，一人工作，一人监护，监护人不得离开
5	瓦斯继电器紧固不稳定导致漏油，发生设备损坏	两人多次核实瓦斯继电器紧固程度

3.4.1　瓦斯继电器外观检查

检查标准及要求：

① 继电器壳体表面光洁、无油漆脱落、无锈蚀、玻璃窗刻度清晰、出线端子便于接线；螺杆无松动，放气阀和探针等应完好。

② 铭牌应采用黄铜或者不锈钢材质，铭牌应包含厂家、型号、编号、参数等内容。

③ 继电器内部零件应完好，各螺钉应有垫圈并拧紧，固定支架牢固可靠，各焊缝处应焊接良好，无漏焊。

④ 放气阀、探针操作应灵活。

⑤ 开口杯转动应灵活。

⑥ 干簧管固定牢固，并有缓冲套，玻璃管应完好无渗油，根部引出线焊接可靠，引出硬柱不能弯曲并套软塑料管排列固定，永久磁铁在框架内固定牢固。

⑦ 挡板转动应灵活。干簧触点可动片面向永久磁铁并保持平行，尽可能调整两个触点同时断合。

⑧ 检查动作于跳闸的干簧触点。转动挡板至干簧触点刚开始动作处，永久磁铁面距干簧触点玻璃管面的间隙应保持在合理范围内。继续转动挡板到终止位置，干簧触点应可靠吸合，并保持其间隙在合理范围内，否则应进行调整。

3.4.2　瓦斯继电器绝缘电阻试验

（1）试验目的

检查瓦斯继电器绝缘强度是否良好。

（2）试验方法及要求

① 干簧触点应用 1000V 绝缘电阻表测量绝缘电阻，其电阻值不应小于 300MΩ。

② 出线端子对地以及无电气联系的出线端子间，用工频电压 1000V 进行 1min 介质强度试验，或用 2500V 绝缘电阻表进行 1min 介质强度试验，无击穿、闪络。采用 2500V 绝缘电阻表在耐压试验前、后测量绝缘电阻应不小于 10MΩ。

3.4.3　瓦斯继电器密封性试验

（1）试验目的

检查瓦斯继电器在满油压力下是否出现渗油的情况,确保变压器在充油后无泄漏并保持密封。

（2）试验方法及要求

① 对挡板式继电器密封检验，其方法是对继电器充满变压器油，在常温下加压至 0.2MPa，稳压 20min 后，检查放气阀、探针、干簧管、出线端子、壳体及各密封处，应无渗漏。

② 对空心浮子式继电器密封检验，其方法是对继电器内部抽真空处理，绝对压力不高于133Pa，保持 5min。在维持真空状态下对继电器内部注满 25℃以上的变压器油，并加压至0.2MPa，稳压 20min 后，检查放气阀、探针、干簧管、浮子、出线端子、壳体及各密封处，应无渗漏。

3.4.4　瓦斯继电器重瓦斯流速值试验

（1）试验目的

检查重瓦斯流速值是否符合设计及厂家定值要求，保证瓦斯在固定流速下重瓦斯顺利动作，保证变压器运行安全。

（2）试验方法及要求

① 试验仪器：瓦斯继电器校验台。

② 试验步骤：继电器动作流速整定值试验，油流速度从 0m/s 开始，在流速整定值的30%～40%之间的油流冲击下，稳定 3～5min,观察其稳定性。然后开始缓慢、均匀、稳定增加流速，直至有跳闸动作输出时测得稳态流速值为流速动作值，从缓慢、均匀、稳定增加流速开始至有跳闸动作输出时流速的平均变化量不能大于 0.02m/s，重复三次试验，继电器各次动作值误差不大于±10%整定值，三次测量动作值之间的最大误差不超过整定值的 10%。

（3）试验注意事项

① 继电器检验时，油温应在 25～40℃之间。

② 继电器检验不符合整定值时，可调整的继电器应进行调整，使之达到整定值。

（4）试验标准

继电器动作流速整定值以连接管内的稳态流速为准，流速整定值由运维单位提供。

3.4.5　瓦斯继电器轻瓦斯气体容积值试验

（1）试验目的

检查瓦斯气体容积值是否符合设计及定值要求，保证瓦斯继电器在规定气体容积值下，轻瓦斯报警信号顺利发送，保证变压器运行安全。

（2）轻瓦斯气体容积值的试验方法及要求

① 试验仪器：瓦斯继电器校验台。

② 试验步骤：将继电器充满变压器油后，两端封闭，水平放置，打开继电器放气阀，并对继电器进行缓慢放油，直至有信号动作输出时，测量放出油的体积，即为继电器气体容积动作值。重复试验三次。

（3）试验注意事项

继电器检验不符合整定值时，可调整的继电器应进行调整，使之达到整定值。

（4）试验标准

$\phi50$、$\phi80$ 继电器：气体容积动作范围为 250～300mL。

3.4.6　瓦斯继电器干簧触点试验

（1）干簧触点断开容量试验

按图 3-10 所示，将干簧触点接入电路中，通过对继电器进行油流冲击使干簧管产生开断动作，重复试验三次，应能正常接通和断开。采用直流 110V 供电时负载选用 30W 灯泡进行试验；采用直流 220V 供电时负载选用 60W 灯泡进行试验。

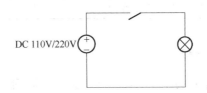

DC 110V/220V

图 3-10　干簧触点断开容量试验接线图

（2）干簧触点接触电阻

在干簧触点断开容量试验后，其触点间的接触电阻应小于 0.15Ω。

3.5　变压器压力释放阀常规试验

压力释放阀是变压器的一种压力保护装置。当变压器内部发生故障时，油分解产生大量气体，由于变压器是基本密闭的，连通油枕的连管较细，仅靠小连管不能有效迅速降低压力，会造成油箱内压力急剧升高，导致变压器油箱破裂。此时压力释放阀将及时打开，排除部分变压器油，降低油箱内的压力，待油箱内压力降低后，压力释放阀将自动闭合，并保持油箱的密封。

压力释放阀的试验项目及工序要求、危险点及安全措施见表 3-12 和表 3-13。

表 3-12　压力释放阀试验项目及工序要求

序号	工序名称	工序要求
1	安全准备	① 试验室设置良好，保持通风 ② 安全工器具，例如减压阀、绝缘手套、安全带等器具齐备且在有效期内
2	试验人员准备	① 试验人员数量不少于 3 人，其中至少 1 人为工程师或技师及以上资格人员 ② 安全监护人员数量不少于 1 人
3	被试设备状态检查	压力释放阀无开裂漏气情况，接线盒无损伤
4	拆接电源	拆接电源必须两人进行，电源应符合试验要求
5	绝缘试验	① 当对信号开关接点进行试验时，应将工频耐压试验设备置于工作状态，接点在断开位置 ② 将其中一个接点端子接地（包括引线），在接点间施加 2kV 的工频电压，持续 1min，不应出现闪络、击穿现象
6	开启压力及关闭压力试验	① 把压力释放阀平整放在压力释放阀操作台上，压紧 ② 选好产品型号及口径开始试验。待压力释放阀动作后，记录试验数据
7	密封试验	① 将释放阀卡装在试验系统上 ② 系统中应装有变压器油，向系统内施加密封压力，无泄漏

表 3-13　压力释放阀试验危险点及安全措施

序号	危险点	安全措施
1	工作人员不熟悉工作内容和危险点	工作负责人每日开工前与工作班成员进行安全交底
2	电源接线不规范，引起触电	使用合格的电源设备和专用接电线
3	试验装置不良好接地，发生触电危险	试验开始前，检查试验仪器接地情况，保证接地良好
4	试验过程没有监护人在场，出现操作失误	试验时要两人在场，一人工作，一人监护，监护人不得离开
5	压力释放阀紧固不稳定导致设备及试验仪器损坏	一人紧固并且一人确认方可进行试验

3.5.1　压力释放阀外观检查

释放阀装配完毕后，外罩及阀座应平直，中心线应对准，不应有歪扭现象。释放阀外表面涂层应耐油、均匀、光亮，不应有脱皮、气泡、堆积等缺陷，标志杆应着色，颜色醒目。

3.5.2　压力释放阀信号开关绝缘性能试验

（1）试验目的

检查信号开关的绝缘性能是否良好，保证变压器安全稳定运行。

（2）试验方法及要求

① 当对信号开关接点进行试验时，应将工频耐压试验设备置于工作状态，接点在断开位置，将其中一个接点端子接地（包括引线），在接点间施加 2kV 的工频电压，持续 1min，不应出现闪络、击穿现象。

② 当进行接点端子对地试验时，应将两组端子全部短接后，在端子与地（或壳体）之间施加 2kV 的工频电压，持续 1min，不应出现闪络、击穿现象。

（3）试验注意事项

防止试验中绝缘电阻表误操作，造成人身触电的情况。

3.5.3　压力释放阀时效开启压力及关闭压力试验

（1）试验目的

检查压力释放阀动作压力及关闭压力是否符合出厂及设计定值要求，保证压力释放阀可靠动作，确保变压器运行安全。

（2）试验方法及要求

把压力释放阀平整放在压力释放阀操作台上，压紧，选好产品型号及口径开始试验。待压力释放阀动作后，记录试验数据，试验数据应符合出厂及设计定值的要求。

（3）注意事项

保证压力释放阀在操作台上无漏气、空气泵无漏气，保证试验准确性。

3.5.4　压力释放阀密封试验

（1）试验目的

检查压力释放阀密封性，观察压力释放阀是否泄漏，保证变压器运行安全。

（2）试验方法及要求

常温、时效开启压力试验合格的释放阀，才能做密封压力试验。将释放阀卡装在试验系统上，系统中应装有变压器油，向系统内施加密封压力，密封压力值应符合表 3-14 的规定。

观察压力表指示，当达到要求时开始计时，2h 后不渗漏为合格。

表 3-14　压力释放阀密封压力值规定

开启压力/kPa	开启压力偏差/kPa	关闭压力（不小于）/kPa	密封压力（不小于）/kPa
15		8	9
25		13.5	15
35	±5	19	21
55		29.5	32
70		37.5	44
85		45.5	51

3.6　变压器压力式温度计试验

压力式温度计是基于密闭测温系统内蒸发液体的饱和蒸汽压力和温度之间的变化关系而进行温度测量的。当温包感受到温度变化时，密闭系统内饱和蒸汽产生相应的压力，引起弹性元件曲率的变化，使其自由端产生位移，再由齿轮放大机构把位移变为指示值。这种温度计具有温包体积小、反应速度快、灵敏度高、读数直观等特点，几乎集合了玻璃棒温度计、双金属温度计、气体压力温度计的所有优点，它可以制造成防震、防腐型，并且可以实现远传触点信号、热电阻信号、0～10mA 或 4～20mA 信号，是使用范围最广、性能最全面的一种机械式测温仪表。

压力式温度计的试验项目及工序要求、危险点及安全措施见表 3-15 和表 3-16。

表 3-15　压力式温度计试验项目及工序要求

序号	工序名称	工序要求
1	安全准备	① 试验室设置良好，保持通风 ② 安全工器具，例如绝缘手套等器具齐备且在有效期内
2	试验人员准备	① 试验人员数量不少于 3 人，其中至少 1 人为工程师或技师及以上资格人员 ② 安全监护人员数量不少于 1 人 ③ 试验记录完整
3	被试设备状态检查	温度计无开裂情况
4	拆接电源	拆接电源必须两人进行，电源应符合试验要求
5	绝缘试验	① 环境温度为 15~35℃，相对湿度为 45%~70% ② 电接点温度计的输出端子之间及输出端子与接地端子之间的绝缘电阻不应该小于 20MΩ
6	精度试验	① 将温度计垂直放入恒温槽中选取量程范围内 5 个温度点进行温度测量（如温度计有零点应选取零点） ② 待示值稳定后开始读数，并记录试验数据

表 3-16　压力式温度计试验危险点及安全措施

序号	危险点	安全措施
1	工作人员不熟悉工作内容和危险点	工作负责人每日开工前与工作班成员进行安全交底
2	电源接线不规范，引起触电	使用合格的电源设备和专用接电线
3	试验装置不良好接地，发生触电危险	试验开始前，检查试验仪器接地情况，保证接地良好
4	试验过程没有监护人在场，出现操作失误	试验时要两人在场，一人工作，一人监护，监护人不得离开
5	恒温槽在加热过程中油位高度不够，发生火灾危险	在进行试验的过程中，要做到有人专职监护恒温槽，并配备足够的灭火器

3.6.1　温度计外观检查

① 温度计表头用的保护玻璃或其他材料应透明，不得有妨碍正确读数的缺陷或损伤。

② 温度计的各部件应装配牢固，不得松动，不得有锈蚀，不得有显著腐蚀和防腐层脱落现象。

③ 温度计度盘上的刻度、数字和其他标志应完整、清晰、准确。指针应伸入标尺最短分度线的 1/4~3/4 内，其指针尖端宽度不应超过标尺最短分度线宽度。

④ 温度计的指针与度盘平面间的距离应在 1~3mm 的范围之内。

⑤ 温度计度盘上应标有国际温标摄氏度的符号"℃"、制造厂名（或厂标）、型号及出厂编号、准确度等级、制造年月以及计量器具制造许可证标志和编号。电接点温度计还应在度盘或外壳上标明接点额定功率、接点最高电压、交流或直流最大工作电流、接地端子标志。

⑥ 温度计应有加盖封印位置。

⑦ 温度计在检定过程中指针应平稳移动，不得有显见跳动和停滞现象（蒸汽压力式温度计在跨越室温部分允许指针有轻微的跳动）。

3.6.2　温度计绝缘电阻检查

（1）检查目的

检查温度计各个接点的绝缘电阻是否良好，保证温度计指示准确，准确的温度示值能及时发现变压器的缺陷。

（2）试验方法及要求

在环境温度为 15～35℃、相对湿度为 45%～70% 的条件下进行试验，电接点温度计的输出端子之间及输出端子与接地端子之间的绝缘电阻不应该小于 20MΩ。

3.6.3　温度计精度测试

（1）测试目的

对温度计进行精度测试，是为能够实时准确地监测变压器绕组温度及油面温度，当温度升高到整定的报警点或跳闸点时，保护装置能够正确动作，切除故障，确保变压器的安全稳定运行。

（2）试验方法及要求

① 检定前温度计的表头应垂直安装。

② 检定时温度计的温包必须全部浸没，引长管浸没不得小于管长的 1/3～2/3。

③ 表头和温包之高度差应不大于 1m。

④ 首次检定的温度计，检定点应均匀分布在整个测量范围上（必须包括测量上下限），不得少于 4 个点。有 0℃点的温度计应包括 0℃点。温度计在后续检定和使用中检验时，检定点应均匀分布在整个测量范围上（必须包括测量上、下限），不得少于 3 个点。有 0℃点的温度计仍应包括 0℃点。

⑤ 温度计的检定应在正、反两个行程上分别向上限或下限方向逐点进行，测量上、下限值时只进行单行程检定。

⑥ 在读取被检温度计示值时，视线应垂直于度盘，使用放大镜读数时，视线应通过放大镜中心。读数时应估计到分度值的 1/10。

⑦ 0℃点检定时，将温度计的温包插入盛有冰水混合物的冰点槽或恒温槽中，待示值稳定后即可读数。温度计示值的最大允许误差应符合表 3-17 的规定。

⑧ 其他各点检定时，将被检温度计的温包与标准温度计插入恒温槽中，待示值稳定后进行读数。在读数时，槽温偏离检定点温度不得超过 ±0.5%（以标准水银温度计为准），分别记下标准温度计和被检温度计正、反行程的示值。在读数过程中，当槽温不超过 300℃时，其槽温变化不应大于 0.1%；槽温超过 300℃时，其槽温变化不应大于 0.5℃。电接点温度计在进行示值检定时，应将其上、下限设定指针分别置于上、下限以外的位置上。

⑨ 温度计回差的检定与示值检定同时进行（测量上限和下限除外），在同一检定点上正、反行程误差之差的绝对值，即为温度计回差。

表 3-17　温度计示值最大允许误差

准确度等级	最大允许误差/%
1.0	±1.0
1.5	±1.5
2.5	±2.5
5.0	±5.0

（3）试验注意事项

在升温之前要确定好标准水银温度计的量程，防止升温上限超过量程，导致水银温度计爆炸。

第4章

设备单体及系统调试

　　变电站设备单体及系统调试的工作内容主要包含二次回路检查、单体调试、分系统调试部分。通过对二次系统的校验和调试，确保一次设备、二次装置、二次回路满足运行需求，保障电力系统可靠运行。设备二次调试流程如图4-1。

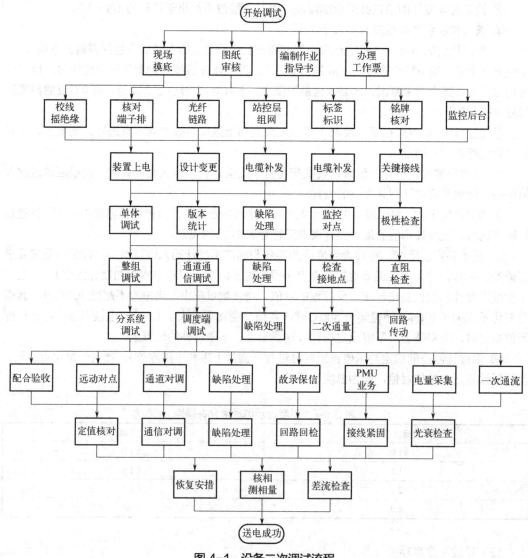

图 4-1　设备二次调试流程

4.1　二次回路检查

4.1.1　二次回路检查的意义

二次回路，主要是指用于测量一次设备运行参数的测量回路；用于对一次设备进行控制的回路；用于一次或二次设备运行出现故障后发出信号或用于反映一、二次设备运行状态的信号回路；用于改善一、二次设备运行环境，方便相关技术人员工作的加热、除湿、通风、照明等辅助回路；用于给各种设备提供电源的电源回路等低压回路。其工作电压不宜超过 250V，最高不超过 500V。二次回路的正确性与电力系统运行安全息息相关，对其进行调整传动，保证二次回路正确可靠是十分必要的。

4.1.2　二次回路通用检查内容

二次回路通用检查内容如表 4-1 所示，二次回路通用技术要求如表 4-2 所示。

表 4-1　二次回路通用检查内容

序号	检查项目	检查内容
1	图纸检查	检查图纸设计是否符合相关规程规范和反措的要求，统计好设计问题，及时与设计院沟通改正。检查设计的电缆规格是否符合要求，是否存在不能在一根电缆里的回路混用一根电缆的情况，是否存在不满足双重化要求的情况，电压电流回路的接地点是否存在错误，以及其他设计错误等
2	接线检查	检查二次施工人员是否按照图纸正确无误地完成了接线工作，接线应牢固美观
3	端子排检查	核对端子排图、原理图和端子排实际接线，如发现不一致需要做好问题记录
4	铭牌检查	核对设备铭牌上的相关技术参数是否与图纸一致，是否满足使用要求
5	绝缘检查	使用 1000V 摇表进行绝缘检查，检查时摇表的 E 端接在地上，L 端接在二次回路上，检查线芯与地之间绝缘、芯与芯间绝缘，绝缘检查完后二次回路应对地放电
6	混电检查	交直流电源带前首先测量装置直流电阻以免造成电源短路。用万用表检查是否有混电和接地现象。三相交流电源应保证为正相序。如有问题需断开电源查找原因，问题处理后再次接通电源

表 4-2　二次回路通用技术要求

序号	具体要求
1	严格执行有关规程、规定及反事故措施，防止二次寄生回路的形成
2	为提高继电保护装置的抗干扰能力，应采取以下措施：保护装置至开关场就地端子箱之间以及保护屏至监控设备之间所有二次回路的电缆均应使用屏蔽电缆，电缆的屏蔽层两端接地，严禁使用电缆内的备用芯线替代屏蔽层接地
3	接有二次电缆的开关场就地端子箱内（汇控柜、智能控制柜）应设有铜排（不要求与端子箱外壳绝缘），二次电缆屏蔽层、保护装置及辅助装置接地端子、屏柜本体通过铜排接地。铜排截面积应不小于 100mm²，一般设置在端子箱下部，通过截面积不小于 100mm² 的铜缆与电缆沟内不小于 100mm² 的专用铜排（缆）与变电站主地网相连
4	由一次设备（如变压器、断路器、隔离开关和电流/电压互感器等）直接引出的二次电缆的屏蔽层应使用截面不小于 4mm² 的多股铜质软导线仅在就地端子箱处一点接地，在一次设备的接线盒（箱）处不接地，二次电缆经金属管从一次设备的接线盒（箱）引至电缆沟，并将金属管的上端与一次设备的底座或金属外壳良好焊接，金属管另一端应在距一次设备 3～5m 之外与主接地网焊接
5	电流互感器或电压互感器的二次回路，均必须且只能有一个接地点。当两个及以上电流（电压）互感器二次回路间有直接电气联系时，其二次回路接地点设置应便于运行中的检修维护。互感器或二次设备的故障、异常、停运、检修、更换等均不得造成运行中的互感器二次回路失去接地
6	外部开入直接启动，不经闭锁便可直接跳闸（如变压器和电抗器的非电量保护、不经就地判别的远方跳闸等），或虽经有限闭锁条件限制，但一旦跳闸影响较大（如失灵启动等）的重要回路，应在启动开入端接入大功率继电器。大功率继电器的要求：动作电压在额定直流电源电压的 55%～70% 范围以内，动作功率不低于 5W

4.1.3　二次回路通用检查方法

二次回路通用调试方法如表 4-3 所示，通用调试注意事项如表 4-4 所示。

表 4-3　二次回路通用调试方法

序号	具体步骤
1	核对端子排图、原理图和端子排实际接线，如发现不一致需要做好记录
2	在确保二次回路不带电的情况下，使用万用表、校线灯等工具对二次线进行检查，保证端子排图与实际接线一致，确保二次回路接线正确
3	及时恢复查线过程中拆开的二次线
4	如发现图纸不对，需要在图纸上做出修改并及时与设计人员沟通改正
5	电流和电压感器查线时需把互感器根部电缆断开进行，以免互感器二次绕组对检查结果造成影响
6	二次查线完毕后，用绝缘电阻表测试电缆绝缘，测试完毕对地放电
7	绝缘检查无问题后方可接通电源，电源接通前首先测量装置直流电阻以免造成电源短路。接通电源后，用万用表检查是否有混电或接地现象；三相交流电源应保证为正相序（检查过程中如果发现问题，需断开电源后再进行处理）

表 4-4　二次回路通用调试注意事项

序号	注意事项
1	所有端子排应采用阻燃材料，电流电压端子应采用可断开的试验端子
2	交流电流和交流电压回路、不同组别交流电压回路、交流和直流回路、强电和弱电回路、来自电压互感器二次的四根引入线和电压互感器开口三角绕组的两根引入线均应使用各自独立的电缆，不能共用一根电缆
3	保护装置的跳闸回路和启动失灵回路均应使用各自独立的电缆
4	继电保护及相关设备的端子排，正负电源之间、跳（合）闸引出线之间以及跳（合）闸引出线与正电源之间、交流电源与直流回路之间等应至少使用一个空端子隔开
5	接线端子的每一个接线端只能接一根导线，不允许同一接线端接两根或以上线芯，尤其是 CT、PT 二次回路的接线
6	互感器本体二次线应正确可靠，每个接线端子保证一弹垫两平垫。在柱形接线端子上接线，应使线芯沿螺母拧紧的旋转方向接线，避免运行中接线松动造成事故
7	CT、PT 设备本体接线盒内的标识应清晰、耐久，宜直接在接线底板上标注相关信息，严禁采用金属标识牌标注

4.1.4　电流互感器二次回路调试

调试前，应先进行图纸与现场电流互感器铭牌核对，无误后根据图纸编写电流互感器记录表，明确电流互感器各绕组的用途，确保各绕组准确级使用正确，并且不存在保护死区。重点检查项目如表 4-5 所示。

表 4-5　重点检查项目

序号	内容
1	核对电流互感器线圈数目、准确度等级、容量、变比、线圈排列、一次绕组的极性安装方向情况
2	核对电流互感器接线方式
3	如果电流互感器为罐式电流互感器，需要重点检查是否存在死区

电流互感器的二次回路调试内容包括图纸检查、铭牌检查、接线检查、直阻检查、极性检

查、绝缘检查、接地点检查、二次通流试验、一次通流试验、投运前检查，目的是通过这些手段整体把握电流互感器二次回路的正确性，确保其可以安全可靠地投入运行，保证电力系统的安全稳定。

电流互感器二次回路调试的内容如表 4-6 所示。

表 4-6　电流互感器二次回路调试内容

序号	具体内容
1	图纸检查：确认电流互感器各绕组的准确级、极性是否符合保护装置、测控装置、计量装置的使用要求；检查电流互感器绕组的使用是否满足保护装置双重化配置的要求；检查电流互感器绕组的使用是否存在死区；检查电流互感器二次回路使用的电缆是否不小于 4mm²，电缆使用是否满足相关技术规范；CT 绕组二次接地点是否满足规程规范
2	铭牌检查：核对设备铭牌上的 CT 变比、准确级、容量、极性、二次绕组布置方式、绕组数量是否与图纸一致，是否满足使用要求
3	接线检查：检查二次施工人员是否按照图纸正确无误地完成了接线工作，接线应牢固美观。在检查电流互感器本体至汇控柜之间的电缆接线时，需要把汇控柜内电流端子的滑块打开，隔离 CT 回路内部接线和外部接线，并把接地线拆开。因为同一圈 CT 的 S1、S2、S3、S4 之间有几欧姆或者十几欧姆的直阻，所以可以通过量直阻的方法校线，同时也可以测量其他圈的 CT 直阻，结果应为无穷大。这种方法可以避免拆线、接线而引起的接线错误、接线松或者线芯之间搭接等问题。如果保护装置、测控装置或者电能表是常规采样，可以通过万用表通断挡或者校线灯来进行二次线校验。校验时要和图纸核对，看是否有图纸设计错误、二次接线不按图接线等问题。无论常规采样还是 SV 采样，都可以通过继电保护测试仪分相加量，在各装置上查看 A、B、C 相电流及自产零序电流确保二次线没有问题
4	直阻检查：在端子紧固之后，在汇控柜处使用万用表电阻挡测量各 CT 二次绕组的电阻值，并进行各绕组间和各相别间的比较。测得的电阻值有以下几个特点：如果接线松动，会造成电阻的增大；同一绕组的不同变比的直阻，会随着变比的增大而增大；同一准确级和变比而不同相别绕组的直阻基本相同
5	极性检查：首先将电流回路涉及的所有二次设备（除末端二次设备）连接片接通，在电流回路最末端打开连接片，用指针式万用表在此处进行极性检查。在电流互感器两端挂试验线，非极性端试验线与干电池的负极相连，极性端试验线与电池正极进行接通-打开的操作，同时观察指针万用表表针的偏转方向。表针正偏表示电流互感器一次侧和二次侧的关系是减极性；表针负偏表示电流互感器一次侧和二次侧的关系是加极性
6	绝缘检查： ① 新安装保护装置的验收试验时，从保护屏柜的端子排处将外部引入的电流回路电缆接线打开，用 1000V 绝缘电阻表测量电流回路对地和其他回路相互间绝缘电阻，其阻值均应大于 10MΩ ② 定期检验时，在保护屏柜的端子排处将所有电流回路的端子的外部接线拆开，并将电流回路的接地点拆开，用 1000V 绝缘电阻表测量回路对地的绝缘电阻，其绝缘电阻应大于 1MΩ
7	接地点检查：变压器本体电流互感器的二次回路因为一般不会涉及合电流的问题，其二次接地点一般设置在变压器三相汇控柜里。涉及合电流问题的电流互感器二次回路，其接地点一般设置在合电流所在屏柜处。接地线一般选择 4mm² 的黄绿色散芯接地线，两端线鼻压接牢固，接线紧固。检查时，首先打开端子排处接地线，用万用表电阻挡对电流互感器各二次绕组进行检查，应没有接地现象；然后恢复端子排处接地线，用万用表电阻挡对电流互感器各二次绕组进行检查，电阻值应该非常接近于 0
8	二次通流试验：将所有电流二次回路连接片接入，只断开汇控柜处 CT 至一次设备处连接片，打开电流互感器二次回路接地点（防止接错线影响测试结果），在汇控柜处依次通入电流。三相电流可以分别加 A 相 1A、B 相 0.8A、C 相 0.6A，检查各二次设备显示的电流值。不能直接观察到电流值的设备，使用钳形电流表测量。对于母线保护、主变保护中各间隔的极性判断，可以通过一台测试仪加两路不同间隔的合适电流给母线保护、主变保护，来判断保护装置的极性与实际极性是否一致
9	一次通流试验：调好一次设备的方式，用大电流发生器给一次设备通入合适的电流，根据记录检查装置的采样，以此来检查电流互感器变比是否正确。多间隔同时进行一次通流试验还可以检查电流互感器的极性是否正确
10	投运前检查：电流互感器二次回路除汇控柜外均在运行状态，在汇控柜处使用万用表检查互感器及保护侧直阻状态，确保不开路，无问题后将连接片放入运行位置。用万用表再次检查接地情况，确保每个 CT 绕组有且只有 1 个接地点。紧固所有的电流回路螺钉，包括滑块、连片、接地线、装置背板等所有螺钉

电流互感器二次回路调试的注意事项如表 4-7 所示。

表 4-7　注意事项

序号	具体内容
1	① 将所有电流回路连接片接入，在汇控柜处打开电流回路连接片进行直阻测量 ② 测量直阻前要把接地线拆除 ③ 测量完恢复电流回路，将连接片上好，接入地线 ④ 如果在改扩建工程中测量直阻要注意运行设备感应电的影响。如果影响较大，可以将电流互感器一端接地，用万用表测量电流互感器二次绕组的直阻，比较同绕组三相之间的阻值，比较同相之间不同绕组之间的阻值，如有差异需进行检查并处理 ⑤ 测量数值要等万用表的显示数据稳定后读取
2	① 线路、主变、电容器、电抗器等电流互感器极性要以母线侧为正 ② 母联电流互感器一般以 4 母线为正；分段电流互感器一般以甲母线为正 ③ 常规站中母差保护极性以母线为正反起 ④ 智能站以母线为正正起 ⑤ 线路差动保护以本侧母线为正正起 ⑥ 主变三侧以各侧母线为正正起 ⑦ 母联、分段给母差保护极性以母差保护逻辑判别要求为准
3	① 仅在新安装保护装置的验收检验时进行绝缘试验 ② 按照保护装置技术说明书的要求拔出插件 ③ 在保护屏柜端子排内侧分别短接交流电压回路端子、交流电流回路端子、直流电源回路端子、跳闸和合闸回路端子、开关量输入回路端子、厂站自动化系统接口回路端子及信号回路端子 ④ 断开与其他保护的弱电联系回路 ⑤ 将打印机与保护装置连接断开 ⑥ 保护装置内所有互感器的屏蔽层应可靠接地。在测量某一组回路对地绝缘电阻时，应将其他各组回路都接地 ⑦ 用 500V 绝缘电阻表测量绝缘电阻值，要求阻值均大于 20MΩ。测试后应将各回路对地放电

4.2　一次设备单体调试

4.2.1　变压器调试

变压器是电力系统重要的主设备之一。在发电厂通过升压变压器将发电机电压升高，由输电线路将发电机发出的电能送至电力系统中；在变电所通过降压变压器将电压降低，并将电能送至配电网络，然后分配给各用户。在发电厂或变电所，通过变压器将两个不同电压等级的系统联络起来，该变压器称作联络变压器。

电力变压器主要由铁芯及绕在铁芯上的两个或两个以上绝缘绕组构成。为增强各绕组之间的绝缘及铁芯、绕组散热的需要，将铁芯及绕组置于装有变压器油的油箱中。然后，通过绝缘套管将变压器各绕组引到变压器壳体之外。另外，为提高变压器的传输容量，在变压器上加装有专用的散热装置，用于变压器的冷却。

大型电力变压器均为三相三铁芯柱式变压器或由三个单相变压器组成的三相组式变压器。若以故障点的位置对变压器故障进行分类，有油箱内的故障和油箱外的故障。变压器油箱内的故障主要有各侧相间短路、大电流接地系统侧的单相接地短路及同相部分绕组之间的匝间短路。变压器油箱外的故障，是指变压器绕组引出端绝缘套管及引出线上的故障，主要有相间短路（两相短路及三相短路）故障、大电流接地系统侧的接地故障、低压侧的接地故障。

在超高压电力系统中，使用自耦电力变压器将接近的不同电压等级的电网联系起来在提高系统供电可靠性和电力分配合理性等方面具有特殊的优越性，而且它还具有节约材料、降低造价、减少损耗、重量和外形较小、便于运输安装以及能提高变压器的极限制造容量等优点，所以，它在超高压系统中的应用已成为现代电力系统重大技术发展方向之一。

大型超高压变压器的不正常运行方式主要有以下几种：由于系统故障或其他原因引起的过负荷或过电流，由于系统电压的升高或频率的降低引起的过励磁，不接地运行变压器中性点电位升高，变压器油箱内油位异常，变压器温度过高及冷却器全停等。

变压器短路故障时，会产生很大的短路电流，使变压器严重过热，甚至烧坏变压器绕组或铁芯。特别是变压器油箱内的短路故障，伴随电弧的短路电流可能引起变压器着火。另外，变压器内、外部的故障短路电流产生电动力，也可能造成变压器本体和绕组变形而损坏。

变压器短路故障的主保护主要有纵差保护、重瓦斯保护。另外，根据变压器的容量、电压等级及结构特点，可配置零序差动保护及分侧差动保护。目前，电力变压器上采用较多的短路故障后备保护种类主要有：复合电压闭锁过流保护，零序过电流或零序方向过电流保护，负序过电流或负序方向过电流保护，复合电压闭锁功率方向保护，低阻抗保护等。变压器异常运行主要有过负荷保护，过励磁保护，变压器中性点间隙保护，轻瓦斯保护，温度、油位、压力保护及冷却器全停保护等。

为确保变压器的安全经济运行，当变压器发生短路故障时，应尽快切除变压器；而当变压器出现不正常运行方式时，应尽快发出报警信号并进行相应的处理。为此，变压器配置整套完善的二次测控和保护装置，在系统投运前需对二次系统进行细致的调试。

（1）二次接线检查

检查方法和注意事项如表4-8、表4-9所示。

表4-8　二次接线检查方法

序号	检查内容
1	核对端子排图、原理图和端子排实际接线，如发现不一致需要做好问题记录
2	在确保二次回路不带电的情况下，使用万用表、校线灯等工具对二次线进行校验，保证端子排图与实际接线一致，过程中要确保线芯的唯一准确性
3	及时恢复校验过程中拆开的二次线
4	如发现图纸不对，需要在图纸上做出修改并向设计人员反映
5	电流和电压互感器查线时需把互感器根部电缆断开进行，以免互感器二次绕组对检查结果造成影响
6	二次线校验完毕后，用绝缘电阻表测试电缆绝缘，测试完毕对地放电
7	绝缘检查无问题后方可接通电源，电源接通前首先测量装置直流电阻以免造成电源短路，用万用表测量检查是否有混电和接地现象。三相交流电源应保证为正相序。如有问题需断开电源查找原因，问题处理后再次接通电源

表4-9　二次接线检查注意事项

序号	注意事项
1	所有端子排应采用阻燃材料，电流电压端子排采用可断开试验端子
2	交流电流和交流电压回路、不同组别交流电压回路、交流和直流回路、强电和弱电回路、来自电压互感器二次的四根引入线和电压互感器开口三角绕组的两根引入线均应使用各自独立的电缆
3	保护装置的跳闸回路和启动失灵回路均应使用各自独立的电缆
4	继电保护及相关设备的端子排，正负电源之间、跳（合）闸引出线之间以及跳（合）间引出线与正电源之间、交流电源与直流回路之间等应至少采用一个空端子隔开

续表

序号	注意事项
5	一个端子的每一端只能接一根导线，不允许同一端子接两根或以上线芯，尤其是 CT、PT 二次回路
6	互感器本体二次线应正确可靠，每个接线端保证一弹垫两平垫，柱形接线端子应使线芯沿螺母旋转方向安装，避免运行中接线松动造成事故
7	CT、PT 设备本体接线盒内的标识应清晰、耐久，宜直接在接线底板上标注相关信息，严禁采用金属标识牌标注，避免金属标识牌搭接造成 CT 回路分流或 PT 回路短路故障

（2）变压器本体调试传动

① 电源检查。电源检查根据设计电源回路进行，电源回路检查项目应根据设计图纸编写，以某 500kV 变电站为例具体检查项目详见表 4-10～表 4-17。

表 4-10　本体智能柜交流电源检查

序号	空开编号	作用	测量位置				
			端子排	A	B	C	N
1	1JUK	交流总电源 1	1JD	1	3	5	7
2	2JUK	交流总电源 2	1JD	11	13	15	8
3	2HK	220kV 侧主变中性点刀闸电源	2JD	29	30	31	7
4	3HK	主变有载调压	2JD	33	34	35	7
5	4HK	备用	2JD	37	38	39	7
6	5HK	铁芯检测 IED 设备	2JD	41	—	—	42
7	6HK	温度显示仪 1	2JD	—	44	—	45
8	7HK	温度显示仪 2	2JD	—	—	47	48
9	8HK	主变本体端子箱	2JD	—	1	—	7
10	9HK	灭火消防柜	2JD	—	—	3	7
11	10HK	温度显示仪 3	2JD	—	50	—	51
12	11HK	挡位控制器	2JD	—	—	53	54
13	12HK	油色谱在线监测系统柜	2JD	56	57	58	7
14	门控	灯电源	2JD	17	—	—	11

表 4-11　本体智能柜直流电源检查

序号	空开编号	作用	测量位置	
			正电	负电
1	1-13DK	合并单元 A 装置电源	1-13GD1	1-13GD7
2	2-13DK	合并单元 B 装置电源	2-13GD1	2-13GD7
3	4DK1	智能终端装置电源	4GD：1	4GD：7
4	4DK2	智能终端遥信电源	4QD：1	4QD：11
5	4DK3	非电量电源	4FD：1	4FD：14

表 4-12　本体端子箱电源检查（上级空开：本体智能柜 8HK）

分类	端子号	回路号	空开编号
油面 1、油面 2、绕组、电流继电器电源	X4：9	L	QF2
	X4：12	N	

续表

分类	端子号	回路号	空开编号
加热/照明/插座电源	X4：9	L	QF1
	X4：12	N	

表4-13　中性点刀闸电源检查（上级空开：本体智能柜2HK）

分类	端子号	回路号	空开编号
电机电源	X1-2：1	A	QF3
	X1-2：3	B	
	X1-2：5	C	
	X1-2：13	N	
控制电源	X1-3：8	B	QF2
	X1-3：1	N	
加热照明电源	X1-2：9	B	QF1 加热
	X1-2：12	N	QF4 照明

表4-14　有载调压箱电源检查（上级空开：本体智能柜3HK）

分类	端子号	回路号	空开编号
调压电机电源	X3：1	A	F1
	X3：7	N	
加热/照明/插座电源	X3：9	B	F2
	X3：11	N	

表4-15　排油注氮控制柜电源检查

分类	端子号	回路号	空开编号
直流电源1（直流馈电柜1）	X0：1	A	Q1
	X0：3	N	
直流电源2（直流馈电柜2）	X0：5	A	Q2
	X0：7	N	

表4-16　灭火消防柜电源检查（上级空开：本体智能柜9HK）

分类	端子号	回路号	空开编号
电源	X3：1	L	ZK4
	X3：3	N	

表4-17　油色谱在线监测柜电源检查（上级空开：本体智能柜12HK）

分类	端子号	回路号	空开编号
电源	X3：2	L	ZK5
	X3：4	N	

注意混电绝缘检查：上电完成后，为防止寄生回路、错线等问题造成的电源混电问题，在所有电源空开都合位的情况下，依次断开表4-10～表4-17中的空开，测量空开下口应没有任何交直流混电现象。

② 中央信号检查，检查内容见表 4-18。

表 4-18　中央信号检查

序号	信号内容	回路号	智能柜端子号	机构端子号
1	公共端	—	4QD1-9	—
2	检修投入	4KLP	0401	—
3	信号复归	4FA	0402	—
4	光耦失电	—	4QD4（0403）	—
5	主变高压侧中性点刀闸分位	J802	4QD15	X2：37
6	主变高压侧中性点刀闸合位	J801	4QD16	X2：1
7	挡位开入 1	—	4QD23	6nX2-9
8	挡位开入 2	—	4QD24	6nX2-8
9	挡位开入 3	—	4QD25	6nX2-7
10	挡位开入 4	—	4QD26	6nX2-6
11	挡位开入 5	—	4QD27	6nX2-5
12	挡位开入 6	—	4QD28	6nX2-4
13	挡位控制器运行信号	—	4QD29	6nX2-2
14	主变高压侧中性点刀闸遥控	J901	4QD30	X1-1：9
15	主变高压侧中性点刀闸故障	J903	4QD31	X1-1：11
16	主变高压侧中性点刀闸断相或相序异常	J905	4QD32	X1-1：12
17	主变高压侧中性点刀闸加热回路断电	J907	4QD33	X1-1：13
18	主变高压侧中性点刀闸控制回路断电	J909	4QD34	X1-1：14
19	主变高压侧中性点刀闸电机回路断电	J911	4QD35	X1-1：15
20	主变高压侧中性点刀闸照明回路断电	J913	4QD36	X1-1：16
21	有载分接开关空开跳闸	J901/1	4QD37	1-X2：4
22	有载分接开关挡位切换中	J903/1	4QD38	1-X2：5
23	有载分接开关最低挡运行	J905/1	4QD39	1-X2：6
24	有载分接开关最高挡运行	J907/1	4QD40	1-X2：7
25	有载分接开关挡位切换未完成	J909/1	4QD41	1-X2：8
26	有载分接开关就地	J911/1	4QD42	1-X2：9
27	有载分接开关远方	J913/1	4QD43	1-X2：10
28	有载分接开关拒动	J915/1	4QD44	1-X2：11
29	有载分接开关手动操作	J917/1	4QD45	1-X2：12
30	第一套智能终端空开告警（4DK1）	—	4QD47	—
31	第二套合并单元空开告警（2-13DK）	—	4QD48	—
32	第二套合并单元装置闭锁	—	2-13YD4	—
33	第二套合并单元装置告警	—	2-13YD5	—
34	联锁（4SK）	—	（0523）	—
35	第一套合并单元装置闭锁	—	1-13YD4	—
36	第一套合并单元装置告警	—	1-13YD5	—
37	动力电源空开脱扣告警（1JUK）	—	（0526）	—
38	温湿度控制器温度告警	—	（0527）	—
39	温湿度控制器湿度告警	—	（0528）	—
40	温湿度控制器装置告警	—	（0529）	—

③ 非电量信号检查，检查内容见表4-19。

表4-19　非电量信号检查

序号	信号内容	回路号	智能柜端子号	本体端子箱端子号
1	公共端	—	4FD1-12	X2：8-17
2	压力突变跳闸	03	4FD19	X2：29
3	本体重瓦斯跳闸	05	4FD20	X2：30
4	调压重瓦斯跳闸	07	4FD21	X2：32
5	本体压力释放	09	4FD22	X2：33-34
6	调压压力释放	11	4FD23	X2：35
7	油温95℃跳闸（油面1、2）	13	4FD24	X2：36-37
8	油温105℃跳闸（绕组）	15	4FD25	X2：38
9	本体轻瓦斯报警	17	4FD33	X2：19
10	调压轻瓦斯报警	19	4FD34	X2：20
11	本体油位高报警	21	4FD35	X2：21
12	本体油位低报警	23	4FD36	X2：22
13	调压油位高报警	25	4FD37	X2：23
14	调压油位低报警	27	4FD38	X2：24
15	油温80℃报警（油面1、2）	29	4FD39	X2：25-26
16	油温90℃报警（绕组）	31	4FD40	X2：27

④ 非电量跳闸回路检查，检查内容见表4-20。

表4-20　非电量跳闸回路检查

非电量回路号	启动继电器	启动跳闸压板	出口继电器	跳闸压板	端子号	回路号	跳开关
05-4FD20 本体	CDJ2-TJ2	4KLP2	CKJ1	4CLP1	4C1D1-4K1D1	F133A	跳高压侧开关出口1
				4CLP2	4C1D2-4K1D2	F133B	跳高压侧开关出口2
				4CLP3	4C1D3-4K1D3	F233A	跳低压侧开关
07-4FD20 调压	CDJ3-TJ3	4KLP3	CKJ1	4CLP1	4C1D1-4K1D1	F133A	跳高压侧开关出口1
				4CLP2	4C1D2-4K1D2	F133B	跳高压侧开关出口2
				4CLP3	4C1D3-4K1D3	F233A	跳低压侧开关

注意：重点检查智能终端内部的非电量定值（非电量延时跳闸定值）的整定情况，确认不会造成误跳闸。

⑤ 测温回路检查，检查内容见表 4-21。

表 4-21　测温回路检查

项目	本体箱端子	智能柜端子	类型	变送器	变送器显示结果	后台显示结果
柜内温度	—	4WD：1	0~20mA	10n 空调		
	—	4WD：2				
柜内湿度	—	4WD：3	0~20mA	10n 空调		
	—	4WD：4				
油面温度 1	X2：54	4WD：13	PT100 4~20mA	1~50n		
	X2：55	4WD：14				
	X2：56	4WD：15				
油面温度 2	X2：57	4WD：16	PT100 4~20mA	2~50n		
	X2：58	4WD：17				
	X2：59	4WD：18				
绕组油温 3	X2：60	4WD：19	PT100 4~20mA	3~50n		
	X2：61	4WD：20				
	X2：62	4WD：21				

⑥ 变压器本体遥控回路检查，检查内容见表 4-22。

表 4-22　本体遥控回路检查

项目	智能终端联锁端子号	连片	智能柜端子号	机构端子号	回路号	遥控
高压侧中性点刀闸	4C2D1-2 4SK 把手	4CLP11	4C2D3-5	X1-3：3-12	K515	分闸
			4C2D3-6	X1-3：3-10	K513	合闸
有载调压	—	4CLP15	4C2D30-33	6nX2：10-13	—	升
	—		4C2D30-34	6nX2：10-11	—	降
	—		4C2D30-35	6nX2：10-12	—	停
排油注氮	—	—	BD2-10	—	501~509	—

注意：D0208-11/09 设计了 BS1、BS2 闭锁调压回路，但是端子排图上相应端子没设计外接电缆。闭锁调压使用本体端子箱的电流继电器闭锁回路，接到有载调压箱。

⑦ 本体 CT 回路检查，检查内容见表 4-23。

表 4-23　本体 CT 回路检查

CT 编号		回路号	本体端子箱端子号	智能柜端子号	准确级	变比	直阻	绝缘
高压侧 B 相 CT 温度补偿调压闭锁	1S1	1P1	X1：1	—	0.5	800/2		
		1P2	X1：2	—				
		LJ1.7	X1：3	—				
	1S2	LJ1.8	X1：4	—				

续表

CT 编号		回路号	本体端子箱端子号	智能柜端子号	准确级	变比	直阻	绝缘
高压侧中性点零序 CT	2S1	LL411	X1：9	1-13ID：1	5P20	200-400/1		
	2S2	—	X1：10	—				
	2S3	LN411	X1：11	1-13ID：2				
	3S1	LL421	X1：13	2-13ID：1	5P20	200-400/1		
	3S2	—	X1：14	—				
	3S3	LN421	X1：15	2-13ID：2				
高压侧中性点间隙 CT	1S1	LL431	—	1-13ID：5	5P30	200-400/1		
	1S2	LN431	—	1-13ID：6				
	2S1	LL441	—	2-13ID：5	5P30	200-400/1		
	2S2	LN441	—	2-13ID：6				

⑧ 照明加热回路检查，检查内容见表 4-24。

表 4-24　照明加热回路检查

位置	1 级空开	2 级空开	负载编号	负载名称	备注
智能柜	门控开关	—	ZMD	灯	门控开关
本体端子箱	QF1	QF3	WSK	温湿度控制器	
		CK	DZ	灯	门控开关
		—	QS	插座	
高压侧中性点刀闸机构箱	QF4	—	ZMD	灯	门控开关
	QF1	—	WSK-EHD	温湿度控制器-加热器	
有载分接开关端子箱	Q2	—	WSK-R1	温湿度控制器-加热器	
	S19	—	H4	灯	门控开关
	X10：1-2	—		插座	

⑨ 中性点刀闸传动。在第一次电动操作刀闸之前，断开电源，用摇把将刀闸置于半分半合状态，然后进行分合操作。如果没有发生电机反向转动或者电机不能自动停下的情况，以后不用再进行此操作。传动步骤及方法见表 4-25。

表 4-25　中性点刀闸传动步骤及方法

序号	项目	传动方法
1	电机电源空开测试	断开电机电源，投入控制电源，远方就地把手在就地位置，操作把手分闸、合闸，刀闸不动
2	控制电源空开测试	断开控制电源，投入电机电源，远方就地把手在就地位置，操作把手分闸、合闸，刀闸不动
3	就地合闸和急停	① 合上电机电源和控制电源，刀闸在分位，远方就地把手在远方位置，操作把手合闸，刀闸不动 ② 远方就地把手在就地位置，操作把手合闸，刀闸合上。操作过程中按下急停按钮，刀闸停止

续表

序号	项目	传动方法
4	就地分闸和急停	① 合上电机电源和控制电源，刀闸在合位，远方就地把手在远方位置，操作把手分闸，刀闸不动 ② 远方就地把手在就地位置，操作把手分闸，刀闸分开。操作过程中按下急停按钮，刀闸停止
5	模拟遥控合闸 短接 X1-3∶3 和 X1-3∶10	① 合上电机电源和控制电源，刀闸在分位，远方就地把手在就地位置，模拟遥控合闸，刀闸不动 ② 远方就地把手在远方位置，模拟遥控合闸，刀闸合上
6	模拟遥控分闸 短接 X1-3∶3 和 X1-3∶12	① 合上电机电源和控制电源，刀闸在合位，远方就地把手在就地位置，模拟遥控分闸，刀闸不动 ② 远方就地把手在远方位置，模拟遥控分闸，刀闸分开
7	手动闭锁	移动手动闭锁挡板，露出摇把插孔，摇把不插入，操作刀闸不动（有些机构必须插入摇把才会闭锁，要小心闭锁不住甩动摇把伤人）
8	电机过热闭锁	按住电机过热过流继电器的 TEST 按钮，模拟电机过流过热，操作刀闸不动

⑩ 有载调压传动，传动步骤及方法见表 4-26。

表 4-26　有载调压传动步骤及方法

序号	项目	传动方法
1	有载调压箱 Q1 开关测试	断开 Q1 开关，远方就地在就地位置，操作升降有载分接开关，不动作
2	有载调压箱 远方就地测试	① 合上 Q1 开关，远方就地在远方位置，操作升降有载分接开关，不动作 ② 远方就地在就地位置，操作升降有载分接开关，正确动作。操作过程中按下急停按钮，有载分接开关停止
3	配合调压控制器传动	① 合上有载调压箱 Q1 开关，远方就地在远方位置，智能柜调压控制器在远方位置，依次按下调压控制器的升、降、停按钮，有载分接开关不动 ② 合上有载调压箱 Q1 开关，远方就地在就地位置，智能柜调压控制器在就地位置，依次按下调压控制器的升、降、停按钮，有载分接开关不动 ③ 合上有载调压箱 Q1 开关，远方就地在远方位置，智能柜调压控制器在就地位置，依次按下调压控制器的升、降、停按钮，有载分接开关正确动作
4	模拟后台遥控 4C2D30-33∶升 4C2D30-34∶降 4C2D30-35∶停	① 合上有载调压箱 Q1 开关，有载调压箱远方就地把手或智能柜调压控制器在就地位置时，模拟后台操作，有载分接开关不动 ② 合上有载调压箱 Q1 开关，有载调压箱远方就地把手和智能柜调压控制器都在远方位置时，模拟后台操作，有载分接开关正确动作
5	调压闭锁传动	模拟本体端子箱电流闭锁继电器动作，闭锁有载分接开关升降，结果应正确
6	挡位核对	有载分接开关所有挡位与后台一一核对，结果应正确
7	手动闭锁	插入有载分接开关摇把，其他条件满足的情况下，电动操作有载分接开关，应不动（传动过程中小心闭锁不住，摇把甩动伤人）

⑪ 非电量大功率继电器校验，校验记录见表 4-27。

表 4-27　非电量大功率继电器校验记录

继电器名称	继电器编号	动作电压	返回电压	动作功率
本体重瓦斯跳闸	CDJ2			
调压重瓦斯跳闸	CDJ3			

⑫ 调压闭锁继电器校验，校验记录见表 4-28。

表 4-28　调压闭锁继电器校验记录

继电器名称	继电器编号	动作电流	返回电流
有载调压闭锁继电器	LJ1		

⑬ 排油注氮回路检查，检查内容见表 4-29。

表 4-29　排油注氮回路检查

序号	内容（取自本体端子箱）	排油注氮灭火控制柜端子
1	本体重瓦斯	X1：1-8
2	压力释放阀	X1：1-9
3	断流阀报警	X1：1-10
4	1#火灾探测	X1：1-11
5	2#火灾探测	X1：1-12

（3）主变各侧通流调试

① 主变各侧通流简介。

检验目的：检验主变各侧合并单元延时同步性、极性、变比设置。

前提条件：采用合并单元采样，检验注意。

a. 使用同一台测试仪输出，保证采样同源。

b. 根据实际距离准备一根几十米四芯长线，不要过细，压降会影响电流大小。

c. 用任意侧合并单元作为基准，分别与另两侧采样值进行比较即可。

d. 有时低压额定电流较大，可以适当按比例减小加入采样值。

e. 主变两侧以主变铭牌容量计算额定电流。

② 主变保护 A 套通流检查。使用测试仪分别在高压侧、低压侧开关 CT 处通保护 1 电流，在主变保护 1 装置里查看采样及角度。通流记录见表 4-30。

表 4-30　主变保护 1 通流检查表

通道名称	加入电流		采样值		变压器差流（幅值）
	幅值	角度	幅值	角度	
高压侧 A 相保护 1 电流					A 相：
低压侧 A 相保护 1 电流					
高压侧 B 相保护 1 电流					B 相：
低压侧 B 相保护 1 电流					
高压侧 C 相保护 1 电流					C 相：
低压侧 C 相保护 1 电流					

③ 主变保护 B 套通流检查。使用测试仪分别在高压侧、低压侧开关 CT 处通保护 2 电流，在主变保护 2 装置里查看采样及角度。通流记录见表 4-31。

表 4-31　主变保护 2 通流检查表

通道名称	加入电流		采样值		变压器差流（幅值）
	幅值	角度	幅值	角度	
高压侧 A 相保护 2 电流					A 相：
低压侧 A 相保护 2 电流					
高压侧 B 相保护 2 电流					B 相：
低压侧 B 相保护 2 电流					
高压侧 C 相保护 2 电流					C 相：
低压侧 C 相保护 2 电流					

（4）非电量信号介绍

变压器内部故障一般是从匝间短路开始的，短路匝内部的故障电流虽然很大，但反映到主变电量保护所采集的故障相电流却不大，只有当故障发展到更严重的多匝短路或对地短路时保护装置才能跳闸切除电源，因此电量保护不能作为变压器内部故障的主保护。非电量元件包括本体瓦斯继电器、调压瓦斯继电器、压力释放继电器、压力突变继电器、本体油位表、调压油位表、油面温度表、绕组温度表。

① 油枕是用于变压器的一种储油装置，当变压器油的体积随着油温的变化而膨胀或缩小时，油枕起到储油和补油作用，能保证油箱内充满油。油枕的装备，使得变压器与空气的接触面大大减少，并且从空气中吸收的水分、灰尘和氧化后的油垢都沉淀在油枕底部的沉积器中，从而大大减缓了变压器油的劣化速度。而本体瓦斯继电器就是安装在变压器油箱和油枕之间的管道上，利用变压器内部故障而使油分解产生气体或造成油流涌动时，使瓦斯继电器的接点动作，接通指定的控制回路，并及时发出信号告警（轻瓦斯）或启动操作机构自动切除变压器（重瓦斯）。瓦斯继电器接点示意如图 4-2 所示。

② 有载调压变压器有 2 个油箱，有载调压装置一个，主变本体一个，它们是互相分开的。因此需要对它们都设置瓦斯保护，所以有载瓦斯保护和本体瓦斯保护本质都是一样的，只是保护的对象不同。

③ 当油浸式变压器运行时，在变压器内部存在异常或过载运行等情况下，油被加热膨胀，内部压力会增加。当压力大到一定的程度，尤其是故障时，有可能使箱体爆裂。因此，在变压器的顶部安装一个压力释放阀，当压力升高到规定值时，会向外放油以避免压力过大损坏器身。同时，压力开关的接点闭合，发出压力释放信号或者断路器跳闸命令。压力释放阀接点示意如图 4-3 所示。

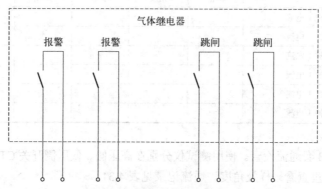

图 4-2　瓦斯继电器接点示意

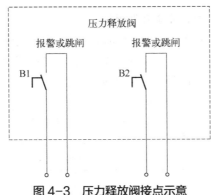

图 4-3　压力释放阀接点示意

④ 安装在油枕上面的还有监测油位异常的继电器，它属于变压器非电量保护的油位保护。当变压器内部发热等造成油位过高或当变压器漏油等使得油位过低时，油位继电器会上送油位异常告警信号。油位继电器接点示意如图 4-4 所示。

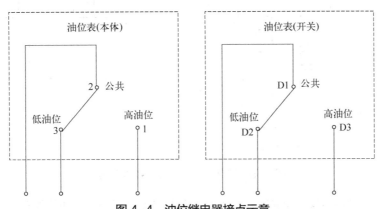

图 4-4　油位继电器接点示意

⑤ 常用的油浸式变压器，其实际使用寿命主要取决于固体绝缘的寿命。决定绝缘老化速度的主要是温度、水和氧气，而对于运行的变压器绝缘寿命就主要取决于热效应。适宜的运行温度对延长变压器的使用寿命极为重要，因此，我们需要对变压器的温度进行监测、控制，保障变压器的安全稳定运行。

变压器温度监测的部件是油温表和绕温表。油温表和绕温表接点示意如图 4-5 所示。

（5）变压器非电量保护

① 瓦斯保护　瓦斯保护是变压器油箱内绕组短路故障及异常的主要保护。瓦斯保护分为轻瓦斯保护及重瓦斯保护两种。轻瓦斯保护作用于信号，重瓦斯保护作用于切除变压器。

a. 轻瓦斯保护。轻瓦斯保护反映变压器油面降低。轻瓦斯继电器由开口杯、干簧触点等组成。正常运行时，继电器内充满变压器油，开口杯浸在油内，处于上浮位置。当油面降低时，开口杯下沉，干簧触点闭合，发出信号。

b. 重瓦斯保护。重瓦斯保护反映变压器油箱内的故障。重瓦斯继电器由挡板、弹簧及干簧触点等构成。当变压器油箱内发生严重故障时，伴随有电弧的故障电流使变压器油大量分解，产生大量气体，使变压器产生喷油，油流冲击挡板，使干簧触点闭合，作用于切除变压器。

应当指出：重瓦斯保护是油箱内部故障的主保护，它能反映变压器内部的各种故障。当变压器少数绕组发生匝间短路时，虽然故障点的故障电流很大，但在差动保护中产生的差流可能不大，差动保护可能拒动。此时，靠重瓦斯保护切除故障。

提高可靠性措施：瓦斯继电器装在变压器本体上方，为露天放置，受外界环境条件影响大。运行实践表明，由于下雨及漏水造成瓦斯保护误动次数很多。为提高瓦斯保护的正确动作率，瓦斯保护继电器应密封性能好，做到防止漏水漏气。另外，还应加装防雨罩。

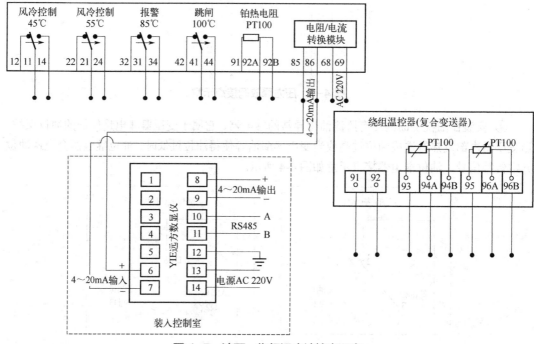

图 4-5　油面、绕组温度计接点示意

② 压力保护　压力保护也是变压器油箱内部故障的主保护。其作用原理与重瓦斯保护基本相同，但它反映了变压器油的压力。压力继电器又称压力释放阀，由弹簧和触点构成，置于变压器本体油箱上部。当变压器内部故障时，温度升高，油膨胀压力增高，弹簧动作带动继电器动触点，使触点闭合，切除变压器。

③ 温度及油位保护　当变压器温度升高时，温度保护动作发出告警信号。油位是反映油箱内油位异常的保护。运行时，因变压器漏油或其他原因使油位降低时动作，发出告警信号。

④ 冷却器全停保护　为提高传输能力，对于大型变压器均配置各种冷却系统。在运行中，若冷却系统全停，变压器的温度将升高。如不及时处理，可能导致变压器绕组绝缘损坏。冷却器全停保护，是在变压器运行中冷却全停时动作。其动作后应立即发出告警信号，并经长延时切除变压器。

（6）非电量信号调试

① 调试流程　具体流程见图4-6。

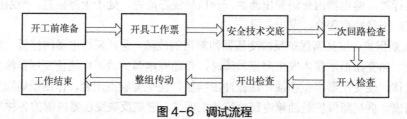

图 4-6　调试流程

② 调试项目

a. 非电量二次回路绝缘检查。

b. 非电量绝缘检查。

c. 非电量开入检查。

d. 非电量开出检查。

e. 非电量整组传动调试。

（7）非电量调试依据标准

① 《国家电网有限公司十八项电网重大反事故措施》（2018 修订版）　油灭弧有载分接开关应选用油流速动继电器，不应采用具有气体报警（轻瓦斯）功能的瓦斯继电器；真空灭弧有载分接开关应选用具有油流速动、气体报警（轻瓦斯）功能的瓦斯继电器。新安装的真空灭弧有载分接开关，宜选用具有集气盒的瓦斯继电器。

220kV 及以上变压器本体应采用双浮球并带挡板结构的瓦斯继电器。变压器本体保护宜采用就地跳闸方式，即将变压器本体保护通过两个较大启动功率中间继电器的两副触点分别直接接入断路器的两个跳闸回路。瓦斯继电器和压力释放阀在交接和变压器大修时应进行校验。户外布置变压器的瓦斯继电器、油流速动继电器、温度计、油位表应加装防雨罩，并加强与其相连的二次电缆结合部的防雨措施，二次电缆应采取防止雨水顺电缆倒灌的措施（如反水弯）。

运行中变压器的冷却器油回路或通向储油柜的各阀门由关闭位置旋转至开启位置时，以及当油位计的油面异常升高、降低或呼吸系统有异常现象，需要打开放油、补油或放气阀门时，均应先将变压器重瓦斯保护停用。

不宜从运行中的变压器瓦斯继电器取气阀直接取气；未安装瓦斯继电器采气盒的，宜结合变压器停电检修加装采气盒，采气盒应安装在便于取气的位置。

呼吸器安装后，应保证呼吸顺畅且油杯内有可见气泡。寒冷地区的冬季，变压器本体及有载分接开关呼吸器硅胶受潮达到 2/3 时，应及时进行更换，避免因结冰融化导致变压器重瓦斯误动作。

主设备非电量保护应防水、防振、防油渗漏、密封性好。瓦斯继电器至保护柜的电缆应尽量减少中间转接环节。

当变压器、电抗器的非电量保护采用就地跳闸方式时，应向监控系统发送动作信号。未采用就地跳闸方式的非电量保护应设置独立的电源回路（包括直流空气开关及其直流电源监视回路）和出口跳闸回路，且必须与电气量保护完全分开。220kV 及以上电压等级变压器、电抗器的非电量保护应同时作用于断路器的两个跳闸线圈。

外部开入直接启动，不经闭锁便可直接跳闸（如变压器和电抗器的非电量保护、不经就地判别的远方跳闸等），或虽经有限闭锁条件限制，但一旦跳闸影响较大（如失灵启动等）的重要回路，应在启动开入端采用动作电压在额定直流电源电压 55%～70% 范围以内的中间继电器，并要求其动作功率不低于 5W。

对经长电缆跳闸的回路，应采取防止长电缆分布电容影响和防止出口继电器误动的措施。

② DL/T 995《继电保护和电网安全自动装置检验规程》　对使用触点输出的信号回路，使用 1000V 绝缘电阻表测量电缆每芯对地及对其他各芯间的绝缘电阻，其绝缘电阻应不小于 1MΩ。

③ GB/T 14285《继电保护和安全自动装置技术规程》　对升压、降压、联络变压器的下列故障及异常运行状态，应按本条的规定装设相应的保护装置：绕组及其引出线的相间短路和中

性点直接接地或经小电阻接地侧的接地短路；绕组的匝间短路；外部相间短路引起的过电流；中性点直接接地或经小电阻接地电力网中外部接地短路引起的过电流及中性点过电压；过负荷；过励磁；中性点非有效接地侧的单相接地故障；油降低；变压器油温、绕组温度过高及油箱压力升高和冷却系统故障。

0.4MVA 及以上车间内油浸式变压器和 0.8MVA 及以上油浸式变压器，均应装设瓦斯保护。当壳内故障产生轻微瓦斯或油面下降时，应瞬时动作于信号；当壳内故障产生大量瓦斯时，应瞬时动作于断开变压器各侧断路器。带负荷调压变压器充油调压开关，也应装设瓦斯保护。瓦斯保护应采取措施，防止因瓦斯继电器的引线故障、震动等引起瓦斯保护误动作。

④ Q/GDW 441—2010《智能变电站继电保护技术规范》　每台变压器、高压并联电抗器配置一套本体智能终端，本体智能终端包含完整的变压器、高压并联电抗器本体信息交互功能（非电量动作报文、调挡及测温等），并可提供闭锁调压、启动风冷、启动充氮灭火等出口接点；智能终端采用就地安装方式，放置在智能控制柜中；智能终端跳合闸出口回路应设置硬压板。变压器非电量保护采用就地直接电缆跳闸，信息通过本体智能终端上送过程层 GOOSE 网。

⑤ Q/GDW 175—2013《变压器、高压并联电抗器和母线保护及辅助装置标准化设计规范》　非电量保护动作应有动作报告；重瓦斯保护作用于跳闸，其余非电量保护宜作用于信号；用于非电量跳闸的直跳继电器，启动功率应大于 5W，动作电压在额定直流电源电压的 55%～70%范围内，额定直流电源电压下动作时间为 10～35ms，应具有抗 220V 工频干扰电压的能力；分相变压器 A、B、C 相非电量分相输入，作用于跳闸的非电量三相共用一个功能压板；用于分相变压器的非电量保护装置的输入量每相不少于 14 路，用于三相变压器的非电量保护装置的输入量不少于 14 路。

330kV 及以上电压等级变压器非电量回路配置如下：本体重瓦斯；本体压力释放；冷却器全停；本体轻瓦斯；本体油位异常；本体油面温度1；本体油面温度2；本体绕组温度1；本体绕组温度2；调压重瓦斯（可选）；调压压力释放（可选）；调压轻瓦斯（可选）；调压油位异常（可选）；调压油面温度1（可选）；调压油面温度2（可选）；调压绕组温度1（可选）。

（8）非电量调试方法

① 二次回路接线检查　检查内容见表4-32。

表4-32　非电量二次回路接线检查表

序号	检查内容
1	核对设备铭牌、厂家原理图和端子排实际接线，如发现不一致需要做好问题记录
2	非电量元件内部接线紧固，各端子之间无搭接现象
3	非电量元件的封盖严密，无渗水可能，并且有防雨罩
4	在确保二次回路不带电的情况下，使用万用表、校线灯等工具对二次线进行校验，保证端子排图与实际接线一致，过程中要确保线芯的唯一准确性
5	本体智能终端各插件外观及焊点情况良好
6	本体智能终端后板配线连接良好
7	本体智能终端出口压板端子接线压接良好

② 绝缘检查　用 1000V 摇表按表4-33测量绝缘电阻，摇测完毕后，将各回路对地放电，绝缘检查无问题。电源接通前，首先测量装置直流电阻以免造成电源短路。电源接通后，用万用表检查是否有混电和接地现象。

表 4-33　绝缘检查表

检查项目	检查内容	标准
绝缘检查	直流信号回路对地	大于 1MΩ
	直流信号接点之间	大于 1MΩ
	直流跳闸回路对地	大于 1MΩ
直阻检查	电源正负极之间直阻	开路
	不同电源之间直阻	开路
混电检查	电源 A 回路送电，测量电源 B 回路电压	无电压
	交流回路送电，测量直流回路交流分量	无交流电压
	直流回路送电，测量交流回路直流分量	无直流电压

③ 开入接点检查　智能终端上电，模拟非电量元件接点动作，观察智能终端相应开入显示，检查步骤及方法见表 4-34。

表 4-34　开入接点检查表

测量地点	开入名称	模拟方法	观察位置	检验结果
1	本体重瓦斯跳闸	按压模拟按钮到底	智能终端面板灯	信号灯点亮
2	本体轻瓦斯告警	用气筒在模拟孔注气	智能终端面板灯	信号灯点亮
3	有载重瓦斯跳闸	按压模拟按钮到底	智能终端面板灯	信号灯点亮
4	有载轻瓦斯告警	用气筒在模拟孔注气	智能终端面板灯	信号灯点亮
5	本体压力释放跳闸	按压模拟按钮	智能终端面板灯	信号灯点亮
6	本体压力突变跳闸	短接元件接点	智能终端面板灯	信号灯点亮
7	绕组温高跳闸	用恒温油槽加热探针	智能终端面板灯	信号灯点亮
8	油温高跳闸	用恒温油槽加热探针	智能终端面板灯	信号灯点亮
9	冷却器全停跳闸	风扇全停且温度升高	智能终端面板灯	信号灯点亮
10	本体油温高告警	用恒温油槽加热探针	智能终端面板灯	信号灯点亮
11	绕组温高报警	用恒温油槽加热探针	智能终端面板灯	信号灯点亮
12	本体油位低告警	短接元件接点	智能终端面板灯	信号灯点亮
13	本体油位高告警	短接元件接点	智能终端面板灯	信号灯点亮
14	冷却器全停信号	风扇全停且温度升高	智能终端面板灯	信号灯点亮

④ 开入大功率继电器检查　根据《国家电网有限公司十八项电网重大反事故措施》（2018修订版）15.6.7 规定，所有涉及直接跳闸的重要回路，应采用动作电压在额定直流电源电压55%～70%范围以内的中间继电器，并要求其动作功率不低于 5W。即远方跳闸、失灵启动、变压器非电量等保护通常经较长电缆接入，在直流系统发生接地、交流混入直流以及存在较强空间电磁场的情况下引入干扰信号，采用动作电压在一定范围之内、动作功率较大的重动继电器转接，可有效提高抗干扰能力。

⑤ 开出接点及压板检查　要求在变压器、电抗器瓦斯保护的动作不应经微机保护等处理后再跳闸，而应直接跳闸或经中间继电器重动后直接跳闸。因瓦斯继电器触点至中间继电器间的连接电缆很长，电缆的电容值大，为避免电源正极接地引起误动作，应采取动作功率较大的延时返回中间继电器，不引起快速动作，瓦斯继电器应有独立的投退压板，与差动保护能分别投退。检查步骤及方法见表 4-35。

表 4-35　开出压板检查表

测量位置	接点用处	模拟方法	压板投退	接点开合
5CD1-5KD1	非电量跳高压侧边开关出口 I	模拟本体 重瓦斯动作	投 5CLP1	由开到合
			退 5CLP1	一直断开
5CD2-5KD2	非电量跳高压侧边开关出口 II	模拟本体 重瓦斯动作	投 5CLP2	由开到合
			退 5CLP2	一直断开
5CD3-5KD3	非电量跳高压侧中开关出口 I	模拟调压 重瓦斯动作	投 5CLP3	由开到合
			退 5CLP3	一直断开
5CD4-5KD4	非电量跳高压侧中开关出口 II	模拟调压 重瓦斯动作	投 5CLP4	由开到合
			退 5CLP4	一直断开
5CD5-5KD5	非电量跳中压侧开关出口 I	模拟本体 压力释放动作	投 5CLP5	由开到合
			退 5CLP5	一直断开
5CD6-5KD6	非电量跳中压侧开关出口 II	模拟本体 压力释放动作	投 5CLP6	由开到合
			退 5CLP6	一直断开
5CD9-5KD9	非电量跳低压侧开关 1 出口 I	模拟调压 压力释放动作	投 5CLP7	由开到合
			退 5CLP7	一直断开
5CD10-5KD10	非电量跳低压侧开关 1 出口 II	模拟调压 压力释放动作	投 5CLP8	由开到合
			退 5CLP8	一直断开
5CD11-5KD11	非电量跳低压侧开关 2 出口 I	模拟非电量动作	投 5CLP9	由开到合
			退 5CLP9	一直断开
5CD12-5KD12	非电量跳低压侧开关 2 出口 II	模拟非电量动作	投 5CLP10	由开到合
			退 5CLP10	一直断开

⑥ 信号开出接点检查　开出接点检查内容见表 4-36。

表 4-36　开出接点检查表

测量位置	接点用处	模拟方法	接点开合
至中央信号接点			
5YD1-5YD11	本体重瓦斯跳闸	模拟相应非电量动作	由开到合
5YD1-5YD12	有载重瓦斯跳闸	模拟相应非电量动作	由开到合
5YD1-5YD13	本体压力释放跳闸	模拟相应非电量动作	由开到合
5YD1-5YD14	本体压力突变跳闸	模拟相应非电量动作	由开到合
5YD1-5YD15	绕组温高跳闸	模拟相应非电量动作	由开到合
5YD1-5YD16	油温高跳闸	模拟相应非电量动作	由开到合
5YD1-5YD21	冷却器全停跳闸	模拟相应非电量动作	由开到合
5YD1-5YD22	本体轻瓦斯告警	模拟相应非电量动作	由开到合
5YD1-5YD23	有载轻瓦斯告警	模拟相应非电量动作	由开到合
5YD1-5YD24	绕组温高告警	模拟相应非电量动作	由开到合
5YD1-5YD25	油温高告警	模拟相应非电量动作	由开到合
5YD1-5YD26	本体油位低告警	模拟相应非电量动作	由开到合
5YD1-5YD27	本体油位高告警	模拟相应非电量动作	由开到合
5YD1-5YD8	直流失电	断开装置电源	由开到合
5YD1-5YD6	装置故障闭锁	模拟插件故障	由开到合
5YD1-5YD7	装置异常报警	模拟装置异常	由开到合

续表

测量位置	接点用处	模拟方法	接点开合
至故障录波器接点			
5LD1-5LD11	本体重瓦斯跳闸	模拟相应非电量动作	由开到合
5LD1-5LD12	有载重瓦斯跳闸	模拟相应非电量动作	由开到合
5LD1-5LD13	本体压力释放跳闸	模拟相应非电量动作	由开到合
5LD1-5LD14	本体压力突变跳闸	模拟相应非电量动作	由开到合
5LD1-5LD15	绕组温高跳闸	模拟相应非电量动作	由开到合
5LD1-5LD16	油温高跳闸	模拟相应非电量动作	由开到合
5LD1-5LD17	冷却器全停跳闸	模拟相应非电量动作	由开到合

⑦ 整组传动调试　将变压器三侧断路器置于合闸位置，保证二次回路完整且装置上电，保护、监控、故录均无信号，测试人员在变压器本体实际模拟发出信号，检查相关设备响应，具体内容见表 4-37。

表 4-37　整组传动检查表

各设备响应	保护信号	监控信号	故录信号	三侧开关跳闸
本体重瓦斯跳闸	正确	正确	正确	正确
有载重瓦斯跳闸	正确	正确	正确	正确
本体压力释放跳闸	正确	正确	正确	正确
本体压力突变跳闸	正确	正确	正确	正确
绕组温高跳闸	正确	正确	正确	正确
油温高跳闸	正确	正确	正确	正确
冷却器全停跳闸	正确	正确	正确	正确
本体轻瓦斯告警	正确	正确	—	—
有载轻瓦斯告警	正确	正确		
绕组温高告警	正确	正确		
油温高告警	正确	正确		
本体油位低告警	正确	正确		
本体油位高告警	正确	正确		

4.2.2　断路器调试

（1）调试前准备

断路器是指能够关合、承载和开断正常回路条件下的电流并能在规定时间内关合、承载和开断异常回路条件下的电流的开关装置。目前 500kV、220kV 及以上电压等级大多数采用 GIS 设备，断路器机构封闭在绝缘气室中，由相邻的汇控柜控制断路器分合，反映断路器的各种信息。

断路器调试需要设备一次安装完成、二次回路接线完成或者做好安全措施（将断路器调试过程中带电的二次线用胶布包好，避免直流接地或混电）并且本间隔断路器部分 SF_6 充满至额定值、刀闸部分 SF_6 至少充至额定值一半。

汇控柜内宜设置截面积不小于 $100mm^2$ 的接地铜排，并使用截面积不小于 $100mm^2$ 的铜缆和电缆沟道内的接地网连接。控制柜内装置的接地端子应用截面积不小于 $4mm^2$ 的多股铜线和接地铜排连接。

带电前需要用 1000V 绝缘电阻表测量电源回路对地绝缘，要求必须大于 20MΩ。

断路器单体调试项目有电源检查、断路器位置检查、控制回路检查、遥控传动、SF₆ 回路检查、信号回路检查、交流加热照明辅助回路检查、断路器分合闸线圈直阻测量等项目，需要逐一对以上项目进行试验。断路器调试注意事项见表 4-38。

表 4-38 断路器调试注意事项

序号	具体内容
1	汇控柜面板上的把手应能够正常切换，按钮可以正常按下并恢复，空开可以上下合分
2	有两组跳闸线圈的断路器，其每一跳闸回路应分别由专用的直流空气开关供电，且跳闸回路控制电源应与对应保护装置电源取自同一直流母线段
3	调试前，需要核对二次图纸，配汇控柜内勾线，检查汇控柜内接线是否正确、是否与图纸一致，接线牢固，不得虚接，检查汇控柜内二次线号管是否正确

危险点及防范措施：运行变电站改扩建工程需要注意站内带电部位，做好安措刀闸的安全措施，比如 220kV 间隔需要做好-4、-5 母线隔离刀闸安全措施（刀闸电机电源和刀闸控制电源空开断开并用胶布粘好、刀闸分合闸把手用胶布粘好）、刀闸机构箱挂明锁进行隔离。500kV 间隔需要做好-1、-2 隔离刀闸安全措施（刀闸电机电源和刀闸控制电源空开断开并用胶布粘好、刀闸分合闸把手用胶布粘好），刀闸机构箱挂明锁进行隔离。新建变电站断路器调试主要避免机械伤害，避免人员伤害和设备损坏。

（2）断路器上电检查

断路器调试以某 500kV 智能变电站 220kV 典型 GIS 间隔为例，间隔配置两套合并单元、两套智能终端。

① 电源检查

a. 上电检查。上电前，测量正负极之间的直阻并用摇表测量对地的绝缘，无问题后依次合入表 4-39 中的空开，测量下表中端子排位置的直流电压，检查结果记入表 4-39。

表 4-39 电源检查表

类别	合并单元 A 装置电源	智能终端 A 装置电源	智能终端 A 遥信电源	第一组 控制电源
测量位置	正：1-13QD1 负：1-13QD11	正：1-4n19-a20 负：1-4n19-a26	正：1-4GD1 负：1-4GD12	正：1-4Q1D1 负：1-4Q1D29
类别	合并单元 B 装置电源	智能终端 B 装置电源	智能终端 B 遥信电源	第二组 控制电源
测量位置	正：2-13QD1 负：2-13QD6	正：2-4n-P110 负：2-4n-P111	正：2-4GD1 负：2-4GD19	正：2-4Q1D1 负：2-4Q1D29
上电检查结果				
混电检查结果				

b. 混电检查。上电后，为防止二次回路有寄生回路、错线等问题造成的电源混电问题，在所有电源空开都合位的情况下，依次断开表 4-39 中的空开，检查确保其对应的端子排的正、负极已无电位。常规变电站需要检查第一组控制电源、第二组控制电源、遥信电源、故障录波电源、保护装置电源之间是否有混电。

c. 交流电源上电检查。上电前，测量 A、B、C、N 之间的直阻并用摇表测量 A、B、C、N 对地的绝缘，无问题后再给交流电源上电。上电时，需要用万用表及时测量交流电源，如有问题及时断开电源。

② 断路器、隔离接地开关的位置检查

a. 在汇控柜处分合断路器、隔离开关、接地开关并检查汇控柜处的指示灯，并应有人在相应的机构本体处确认是否相对应，防止有航空插头、接线接错的情况。

b. 分合操作的同时，应检查合并单元和智能终端的位置显示指示灯动作情况是否一致。

c. 检查结果记入表 4-40。

表 4-40　开关刀闸位置检查

项目	合并单元 A 切换	智能终端 A	合并单元 B 切换	智能终端 B
检查结果				

合并单元取刀闸位置一般通过合并单元和智能终端组网，现在部分地区要求合并单元直接取刀闸常开、常闭辅助接点来实现。

（3）断路器调试项目

① 汇控柜处控制分合检查。

a. 只给上第一组控制电源空开，断开第二组控制电源空开。汇控柜处"远方/就地"切换把手在就地位置时，应能正确分合断路器；"远方/就地"切换把手在远方位置时，操作分合无效。

b. 断路器在合位，只给上第二组控制电源空开，断开第一组控制电源空开。汇控柜处"远方/就地"切换把手在就地位置时，应能正确控分断路器；"远方/就地"切换把手在远方位置时，操作控分无效。

② 智能柜处控制分合检查。

查看图纸，确认智能柜处分合闸把手是否能对 A 套、B 套智能终端都进行控制（线路间隔、母联间隔、分段间隔都需要重点关注）。

500kV 断路器间隔和 220kV 线路间隔需要将手分（遥分）、手合（遥合）接入两套智能终端，手分（遥分）、手合（遥合）能实现闭锁重合闸和复归事故总信号，220kV 母联、分段间隔断路器手合（遥合）闭锁母差。手分（遥分）、手合（遥合）接入两套智能终端可以通过大功率继电器扩展实现。检查结果记入表 4-41。

表 4-41　断路器分合控制检查表

智能柜处把手位置	汇控柜处把手位置	断路器动作情况	检查结果
就地	远方	动作	
就地	就地	不动作	
远方	远方	不动作	
远方	就地	不动作	

③ 分合位时分别检查 107、109、137 的电位。检查结果记入表 4-42。

表4-42　分合闸回路检查表

断路器在分位						
测量回路	107	109	137	207	209	237
测量位置	1-4C1D10、13、16	1-4C1D8、11、14	1-4C1D2、4、6	同107接点并联使用	同109接点并联使用	2-4C1D1、3、5
正确电位	负	负	正	负	负	正
检查结果						
断路器在合位						
测量回路	107	109	137	207	209	237
测量位置	1-4C1D10、13、16	1-4C1D8、11、14	1-4C1D2、4、6	同107接点并联使用	同109接点并联使用	2-4C1D1、3、5
正确电位	负	正	负	负	正	负
检查结果						

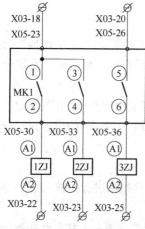

图4-7　SF₆闭锁回路

④ 断路器二次回路传动。

a. SF$_6$闭锁回路，如图4-7所示。

· 第一组闭锁继电器为2ZJ，模拟SF$_6$泄漏短接X03-18和X03-23，使2ZJ动作。断路器置远方，合位时101-137ABC控分无效；分位时101-107ABC控合无效。

· 第二组闭锁继电器为3ZJ，模拟SF$_6$泄漏短接X03-20和X03-25，使3ZJ动作。断路器置远方，合位时201-237ABC控分无效。

· 模拟短接X03-18和X03-22，使1ZJ继电器动作时，汇控柜处SF$_6$闭锁信号指示灯应正确点亮。

· 单体试验时利用模拟短接的方法，应在适当的时间，进行所有间隔实际放气SF$_6$检查，放气时检查闭锁和信号继电器是否动作。

b. 弹簧未储能闭锁回路。

· 模拟断路器储能失压状态，使弹簧未储能继电器动作。断路器置远方，分位时101-107ABC控合无效。

· 检查弹簧未储能继电器是否能正确动作。断路器三相分位，分相合断路器，每一相储能时，继电器应正确动作。

· 弹簧未储能信号也由弹簧未储能继电器触发，汇控柜告警指示灯和监控信号应显示正确。

· 500kV断路器机构和220kV母联、分段、主变（三相一体）断路器机构均采用液压机构，液压机构接点较多，液压压力接点有压力低闭锁重合闸、液压压力低告警、压力低闭锁合闸、压力低闭锁分闸（压力低分合闸总闭锁）等接点，这些接点均需要测量且顺序正确。

c. 电机储能过流、过时闭锁打压回路。

· 超时闭锁，断路器置分位，断开电机电源，调整时间继电器为3s（原始一般为30s），正常分合A相断路器，检查A相断路器电机储能3s后停止，恢复时间继电器原始位置，断开再给上电机电源空开，电机应能继续储能完成。同理检查B、C相。同时汇控柜告警指示灯和监控信号应显示正确。

·过流闭锁，储能过程中模拟热耦继电器动作，电机储能立即停止，复位后继续储能至完成。

d. 三相不一致回路。

·220kV 及以上电压等级分相操作的开关，应按照完全双重化的原则配置三相不一致保护回路，两套三相不一致的启动、跳闸回路均应完全独立，禁止共用一套启动回路，禁止以经同一出口继电器启动两个操作回路的方式跳闸。

·将第一组和第二组时间继电器整定，220kV 线路间隔为 2s，主变、母联、分段、500kV 不带重合闸的断路器间隔为 0.5s，500kV 线路间隔为 2.5s。

·每套三相不一致保护的启动及分相跳闸回路均应设置压板，禁止采用出口回路正电源设置 1 个总控制压板的方式。

·启动回路检查：断开三相不一致跳闸压板，先来观察接点组合，启动继电器的动作情况。非全相状态下，第一组启动压板投入后，时间继电器动作，经整定延时后出口继电器动作。第二组同理。

·将检查结果记入表 4-43。

表 4-43　三相不一致功能检查表

A 相位置	B 相位置	C 相位置	第一组时间继电器	第一组出口继电器	第一组信号保持继电器	第二组时间继电器	第二组出口继电器	第二组信号保持继电器
合	合	合	×	×	×	×	×	×
分	分	分	×	×	×	×	×	×
分	合	合	√	√	√	√	√	√
合	分	合	√	√	√	√	√	√
合	合	分	√	√	√	√	√	√
合	分	分	√	√	√	√	√	√
分	合	分	√	√	√	√	√	√
分	分	合	√	√	√	√	√	√

·跳闸出口回路检查：断路器三相置合位，投入第一组压板，模拟断路器三相分合位状态不一致动作，检查合位相开关应在整定延时后正确跳开；断路器三相置合位，投入第二组压板，模拟断路器三相分合位状态不一致动作，检查合位相开关应在整定延时后正确跳开。

·信号回路检查：每套三相不一致保护回路至少需要提供两副瞬动接点用于监控（智能站需要分别接入两套智能终端）及故录，一副保持接点用于运行人员就地检查。信号保持继电器动作后，按下复归按钮，信号应复归。

e. 防跳回路。

·压力闭锁等接点在控制回路中的位置应合理，确保不会断开已动作保持的防跳回路。

·防跳继电器应为快速动作继电器，其动作时间应满足要求，即确保断路器手合于故障最严重的情况下能快速动作可靠断开合闸回路。

·断路器保持分位，短接合闸接点并保持，模拟断路器永久故障跳闸，断路器的动作情况应为"分位-合位-分位"，待断路器电机储能完成或者液压压力闭锁合闸继电器返回后，断路器不再动作，仍能保证可靠闭锁在分位，即为试验合格，此时再断开合闸接点，并检查计数器动作情况是否正确，同时检查故障录波器断路器位置波形是否正确。

（4）断路器二次回路调试规范要求

《国家电网有限公司十八项电网重大反事故措施》（2018 修订版）：

① 断路器、隔离开关和接地开关电气闭锁回路应直接使用断路器、隔离开关、接地开关的辅助触点，严禁使用重动继电器；操作断路器、隔离开关等设备时，应确保待操作设备及其状态正确，并以现场状态为准。

② 新安装 252kV 及以上断路器每相应安装独立的密度继电器。

③ 户外断路器应采取防止密度继电器二次接头受潮的防雨措施。

④ 断路器分闸回路不应采用 RC 加速设计。已投运断路器分闸回路采用 RC 加速设计的，应随设备换型进行改造。

⑤ 断路器分、合闸控制回路的端子间应有其他端子隔开，或采取其他有效防误动措施。

⑥ 新投的分相弹簧机构断路器的防跳继电器、非全相继电器不应安装在机构箱内，应装在独立的汇控箱内。

⑦ 新投的 252kV 母联（分段）、主变压器、高压电抗器断路器应选用三相机械联动设备。

⑧ 采用双跳闸线圈机构的断路器，两只跳闸线圈不应共用衔铁，且线圈不应叠装布置。

⑨ 断路器机构分合闸控制回路不应串接整流模块、熔断器或电阻器。

⑩ 断路器液压机构应具有防止失压后慢分慢合的机械装置。液压机构验收、检修时应对机构防慢分慢合装置的可靠性进行试验。

⑪ 隔离断路器的断路器与接地开关间应具备足够强度的机械联锁和可靠的电气联锁。

⑫ 断路器交接试验及例行试验中，应对机构二次回路中的防跳继电器、非全相继电器进行传动。防跳继电器动作时间应小于辅助开关切换时间，并保证在模拟手合于故障时不发生跳跃现象。

⑬ SF_6 断路器充气至额定压力前，禁止进行储能状态下的分/合闸操作。

⑭ 双母线结构的 GIS，同一间隔的不同母线隔离开关应各自设置独立隔室。252kV 及以上 GIS 母线隔离开关禁止采用与母线共隔室的设计结构。

⑮ 三相分箱的 GIS 母线及断路器气室，禁止采用管路连接。独立气室应安装单独的密度继电器，密度继电器表计应朝向巡视通道。

⑯ 220kV 及以上电压等级断路器的压力闭锁继电器应双重化配置，防止其中一组操作电源失去时，另一套保护和操作箱或智能终端无法跳闸出口。对已投入运行，只有单套压力闭锁继电器的断路器，应结合设备运行评估情况，逐步进行技术改造。

⑰ 防跳继电器动作时间应与断路器动作时间配合，断路器三相位置不一致保护的动作时间应与相关保护、重合闸时间相配合。

⑱ 由一次设备（如变压器、断路器、隔离开关和电流、电压互感器等）直接引出的二次电缆的屏蔽层应使用截面积不小于 $4mm^2$ 的多股铜质软导线仅在就地端子箱处一点接地，在一次设备的接线盒（箱）处不接地，二次电缆经金属管从一次设备的接线盒（箱）引至电缆沟，并将金属管的上端与一次设备的底座或金属外壳良好焊接，金属管另一端应在距一次设备 3～5m 之外与主接地网焊接。

⑲ 有两组跳闸线圈的断路器，其每一跳闸回路应分别由专用的直流空气开关供电，且跳闸回路控制电源应与对应保护装置电源取自同一直流母线段。

（5）断路器二次回路调试注意事项

断路器需要将手分（遥分）、手合（遥合）接入两套智能终端，可以通过大功率继电器重动实现。

220kV 及以上的双套智能终端之间互发闭锁重合闸回路需要通过压板实现。

　　220kV 及以上断路器间隔需要两套压力低闭锁重合闸接点（弹簧机构是未储能接点，液压机构是液压压力低闭锁重合闸），通过扩展继电器实现。有的智能终端有压力低闭锁重合闸常开常闭接点开入，常开接点开入可以勾未储能信号，常闭接点开入必须勾信号公共端。

　　断路器三相不一致瞬时信号需要分别接入两套智能终端，分别传至后台和故障录波（故障录波不能配智能终端内部的三相不一致信号），配好后需要实际传动，检查是否正确。

　　（6）断路器遥控传动

　　就地操作无问题后，需检查远方操作回路：智能柜处断路器"远方/就地"把手或者汇控柜处断路器"远方/就地"把手置就地时，断路器不能进行远方操作；断路器遥控传动过程中，需要检查断路器遥控压板。

　　（7）信号回路检查

　　信号回路检查结果记入表 4-44 中。

表 4-44　信号回路检查

智能终端 A 信号检查		
信号名称	测量位置	模拟方法
断路器三相分位	1-4Q2D：1	
断路器三相合位	2	
断路器 A 相分位	3	
断路器 A 相合位	4	
断路器 B 相分位	5	
断路器 B 相合位	6	
断路器 C 相分位	7	
断路器 C 相合位	8	
开关电机 A 相电源异常	27	F11
开关电机 B 相电源异常	28	F12
开关电机 C 相电源异常	29	F13
断路器机构加热电源异常	38	F53
断路器机构常加热电源异常	40	F55
交流总电源异常	41	FAC
断路器三相不一致动作	43	模拟 K13、K14 动作；X14：13-14，101-102
断路器弹簧未储能	44	模拟 K3 动作，X14：73-74
断路器 SF$_6$ 告警	45	模拟 K6 动作，X12：9-35
断路器 SF$_6$ 闭锁	46	模拟 K4、K5 动作；X14：107-111，117-121
断路器储能超时	48	模拟 K1A、K1B、K1C 动作
伴热带温控器断线告警	49	短接 WS：6-7
断路器远方	53	—
断路器就地	54	—
断路器机构温控器断线	60	模拟短接机构内 STH：3-4
压力低闭重（常闭）	1-4Q3D：3	K4 常闭接点
智能终端远方	10	

续表

智能终端 B 信号检查		
信号名称	测量位置	模拟方法
断路器 A 相分位	2-4Q2D：1	
断路器 A 相合位	2	
断路器 B 相分位	3	
断路器 B 相合位	4	
断路器 C 相分位	5	
断路器 C 相合位	6	
压力低闭重（常闭）	21	K5 常闭接点
另一套闭重开入	2-4Q1D：23	短接 1-4PD：1-5
另一套手合开入	24	短接 1-4PD：1-7
另一套手分开入	25	短接 1-4PD：1-6

（8）交流加热照明回路检查

① 照明回路

a. 汇控柜照明回路。图纸中汇控柜共有 2 个照明灯，分别由 4 个门控开关接点控制。

b. 断路器机构照明回路。图纸中机构内有 2 个照明灯，由三个柜门控开关并联控制。

② 加热回路　先在保证电源断电的情况下，测量端子排上两端的电阻；测量完成后，给上空开，温控器动作后，再对所有测量端子进行电源电压检查；加热器动作后，测量加热板上加热线的电流大小。

（9）其他功能元件检查

① 三相不一致继电器校验，校验结果记入表 4-45 中。

表 4-45　三相不一致继电器检查表

项目	时间继电器 1 （单位：ms）	时间继电器 2 （单位：ms）	跳闸出口 1 继电器 （动作/返回；V）	跳闸出口 2 继电器 （动作/返回；V）
结果				

继电保护测试仪可以作继电器的动作电压和返回电压。

② 分合闸电阻、保持电流检查，校验结果记入表 4-46 中。

表 4-46　分合闸电阻、保持电流检查表

项目	第一组 分闸直阻	第一组 合闸直阻	第二组 分闸直阻	第一组分 闸保持电流	第一组合 闸保持电流	第二组分闸保持 电流
结果						

断路器分合闸线圈直阻需要与操作箱（常规站）或者智能终端（智能站）的分合闸电流相匹配。北京四方智能终端、上海思源智能终端等设备需厂家确认保持电流为自适应，南瑞继保、南瑞科技，需厂家焊接保持电流。长园深瑞智能终端分合闸电流是一定范围内自适应，需要厂家确认。

4.2.3　隔离开关、接地刀闸调试

（1）调试前准备

隔离开关又名刀闸，是隔离电源、倒闸操作、用以连通和切断小电流电路、无灭弧功能的开关器件。隔离开关在分位置时，触头间有符合规定要求的绝缘距离和明显的断开标志。隔离开关的主要作用为：分闸后，建立可靠的绝缘间隙，将需要检修的设备或线路与电源用一个明显断开点隔开，以保证检修人员和设备的安全。

接地刀闸又名地刀，是安装于一次设备中代替接地线的一种安全联锁机构。根据五防要求，地刀只有在设备检修、断路器和隔离开关断开时才能闭合，相当于一根接地线，正常运行时地刀必须断开。

带电前需要用 1000V 绝缘电阻表测量电源回路对地绝缘，要求必须大于 20MΩ。

隔离开关调试分为电源回路检查、控制回路调试、电机回路调试、信号回路调试、加热照明回路检查、联锁回路调试，需要逐一对以上项目进行试验。

（2）回路检查

查线过程中需要特别注意，端子箱至机构箱之间的电缆是否有交、直流混用一根电缆的情况。例如信号、切换回路是直流，而电机、控制电源是交流。

① 刀闸控制回路　如图 4-8 所示，QF2 为刀闸控制电源空开；KM1 为刀闸合闸交流接触器；KM2 为刀闸分闸交流接触器；SL1、SL2 为限位开关；SB1 为合闸按钮；SB3 为分闸按钮；SB2 为急停按钮；QC 为远方/就地转换把手；SL3 为手动联锁把手；KH 为热过载继电器；XT 为断相与相序保护继电器。部分刀闸机构会把刀闸机构门的接点串入刀闸控制回路。

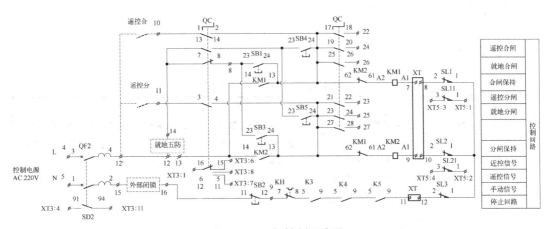

图 4-8　刀闸控制回路图

在刀闸调试过程中，经常会出现刀闸机构不动的情况，一般会出现这几种情况：刀闸机构微机防误、电气闭锁没有外部电缆且没有勾短线；刀闸控制回路没有勾电源；手动联锁把手切至手动；相序继电器动作；热过载继电器动作；联锁接点不通；刀闸机构门没有关好。

刀闸调试过程中，刀闸不动有以下处理方法：查看勾线是否勾好；复归动作的热过载继电器；关好刀闸机构的门；从 L 开始依次量刀闸控制回路；从 N 开始依次量刀闸控制回路，若电位与 N 电位略有不同，则接点不通；断开控制回路电源，采用通断挡量控制回路。

② 刀闸电机回路　如图 4-9 所示，QF1 为刀闸电机电源空开；KM1 为刀闸合闸交流接触器；KM2 为刀闸分闸交流接触器；KH 为热过载继电器；XT 为断相与相序保护继电器。

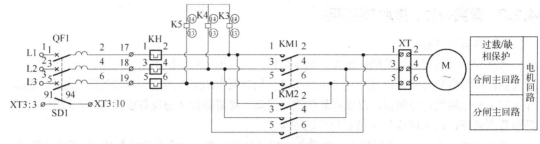

图 4-9　刀闸电机回路图

③ 刀闸加热照明回路　如图 4-10 所示，QF3 为温控器及照明电源空开；SD3 为空开辅助接点；LED 为照明灯；ST 为温度、凝露控制器；EHD 为温控加热器。

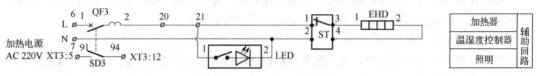

图 4-10　刀闸加热照明回路图

确保加热照明电源正确情况下进行此项检查。打开加热照明开关，相应的照明灯应可靠点亮，温湿度控制器状态正常，常通加热器工作，按下手动模式后，大功率加热器工作，两者均可测量出加热电流。按下自动模式后，视环境温湿度决定大功率加热器是否工作，温湿度控制器定值按照运行要求进行整定。

（3）刀闸调试项目

刀闸调试按照表 4-47 进行。

表 4-47　刀闸调试检查表

序号	具体内容
1	刀闸传动前首先确认刀闸状态（包括调试刀闸和相邻的闭锁刀闸），在保证人身和设备安全的条件下进行传动
2	检查端子箱、机构箱电源，保证电机电源、控制电源、加热照明电源电压正常、电机电源相序正确，同时保证加热照明电源与电机控制电源保持独立。将所有五防编码锁电缆短接并做好绝缘
3	在刀闸机构箱处，断开电机电源和控制电源，将摇把插入电机手动控制插孔顺时针或逆时针摇动电机，刀闸机构应平稳运转无卡涩，相应辅助接点动作正确。重复此步骤，直至将所有刀闸和地刀全部置分位
4	将要传动的刀闸手动摇至半分半合状态，抽出摇把，挡板应恢复至正常电动位置。远方就地把手扳至就地
5	检查闭锁回路是否接入，若已接入，需要短接闭锁回路（操作完成后记得恢复原状）
6	按照分-停-合-停-分-合-分顺序进行操作，刀闸机构动作应与操作顺序一致。如分合方向相反，应立即断开电机电源和控制电源，将电机相序进行调整，直至刀闸机构动作与操作顺序一致，相应辅助接点动作正确
7	在端子箱处，将端子箱内远方就地把手扳至就地位置，重复步骤6，刀闸机构应不动作。将机构箱内远方就地把手扳至远方位置，重复步骤6，刀闸机构动作应与操作顺序一致，相应辅助接点动作正确
8	将端子箱内远方就地把手扳至远方位置，重复步骤7，刀闸机构应不动作
9	在端子箱内远方就地把手远方位置，监控后台遥控操作刀闸，刀闸机构应动作正确，端子箱内远方就地把手就地位置时，后台遥控操作刀闸，刀闸机构不应动作

（4）刀闸信号回路检查

在控制回路检查正确后，保证信号电源正常情况下，按照表 4-48 进行信号回路检查，电位或通断应正确可靠。

表 4-48　刀闸信号回路检查表

序号	信号名称	模拟方法
1	刀闸远控	远方就地把手切换至远方
2	刀闸近控	远方就地把手切换至就地
3	电机过热故障	按下继电器过热试验按钮
4	断相与相序信号	断开任一相电机电源
5	刀闸加热电源消失	断开刀闸加热空开
6	刀闸控制电源消失	断开刀闸控制空开
7	刀闸电机电源消失	断开刀闸电机空开
8	照明电源消失	断开照明电源空开
9	刀闸合位	合刀闸
10	刀闸分位	分刀闸

（5）刀闸调试注意事项

在调试变电站刀闸前，需要确认变电站内一次带电部位，区分清楚带电区域和不带电区域。靠近带电部位的隔离接地刀闸需要做好安全措施（比如 220kV 母线侧隔离刀闸拆掉抱箍、拆掉一次引线等）才可以调试。

（6）刀闸调试规范要求

相关要求见表 4-49。

表 4-49　《国家电网有限公司十八项电网重大反事故措施》（2018 修订版）要求

序号	具体内容
1	断路器、隔离开关和接地开关电气闭锁回路应直接使用断路器、隔离开关、接地开关的辅助触点，严禁使用重动继电器；操作断路器、隔离开关等设备时，应确保待操作设备及其状态正确，并以现场状态为准
2	高压开关柜内手车开关拉出后，隔离带电部位的挡板应可靠封闭，禁止开启
3	成套 SF$_6$ 组合电器、成套高压开关柜防误功能应齐全、性能良好；新投开关柜应装设具有自检功能的带电显示装置，并与接地开关及柜门实现强制闭锁；配电装置有倒送电源时，间隔网门应装有带电显示装置的强制闭锁
4	新建 220kV 及以上电压等级双母分段接线方式的气体绝缘金属封闭开关设备（GIS），当本期进出线元件数达到 4 回及以上时，投产时应将母联及分段间隔相关一、二次设备全部投运。根据电网结构的变化，应满足变电站设备的短路容量约束
5	隔离断路器的断路器与接地开关间应具备足够强度的机械联锁和可靠的电气联锁
6	双母线结构的 GIS，同一间隔的不同母线隔离开关应各自设置独立隔室。252kV 及以上 GIS 母线隔离开关禁止采用与母线共隔室的设计结构
7	双母线、单母线或桥形接线中，GIS 母线避雷器和电压互感器应设置独立的隔离开关。3/2 断路器接线中，GIS 母线避雷器和电压互感器不应装设隔离开关，宜设置可拆卸导体作为隔离装置。可拆卸导体设置于独立的气室内。架空进线的 GIS 线路间隔的避雷器和线路电压互感器宜采用外置结构
8	隔离开关与其所配装的接地开关之间应有可靠的机械联锁，机械联锁应有足够的强度。发生电动或手动误操作时，设备应可靠联锁
9	操动机构内应装设一套能可靠切断电动机电源的过载保护装置。电机电源消失时，控制回路应解除自保持
10	当保护采用双重化配置时，其电压切换箱（回路）隔离开关辅助触点应采用单位置输入方式。单套配置保护的电压切换箱（回路）隔离开关辅助触点应采用双位置输入方式。电压切换直流电源与对应保护装置直流电源取自同一段直流母线且共用直流空气开关
11	合闸操作时，应确保合闸到位，伸缩式隔离开关应检查驱动拐臂过"死点"

（7）刀闸五防闭锁传动

刀闸五防锁安装好后，需要在端子箱（汇控柜）和监控后台进行分合刀闸，避免刀闸五防锁安装位置错误或者接线错误。

（8）刀闸电气联锁传动

① 检查内容：

a. 间隔内联锁。

b. 母线侧（出线侧）刀闸与母线（出线）接地刀闸之间的相互联锁。

c. 母线侧刀闸倒闸操作时与母联间隔的联锁。

d. 主变三侧之间的刀闸、接地刀闸的相互联锁。

② 进行电气联锁回路传动，依据为设计图纸，每个回路都要传动正确以保证运行安全。联锁传动包括本间隔联锁和跨间隔联锁。如图 4-11 以某 500kV 变电站主变三侧联锁为例，此图只包含主变三侧的联锁，并不包含间隔内的联锁。

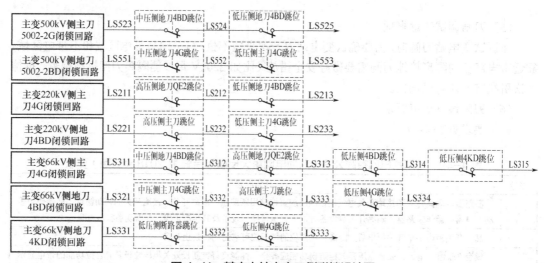

图 4-11　某变电站主变三侧联锁设计图

a. 主变中低压侧接地刀闸闭锁主变高压侧隔离刀闸。

b. 主变中低压侧隔离刀闸闭锁主变高压侧接地刀闸。

c. 主变高低压侧地接地刀闸闭锁主变中压侧隔离刀闸。

d. 主变高低压侧隔离刀闸闭锁主变中压侧接地刀闸。

e. 主变高中低压侧接地刀闸闭锁主变低压侧隔离刀闸。

f. 主变高中低压侧隔离刀闸闭锁主变低压侧接地刀。

g. 主变低压侧断路器和低压侧隔离刀闸闭锁主变低压侧母线侧接地刀闸。

③ 联锁注意事项。由于一次接线方式不同，具体的联锁逻辑各不相同，具体的以图纸为准。一般联锁逻辑包括以下几类：

a. 隔离刀闸闭锁接地刀闸，接地刀闸闭锁隔离刀闸。

b. 断路器合位闭锁隔离刀闸（即断路器分位才能合隔离刀闸）。

c. 线路间隔带电显示器有电闭锁出线侧接地刀闸。

d. 隔离刀闸半分半合状态下闭锁断路器分合。

　　e. 220kV 双母线（双母双分段）接线方式下，母线侧隔离刀闸不能同时合，只有母联间隔断路器和两把隔离刀闸同时合位时，母线侧隔离刀闸才能同时合。这便是母线侧刀闸倒闸操作时与母联间隔的联锁。

　　间隔扩建改造过程中经常会涉及跨间隔联锁回路，需要提前校线。智能变电站智能柜部分有一个联锁解锁把手，这属于智能终端联锁逻辑，如果不需要则打至解锁状态并贴签"运行时再解锁"。

4.2.4　电流互感器调试

（1）概述

　　电流互感器（即通常说的 CT）是将电力系统中一次侧的大电流，变换为二次侧的小电流，并根据电流互感器用途和保护原理等，对电流互感器进行合理配置。

　　总体而言，电流互感器在电力系统中起着极为关键的作用，无论是电力系统的安全稳定运行、系统潮流计算，还是电力费用计量，都离不开电流互感器的可靠工作。可以说电流互感器是电力系统分析计算的基础。

　　电流互感器按照安装方式可以分为贯穿式电流互感器、支柱式电流互感器、套管式电流互感器。按照绝缘介质可以分为干式电流互感器、油浸式电流互感器、SF_6 气体电流互感器。

　　电流互感器基本工作原理：电流互感器对电力系统中的一次设备具有监视、测量等作用，并与继电保护等自动装置配合，能够实现控制及调节等作用，从而实现对电力系统故障的快速切除，确保电力系统安全可靠运行等功能。

　　目前在电力系统使用的电流互感器极性为减极性标号法，即一次电流从 P1 流向 P2，二次电流则由 S1 流向 S2。

　　根据准确度等级，可将电流互感器主要分为测量级（0.2、0.5）、计量级（0.2S、0.5S）和保护级（5P20、5P40、TPY）。测量级有 0.2 级和 0.5 级，测量级 CT 常用于测控、同步向量（PMU）和电能质量，0.2 级电流互感器表示一次流过的电流在其额定电流以下时，此电流互感器的误差不大于 ±0.2%；计量级有 0.2S 级和 0.5S 级，计量级 CT 常用于电能表，S 表示小电流情况下保持测量精度；保护级有 5P20、5P40、TPY，保护级 CT 常用于线路保护、母线保护、断路器保护、变压器保护、故障录波等装置，5P20 表示一次流过的电流在其额定电流的 20 倍以下时，此电流互感器的误差不大于 ±5%，字母 P 表示保护用。TPY 是铁芯具有气隙的保护用考虑暂态特性的电流互感器。其中 T 代表暂态，P 代表保护，Y 代表气隙，常用于 500kV 及以上的差动保护（线路保护、母线保护、主变保护）。电流互感器的基本结构如图 4-12 所示。

　　从图 4-12 可以看出，电流互感器工作原理与变压器基本相同。电流互感器将一次侧交流额定电流变换为 1A 或 5A 的二次侧小电流，供给测量仪表或保护装置。

（2）调试前准备

　　先进行图纸审核并与现场电流互感器铭牌核对，根据图纸编写电流互感器记录表，确定电流互感器各绕组的用途，确保消除保护死区。电流互感器记录表如表 4-50 所示（500kV 变电站 500kV 线路间隔为例）。

　　500kV 线路间隔 P1 在母线侧（点极性以母线为正），P2 在线路侧。

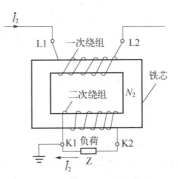

图 4-12　电流互感器结构示意

表 4-50 电流互感器记录表

CT 编号	准确度等级	用途	接地点	变比		回路	极性		直阻	
				可用	实际		理论	实际	内阻	外阻
TA1	TPY	线路保护1	线路保护1	2500/1 4000/1	4000/1	A411	+			
						B	+			
						C	+			
TA2	TPY	线路保护2	线路保护2	2500/1 4000/1	4000/1	A421	+			
						B	+			
						C	+			
TA3	5P30	断路器保护	汇控柜	2500/1 4000/1	4000/1	A431	+			
						B	+			
						C	+			
TA4	0.2	断路器测控	汇控柜	2500/1 4000/1	4000/1	A441	+			
						B	+			
						C	+			
TA5	0.2S	电能表	汇控柜	2500/1 4000/1	4000/1	A451	+			
						B	+			
						C	+			
TA6	TPY	母差保护2	汇控柜	2500/1 4000/1	4000/1	A461	−			
						B	−			
						C	−			
TA7	TPY	母差保护1	汇控柜	2500/1 4000/1	4000/1	A471	−			
						B	−			
						C	−			

重点检查项目：

① 检查电流互感器内接线柱是否有标识，电流互感器内标识牌不能为导电标识牌且标识牌之间不能搭接。

② 核对电流互感器安装方向是否与设计图纸一致。

③ 核对电流互感器线圈数目、准确度等级、变比、线圈排列顺序是否与设计图纸一致。

④ 核对电流互感器接线方式，重点检查是否存在死区。

（3）二次接线检查

① 电流互感器本体至汇控柜之间接线检查　电流互感器本体至汇控柜之间的电缆需要查线，需要把汇控柜侧外部接线的滑块划开并把接地拆开。因为同一圈 CT 的 S1～S4 之间有几欧姆或者十几欧姆的直阻，所以可以通过量直阻的方法校线，同时也可以测量其他圈的 CT 直阻（无穷大）。这种方法可以避免拆线、接线而引起的接线错、接线松或者线芯之间搭接等问题。

② 各装置至汇控柜之间接线检查　如果保护装置、测控装置或者电能表是常规采样，可以通过万用表通断挡或者校线灯来进行二次线校验。校验时要和图纸核对，看是否有图纸设计错误、二次接线不按图纸接线等问题。

无论常规采样还是 SV 采样，都可以通过继电保护测试仪分相加量，在各装置上查看 A、B、C 相电流及自产零序电流，确保二次线没有问题。

③ 注意事项

a. 保证电流互感器一点接地：电流互感器设置接地点是为了保证人身和设备的安全，但如果接地点不正确，可能会造成继电保护装置不正确动作。

b. 防止电流互感器二次负荷过大：电流互感器是电流源，但并不是理想的恒流源。二次负荷过大，将导致励磁电流增加，一、二次电流变比误差过大。当系统发生故障时，将使电流互感器提前磁饱和，影响保护正确动作。

（4）电流互感器调试项目

① 极性检查，检查方法及注意事项见表 4-51。

表 4-51　极性检查表

	极性检查方法
1	CT 极性检查仅在新工程投运或 CT 回路有较大改造时进行
2	就地开关汇控柜或 CT 端子箱 CT 回路恢复正常
3	在 CT 回路进入装置端子排处将 CT 回路与装置隔离，用指针式直流毫安表或毫伏表测量 CT 外回路端子某一相对中性线电流或电压为正向或反向
4	用蓄电池组（若检查变压器、电抗器 CT 极性，可能需要较大容量蓄电池组）与 CT 一次侧形成回路，可以通断
5	保证测量侧与试验侧通信畅通，然后通断蓄电池电路，检查指针式直流毫安表或毫伏表指针正向摆动或反向摆动，可判断 CT 极性，并记录试验结果
	极性检查注意事项
1	在检查某一相极性时，同时测量其他相应无电流或电压
2	在运行站一次设备区进行试验时注意感应电的影响
3	线路、主变、电容器、电抗器等电流互感器极性要以母线侧为正
4	母联电流互感器一般以 4 母线为正（不同的母线保护极性要求不同，长园深瑞的母线保护 BP 以 5 母线为正），分段电流互感器一般以甲母线为正，相当于一条线路
5	极性要求：常规站中母差保护极性以母线为正反起；智能站母线保护和线路保护为同一圈时以母线为正正起，若母线保护和线路保护不为同一圈，母差保护极性以母线为正反起；线路差动保护以本侧母线为正正起；主变三侧以各侧母线为正正起；母联、分段给母差保护极性以母差保护逻辑判别要求为准
6	CT 极性要结合互感器安装方向和绕组用途综合考虑

② 变比检查，检查方法及注意事项见表 4-52。

表 4-52　变比检查表

	变比检查方法
1	核对电流互感器的铭牌和汇控柜内 CT 回路的接线
2	在汇控柜内测量 CT 回路各抽头的直阻，和相同准确度等级、相同变比、相同电压等级的 CT 回路对比
3	变比确定后，送电前一次通流试验检查电流互感器的所有变比
	变比检查注意事项
1	提前提交调试设备的相关资料，便于 CT 回路变比确定
2	由于保护装置的定值只能在送电前下发、给出确定的变比，所以经常送电前修改 CT 回路变比，因此需要提前联系相关单位

③ 绝缘检查，检查方法及过程见表 4-53。

表 4-53　绝缘检查表

序号	具体内容
1	将电流互感器的所有二次回路恢复到正常运行状态
2	打开电流回路中的接地点，电流回路接地点一般在汇控柜处
3	使用 1000V 摇表进行绝缘检查
4	检查时摇表的 E 端接在地上，L 端接在二次回路上，检查线芯与地之间的绝缘
5	检查每只电流互感器线各绕组间绝缘
6	绝缘检查完后二次回路应对地放电
7	接入接地线后再次对回路进行绝缘检查，检查接地线的可靠性

④ 直阻检查，检查方法及过程见表 4-54。

表 4-54　直阻检查表

序号	具体内容
1	将所有电流回路连接片接入，在汇控柜处打开电流回路连接片进行直阻测量
2	测量直阻前要把接地线拆除
3	测量完恢复电流回路，将连接片上好，接入地线
4	如在改扩建中测量直阻要注意感应电的影响，如有必要，在电流互感器一端接地

注意：用万用表的欧姆挡测量电流互感器直阻时，比较同组三相之间的阻值，比较同相之间不同绕组之间的阻值，如有差异需进行检查并处理。测量数值要等万用表的显示数据稳定后读取。

⑤ 接地检查，检查方法及过程见表 4-55。

表 4-55　接地检查表

序号	具体内容
1	电流互感器的二次回路必须有且只能有一点接地
2	所有电缆屏蔽层两端需可靠接地，接至接地铜排上
3	所有装置屏柜及一次设备外壳必须可靠接地
4	CT 回路只能一点接地，将接地点拆下，测量 CT 回路对地电阻为无穷大，将接地点连上，测量其对地电阻为零即可证明为一点接地。对照设计图检查 CT 接地点位置是否正确。一般原则：单独绕组 CT 在就地断路器汇控柜或 CT 端子箱接地，多绕组取合电流的 CT 在装置合电流处一点接地
5	主变保护要求所有 CT 在汇控柜接地
6	CT 的接地铜排必须通过截面积不小于 $100mm^2$ 的铜缆与电缆沟内不小于 $100mm^2$ 的专用铜排（缆）及变电站主地网相连，且端子箱内铜排必须相连。比如变压器本体端子箱、电容器本体端子箱等会有类似问题

⑥ 交流二次负载检查。部分 CT 回路串接设备较多、负载阻抗较大会导致测量误差。比如某站 500kV 线路保护 CT 串接的设备有线路保护柜、柔性直流安全稳定控制柜、水电站安全稳定控制柜、失步解列柜、故障测距柜，再加上长电缆的阻值，回路负载阻抗很大，保护装置测量精度下降，因此需要对 CT 交流二次负载做检查。

CT 交流二次负载检查方法如下：

CT 回路恢复正常，接地线可靠接地，所有装置 CT 电流回路恢复正常，直到最后一级 CT

出口封好。在断路器汇控箱或 CT 端子箱处断开 CT 回路，在试验器往装置侧 CT 回路通入工频额定电流，用万用表交流电压挡测量通入端子电压。电压与电流的比值为 CT 交流二次负载。

⑦ 二次通流试验，试验方法及过程见表 4-56。

表 4-56　二次通流试验表

序号	内容
1	将所有电流二次回路连接片接入，只断开汇控柜处 CT 至一次设备处连接片
2	打开接地点，在汇控柜处依次通入电流。三相可以分别加 1A、0.8A、0.6A
3	根据记录检查装置的采样，不能观察到采样的，使用钳表测量电流值

注意：对于母线保护、主变保护中各间隔的极性判断，可以通过一台测试仪加两路不同间隔的二次电流给母线保护、主变保护，来判断保护装置的极性与实际的极性是否一致。

⑧ 一次通流试验。

a. 在保证二次通流和变比检查工作已完成，确保电流互感器二次回路正确且不再改动的条件下进行。

b. 试验仪器。BCXZC 型电源控制器，AD902B 大电流试验器，试验用导线若干。

c. 试验方法。调好一次设备，用大电流发生器给一次设备通入合适的电流，以此来检查出线间隔、母联间隔、分段间隔断路器的极性是否正确。试验仪器按图 4-13 接好线，调节杆在归零位置。电源接好后 BCXZC 型电源控制器绿灯点亮，按下启动按钮，绿灯熄灭，红灯点亮，操作调节杆观察 AD902B 大电流试验器液晶屏读数到所需数值，开始升流。升流结束后按下停止按钮，红灯熄灭，绿灯点亮，操作调节杆至归零位置。根据记录检查装置的采样。

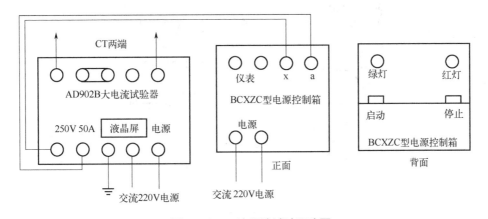

图 4-13　一次通流试验回路图

• 单一间隔检测：以图 4-14 中 2211 为例，打开 2211-27 接地连片，2211-27 接合闸位置，2211-47 接地刀合闸位置，2211 断路器接合闸位置，其余刀闸在分闸位置。AD902B 大电流试验器一端连接到 2211-27 接地片处，另一端接地。通过 CT 变比，通流相别，判断 CT 回路正确与否。

• 多间隔检测：以图 4-15 为例，2211-27、2211、2211-4、2245-4、2245-5、2245、2212-5、2212、2212-27 在合位，其余在分位。通过 CT 变比，通流相别，判断 CT 回路正确与否，同时，

可检查出这三个间隔母差所用 CT 绕组的极性正确与否。极性正确情况下，大差、4 母小差、5 母小差值应为 0。如有更多间隔，可采取 2211 间隔，2245 间隔不动，依次取代 2212 间隔的方法逐一验证。

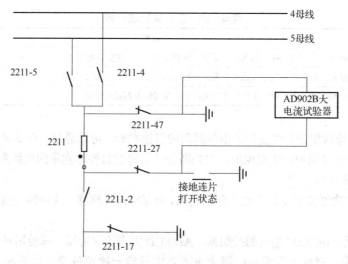

图 4-14　单一间隔试验接线图

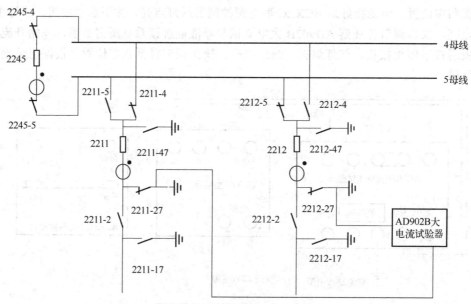

图 4-15　多间隔串联接线图

d. 注意事项

• 一次通流前需要检查备用间隔的刀闸是否分开。

• 在 3/2 接线方式的运行变电站，出线会有接地措施，影响一次通流试验，可以采用非接地方式进行通流试验。

• 在有合并单元的变电站一次通流时，查看装置的差流是否有问题，若有问题需要查看合并单元的额定延时是否正确。

·在一次通流时，若发现一次值有偏差，需检查 CT 变比是否接错和一次安装是否有问题。

（5）调试过程中注意事项

① 电流互感器二次回路不能开路　电流互感器二次回路在工作时绝对不能开路，因为二次侧开路时其电流为零，故不能产生磁通去抵消一次侧磁通的作用，而二次侧能感应 1000V 左右的电压，这一高压危及人身和设备的安全。并且电流互感器本身的铁芯也会严重发热。因此，在拆卸仪表时，必须先将电流互感器的二次线圈短接。

② 二次侧一端要接地　电流互感器二次侧的一端必须接地，以防止其一、二次线圈之间的绝缘击穿时，一次侧上的高电压窜到二次侧，危及人身和设备的安全。

③ 注意连接极性　电流互感器在连接时，要注意其一、二次侧线圈接线端子上的极性。电流互感器一、二次线圈的接线端子上，都用"±"或字母标明了极性。我国一般用 P1 和 P2 标明一次线圈端，用 S1（K1）和 S29（K2）标明二次线圈端脚。

因此在电流互感器接线时，一定要注意其极性的标号。否则，二次侧所接的仪表、继电器通过的电流，不是正常的电流，严重时会造成事故。

4.2.5　电压互感器调试

电压互感器是将交流高电压变成低电压，供给测量仪表和保护装置的电压线圈。电压互感器的基本结构如图 4-16 所示。

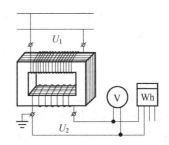

图 4-16　电压互感器结构示意

（1）调试前准备

调试前，应先将图纸与实际电压互感器铭牌核对，根据图纸编写电压互感器记录表，明确电压互感器各绕组的用途，以 500kV 变电站 500kV 线路间隔为例，电压互感器调试前准备见表 4-57。

表 4-57　调试前准备

组别	准确度等级	刀闸	经空开	用途	接地点	变比	回路	直阻 内阻	直阻 外阻
1a1n	0.2	2G	1-13ZKK4	线路电能表		500/0.1	A601		
							B601		
							C601		
2a2n	0.5/3P	2G	1-13ZKK3	线路保护 1 及测控		500/0.1	A602		
							B602		
					汇控柜		C602		
3a3n	0.5/3P	2G	2-13ZKK3	线路保护 2		500/0.1	A604		
							B604		
							C604		
dadn	3P	2G	—	主变保护 1、主变保护 2、故录、网分		500/$\sqrt{3}$/0.1	L602		

（2）二次接线检查

① 汇控柜内部回路检查　电压回路需要经过刀闸、空开等至各装置。可以通过万用表通断挡或者校线灯来检查，还可以通过继电保护测试仪分相加量来检查。检查完后，紧固汇控柜

内电压回路的螺钉，包括空开和二次刀闸的螺钉。

② 汇控柜至各装置电缆校验　如果保护装置、测控装置或者电能表是常规采样，可以通过万用表通断挡或者校线灯来进行二次校验。校验时要和图纸核对，看是否有图纸设计错误、二次接线不按图纸接线等问题。

无论常规采样还是 SV 采样，都可以通过继电保护测试仪分相加量，在各装置上查看 A、B、C 相电压确保二次线没有问题。在装置上查看电压采样时不仅要看幅值还要看角度。

（3）二次空开、刀闸选型

① 电压互感器二次空开选型　对于电压互感器二次空开，需要根据电压互感器容量进行选型，如单相电压互感器容量为 300VA，则额定电流为：

$$i_N = \frac{300}{100/\sqrt{3}}$$

电压互感器二次回路宜使用单相空开，零序电压回路不应装设熔断器或空开。

② 电压互感器二次刀闸选型　冀北地区要求经过可视刀闸，即电压互感器的二次回路需要有明显的断开点，但不能串刀闸的辅助接点，部分 GIS 设备因为串刀闸辅助接点，电压互感器的二次回路感应了交流电压，引起故障录波的频繁启动。

（4）极性检查

① 直流反点法　与电磁式电压互感器极性校验直流法原理相同，同样使用干电池和高灵敏度的磁电式仪表进行测定。检测极性时，将电池的正极接在二次线圈的 K 端上，而将磁电式仪表（如指针式电流表或毫伏表）的正极端接在一次线圈的 K 端上（如图 4-17）。当开关 S 瞬间闭合时，仪表指针向右偏转（正方向），而开关 S 瞬间断开时，仪表指针则向左偏转（反方向），表明所接电容式互感器一、二次侧端子为同极性。反之，为异极性。

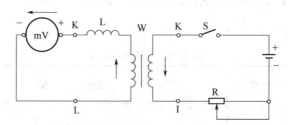

图 4-17　电磁式电压互感器直流反点法

将指针表正极接至电容式电压互感器一次侧线圈端头，指针表负极接地，再将干电池的正极接至互感器二次绕组极性端的 1a，将负极接至非极性端 1n，如图 4-18。接好线后，S 接点迅速合、分一次。在此过程中，S 接点合时指针表指针应正偏，分时应负偏，说明互感器一次侧接在指针表正极的端头与二次绕组接在干电池正极的端头为同极性，即互感器为减极性。如指针与上述相反则为加极性。同理依次验证互感器各二次绕组，若与所述不一致，则说明二次绕组极性接错。

② 直流反点改进法　因为电容式电压互感器的所有二次侧线圈都共用一个铁芯，根据电磁感应原理，在其中一组二次侧线圈有电流通过时，在其他闭合的二次侧线圈组中也必能感应出电流。如图 4-19 所示，用一节干电池将其正极接于互感器二次侧线圈 1a，负极接 1n，二次侧线圈 2a 接指针表正极，2n 接负极。当接点 S 合时指针表正偏，分时负偏，说明 1a 和 2a 同极性。同理，将指针表的正、负极分别改接于 da、dn，若指针表偏转情况与前面相同，则说明

da 与 1a 也是同极性，从而说明三组二次线圈极性相同，二次回路接线正确。

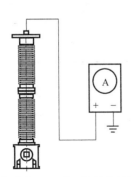 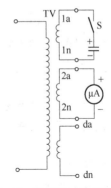

图 4-18　电容式电压互感器指针表接线图　　　图 4-19　直流反点改进法接线图

（5）变比检查

① 电压互感器变比　电压互感器一般分为母线电压互感器、线路抽取电压互感器以及零序电压互感器。其中母线电压互感器二次额定电压为 100V，其变比为：

$$\frac{U_{\mathrm{N}}/\sqrt{3}}{100/\sqrt{3}}$$

式中，U_{N} 为母线额定电压。

线路抽取二次额定电压在正常运行时为 100V，由于一次电压为单相电压，线路抽取电压变比为：

$$\frac{U_{\mathrm{N}}/\sqrt{3}}{100/\sqrt{3}}$$

零序电压互感器分为中性点接地零序电压以及中性点非接地系统零序电压。当系统正常运行时，中性点电压为零，所以要求零序电压至保护装置之间不设置空开。对于中性点接地系统零序电压变比为：

$$\frac{U_{\mathrm{N}}/\sqrt{3}}{100}$$

对于非接地系统零序电压变比为：

$$\frac{U_{\mathrm{N}}}{100/\sqrt{3}}$$

由于零序电压互感器与其他的变比不同，尤其有合并单元的间隔，故电压变比设置完成后需要二次加压进行检查。

② 装置的变比检查　在装有合并单元的智能站调试中，合并单元的变比设置完成后，需要二次加电压核对合并单元的变比是否正确，尤其是零序电压。

③ 电压互感器一次变比检查　电压互感器一次变比检查，可以在电压互感器一次侧加一个电压（一次额定电压的 1/100），则电压互感器二次侧会感应出 1V 的电压值，以此来检查电压互感器的变比。尤其是 10kV 间隔，在电压互感器一次侧加 100V，查看各装置的数据。

在高压耐压试验过程中，测量电压互感器二次侧的电压值。

（6）直阻检查

检查内容见表 4-58。

表 4-58　电压互感器检查内容

序号	具体内容
1	将所有电压回路连接片接入，在汇控柜处打开电压回路连接片进行直阻测量
2	测量直阻前要把接地线拆除
3	测量完恢复电压回路，将连接片上好，接入地线

注意：用万用表的欧姆挡测量电压互感器直阻时，比较同组三相之间的阻值，比较同相之间不同绕组之间的阻值，测量数值要等万用表显示的数据稳定后读取。

（7）绝缘检查

① 绝缘检查的步骤

a. 将电压互感器的所有二次回路恢复到正常运行状态。

b. 打开电压回路中的接地点。

c. 使用 1000V 摇表进行绝缘检查，绝缘电阻大于 10MΩ。

d. 检查时摇表的 E 端接在地排上，L 端接在二次回路上，检查线芯与地之间绝缘。

e. 绝缘检查完后二次回路应对地放电。

f. 接入接地线后再次对回路进行绝缘检查，检查接地线的可靠性。

② 氧化锌避雷器检查　当保护室内有电压接口屏时，一般会在电压接口屏内接地，在室外电压互感器端子箱电压二次回路中性点分别经放电间隙或氧化锌阀片接地。

未在开关场接地的电压互感器二次回路，宜在电压互感器端子箱处将每组二次回路中性点分别经放电间隙或氧化锌阀片接地，其击穿电压峰值应大于 $30I_{max}$ V（I_{max} 为电网接地故障时通过变电站的最大可能接地电流有效值，单位为 kA）。应定期检查放电间隙或氧化锌阀片，防止电压二次回路出现多点接地。为保证接地可靠，各电压互感器的中性线不得接可能断开的开关或熔断器等。

可用绝缘电阻表校验金属氧化物避雷器的工作状态，一般用 1000V 绝缘电阻表，金属氧化物避雷器不应击穿；而用 2500V 绝缘电阻表时应可靠击穿，氧化锌避雷器可靠击穿后能自动恢复。

③ 绝缘检查的注意事项

a. 电压互感器二次回路摇绝缘时，拆一个接地点，摇一组 PT 回路，检查各组 PT 回路是否存在寄生回路，避免造成 PT 回路双接地。

b. 220kV 双母线接线方式，母线电压互感器相同用途的 4 母、5 母电压存在电压切换，只能有一个接地点（比如 4 母电压互感器保护 1 和 5 母电压互感器保护 1 两圈 PT，需要两个 N600 勾在一起接地。）

（8）二次通压试验

变电站内合并单元、测控装置、保护装置、故障录波等设备变比设置完成后，用继电保护测试仪在母线汇控柜内加分相电压（断开至电压互感器端子排滑块），各间隔进行电压切换，依次分合电压空开。

220kV 母线间隔和 10kV 母线有的要求实现电压并列功能。220kV 母线间隔电压并列母线合并单元需要取 4 母、5 母隔离刀闸位置和母联断路器位置，母线合并单元、母线智能终端均需要接 A、B 网。

（9）信号回路和继电器调试

① 电压互感器信号回路检查方法及内容见表 4-59。

表 4-59 电压互感器信号回路检查表

序号	信号名称	模拟方法
1	空开跳开	断开电压回路空开
2	击穿保险动作	模拟避雷器击穿
3	PT 无压	上 PT 空开,调节电压至无压状态

② 电压互感器继电器调试。电压互感器端子箱内经常有电压继电器,用于产生无压信号或者闭锁线路侧地刀。

如图 4-20 所示,电压继电器常闭接点和电压空开常开接点串接闭锁线路侧接地刀闸,需要用继电保护测试仪加电压测试电压继电器是否正确动作,检查继电器接点是否正确。

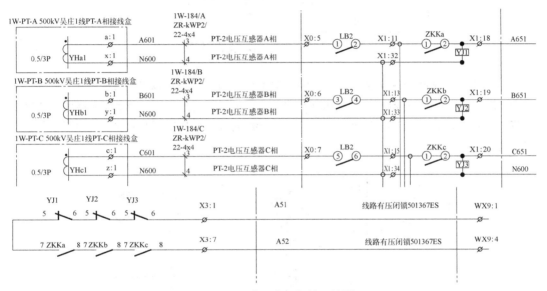

图 4-20 电压有压闭锁回路图

(10) 二次压降试验

① 试验条件

a. 压降测试仪等级不应低于 2 级;基本误差应包含测试引线所带来的附加误差。

b. 压降测试仪的分辨率应:f 不低于 0.01%,δ 不低于 0.01′。

c. 压降测试仪的工作回路(接地的除外)对金属面板及金属外壳之间的绝缘电阻不应低于 20MΩ,工作时不接地的回路(包括交流电源插座)对金属外壳应能承受有效值为 1.5kV 的 50Hz 正弦波电压 1min 耐压试验。

d. 压降测试仪对被测试回路带来的负荷最大不超过 1VA。

② 测试方法 采用压降测试仪直接测试,测试接线见图 4-21。

注:采用的压降测试仪应定期自校。

③ 测试步骤

a. 测试前应检查二次导线压降测试设备各相对地绝缘状态及导线接头接触情况。

b. 连接互感器二次端子和压降测试仪之间的导线应该是专用的屏蔽导线,且屏蔽层应可靠接地。

c. 试验端子接线应由相关专业人员完成，测试人员负责测试工作、仪器操作、数据记录。

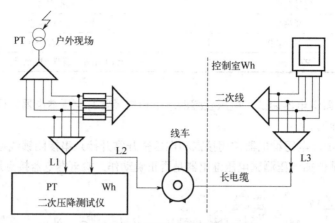

图 4-21　压降测试仪测试接线图

d. 先用压降测试设备检查电压互感器侧的相序是否正确（也可以采用带相序测量功能的多用表来确定）。电压互感器侧应在电压互感器二次引出线所连接的第一组端子处接线，电能表侧应在电能表盒盖内按图 4-22 和图 4-23 接线。接线时注意先接电压互感器侧的接线，再接电能表侧的接线。

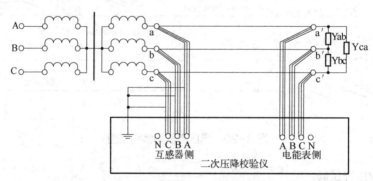

图 4-22　三相三线计量方式下二次压降测试原理接线图

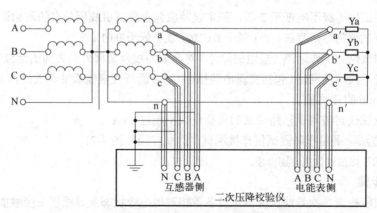

图 4-23　三相四线计量方式下二次压降测试原理接线图

e. 现场测试过程中，严禁电压互感器二次短路。

f. 现场测试完成后，应由工作负责人检查，确认无误后方可撤离现场。

④ 注意事项　注意事项见表4-60。

表4-60　注意事项

序号	具体内容
1	标准装置的金属外壳应可靠接地
2	标准装置的电源开关应使用具有明显断开点的双极隔离开关，并有可靠的过载保护装置
3	对标准装置专用校验导线进行临时固定
4	检查实际接线及图纸是否一致，如发现不一致，应及时进行确认、更正，无误后方可进行校验作业
5	在运行的二次回路上拆、接线时，应穿绝缘鞋、戴绝缘手套
6	校验过程应有人监护并呼唱，工作人员在校验过程中注意力应高度集中，防止异常情况的发生；当出现异常情况时，应立即停止校验，查明原因后，方可继续校验
7	严禁交、直流电压回路短路、接地，严禁交流电流回路开路
8	严禁电流回路开路或失去接地点，防止引起人员伤亡及设备损坏
9	测试引线必须有足够的绝缘强度，以防止对地短路。且接线前必须事先用绝缘电阻表检查一遍各测量导线（包括电缆线车）的每芯间及芯与屏蔽之间的绝缘情况
10	为确保现场测试的安全，在电压互感器现场端子箱一侧的接线应按照先接熔断器下口，再接熔断器上口的顺序进行

（11）电压互感器调试过程

注意事项见表4-61。

表4-61　电压互感器调试过程注意事项

序号	具体内容
1	电压互感器在运行时二次侧不能短路 　在正常运行时，电压互感器二次侧接近于空载状态，电流很小，若二次回路短路，二次回路的阻抗将变得很小，会出现很大的短路电流，将损坏互感器和危及人身安全。因此，需在电压互感器的二次侧装设熔断器或自动空气开关等元件作为二次侧的短路保护，当二次侧发生故障时，能快速熔断或断开，以保证电压互感器不受损害。一般情况下，对于110kV及以上的电压互感器，则在基本二次绕组各相引出端装设快速自动空气开关，作为短路保护
2	保证电压互感器二次侧一点可靠接地 　电压互感器二次侧的保安接地方式有经中性点接地和经氧化锌避雷器接地两种
3	用于不同的准确度等级时，电压互感器的二次负荷不应超过该准确度等级规定的容量，否则，会使准确度等级下降，误差满足不了要求。对电容式电压互感器，除了要保证二次负荷在允许范围内，还要保证其在允许的频率和温度范围内运行，电压互感器的运行容量不应超过铭牌规定的额定容量长期运行，在任何情况下都不能超过极限容量运行
4	电压互感器允许的最高运行电压及时间，应遵守有关标准规定。一般在大接地电流系统中，允许在1.5倍额定电压下运行30s，在小接地电流系统中，允许在1.9倍额定电压下运行8h
5	电容式电压互感器的低压端子是用来与载波装置连接后接地的，当互感器不用于载波通信时，该端子必须直接接地
6	电容式电压互感器退出运行后，为保证人身安全，需经放电并且高低压端子短路后方可接触
7	在运行中，若需要在电压互感器本体工作，不仅需要把一次侧断开，而且还要求其二次侧有明显的断开点，以防由于某种原因使二次绕组与其他交流电压回路连接，在一次侧感应出高电压，危及设备和人身安全

续表

序号	具体内容
8	新装电压互感器以及电压互感器大修后，或其二次回路变动后，投入运行前应定相。所谓定相是指将该电压互感器与相位正确的另一个电压互感器的一次侧接在同一电源上，测定它们的二次侧电压相位是否相同。如果高压侧相位正确，而低压侧错误，会造成严重后果。例如会引起非同期并列；在倒母线操作时，若两母线上的电压互感器二次侧相位不一致，将造成两互感器短路并列，因此必须定相。在 10kV 及以上的系统中，除了电压互感器的基本二次绕组需要定相外，开口三角形绕组也要定相，以免相位错误引起零序保护误动或拒动
9	零序电压回路中只允许有二次刀闸，不允许有二次开关
10	检查零序电压二次线要使用单独的电缆由开关场到电压接口屏
11	电压互感器接地点在保护室内的，电压汇控柜应该由氧化锌避雷器接地；线路电压互感器接地点可以在汇控柜处

4.3　继电保护装置调试

4.3.1　调试前准备

调试前应根据变电站现场的设备配置情况，做好仪器仪表、工器具、技术资料的准备工作。要提前准备好各种调试仪器和工具。调试之前要先进行接线检验，包括设备外观的检查，内部接线的检查，外部二次回路接线和二次回路连线的检查，直流系统的检查和调试，查二次回路的接线和图纸是否对应，接线位置是否与图纸有出入。

在变电站现场调试中，关键点在于调试条件、保护配置和选型、调试项目、常规与智能站调试差异、注意事项、保护测试仪器等方面的准备工作。

（1）调试条件

① 继电保护调试前应具备的条件见表 4-62。

表 4-62　继电保护调试前应具备条件

序号	内容	标准
1	开工前 1 个月收集相关资料	设计图纸、工程配置文件 SCD 等资料完整且审核结果合格
2	开工前 10 天现场踏勘，编制调试资料	根据踏勘情况编制调试方案、作业指导书和安全措施
3	开工前 3 天，准备好施工所需仪器仪表、工器具、相关材料、相关图纸及相关技术资料	合格的仪器仪表、备品备件、工具和连接导线。所使用仪器、仪表必须经过检验合格，并应满足 GB/T 7261—2000 中的规定。定值校验所使用的仪器、仪表的准确度等级应不低于 0.5 级
4	开工前确定现场环境，具备调试条件	确定一、二次设备安装完成，二次电缆接线完整正确，确保调试现场安全、可靠
5	开工前根据作业内容和性质确定好调试人员，并组织学习指导书及安全规范	要求所有工作人员都明确调试作业内容、进度要求、工艺标准及安全注意事项
6	填写作业票，方可开工	作业票应填写正确，并按《安全工作规程（变电站和发电厂电气部分）》执行

② 调试前应准备的主要工器具见表 4-63。

表 4-63 调试主要工器具

序号	名称	规格	单位	数量
1	三相继电保护测试仪	昂立 A660F	台	3
2	手持式数字测试仪	凯默 DM5000E	台	1
3	交流采样检定装置	同人 TAS-B	台	1
4	数字万用表	福禄克 15B	块	6
5	指针式万用表	—	块	1
6	绝缘电阻表	1000V	块	2
7	对讲机	—	只	6
8	试验线	—	根	若干
9	电池	1.5V 甲电	个	4
10	电源轴	220V	个	3
11	专用工具	一字螺丝刀、尖嘴钳、斜口钳	套	6
12	绝缘胶带	红色	个	若干

（2）保护配置和选型

继电保护装置的配置和选型，必须满足有关规程规定的要求，并经相关继电保护管理部门同意。保护选型应采用技术成熟、性能可靠、质量优良并经国家电网有限公司组织的专业机构检测合格的产品。

继电保护应满足电网运行的要求。基建以及改造工作，引起原有电网继电保护变化时，其继电保护的配置及选型应列入接入系统设计或工程设计统一解决。同一工程涉及两个及以上单位时，须由该工程主管部门与有关单位协商统筹办理。

对于一些发生概率较低的多重或复杂故障，只要能切除故障，允许部分失去选相，以避免使保护回路过分复杂，综合性能下降，给运行带来不安全因素。而当线路装设串联电容补偿装置时，在基建前期，应对本线及相邻线路进行计算，以防止误动。

继电保护的配置和选型应对其灵敏度、负荷阻抗以及继电器规范等关键参数进行验算，应满足工程投产初期和终期的运行要求。一般来说，继电保护选型采用微机型保护。电网一次接线方式改变，如需将原继电保护装置搬迁，若原继电保护装置运行年限接近 8 年的，不宜进行搬迁，应重新配置继电保护装置。

凡进入电网的继电保护装置，均应是经国家电网检测合格的产品。首次投入电力系统运行的保护装置，必须经过部级及以上质检中心的动模试验和相关试验，确认其技术性能指标符合有关技术标准。变电站内部的保护型号不宜过多，尽量保持配置的一致性。

（3）调试项目

继电保护调试项目主要有以下几项：

① 装置外观检查；

② 装置上电检查、版本信息检查；

③ 采样值输入检查；

④ 开入开出检查；

⑤ 光口发送/接收功率检查；

⑥ 检修功能一致性检查；

⑦ 对时功能检查；

⑧ 装置打印功能检查；

⑨ 保护功能及定值校验；

⑩ 整组传动试验。

（4）常规站与智能站调试差异

智能变电站调试方法与常规变电站比较有很大区别。智能变电站是采用先进、可靠、集成、低碳、环保的智能设备，以全站信息数字化、通信平台网络化、信息共享标准化为基本要求，自动完成信息采集、测量、控制、保护、计量和监测等基本功能，并可根据需要支持电网实时自动控制、智能调节、在线分析决策、协同互动等高级功能，实现与相邻变电站、电网调度等互动的变电站。智能变电站由过程层（设备层）、间隔层、站控层三层和过程层网络、站控层网络两网构成。主要差异内容见表 4-64。

表 4-64　常规站与智能站调试差异

	试验项目	常规变电站	智能化变电站	备注
集成 调试	SCD 文件检查	—	√	需到系统
	系统建模和配置	—	√	集成厂家
	单体功能测试	—	√	参加联调
	系统功能及性能测试	—	√	—
	二次回路接线检查	√	√	智能终端和一次设备间
	通信链路测试	—	√	—
现场 调试	设备间的互联、互通	—	√	需厂家配合
	网络性能测试	—	√	需厂家配合
	单体调试	√	√	需厂家配合
	整组传动试验	√	√	需厂家配合
	智能辅助系统调试	—	√	需厂家配合
	远动对点	√	√	需厂家配合
整套 启动	定值输入、核对	√	√	—
	相量检查	√	√	—

（5）危险点及防范措施

调试工作危险点及防范措施见表 4-65。

表 4-65　调试工作危险点及防范措施

序号	危险点	防范措施
1	不正确使用仪器设备造成损坏	必须正确使用工器具及仪器仪表，所有电动工器具及带电仪器仪表零线必须可靠接地，以防外壳漏电引起低压触电事故
2	频繁插拔插件，易造成插件接插头松动	调试过程中发现问题先查明原因，不要频繁插拔插件，更不要轻易更换芯片，当证实确需更换芯片时，必须更换经筛选合格的芯片，芯片插入的方向应正确，并保证接触可靠
3	带电插拔插件，易造成集成块损坏	断开直流电源后才允许插、拔插件，插、拔交流插件时应防止交流电流回路开路，在插入插件时严禁插错插件的位置
4	静电损坏插件	试验人员接触、更换集成芯片时，应采用人体防静电接地措施，以确保不会因人体静电而损坏芯片

续表

序号	危险点	防范措施
5	保护传动配合不当，易造成人员受伤及设备事故	传动过程严格执行安全要求并有专人监护
6	二次回路失误导致设备故障	严禁交、直流电压回路短路或接地以及交流电流回路开路
7	电磁干扰误动	在保护室内严禁使用无线通信设备
8	静电或感应电触电	进入工作现场，必须正确使用绝缘防护用具
9	CT 二次回路反注流、PT 二次回路反加压，一次设备上有人工作时高压造成人身伤害	断开 CT 二次回路与盘内的连接，加试验电流、电压时，在端子排盘内侧加量。完成试验接线后，工作负责人检查、核对、确认后方可开始工作

4.3.2　变压器保护装置调试

（1）变压器保护配置

变压器保护装置中可提供一台变压器所需要的全部电量保护，主保护和后备保护可共用同一 CT。图 4-24 表示的是变压器保护所能够适应的最大接线方式保护配置。变压器保护具体配置功能及对应的故障类型参见表 4-66、表 4-67。

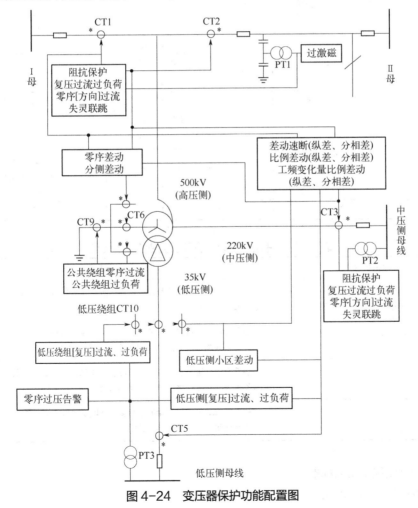

图 4-24　变压器保护功能配置图

表 4-66　变压器保护功能配置表

对象	保护类型	段数	每段时限数	备注
主保护	差动速断	—	—	包括纵差和分相差
	纵差保护	—	—	
	分相差动保护	—	—	
	分侧差动保护	—	—	
	零序分量差动保护	—	—	
	变化量差动保护	—	—	包括纵差和分相差
高压侧中压侧	相间阻抗	1	2	
	接地阻抗	1	2	
	复压过流	1	1	
	零序过流	3	Ⅰ段2时限 Ⅱ段2时限 Ⅲ段1时限	Ⅰ、Ⅱ段经方向闭锁，方向可投退。方向元件的过流元件均取自产零序电流
	反时限过励磁	—	—	可选择跳闸和报警
	失灵联跳	1	1	
	定时限过励磁报警	1	1	
	过负荷	1	1	固定投入
低压侧	过流	1	Ⅰ段2时限	
	复压过流	1	Ⅰ段2时限	
	过负荷	1	1	固定投入
	零序过压告警	1	1	固定用自产零序电压
低压绕组	过流		Ⅰ段2时限	
	复压过流	1	Ⅰ段2时限	
	过负荷	1	1	固定投入
公共绕组	零序过流	1	1	自产零序和外接零序"或"门判别
	过负荷	1	1	固定投入

表 4-67　变压器差动保护可以反映的故障类型

保护内容	反映故障类型
纵差保护（目前广泛使用的比率差动保护）	基于变压器磁平衡原理，可以保护变压器各侧开关之间的相间故障、接地故障及匝间故障
分侧差动和零序差动	基于电流基尔霍夫定律的电平衡，可以反映自耦变压器高压侧、中压侧开关到公共绕组之间的各种相间故障、接地故障
分相差动	基于变压器磁平衡原理，可以反映高压侧、中压侧开关到低压绕组之间的各种相间故障、接地故障及匝间故障
低压侧小区差动	基于电流基尔霍夫定律的电平衡，可以反映低压侧开关到低压绕组之间的各种相间故障及多相接地故障

（2）调试流程及工艺标准

调试流程及工艺标准见表 4-68。

表 4-68　调试流程及工艺标准

序号	调试内容	工艺标准
1	外观检查	① 屏柜及其内部所有元件无锈蚀或碰擦损伤 ② 屏柜内接线整齐美观，端子压接紧固可靠，线端标号和电缆标牌完整清晰 ③ 转换开关、按钮外观完好 ④ 装置外观检查：保护装置的各部件固定良好，无松动现象，装置外形完好，无明显损坏及变形现象，保护装置的背板接线无断线、短路和焊接不良等现象，并检查背板上抗干扰元件的焊接、连线和元器件外观 ⑤ 光纤连接正确、牢固，无光纤损坏、弯折现象；光纤接头完全旋进或插牢，无虚接现象；光纤标号正确 ⑥ 屏柜内防火封堵完好，内部无凝露
2	接地检查	① 屏柜内接地铜排应用截面积不小于 50mm² 的铜缆与保护室内的等电位接地网可靠相连 ② 屏柜内电缆屏蔽层应使用截面积不小于 4mm² 的多股铜质软导线可靠连接到等电位接地铜排上 ③ 屏柜内设备的金属外壳应可靠接地，屏柜的门等活动部分应使用不小于 4mm² 的多股铜质软导线与屏柜体良好连接
3	压板检查	① 跳闸连接片的开口端应装在上方，接至断路器的跳闸回路 ② 跳闸连接片在落下的过程中必须和相邻跳闸连接片有足够的距离，以保证在操作跳闸连接片时不会碰到相邻的跳闸连接片 ③ 检查并确认跳闸连接片在拧紧螺栓后能可靠地接通回路，且不会接地 ④ 穿过保护屏的跳闸连接片导电杆必须有绝缘套，并距屏孔有明显距离
4	绝缘检查	① 分组回路绝缘检查：采用 1000V 摇表测各组回路间及各组对地的绝缘电阻，在测量某一组回路对地绝缘电阻时，应将其他各组回路都接地 ② 整个二次回路的绝缘耐压检验：在保护屏端子排处将所有电流、电压及直流回路的端子连接在一起，并将电流回路的接地点拆开，用 1000V 摇表测，要求大于 1MΩ，跳闸回路要求大于 10MΩ
5	保护装置直流电源测试	
5.1	检验装置直流电源输入电压值及稳定性	直流电源分别调至 80%、100%、110% 额定电压值，模拟保护动作，保护装置应能正确工作
5.2	装置自启动电压测试	① 直流电源缓慢上升时的自启动性能检验，不低于 80% 额定电压值装置正常启动 ② 拉合直流电源时的自启动性能检验，80% 额定电压时拉合三次直流电源，装置均正常启动
5.3	直流电源拉合试验	拉合三次直流工作电源，保护装置应不误动、不误发信号
6	通电初步检查	① 定值核对、定值区切换检查，能正确输入和修改定值，定值区切换正常，直流电源失电后定值不变 ② 保护装置键盘操作检查和软件版本号检查，软件版本号应符合入网检测要求 ③ 保护装置键盘操作及密码检查，保护装置键盘操作应灵活正确，保护密码应正确，并有记录 ④ 保护装置软件版本号检查 ⑤ 时钟整定与校核，应能正确对时，失电后时钟不应丢失和变化 ⑥ 保护打印机功能测试正常
7	模拟量输入特性检验	
7.1	零漂检查	① 进行本项目检验时要求保护装置不输入交流量 ② 在液晶显示屏中点击查看 CPU 和 DSP 采样值 ③ 检验零漂时，要求在一段时间内（几分钟）零漂值稳定在规定范围内，要求零漂值均在 $0.01I_n$（或 $0.05V$）以内

序号	调试内容	工艺标准
7.2	模拟量测试	① 将电流端子、电压端子与试验仪器接好，加入电流和电压，设置大小和相位，检查电流和电压采样是否正确，回路的极性是否正确，相位是否正确 ② 在三相电流回路中加入对称正序额定电流值和电压值，要求保护装置的电流采样值与实测值的误差应不大于 5%，电压采样值与实测值的误差应不大于 5%
8	开关量输入回路检验	① 投入功能压板，应有开关量输入的显示 ② 按下打印按钮，应打印 ③ 短接 GPS 对时接点，对时功能正常 ④ 短接接点，在菜单中查看，应有 A 相跳位开入的显示；短接对应接点应出现 B 相和 C 相的跳位开入 ⑤ 会导致装置直接跳闸的光隔输入，其动作电压范围为 50%～70%额定电压
9	光纤衰耗检验	通过恒定光源和光功率计对现场熔接光缆进行衰耗测试
10	检修状态一致性测试	保护装置、GOOSE、SV 均未投检修压板时，正常跳闸；只有 GOOSE 投检修，保护动作不出口；只有 SV 投检修，上送无效保护不动作不出口；只有保护投检修，收到测量值，保护不动作不出口
11	保护定值和功能校验	
11.1	纵差保护、纵差差动速断	① 投入"保护投入"压板（功能压板） ② 在"整定值修改"子菜单中将"速断保护投退""纵差保护投退"状态字置 1 ③ 接好试验接线，在引线电流端子排 A 相加入电流，故障电流为速断电流定值的 1.05 倍，模拟速断保护动作 ④ 点击试验仪器上的开始按钮后，保护应正确动作，保护装置上"跳闸"指示灯点亮，保护屏上有相应的事件产生，"速断"软件 LED 灯应点亮，动作时间应不大于 25ms ⑤ 复归告警 ⑥ 在引线电流端子排 A 相加入电流，故障电流为速断电流定值的 0.95 倍，模拟速断保护动作 ⑦ 点击试验仪器上的开始按钮后，保护不应动作 ⑧ 复归告警
11.2	分侧差动保护及零序差动保护	变压器分侧差动及零序差动保护一般用于反映自耦变压器高压侧、中压侧开关到公共绕组之间的各种相间故障、接地故障，其保护原理同纵差保护原理，当差流达到保护动作值时出口跳闸
11.3	高压侧电流速断保护	变压器电流速断保护原理同过流保护原理，均是电流超过定值后才动作，但速断保护定值大于过流，电流速断分带时限和不带时限两种。电流速断保护用于保护变压器引线短路故障以及绕组严重匝间短路故障
11.4	低压侧限时速断保护	
11.5	过励磁保护	① 定时限过励磁定值 a. 保护总控制字"过励磁保护投入"置 1 b. 投入过励磁保护压板（功能压板） c. 按需要投入软压板"过励磁保护安装侧"，整定"定时限过励磁跳闸投入""定时限过励磁报警投入"为 1 ② 反时限过励磁定值 a. 保护总控制字"过励磁保护投入"置 1 b. 投入过励磁保护压板（功能压板） c. 按需要投入软压板"过励磁保护安装侧"，整定"反时限过励磁跳闸投入""反时限过励磁报警投入"为 1
11.6	复合电压闭锁方向过流保护	① 变压器间阻抗保护取变压器高压侧相间电压、相间电流，电流方向流入变压器为正方向，阻抗方向指向变压器，灵敏角固定为 75° ② TV 断线时闭锁阻抗保护

续表

序号	调试内容	工艺标准
11.7	开关量输出检查	① 关闭装置电源，装置异常和装置闭锁接点闭合 ② 装置正常运行时，装置异常和装置闭锁接点断开 ③ 模拟差动保护跳闸，所有跳闸接点应闭合 ④ 将运行电源空开断开时，"运行电源消失，操作电源消失"信号端子导通，将操作电源空开断开时，"操作电源消失"信号端子导通
12	整组传动试验	① 投入差动保护、断路器出口跳闸压板。控制室和开关场设专人监视，试验时检查断路器和保护的动作应一致，中央信号装置的动作及有关光、音信号指示正确 ② 试验结束后，恢复所有接线，检查所有接线连接应良好。复归信号，关闭直流电源 15s 后再打开，应无其他告警报告，运行灯亮
13	对时功能检查	检查保护装置的对时功能，查看设计图纸确定所选择的对时方式。现在新建变电站一般选择电 B 码对时方式，一些比较老的变电站，可能会有脉冲对时（分或秒）方式，接入对时线前注意区分。查看说明书，按照对时部分的相关说明检查保护装置在对时接入后，液晶面板上是否有对时标志出现。将保护装置的时间修改成错误时间，对时功能满足后应该可以自动修改为正确的时间
14	打印机功能检查	连接打印机后，通过打印保护定值单检查打印功能。打印结果应字迹清晰、没有乱码、打印机不卡纸，不会发生异常停止的情况
15	保护装置定值整定复核	① 按照定值单整定母线保护定值，整定完成后打印定值单进行核对，核对无问题后签字确认。并且，注意收集电子版或纸制定值单作为出具保护调试报告的依据 ② 定值整定完成后，结合保护功能及检查的方法，对定值单上的定值进行校验

（3）注意事项

调试注意事项见表 4-69 所示。

表 4-69　注意事项

序号	注意事项
1	检查前应先断开交流电压回路和直流电源
2	防止直流回路短路、接地
3	插拔插件前应先断开装置直流电源并采取防静电措施，发现问题应查找原因，不要频繁插拔插件
4	① 工作中应防止走错间隔 ② 摇测时应通知有关人员暂时停止在回路上的一切工作，断开直流电源，拆开回路接地点，拔出所有逻辑插件 ③ 全部检验时，拔出全部插件 ④ 要求阻值均大于 1MΩ ⑤ 测试后，应将各回路对地放电
5	上电 5min 后才允许进行零漂和刻度调整
6	试验用的直流电源应经专用双极闸刀，并从保护屏端子排上的端子接入。屏上其他装置的直流电源开关处于断开状态
7	在传动断路器之前，必须先通知检修班，在得到检修班负责人同意，并在断路器上挂上明显标识后，方可传动断路器

4.3.3　线路保护装置调试

（1）线路保护装置介绍

电力线路是指在发电厂、变电站和电力用户间用来传送电能的线路。它是供电系统的重要组成部分，担负着输送和分配电能的任务。

现阶段线路保护的配置：500kV 线路保护一般包括过电压及远方跳闸、光纤差动保护、距离保护、零序保护；220kV 线路保护一般包括远方跳闸、光纤差动保护、距离保护、零序保护；110kV 线路保护一般包括距离保护、零序保护，部分线路配置光纤差动保护。现阶段线路的主保护是光纤差动电流保护。

光纤差动电流保护，基本原理是基尔霍夫电流定律，对线路两侧的电流量进行比较计算，这就要求线路保护装置可以采集到线路对侧的电流参数。现阶段，主要是采用光纤通道来传输数据。光纤通道一般分为专用通道和复用通道。由于光纤传输数据的距离限制，一般较短的线路采用专用通道通信方式，较长的线路采用复用通道通信方式。专用方式相关的设备相对简单，主要是线路两侧的保护装置，其他都是一些光缆、熔接盒等构成通道的材料。复用方式相比专用光纤通信方式增加了光电转换装置，保护装置与光电转换装置通过光纤连接，2M 速率的光纤转换装置通过同轴电缆与站内的通信光端机设备相连。

当线路的任意一端变电站内的断路器跳开时，可能是线路过电压保护、电抗器保护、断路器失灵保护或母线保护等动作造成的。这些保护可以通过远方保护系统发远跳信号。这时，线路的另一端远跳保护收到远跳命令后，根据收信逻辑和相应的就地判据跳开断路器。

（2）调试条件

① 做好开工前的摸底工作，确认设备屏柜组立完毕，相关二次电缆接线完成或光缆熔接完毕。

② 准备好调试所需仪器仪表、工器具，包括便携直流电源、精度采样测试仪、万用表、螺丝刀等，并确认所使用的仪器仪表在检定有效期内。

③ 调试工作开始前，确定好调试人员，并组织调试人员编写调试方案、二次安全措施票、作业指导书、工作票，调试过程中认真填写，不得遗漏。

④ 准备好保护相关设计图纸、厂家说明书和厂家调试大纲。

⑤ 检查保护装置的型号、版本号，要符合相关要求。

⑥ 在线路保护联调前，保护通道要接通，线路保护装置的通道告警信号应返回。

（3）调试流程及工艺标准

调试流程及工艺标准参见表 4-70。

表 4-70　调试流程及工艺标准

序号	调试内容	工艺标准
1	外观检查	① 屏柜及其内部所有元件无锈蚀或碰擦损伤 ② 屏柜内接线整齐美观，端子压接紧固可靠，线端标号和电缆标牌完整清晰 ③ 转换开关、按钮外观完好 ④ 装置外观检查：保护装置的各部件固定良好，无松动现象，装置外观完好，无明显损坏及变形现象，保护装置的背板接线无断线、短路和焊接不良等现象，并检查背板上抗干扰元件的焊接、连线和元器件外观 ⑤ 光纤连接正确、牢固，无光纤损坏、弯折现象；光纤接头完全旋进或插牢，无虚接现象；检查光纤标号正确 ⑥ 屏柜内防火封堵完好，内部无凝露
2	接地检查	① 屏柜内接地铜排应用截面积不小于 $50mm^2$ 的铜缆与保护室内的等电位接地网可靠相连 ② 屏柜内电缆屏蔽层应使用截面积不小于 $4mm^2$ 的多股铜质软导线可靠连接到等电位接地铜排上 ③ 屏柜内设备的金属外壳应可靠接地，屏柜的门等活动部分应使用不小于 $4mm^2$ 的多股铜质软导线与屏柜体良好连接

续表

序号	调试内容	工艺标准
3	压板检查	① 跳闸连接片的开口端应装在上方，接至断路器的跳闸回路 ② 跳闸连接片在落下的过程中必须和相邻跳闸连接片有足够的距离，以保证在操作跳闸连接片时不会碰到相邻的跳闸连接片 ③ 检查并确认跳闸连接片在拧紧螺栓后能可靠地接通回路，且不会接地 ④ 穿过保护屏的跳闸连接片导电杆必须有绝缘套，并距屏孔有明显距离
4	绝缘检查	① 分组回路绝缘检查：采用 1000V 摇表测各组回路间及各组对地的绝缘电阻，在测量某一组回路对地绝缘电阻时，应将其他各组回路都接地 ② 整个二次回路的绝缘耐压检验：在保护屏端子排处将所有电流、电压及直流回路的端子连接在一起，并将电流回路的接地点拆开，用 1000V 摇表测，要求大于 1MΩ，跳闸回路要求大于 10MΩ
5	保护装置直流电源测试	
5.1	检验装置直流电源输入电压值及稳定性	直流电源分别调至 80%、100%、110%额定电压值，模拟保护动作，保护装置应能正确工作
5.2	装置自启动电压测试	① 直流电源缓慢上升时的自启动性能检验，不低于 80%额定电压值装置正常启动 ② 拉合直流电源时的自启动性能检验，80%额定电压时拉三次直流电源，装置均正常启动
5.3	直流电源拉合试验	拉合三次直流工作电源，保护装置应不误动和误发保护动作信号
6	通电初步检查	① 定值核对、定值区切换检查，能正确输入和修改定值，定值区切换正常，直流电源失电后定值不变 ② 保护装置键盘操作检查和软件版本号检查，软件版本号应符合入网检测要求 ③ 保护装置键盘操作及密码检查，保护装置键盘操作应灵活正确，保护密码应正确，并有记录 ④ 保护装置软件版本号检查 ⑤ 时钟整定与校核，应能正确对时，失电后时钟不应丢失和变化 ⑥ 保护打印机功能检查正常
7	模拟量输入特性检验	
7.1	零漂检查	① 进行本项目检验时要求保护装置不输入交流量 ② 在液晶显示屏中点击查看 CPU 和 DSP 采样值 ③ 检验零漂时，要求在一段时间内（几分钟）零漂值稳定在规定范围，要求零漂值均在 $0.01I_n$（或 0.05V）以内
7.2	模拟量测试	① 将电流端子、电压端子与试验仪器接好，加入电流和电压，设置大小和相位，检查电流和电压采样是否正确，回路的极性是否正确，相位是否正确 ② 在三相电流回路中加入对称正序额定电流值和电压值，要求保护装置的电流采样值与实测值的误差应不大于 5%，电压采样值与实测值的误差应不大于 5%
8	开关量输入回路检验	① 投入功能压板，应有开关量输入的显示 ② 按下打印按钮，应打印 ③ 短接 GPS 对时接点，对时功能正常 ④ 短接接点，在菜单中查看，应有 A 相跳位开入的显示；短接对应接点应出现 B 相和 C 相的跳位开入 ⑤ 会导致装置直接跳闸的光隔输入，其动作电压范围为 50%～70%额定电压
9	光纤衰耗检验	通过恒定光源和光功率计对现场熔接光缆进行衰耗测试

序号	调试内容	工艺标准
10	检修状态一致性测试	保护装置、GOOSE、SV 均未投检修压板时，正常跳闸；只有 GOOSE 投检修，保护动作不出口；只有 SV 投检修，上送无效保护不动作不出口；只有保护投检修，收到测量值，保护不动作不出口
11	保护定值和功能校验	
11.1	差动保护	① 将光端机上的"RX"和"TX"用尾纤短接，构成自发自收方式 ② 仅投入主保护压板（功能压板），退出其他保护 ③ 在"保护定值"里面将定值控制字"投纵联差动保护""专用光纤""通道自环"置 1 ④ 接好试验接线，在 A 相加入电流，大小为差动保护电流高定值的 1.05 倍，模拟 A 相接地故障 ⑤ 点击试验仪器上的开始按钮后，A 相跳闸灯亮，液晶屏应显示"电流差动保护动作"，动作时间应为 10～25ms ⑥ 接好试验接线，在 A 相加入电流，大小为差动保护电流低定值的 1.05 倍，模拟 A 相接地故障 ⑦ 点击试验仪器上的开始按钮后，A 相跳闸灯亮，液晶屏应显示"电流差动保护动作"，动作时间应为 40～60ms ⑧ 接好试验接线，在 A 相加入电流，大小为差动保护电流低定值的 0.95 倍，模拟 A 相接地故障，应不动作 ⑨ 差动保护定值误差应不大于 5%；单体调试采用自环试验，条件允许时，进行端对端联调
11.2	距离保护	① 距离保护功能校验 a. 仅投入距离保护压板（功能压板），退出其他保护 b. 在"保护定值"里面将相应定值控制字置 1 c. 接好试验接线，在 A 相加入故障电流 1A，电压 $U=0.95IZ$（$1+K$）（Z 为距离保护的 I、II、III 段的整定值，K 为零序补偿系数），模拟 A 相正方向瞬时接地故障 d. 在试验仪器上点击开始按钮后，A 相跳闸灯亮，液晶屏上显示"距离 I 段动作"或"距离 II 段动作""距离 III 段动作" e. 同 a～d，分别校验其他相 f. 同 a～d，分别校验两相故障 g. 接好试验接线，在 A、B、C 三相加入故障电流 1A，电压 $U=0.95IZ$（Z 为距离保护的 I、II、III 段的整定值，K 为零序补偿系数），模拟三相正方向瞬时接地故障 h. 在试验仪器上点击开始按钮后，经过整定的延时，面板上 A 相、B 相、C 相跳闸灯亮，液晶屏上显示"距离 I 段动作"或"距离 II 段动作""距离 III 段动作" i. 同 a～h，但在试验仪器上选择反方向故障，应可靠不动 ② 接地距离选相元件检验 按照上述接线方法，分别模拟 A 相、B 相、C 相单相接地瞬时故障，AB 相、BC 相、CA 相间接地短路故障，选相元件应正确动作 ③ 相间距离选相元件检验 按照上述接线方法，分别模拟 AB 相、BC 相、CA 相间短路故障，选相元件应正确动作 ④ 近处故障不大于 10ms，0.95 倍整定值可靠动作，1.05 倍整定值可靠不动，0.7 倍整定值时不大于 20ms

序号	调试内容	工艺标准
11.3	零序保护	① 零序过流保护检验 a. 仅投入零序保护压板（功能压板），退出其他保护 b. 将试验仪器与保护装置接好线，在 A 相加入电流，故障电流为 1.05 倍零序过流Ⅱ段定值，同时给 A 相加故障电压 30V，模拟 A 相正方向瞬时接地故障 c. 点击开始按钮后，装置面板上跳闸三相的跳闸灯应亮，液晶屏上显示"零序过流Ⅱ段动作" d. 同 a～c，加 0.95 倍电流时应可靠不动 e. 复归告警 f. 同 a～c，在试验仪器上选择反方向故障，应不动作 ② 零序反时限过流保护校验 a. 仅投入零序保护压板（功能压板），退出其他保护 b. 在"整定定值"—"保护定值"里面将控制字 "反时限经方向"置1，修改零序过流定值为 1A c. 从 A 相加入电流，数值大于零序反时限定值 0.08A，但小于零序过流保护定值，经过整定的时间动作 d. 复归告警 e. 同 a～c，选择反方向故障，应不动作 注意：TV 断线时会自动闭锁零序反时限经方向 ③ 灵敏角校验 投入零序过流保护的方向功能。模拟单相接地故障，改变故障电压与故障电流的角度，记录保护动作区的两个边界角。可得保护灵敏角为： $$\varphi_{\text{lim}} = \frac{\varphi_1 + \varphi_2}{2}$$ 式中，φ_1、φ_2 分别是保护动作区的两个边界角 0.95 倍整定值可靠不动，1.05 倍整定值可靠动作，动作时间满足反时限特征方程
11.4	TV 断线	
11.4.1	TV 断线定值校验	① 退出所有保护 ② 接好试验接线，在 A 相加入电压，大小为 57.7V ③ 点击试验仪器上的开始按钮后，经过整定的延时发 TV 断线告警；三相电压相量和的绝对值大于 8V ④ 若采用线路 TV，三相电压相量和小于 8V，但正序电压小于 33.3V，断路器在合位或任一相有流元件动作
11.4.2	TV 断线相过流校验	① 仅投入零序保护压板（功能压板），退出其他保护 ② 在"保护定值"里面将 TV 断线相过流定值改为 0.15A ③ 在试验仪器上设置电流的步长为 0.1A，从 A 相加入初始电流 0.6A，在电压端子上加电压，等出现 TV 断线告警时，手动触发，此时应可靠动作，三相跳闸灯亮，液晶屏显示"TV 断线相过流动作" ④ 0.95 倍整定值可靠不动，1.05 倍整定值可靠动作
11.4.3	TV 断线闭锁功能校验	① 当任一相有流元件动作或 TWJ 不动作时，延时 1.25s 发 TV 断线异常信号。TV 断线信号动作的同时，保留工频变化量阻抗元件，将其门槛值增加至 $1.5U_N$，退出距离保护，自动投入 TV 断线相过流和 TV 断线零序过流保护。三相电压恢复正常后，经 10s 延时 TV 断线信号复归 ② 试验方法结合距离保护和零序保护的校验进行 ③ 退出零序过流Ⅱ段，零序反时限过流不经方向元件控制 ④ 三相电压恢复正常，经 10s 延时复归 TV 断线信号
11.5	TA 断线	

续表

序号	调试内容	工艺标准
11.5.1	TA断线定值校验	① 退出所有保护 ② 接好试验接线，在A相加入电流，大小为TA断线定值的1.05倍 ③ 点击试验仪器上的开始按钮后，经过整定的延时发TA断线告警 ④ 有自产零序电流而无零序电压，延时10s发TA断线异常信号
11.5.2	TA断线闭锁差动保护检验	① 投入"TA断线闭锁差动"控制字 ② 接好试验接线，在A相加入电流，试验仪器的电流步长设为0.1A，初始电流必须小于差动保护动作电流，可加0.08A，等TA断线告警后，手动触发，此时差动不应动作 ③ 复归告警 ④ TA断线瞬间，若"TA断线闭锁差动"整定为1，则闭锁电流差动保护；若"TA断线闭锁差动"整定为0，且该相差流大于"TA断线差流保护定值"，仍开放电流差动保护
11.6	过压保护校验	① 在整定定值菜单里，将保护定值控制字"过压跳本侧投入"置1，"电压三取一方式"置1，退出其他保护 ② 将试验仪器与保护装置连接，在任一相的PT端子处加入电压，大小为过电压保护定值（75V）的1.05倍 ③ 点击开始按钮后，装置面板上跳闸灯亮，液晶屏上显示"过电压动作" ④ 将试验仪器与保护装置连接，在任一相的PT端子处加入电压，大小为过电压保护定值（75V）的0.95倍，过电压保护不应动作 ⑤ 在整定定值菜单里，将保护定值控制字"过电压跳本侧投入"置1，"电压三取一方式"置0 ⑥ 同②，不应动作；同时加A、B、C三相过电压定值的1.05倍电压值，则应可靠动作，装置面板上跳闸灯亮，液晶屏上显示"过电压动作" ⑦ 同时加三相0.95倍过电压定值，过电压保护不应动作
11.7	开关量输出检查	① 关闭装置电源，装置异常和装置闭锁接点闭合 ② 装置正常运行时，装置异常和装置闭锁接点断开 ③ 模拟差动保护跳闸，所有跳闸接点应闭合 ④ 将运行电源空开断开时，"运行电源消失，操作电源消失"信号端子导通，将操作电源空开断开时，"操作电源消失"信号端子导通
12	整组传动试验	① 投入差动保护、断路器出口跳闸压板。控制室和开关场设专人监视，试验时检查断路器和保护的动作应一致，中央信号装置的动作及有关光、音信号指示正确 ② 试验结束后，恢复所有接线，检查所有接线连接良好。复归信号，关闭直流电源15s后再打开，应无其他告警报告，运行灯亮
13	对时功能检查	检查保护装置的对时功能，查看设计图纸确定所选择的对时方式。现在新建变电站一般选择电B码对时方式，一些比较老的变电站，可能会有脉冲对时（分或秒）方式，接入对时线前注意区分。查看说明书，按照对时部分的相关说明检查保护装置在对时接入后，液晶面板上是否有对时标志出现。将保护装置的时间修改成错误时间，对时功能满足后应该可以自动修改为正确的时间
14	打印机功能检查	连接打印机后，通过打印保护定值单检查打印功能。打印结果应字迹清晰、没有乱码、打印机不卡纸，不会发生异常停止的情况
15	保护装置定值整定复核	① 按照定值单整定母线保护定值，整定完成后打印定值单进行核对，核对无问题后签字确认。并且，注意收集电子版或纸制定值单作为出具保护调试报告的依据 ② 定值整定完成后，结合保护功能及检查的方法，对定值单上的定值进行校验

（4）线路保护整组传动方法

带断路器进行单跳单重、三跳三重、多相闭重传动，结果应与表4-71相同。

表 4-71 线路保护整组传动

模拟故障类别	保护出口压板			重合闸	断路器动作结果
	A	B	C		
A 相瞬时（单重）	×	√	√	√	不动
	√	×	×	×	跳 A
	√	×	×	√	跳 A，合 A
B 相瞬时（单重）	√	×	√	√	不动
	×	√	×	×	跳 B
	×	√	×	√	跳 B，合 B
C 相瞬时（单重）	√	√	×	√	不动
	×	×	×	×	跳 C
	×	×	√	√	跳 C，合 C
AB 相间（三重）	√	√	√	√	三跳，三重
BC 相间（三重，多相故障闭重）	√	√	√	√	三跳

（5）光纤差动通道对调试验

① 试验内容

a. 核对线路对侧保护装置和本侧保护装置版本型号，应一致。

b. 核对线路对侧保护装置和本侧保护装置的通道方式（专用、复用），应一致。

c. 核对线路对侧保护装置和本侧保护装置的纵联码，本侧和对侧纵联码应相互对应，通道故障信号应返回。

d. 核对线路两侧的 CT 变比，在本侧加入电流采样，对侧应该可以收到经过两侧 CT 变比折算后的电流采样值。本侧测试完毕后，由对侧加入电流采样，本侧应该可以收到经过两侧 CT 变比折算后的电流采样值。

e. 两侧断路器在合位，本侧模拟保护装置单跳单重，两侧线路保护都应动作；对侧模拟保护装置单跳单重，两侧线路保护都应动作。不同厂家的保护装置会有一些特殊的试验条件，传动前应查阅说明书，确保传动结果无误。

f. 两侧投入远方跳闸功能，本侧向对侧发远方跳闸命令，对侧应能收到远跳命令，远方跳闸保护动作跳开断路器；对侧向本侧发远跳命令，本侧应能收到远跳命令，远方跳闸保护动作跳开本侧断路器。

② 注意事项

a. 通道调试前首先要检查光纤头是否清洁。光纤连接时，一定要注意将 FC 连接头上的凸台和法兰盘上的缺口对齐，然后旋紧 FC 连接头。当连接不可靠或光纤头不清洁时，仍能收到对侧数据，但收信裕度大大降低，当系统扰动或操作时，会导致纵联通道异常，故必须严格校验光纤连接的可靠性。

b. 若保护使用的通道中有通道接口设备，应保证通道接口装置良好接地，接口装置至通信设备间的连接线选用应符合厂家要求，其屏蔽层两端应可靠接地，通信机房的接地网应与保护设备的接地网物理上完全分开。

③ 专用光纤通道的调试步骤

a. 用光功率计和尾纤，检查保护装置的发光功率是否和通道插件上的标称值一致，常规插件波长为 1310nm 的发信功率在-14dBm 左右，超长距离用插件波长为 1550nm 的发信功率在

-11dBm 左右。

b. 用光功率计检查由对侧来的光纤收信功率，校验收信裕度，常规插件波长为 1310nm 的接收灵敏度为-40dBm；应保证收信功率裕度（功率裕度=收信功率-接收灵敏度）在 8dB 以上，最好要有 10dB。若对侧接收光功率不满足接收灵敏度要求，则应检查光纤的衰耗是否与实际线路长度相符（尾纤的衰耗一般很小，应在 2dB 以内，光缆平均衰耗：1310nm 为 0.35dB/km；1550nm 为 0.2dB/km）。

c. 分别用尾纤将两侧保护装置的光收、发自环，将相关通道的"通信内时钟"控制字置 1，"本侧识别码"和"对侧识别码"整定为相等，经一段时间的观察，保护装置不能有"通道一（二）通道异常"告警信号，同时通道状态中的各个状态计数器均维持不变。

d. 恢复正常运行时的定值，将通道恢复到正常运行时的连接，投入两侧差动保护软、硬压板和控制字，保护装置纵联通道异常灯应不亮，无纵联通道异常信号，通道状态中的各个状态计数器维持不变。

④ 复用通道的调试步骤

a. 检查两侧保护装置的发光功率和接收功率，校验收信裕度，方法同专用光纤。

b. 分别用尾纤将两侧保护装置的光收、发自环，将"通信内时钟"控制字置 1，"本侧识别码"和"对侧识别码"整定为相等，经一段时间的观察，保护装置不能有纵联通道异常告警信号，同时通道状态中的各个状态计数器均维持不变。

c. 两侧正常连接保护装置和 MUX 之间的光缆，检查 MUX 装置的光发送功率、光接收功率（MUX 的光发送功率一般为-13.0dBm，接收灵敏度为-30.0dBm）。MUX 的收信光功率应在-20dBm 以上，保护装置的收信功率应在-15dBm 以上。站内光缆的衰耗应不超过 1~2dBm。

d. 两侧在接口设备的电接口处自环，将"通信内时钟"控制字置 1，"本侧识别码"和"对侧识别码"整定为相等，经一段时间的观察，保护不能报纵联通道异常告警信号，同时通道状态中的各个状态计数器均不能增加。

e. 利用误码仪测试复用通道的传输质量，要求误码率越低越好（要求短时间误码率至少在 10^{-6} 以上）。同时不能有 NOSIGNAL、AIS、PATTERNLOS 等其他告警。通道测试时间要求至少 24h。

f. 如果现场没有误码仪，可分别在两侧远程自环测试通道。方法如下：将"通信内时钟"控制字置 1，"本侧识别码"和"对侧识别码"整定为相等，在对端的电口自环。经一段时间测试（至少 24h），保护不能报纵联通道异常告警信号，同时通道状态中的各个状态计数器维持不变（长时间后，可能会有小的增加），完成后再到对侧重复测试一次。

g. 恢复两侧接口装置电口的正常连接，将通道恢复到正常运行时的连接。将定值恢复到正常运行时的状态。

h. 投入两侧差动保护软、硬压板和控制字，保护装置纵联通道异常灯不亮，无纵联通道异常信号。通道状态中的各个状态计数器维持不变（长时间后，可能会有小幅增加）。

4.3.4　母线保护装置调试

（1）母线保护装置介绍

母线，是变电站和发电厂内的一个重要组成部分，它将电源和负载连接在一起，起着汇集、传输和分配的作用。母线差动保护，是将母线连接的各间隔的电流计算在一起，将基尔霍夫电流定律作为最基本计算方法的一种保护。母线差动保护从各间隔安装的电流互感器采集电流数据，要求各间隔给母线差动保护使用的电力互感器绕组的准确度等级相同（220kV 及以下使用5P 级的电流互感器绕组，500kV 及以上使用 TPY 级的电流互感器绕组），按照相同极性接入母线保护装置（如果是具有母联间隔的主接线方式，母联间隔的 CT 极性会随着不同原理的保护装置而有所调整）。

按照母线主接线方式的不同，母线差动保护也分为不同的版本。用于 500kV 的 3/2 主接线方式的母线保护，使用单母线版本的母线差动保护，不具备复合电压闭锁功能；用于 220kV 的双母线接线方式一般分为三种：双母线方式、双母线单分段方式、双母线双分段方式。更为复杂的各种带旁母的主接线方式已经慢慢地退出使用，这里不再讨论。110kV 一般使用双母线接线方式。对应的母线差动保护也分为双母线版本的母线差动保护、双母线单分段的母线差动保护和双母线双分段的母线差动保护。220kV 及以下的母线差动保护均配置复合电压闭锁功能。

500kV 母线差动保护依据一次主接线固定的接线方式，不再进行故障母线的选择，判定为母线区内故障后跳开所有连接元件。220kV 和 110kV 的双母线主接线方式（或双母线单分段、双母线双分段）的母线保护，依据一次连接元件的刀闸位置判断该间隔与哪条母线连接，进行母线差动保护计算。差动保护根据母线上所有连接元件电流采样值计算出大差电流，构成大差比例差动元件，作为差动保护的区内故障判别元件。装置根据各连接元件的刀闸位置开入计算出各条母线的小差电流，构成小差比率差动元件，作为故障母线选择元件。

220kV 母线差动保护和 110kV 母线差动保护具有复合电压闭锁功能。通过计算小差电流选择故障母线，再通过母线发生故障时相电压、零序电压和负序电压的特征进行第二次验证，有效避免了母线差动保护的误动作。

比率制动是使差动电流定值随制动电流的增大而成某一比率的提高，使制动电流在不平衡电流较大的外部故障时有制动作用。而在内部故障时，制动作用最小。这样是为防止外部故障时差动误跳，使停电范围扩大。500kV 单母线方式的母线差动保护，制动电流取自各间隔的电流值的绝对值之和，比率制动系数固定为 0.5，要求差动电流大于差动定值且大于 0.5 倍制动电流，才能跳开各间隔的断路器。双母线接线方式的制动电流也是取自各间隔的电流值的绝对值之和，不同之处在于比率制动系数的选择。为防止在母联开关断开的情况下，弱电源侧母线发生故障时大差比率差动元件的灵敏度不够，比例差动元件的比率制动系数设高低两个定值，大差高值固定取 0.5，小差高值固定取 0.6；大差低值固定取 0.3，小差低值固定取 0.5。当大差高值和小差低值同时动作，或大差低值和小差高值同时动作时，比例差动元件动作。

（2）调试条件

① 做好开工前的摸底工作，确认设备屏柜组立完毕，相关二次电缆接线完成或光缆熔接完毕。

② 准备好调试所需仪器仪表、工器具，包括便携直流电源、精度采样测试仪、万用表、螺丝刀等，并确认所使用的仪器仪表在检定有效期内。

③ 调试工作开始前，确定好调试人员，并组织调试人员编写调试方案、二次安全措施票、作业指导书、工作票，调试过程中认真填写，不得遗漏。

④ 准备好母线保护相关设计图纸、厂家说明书和厂家调试大纲。

⑤ 确认主接线方式和母线保护型号，确认主接线方式与母线保护型号相适应。

⑥ 检查母线保护装置的型号、版本号，要符合相关要求。

（3）调试流程及工艺标准

调试流程及工艺标准见表 4-72。

表4-72　调试流程及工艺标准

序号	调试内容	工艺标准
1	外观检查	① 屏柜及其内部所有元件无锈蚀或碰擦损伤 ② 屏柜内接线整齐美观，端子压接紧固可靠，线端标号和电缆标牌完整清晰 ③ 转换开关、按钮外观完好 ④ 装置外观检查：保护装置的各部件固定良好，无松动现象，装置外形完好，无明显损坏及变形现象，保护装置的背板接线无断线、短路和焊接不良等现象，并检查背板上抗干扰元件的焊接、连线和元器件外观 ⑤ 光纤连接正确、牢固，无光纤损坏、弯折现象；光纤接头完全旋进或插牢，无虚接现象；光纤标号正确 ⑥ 屏柜内防火封堵完好，内部无凝露
2	接地检查	① 屏柜内接地铜排应用截面积不小于 50mm² 的铜缆与保护室内的等电位接地网可靠相连 ② 屏柜内电缆屏蔽层应使用截面积不小于 4mm² 的多股铜质软导线可靠连接到等电位接地铜排上 ③ 屏柜内设备的金属外壳应可靠接地，屏柜的门等活动部分应使用不小于 4mm² 的多股铜质软导线与屏柜体良好连接
3	压板检查	① 跳闸连接片的开口端应装在上方，接至断路器的跳闸回路 ② 跳闸连接片在落下的过程中必须和相邻跳闸连接片有足够的距离，以保证在操作跳闸连接片时不会碰到相邻的跳闸连接片 ③ 检查并确认跳闸连接片在拧紧螺栓后能可靠地接通回路，且不会接地 ④ 穿过保护屏的跳闸连接片导电杆必须有绝缘套，并距屏孔有明显距离
4	绝缘检查	① 分组回路绝缘检查：采用 1000V 摇表测各组回路间及各组对地的绝缘电阻，在测量某一组回路对地绝缘电阻时，应将其他各组回路都接地 ② 整个二次回路的绝缘耐压检验：在保护屏端子排将所有电流、电压及直流回路的端子连接在一起，并将电流回路的接地点拆开，用 1000V 摇表测，要求大于 1MΩ，跳闸回路要求大于 10MΩ
5	保护装置直流电源测试	
5.1	检验装置直流电源输入电压值及稳定性	直流电源分别调至 80%、100%、110%额定电压值，模拟保护动作，保护装置应能正确工作
5.2	装置自启动电压测试	① 直流电源缓慢上升时的自启动性能检验，不低于 80%额定电压值装置正常启动 ② 拉合直流电源时的自启动性能检验，80%额定电压时拉合三次直流电源，装置均正常启动
5.3	直流电源拉合试验	拉合三次直流工作电源，保护装置应不误动和误发保护动作信号
6	通电初步检查	① 定值核对、定值区切换检查，能正确输入和修改定值，定值区切换正常，直流电源失电后定值不变 ② 保护装置键盘操作检查和软件版本号检查，软件版本号应符合入网检测要求 ③ 保护装置键盘操作及密码检查，保护装置键盘操作应灵活正确，保护密码应正确，并有记录 ④ 保护装置软件版本号检查 ⑤ 时钟整定与校核，应能正确对时，失电后时钟不应丢失和变化 ⑥ 保护打印机功能测试正常
7	模拟量输入特性检验	

续表

序号	调试内容	工艺标准
7.1	零漂检查	① 进行本项目检验时要求保护装置不输入交流量 ② 在液晶显示屏中点击查看 CPU 和 DSP 采样值 ③ 检验零漂时，要求在一段时间内（几分钟）零漂值稳定在规定范围内，要求零漂值均在 $0.01I_n$（或 $0.05V$）以内
7.2	模拟量测试	将电流端子、电压端子与试验仪器接好，加入电流和电压，设置大小和相位，检查电流和电压采样是否正确，回路的极性是否正确，相位是否正确 在三相电流回路中加入对称正序额定电流值和电压值，要求保护装置的电流采样值与实测值的误差应不大于 5%，电压采样值与实测值的误差应不大于 5%
8	开关量输入回路检验	① 投入功能压板，应有开关量输入的显示 ② 按下打印按钮，应打印 ③ 短接 GPS 对时接点，对时功能正常 ④ 短接接点，在菜单中查看，应有 A 相跳位开入的显示；短接对应接点应出现 B 相和 C 相的跳位开入 ⑤ 会导致装置直接跳闸的光隔输入，其动作电压范围为 50%～70% 额定电压
9	光纤衰耗检验	通过恒定光源和光功率计对现场熔接光缆进行衰耗测试
10	检修状态一致性测试	保护装置、GOOSE、SV 均未投检修压板时，正常跳闸；只有 GOOSE 投检修，保护动作不出口；只有 SV 投检修，上送无效保护不动作不出口；只有保护投检修，收到测量值，保护不动作不出口
11	保护定值和功能校验	
11.1	差动保护	① 验证差动门槛定值 a. 任选母线上的一条支路，在这条支路中加入 B 相电流，电流值大于差动门槛定值 b. 母线差动保护应瞬时动作，切除母联及该支路所在母线上的所有支路，母线差动动作信号灯应亮 ② 验证比率制动系数 a. 任选同一母线上两条变比相同的支路，在 A 相加入方向相反、大小不同的电流 b. 固定其中一支路电流，调节另一支路电流大小，使母线差动动作 c. 记录所加电流，验证比率系数 ③ 差动功能退出切换试验 a. 将屏上差动与失灵投退切换开关切至"差动退出，失灵投入"位置 b. 模拟母线故障，保护应不动 c. 模拟失灵启动，保护应正确动作 ④ 失灵功能退出切换试验 a. 将屏上差动与失灵投退切换开关切至"差动投入，失灵退出"位置 b. 模拟失灵启动，保护应不动 c. 模拟母线故障，保护应正确动作
11.2	断路器失灵保护	① 投入断路器失灵保护压板及投失灵保护控制字，并保证失灵保护电压闭锁条件开放 ② 对于线路支路，短接任一分相跳闸接点，并在对应元件的对应相别 CT 中通入大于 $0.04I_n$ 的电流，还应保证对应元件中通入的零序/负序电流大于相应的零序/负序电流整定值，失灵保护动作 ③ 对于主变支路，短接任一三相跳闸接点，并在对应元件的任一相 CT 中通入大于失灵相电流定值的电流，或在对应元件中通入的零序/负序电流大于相应的零序/负序电流整定值，失灵保护动作 ④ 失灵保护启动后经失灵延时 1 动作于母联，经失灵延时 2 切除该元件所在母线的各个连接元件 ⑤ 在满足电压闭锁元件动作的条件下，分别检验失灵保护的相电流、负序和零序电流定值，误差应在 ±3% 以内

序号	调试内容	工艺标准
11.2	断路器失灵保护	⑥ 在满足失灵电流元件动作的条件下，分别检验保护的电压闭锁元件中相电压、负序和零序电压定值，误差应在±3%以内 ⑦ 重复上述试验，失灵保护电压闭锁条件不开放，同时短接试验支路的解除失灵电压闭锁接点（不能超过1s），失灵保护应能动作 ⑧ 某一间隔失灵启动接点长期误闭合后，闭锁该间隔的失灵启动逻辑，同时发出"开入异常"告警信号
11.3	电压闭锁功能	① 220kV双母线方式的母线保护有电压闭锁功能 ② 在满足比率差动元件动作的条件下，分别检验保护的电压闭锁元件中相电压、负序和零序电压定值，误差应在±3%以内
11.4	母联失灵保护	模拟母线区内故障，保护向母联发跳令后，向母联CT继续通入大于母联失灵电流定值的电流，并保证两母差电压闭锁条件均开放，经母联失灵保护整定延时母联失灵保护动作切除两母线上所有的连接元件
11.5	母联死区保护	① 母联开关处于合位时的死区故障 用母联跳闸接点模拟母联跳闸开入接点，按上述试验步骤模拟母联区内故障，保护发母线跳令后，继续通入故障电流，经延时150ms母联电流退出小差，母差保护动作将另一条母线切除 ② 母联开关处于跳位时的死区故障 短接母联TWJ开入（TWJ=1），并投入母联分列运行压板，按上述试验步骤模拟母线区内故障，保护应只跳死区侧母线
11.6	TA断线	
11.6.1	TA断线定值校验	① 退出所有保护 ② 接好试验接线，在A相加入电流，大小为TA断线定值的1.05倍 ③ 点击试验仪器上的开始按钮后，经过整定的延时发TA断线告警 ④ 有自产零序电流而无零序电压，延时10s发TA断线异常信号
11.6.2	TA断线闭锁差动保护检验	① 投入"TA断线闭锁差动"控制字 ② 接好试验接线，在A相加入电流，试验仪器的电流步长设为0.1A，初始电流大小必须小于差动保护动作电流，可加0.08A，等TA断线告警后，手动触发，此时差动不应动作 ③ 复归告警 ④ TA断线瞬间，若"TA断线闭锁差动"整定为1，则闭锁电流差动保护；若"TA断线闭锁差动"整定为0，且该相差流大于"TA断线差流保护定值"，仍开放电流差动保护
11.7	开关量输出检查	① 关闭装置电源，装置异常和装置闭锁接点闭合 ② 装置正常运行时，装置异常和装置闭锁接点断开 ③ 模拟差动保护跳闸，所有跳闸接点应闭合，失灵启动接点闭合 ④ 将运行电源空开断开时，"运行电源消失，操作电源消失"信号端子导通，将操作电源空开断开时，"操作电源消失"信号端子导通
12	整组传动试验	① 投入差动保护、断路器出口跳闸压板。控制室和开关场设专人监视，试验时检查断路器和保护的动作应一致，中央信号装置的动作及有关光、音信号指示正确 ② 依次传动各支路断路器，并验证出口压板正确性 ③ 试验结束后，恢复所有接线，检查所有接线连接良好。复归信号，关闭直流电源15s后再打开，应无其他告警报告，运行灯亮
13	对时功能检查	检查保护装置的对时功能，查看设计图纸确定所选择的对时方式。现在新建变电站一般选择电B码对时方式，一些比较老的变电站，可能会有脉冲对时（分或秒）方式，接入对时线前注意区分。查看说明书，按照对时部分的相关说明检查保护装置在对时接入后，液晶面板上是否有对时标志出现。将保护装置的时间修改成错误时间，对时功能满足后应该可以自动修改为正确的时间

续表

序号	调试内容	工艺标准
14	打印机功能检查	连接打印机后，通过打印保护定值单检查打印功能。打印结果应字迹清晰、没有乱码、打印机不卡纸，不会发生异常停止的情况
15	保护装置定值整定复核	① 按照定值单整定母线保护定值，整定完成后打印定值单进行核对，核对无问题后签字确认。并且，注意收集电子版或纸制定值单作为出具保护调试报告的依据 ② 定值整定完成后，结合保护功能及检查的方法，对定值单上的定值进行校验

（4）母线保护整组传动方法

① 实际分合母联断路器，在母线保护的支路开入量中应可以看到相应的母联断路器的位置变化。

② 实际分合各间隔的母线切换刀闸，在母线保护的支路开入量中应可以看到相应的各间隔刀闸位置变化。

③ 模拟母线区内故障，切换刀闸位置，投退相应跳闸压板，检查断路器动作结果。母线保护整组传动结果应与表 4-73 一致。

表 4-73　母线保护整组传动

故障类型	刀闸位置	跳闸出口压板投退	断路器动作结果
I母故障	I母刀闸投入	投入	跳闸
		退出	不动
	II母刀闸投入	投入	不动
		退出	不动
II母故障	I母刀闸投入	投入	不动
		退出	不动
	II母刀闸投入	投入	跳闸
		退出	不动

④ 模拟失灵保护动作，切换刀闸位置，投退相应跳闸压板，检查断路器动作结果。失灵保护整组传动结果应与表 4-74 一致。

表 4-74　失灵保护检查

故障类型	刀闸位置	跳闸出口压板投退	断路器动作结果
I母失灵	I母刀闸投入	投入	跳闸
		退出	不动
	II母刀闸投入	投入	不动
		退出	不动
II母失灵	I母刀闸投入	投入	不动
		退出	不动
	II母刀闸投入	投入	跳闸
		退出	不动

（5）注意事项

① 在做母线区内故障时，注意母联间隔 CT 极性与动作结果之间的对应关系。不同的厂家，在计算母联间隔电流的方向时是不同的。

② 在做主变间隔失灵联跳时，注意只有在相应主变间隔输入电流，主变失灵联跳才会动作。在其他间隔加入电流，主变失灵联跳不会动作。

③ 注意系统方式定值中关于中性点是否接地的整定要求。中性点接地，电压闭锁中的低电压是相电压；中性点不接地，电压闭锁中的低电压是线电压。

④ 对时功能接入前，注意站内是 B 码对时方式还是有源脉冲对时方式，避免因接错线烧坏对时模块。

4.3.5　断路器保护装置调试

（1）断路器保护介绍

断路器保护一般是指断路器失灵保护，即故障电气设备的继电保护动作发出跳闸命令而断路器拒动时，利用故障设备的保护动作信息与拒动断路器的电流信息构成对断路器失灵的判别，能够以较短的时限切除同一厂站内其他有关的断路器，使停电范围限制在最小，从而保证整个电网的稳定运行，避免造成发电机、变压器等故障元件的严重烧损和电网的崩溃瓦解事故。断路器失灵保护作为电网和主设备重要的近后备保护，是继电保护中很重要的保护，直接影响到电力系统的稳定运行。

断路器保护一般还包含以下几种功能：

① 充电过流保护。当向故障母线或线路充电时，可及时跳开本断路器。

② 重合闸。能实现单相重合闸方式、三相重合闸方式、禁止重合闸方式及停用重合闸方式。重合闸启动方式有两种：一是由线路保护跳闸或本保护三跳固定启动重合闸；二是由跳闸位置启动重合闸。3/2 接线方式下，线路同一侧的两台重合装置的重合顺序通过设置不同重合时间来实现。当重合闸命令发出 200ms 后，如果再收到任何跳闸命令，保护立即放电。

③ 死区保护。在某些接线方式下（如断路器在 CT 与线路之间），CT 与断路器之间发生故障时，虽然故障线路保护能快速动作，但在本断路器跳开后，故障并不能切除。此时死区保护将以较短时限动作。死区保护出口回路与失灵保护一致，动作后跳相邻断路器。

④ 三相不一致保护。当断路器某相断开，断路器出现非全相时，可经三相不一致保护延时跳开三相，三相不一致保护功能可由控制字选择是否经零序或者负序电流开放。不一致保护动作后可选择是否启动失灵保护。

500kV 及以上电压等级的断路器保护一般具备以上所有功能。220kV 及以下电压等级，一般只有母联或分段间隔才装设断路器保护，一般情况下只具备充电过流保护。

（2）调试条件

① 做好开工前的摸底工作，确认设备屏柜组立完毕，相关二次电缆接线完成或光缆熔接完毕。

② 准备好调试所需仪器仪表、工器具，包括便携直流电源、精度采样测试仪、万用表、螺丝刀等，并确认所使用的仪器仪表在检定有效期内。

③ 调试工作开始前，确定好调试人员，并组织调试人员编写调试方案、二次安全措施票、作业指导书、工作票，调试过程中认真填写，不得遗漏。

④ 准备好保护相关设计图纸、厂家说明书和厂家调试大纲。

⑤ 检查保护装置的型号、版本号，要符合相关要求。

（3）调试流程及工艺标准

调试流程及工艺标准见表 4-75。

表 4-75　调试流程及工艺标准

序号	调试内容	工艺标准
1	外观检查	① 屏柜及其内部所有元件无锈蚀或碰擦损伤 ② 屏柜内接线整齐美观，端子压接紧固可靠，线端标号和电缆标牌完整清晰 ③ 转换开关、按钮外观完好 ④ 装置外观检查：保护装置的各部件固定良好，无松动现象，装置外形完好，无明显损坏及变形现象，保护装置的背板接线无断线、短路和焊接不良等现象，并检查背板上抗干扰元件的焊接、连线和元器件外观 ⑤ 光纤连接正确、牢固，无光纤损坏、弯折现象；光纤接头完全旋进或插牢，无虚接现象；光纤标号正确 ⑥ 屏柜内防火封堵完好，内部无凝露
2	接地检查	① 屏柜内接地铜排应用截面积不小于 50mm² 的铜缆与保护室内的等电位接地网可靠相连 ② 屏柜内电缆屏蔽层应使用截面积不小于 4mm² 的多股铜质软导线可靠连接到等电位接地铜排上 ③ 屏柜内设备的金属外壳应可靠接地，屏柜的门等活动部分应使用不小于 4mm² 的多股铜质软导线与屏柜体良好连接
3	压板检查	① 跳闸连接片的开口端应装在上方，接至断路器的跳闸回路 ② 跳闸连接片在落下的过程中必须和相邻跳闸连接片有足够的距离，以保证在操作跳闸连接片时不会碰到相邻的跳闸连接片 ③ 检查并确认跳闸连接片在拧紧螺栓后能可靠地接通回路，且不会接地 ④ 穿过保护屏的跳闸连接片导电杆必须有绝缘套，并距屏孔有明显距离
4	绝缘检查	① 分组回路绝缘检查：采用 1000V 摇表测各组回路间及各组对地的绝缘电阻，在测量某一组回路对地绝缘电阻时，应将其他各组回路都接地 ② 整个二次回路的绝缘耐压检验：在保护屏端子排将所有电流、电压及直流回路的端子连接在一起，并将电流回路的接地点拆开，用 1000V 摇表测，要求大于 1MΩ，跳闸回路要求大于 10MΩ
5	保护装置直流电源测试	
5.1	检验装置直流电源输入电压值及稳定性	直流电源分别调至 80%、100%、110% 额定电压值，模拟保护动作，保护装置应能正确工作
5.2	装置自启动电压测试	① 直流电源缓慢上升时的自启动性能检验，不低于 80% 额定电压值装置正常启动 ② 拉合直流电源时的自启动性能检验，80% 额定电压时拉合三次直流电源，装置均正常启动
5.3	直流电源拉合试验	拉合三次直流工作电源，保护装置应不误动和误发保护动作信号
6	通电初步检查	① 定值核对、定值区切换检查，能正确输入和修改定值，定值区切换正常，直流电源失电后定值不变 ② 保护装置键盘操作检查和软件版本号检查，软件版本号应符合入网检测要求 ③ 保护装置键盘操作及密码检查，保护装置键盘操作应灵活正确，保护密码应正确，并有记录 ④ 保护装置软件版本号检查 ⑤ 时钟整定与校核，应能正确对时，失电后时钟不应丢失和变化 ⑥ 保护打印机功能测试正常

序号	调试内容	工艺标准
7	模拟量输入特性检验	
7.1	零漂检查	① 进行本项目检验时要求保护装置不输入交流量 ② 在液晶显示屏中点击查看 CPU 和 DSP 采样值 ③ 检验零漂时，要求在一段时间内（几分钟）零漂值稳定在规定范围内，要求零漂值均在 $0.01I_n$（或 0.05V）以内
7.2	模拟量测试	① 将电流端子、电压端子与试验仪器接好，加入电流和电压，设置大小和相位，检查电流和电压采样是否正确，回路的极性是否正确，相位是否正确 ② 在三相电流回路中加入对称正序额定电流值和电压值，要求保护装置的电流采样值与实测的误差应不大于 5%，电压采样值与实测的误差应不大于 5%
8	开关量输入回路检验	① 投入功能压板，应有开关量输入的显示 ② 按下打印按钮，应打印 ③ 短接 GPS 对时接点，对时功能正常 ④ 短接接点，在菜单中查看，应有 A 相跳位开入的显示；短接对应接点应出现 B 相和 C 相的跳位开入 ⑤ 会导致装置直接跳闸的光隔输入，其动作电压范围为 50%～70%额定电压
9	光纤衰耗检验	通过恒定光源和光功率计对现场熔接光缆进行衰耗测试
10	检修状态一致性测试	保护装置、GOOSE、SV 均未投检修压板时，正常跳闸；只有 GOOSE 投检修，保护动作不出口；只有 SV 投检修，上送无效保护不动作不出口；只有保护投检修，收到测量值，保护不动作不出口
11	保护定值和功能校验	
11.1	失灵保护校验	① 在菜单里面将定值控制字"投失灵保护"置1，退出其他保护 ② 接好试验仪器与电流端子的连线，仅加单相电流，大小为 1.05 倍失灵高电流定值，同时短接相应相的外部跳闸输入接点或三相跳闸输入接点，此时，装置面板上相应跳闸灯亮，液晶屏上应显示"失灵跳本开关"及"失灵动作" ③ 同②，校验 0.95 倍失灵电流高定值，保护不应动作 ④ 同①～③，做 B、C 相故障，注意加故障量的时间应大于保护定值时间 ⑤ 在"整定定值"—"保护定值"里面将定值控制字"投失灵保护""经零序发变失灵"置1，将定值"失灵电流高定值"整定成最大值（$5I_n$＝5A） ⑥ 接好试验仪器与电流端子的连线，仅加单相电流，大小为 1.05 倍失灵零序电流定值，同时短接外部单跳接点或三跳接点，此时，装置面板上相应跳闸灯亮，液晶屏上显示"失灵跳本开关"及"失灵动作" ⑦ 同⑥，加 0.95 倍失灵保护零序电流定值，失灵保护不应动作 ⑧ 在菜单里面将定值控制字"投失灵保护""经负序发变三跳"置1 ⑨ 接好试验仪器与电流端子的连线，加 1.05 倍序过电流定值，试验时加入相电流 I_a，此时相当于加入了 $I_a/3$ 的负序电流，同时短接外部三跳输入接点，此时失灵保护应可靠动作；装置面板上相应跳闸灯亮，液晶屏上显示"失灵跳本开关"及"失灵动作" ⑩ 同⑨，加 0.95 倍负序过电流定值，此时应不动作 ⑪ 1.05 倍失灵电流高定值可靠动作，0.95 倍失灵电流高定值可靠不动

续表

序号	调试内容	工艺标准
11.2	跟跳本开关检验	① 在"保护定值"里面将定值控制字"投跟跳本开关"置 1，退出其他保护 ② 接好试验仪器与电流端子的连线，在 A 相加入 1.05 倍失灵电流高定值，同时短接 A 相的外部跳闸输入接点，此时液晶屏应显示 A 相跟跳 ③ 接好试验仪器与电流端子的连线，在 A 相加入 0.95 倍失灵电流高定值，同时短接 A 相的外部跳闸输入接点，此时保护应不动作 ④ 按上述方法做 B、C 相 ⑤ 在 A 相加 1.05 倍失灵电流高定值，同时短接外部 A、B 两相跳闸输入接点，液晶屏应显示"两相联跳三相" ⑥ 同⑤，做其他相的两相联跳三相试验 ⑦ 在任一相加 1.05 倍失灵电流高定值，同时短接三跳接点，液晶屏应显示"三相跟跳"
11.3	充电保护校验	① 仅投充电保护压板（功能压板） ② 在"保护定值"里面将定值控制字"投充电保护Ⅰ段"置 1，退出其他保护 ③ 接好试验仪器与电流端子的连线，仅加单相电流，在 A 相加充电保护电流定值的 1.05 倍电流，经过整定延时，装置面板上相应跳闸灯亮，液晶屏上显示"充电保护Ⅰ段动作" ④ 同③，加充电保护电流定值的 0.95 倍电流，不应动作 ⑤ 同上述方法校验Ⅱ段，Ⅱ段定值为 0.25A
11.4	死区保护	① 定值控制字"投死区保护"置 1，退出其他保护 ② 加失灵保护相电流定值的 1.05 倍电流，同时给上外部三相跳闸开入与三相跳闸位置开入 ③ 装置面板上"保护跳闸"灯亮，液晶屏上显示"死区保护动作" ④ 加失灵保护相电流定值的 0.95 倍电流，同时给上外部三相跳闸开入与三相跳闸位置开入，死区保护不动作，注意加故障量的时间应大于保护定值时间
11.5	沟通三跳校验	① 在保护屏上，将重合闸把手切至"三重方式"，退出其他保护 ② 接好试验仪器与电流端子的连线，加上三相电流，其中一相的故障电流要保证零序或突变量启动元件动作，短接外部跳闸开入接点，装置面板上相应跳闸灯亮，液晶上显示"沟通三跳" ③ 在保护屏上，将重合闸把手切至"单重方式"，整定定值控制字中"投未充电沟三跳"置 1，退出其他保护 ④ 接好试验仪器与电流端子的连线，加上三相电流，其中一相的故障电流要保证零序或突变量启动元件动作，短接外部跳闸开入接点，装置面板上相应跳闸灯亮，液晶上显示"沟通三跳"
11.6	重合闸	
11.6.1	单重方式校验	① 在保护屏上，将重合闸把手切至"单重方式"，退出先合开入压板 ② 定值控制字中"投重合闸"置 1，"投重合闸不检"置 1 ③ 将对应的线路开关合上，保护充电完成后，"充电"灯亮 ④ 短接任一跳闸开入接点，并迅速返回 ⑤ 经过单重整定时间，单相应重合，重合闸放电，充电灯熄灭
11.6.2	三重方式校验	① 在保护屏上，将重合闸把手切至"三重方式"，退出先合开入压板 ② 定值控制字中"投重合闸"置 1，"投重合闸不检"置 1 ③ 将对应的线路开关合上，保护充电完成后，"充电"灯亮 ④ 短接线路三跳接点，并迅速返回 ⑤ 经过三重整定时间，三相应重合，重合闸放电，充电灯熄灭
11.7	开关量输出检查	① 关闭装置电源，装置异常和装置闭锁接点闭合 ② 装置正常运行时，装置异常和装置闭锁接点断开 ③ 模拟失灵保护跳闸，所有跳闸接点应闭合，失灵启动接点闭合 ④ 将运行电源空断开时，"运行电源消失，操作电源消失"信号端子导通，将操作电源空开断开时，"操作电源消失"信号端子导通

续表

序号	调试内容	工艺标准
12	整组传动试验	① 投入失灵保护、断路器出口跳闸压板。控制室和开关场设专人监视，试验时断路器和保护的动作应一致，中央信号装置的动作及有关光、音信号指示正确 ② 试验结束后，恢复所有接线，检查所有接线连接良好。复归信号，关闭直流电源15s后再打开，应无其他告警报告，运行灯亮
13	对时功能检查	检查保护装置的对时功能，查看设计图纸确定所选择的对时方式。现在新建变电站一般选择电B码对时方式，一些比较老的变电站，可能会有脉冲对时（分或秒）方式，接入对时线前注意区分。查看说明书，按照对时部分的相关说明检查保护装置在对时接入后，液晶面板上是否有对时标志出现。将保护装置的时间修改成错误时间，对时功能满足后应该可以自动修改为正确的时间
14	打印机功能检查	连接打印机后，通过打印保护定值单检查打印功能。打印结果应字迹清晰、没有乱码、打印机不卡纸，不会发生异常停止的情况
15	保护装置定值整定复核	① 按照定值单整定母线保护定值，整定完成后打印定值单进行核对，核对无问题后签字确认。并且，注意收集电子版或纸制定值单作为出具保护调试报告的依据 ② 定值整定完成后，结合保护功能及检查的方法，对定值单上的定值进行校验

（4）断路器保护整组传动

① 断路器失灵保护传动

模拟断路器失灵保护动作，投入失灵跳本断路器压板，经过失灵跳本断路器延时跳开本断路器；

模拟断路器失灵保护动作，退出失灵跳本断路器压板，经过失灵跳本断路器延时，本断路器不动作；

模拟断路器失灵保护动作，投入失灵跳相邻断路器压板，经过失灵跳相邻断路器延时跳开相邻断路器；

模拟断路器失灵保护动作，退出失灵跳相邻断路器压板，经过失灵跳相邻断路器延时，相邻断路器不动作；

断路器失灵保护启动母线保护失灵、直跳变压器、线路发远跳等属于失灵保护跳相邻功能。

② 断路器保护跟跳功能传动

投入断路器保护的跟跳功能，模拟 A 相跳闸开入，同时 A 相加入大于 0.06 倍 I_n 的电流，断路器保护跟跳 A 相断路器，同理模拟 B 相和 C 相跟跳；

投入断路器保护的跟跳功能，模拟三相跳闸开入，同时任意相加入大于 0.06 倍 I_n 的电流，断路器保护跟跳三相断路器。

③ 充电保护传动　投入充电保护的软压板和硬压板，任意相电流大于充电保护电流定值，故障时间大于充电保护时间定值，保护经跳本断路器压板三跳本断路器；退出跳闸压板，模拟充电保护动作，本断路器不动。

④ 重合闸及闭锁重合闸传动　结合线路保护传动断路器保护的重合闸功能，模拟线路保护单相瞬时故障，投入线路保护启动重合闸压板，断路器保护收到保护跳闸开入，同时重合闸在充满电的情况下，断路器跳开后，断路器保护的重合闸命令经重合闸出口压板发至断路器，断路器合闸；退出重合闸出口压板，断路器跳开后不重合。

闭锁重合闸：模拟手合、手跳、主操作电源消失或永跳（TJF）动作，断路器保护收到闭锁重合闸开入，重合闸充电灯熄灭。

（5）注意事项

① 对时功能接入前，注意站内是 B 码对时方式还是有源脉冲对时方式，避免因接错线烧坏对时模块。

② 当线路保护、断路器保护带断路器联合传动单跳单重功能时，注意退出断路器保护内部的单相偷跳启动重合闸功能，避免对传动造成干扰。

③ 在投运前，注意区分断路器保护定值单是不是临时定值单，充电功能只在断路器充电时投入，其他时间退出。

4.3.6　短引线保护装置调试

（1）短引线保护介绍

短引线保护是针对一个半断路器接线方式而设的。简单地说，就是当一串断路器中的一条线路停用时，这条线路的主保护停用，为保证该线路断路器至母线 CT 这一小段范围发生故障时快速切除而设该保护。主接线采用 3/2 开关接线方式的一串开关，当一串开关中一条线路停用，则该线路侧的隔离开关将断开，此时保护用电压互感器也停用，线路主保护停用，因此在短引线范围故障，将没有快速保护切除故障。为此需设置短引线保护，即短引线纵联差动保护。在上述故障情况下，该保护可快速动作切除故障。

当线路运行，线路侧隔离开关投入，该短引线保护在线路侧故障时，将无选择地动作，因此必须将该短引线保护停用。

短引线保护也可兼用作线路的充电保护，线路充电保护由两段式过流保护构成。保护的出口正电源由线路隔离刀闸的辅助接点（或屏上压板）与装置的启动元件共同开放，使保护的安全性得以提高。

装置具有电流比率差动保护功能，加上 TA 断线判别闭锁元件，可保证在 TA 断线下保护不误动作。

装置通过屏上保护投入压板或线路隔离刀闸及充电保护投入整定控制字控制。

（2）调试条件

① 做好开工前的摸底工作，确认设备屏柜组立完毕，相关二次电缆接线完成或光缆熔接完毕。

② 准备好调试所需仪器仪表、工器具，包括便携直流电源、精度采样测试仪、万用表、螺丝刀等，并确认所使用的仪器仪表在检定有效期内。

③ 调试工作开始前，确定好调试人员，并组织调试人员编写调试方案、二次安全措施票、作业指导书、工作票，调试过程中认真填写，不得遗漏。

④ 准备好保护相关设计图纸、厂家说明书和厂家调试大纲。

⑤ 检查保护装置的型号、版本号，要符合相关要求。

（3）调试流程及工艺标准

调试流程及工艺标准见表 4-76。

表 4-76　调试流程及工艺标准

序号	调试内容	工艺标准
1	外观检查	① 屏柜及其内部所有元件无锈蚀或碰擦损伤 ② 屏柜内接线整齐美观，端子压接紧固可靠，线端标号和电缆标牌完整清晰 ③ 转换开关、按钮外观完好

序号	调试内容	工艺标准
1	外观检查	④ 装置外观检查：保护装置的各部件固定良好，无松动现象，装置外形完好，无明显损坏及变形现象，保护装置的背板接线无断线、短路和焊接不良等现象，并检查背板上抗干扰元件的焊接、连线和元器件外观 ⑤ 光纤连接正确、牢固，无光纤损坏、弯折现象；光纤接头完全旋进或插牢，无虚接现象；光纤标号正确 ⑥ 屏柜内防火封堵完好，内部无凝露
2	接地检查	① 屏柜内接地铜排应用截面积不小于 $50mm^2$ 的铜缆与保护室内的等电位接地网可靠相连 ② 屏柜内电缆屏蔽层应使用截面积不小于 $4mm^2$ 的多股铜质软导线可靠连接到等电位接地铜排上 ③ 屏柜内设备的金属外壳应可靠接地，屏柜的门等活动部分应使用不小于 $4mm^2$ 的多股铜质软导线与屏柜体良好连接
3	压板检查	① 跳闸连接片的开口端应装在上方，接至断路器的跳闸回路 ② 跳闸连接片在落下的过程中必须和相邻跳闸连接片有足够的距离，以保证在操作跳闸连接片时不会碰到相邻的跳闸连接片 ③ 检查并确认跳闸连接片在拧紧螺栓后能可靠地接通回路，且不会接地 ④ 穿过保护屏的跳闸连接片导电杆必须有绝缘套，并距离孔有明显距离
4	绝缘检查	① 分组回路绝缘检查：采用 1000V 摇表测各组回路间及各组对地的绝缘电阻，在测量某一组回路对地绝缘电阻时，应将其他各组回路都接地 ② 整个二次回路的绝缘耐压检验：在保护屏端子排处将所有电流、电压及直流回路的端子连接在一起，并将电流回路的接地点拆开，用 1000V 摇表测，要求大于 $1M\Omega$，跳闸回路要求大于 $10M\Omega$
5	保护装置直流电源测试	
5.1	检验装置直流电源输入电压值及稳定性	直流电源分别调至 80%、100%、110%额定电压值，模拟保护动作，保护装置应能正确工作
5.2	装置自启动电压测试	① 直流电源缓慢上升时的自启动性能检验，不低于 80%额定电压值装置正常启动 ② 拉合直流电源时的自启动性能检验，80%额定电压时拉合三次直流电源，装置均正常启动
5.3	直流电源拉合试验	拉合三次直流工作电源，保护装置应不误动和误发保护动作信号
6	通电初步检查	① 定值核对、定值区切换检查，能正确输入和修改定值，定值区切换正常，直流电源失电后定值不变 ② 保护装置键盘操作检查和软件版本号检查，软件版本号应符合入网检测要求 ③ 保护装置键盘操作及密码检查，保护装置键盘操作应灵活正确，保护密码应正确，并有记录 ④ 保护装置软件版本号检查 ⑤ 时钟整定与校核，应能正确对时，失电后时钟不应丢失和变化 ⑥ 保护打印机功能测试正常
7	模拟量输入特性检验	
7.1	零漂检查	① 进行本项目检验时要求保护装置不输入交流量 ② 在液晶显示屏中点击查看 CPU 和 DSP 采样值 ③ 检验零漂时，要求在一段时间内（几分钟）零漂值稳定在规定范围内，要求零漂值均在 $0.01I_n$（或 $0.05V$）以内

续表

序号	调试内容	工艺标准
7.2	模拟量测试	① 将电流端子、电压端子与试验仪器接好，加入电流和电压，设置大小和相位，检查电流和电压采样是否正确，回路的极性是否正确，相位是否正确 ② 在三相电流回路中加入对称正序额定电流值和电压值，要求保护装置的电流采样值与实测值的误差应不大于 5%，电压采样值与实测值的误差应不大于 5%
8	开关量输入回路检验	① 投入功能压板，应有开关量输入的显示 ② 按下打印按钮，应打印 ③ 短接 GPS 对时接点，对时功能正常 ④ 短接接点，在菜单中查看，应有 A 相跳位开入的显示；短接对应接点应出现 B 相和 C 相的跳位开入 ⑤ 会导致装置直接跳闸的光隔输入，其动作电压范围为 50%~70%额定电压
9	光纤衰耗检验	通过恒定光源和光功率计对现场熔接光缆进行衰耗测试
10	检修状态一致性测试	保护装置、GOOSE、SV 均未投检修压板时，正常跳闸；只有 GOOSE 投检修，保护动作不出口；只有 SV 投检修，上送无效保护不动作不出口；只有保护投检修，收到测量值，保护不动作不出口
11	保护定值和功能校验	
11.1	差动保护校验	① 在 A 相的两侧 CT 二次端子上同时加反向额定电流 1A，观察菜单中差动电流应为零，制动电流应为两倍额定电流 ② 投入"投短引线保护"压板，退出其他保护 ③ 在 A 相一侧 CT 二次端子上加入电流，大小为差动过流定值的 1.05 倍电流 ④ 在试验仪器上点击开始按钮后，经过一定的延时，装置面板上相应跳闸灯亮，液晶屏上显示"差动保护动作" ⑤ 在 A 相一侧 CT 二次端子上加入电流，大小为差动过流定值的 0.95 倍电流，差动不应动作
11.2	充电保护校验	① 投入"充电保护" ② 定值控制字"投充电 I 段"置 1，退出其他保护 ③ 仅在一相 CT 端子处加入电流，大小为充电过流 I 段定值的 1.05 倍电流 ④ 在试验仪器上点击开始按钮后，经过整定的动作延时 0.2s 后，装置面板上相应跳闸灯亮，液晶屏上显示"充电 I 段动作" ⑤ 加 0.95 倍充电保护过流 I 段定值，充电保护不应动作 ⑥ 同①~⑤，校验充电保护 II 段定值和其他相，注意加故障量的时间应大于保护定值时间 ⑦ 充电保护只在给断路器充电时临时投入
11.3	TA 断线检查	① 当零序和电流启动元件长期启动时间超过 10s，发 TA 断线告警，并闭锁保护出口 ② 启动后当只有一相电流为零且其他两相电流与启动前电流相等，瞬时发 TA 断线告警，并闭锁保护出口
11.4	开关量输出检查	① 关闭装置电源，装置异常和装置闭锁接点闭合 ② 装置正常运行时，装置异常和装置闭锁接点断开 ③ 模拟差动保护跳闸，所有跳闸接点应闭合 ④ 将运行电源空断开时，"运行电源消失，操作电源消失"信号端子导通，将操作电源空开断开时，"操作电源消失"信号端子导通
12	整组传动试验	① 投入失灵保护、断路器出口跳闸压板。控制室和开关场设专人监视，试验时断路器和保护的动作应一致，中央信号装置的动作及有关光、音信号指示正确 ② 试验结束后，恢复所有接线，检查所有接线连接良好。复归信号，关闭直流电源 15s 后再打开，应无其他告警报告，运行灯亮

续表

序号	调试内容	工艺标准
13	对时功能检查	检查保护装置的对时功能，查看设计图纸确定所选择的对时方式。现在新建变电站一般选择电 B 码对时方式，一些比较老的变电站，可能会有脉冲对时（分或秒）方式，接入对时线前注意区分。查看说明书，按照对时部分的相关说明检查保护装置在对时接入后，液晶面板上是否有对时标志出现。将保护装置的时间修改成错误时间，对时功能满足后应该可以自动修改为正确的时间
14	打印机功能检查	连接打印机后，通过打印保护定值单检查打印功能。打印结果应字迹清晰、没有乱码、打印机不卡纸，不会发生异常停止的情况
15	保护装置定值整定复核	① 按照定值单整定母线保护定值，整定完成后打印定值单进行核对，核对无问题后签字确认。并且，注意收集电子版或纸制定值单作为出具保护调试报告的依据 ② 定值整定完成后，结合保护功能及检查的方法，对定值单上的定值进行校验

（4）注意事项

① 在某侧线路检修时应保证线路隔离刀闸的辅助接点可靠闭合（或投入保护屏上的短引线保护投入压板）。

② 在某侧线路充电时应投入相应的短引线保护 1 投入压板和短引线保护 2 投入压板。

③ 正常运行方式下，短引线及充电保护退出。

④ 线路短引线保护投入压板，只有在线路-6 刀闸拉开后方可投入，在线路-6 刀闸合入前必须退出此压板。

⑤ 短引线保护分别取该间隔两侧断路器的保护电流，极性与线路差动逻辑一致。

4.3.7　电容器保护装置调试

（1）电容器保护介绍

并联电容器广泛用于电力系统的无功补偿。在变电站的中、低压侧通常装设并联电容器组，以补偿系统无功功率的不足，从而提高电压质量，降低电能损耗，提高系统运行的稳定性。

电容器在运行中，难免会发生故障或异常。电容器的内部故障包括内部元件故障、内部极间短路故障、内部或外部极对壳（外壳）短路故障。包含以下几类情况：

① 电容器引线、电缆或电容器本体上发生的相间短路、单相接地等。

② 电容器因运行电压过高受损或电容器失压后再次充电受损。

③ 部分电容器熔断器熔断退出运行造成三相电压不平衡，进而引起其他电容器单体运行电压过高导致损坏。

单台并联电容器最简单、有效的保护方式是采用熔断器。这种保护简单、价廉、灵敏度高、选择性强，能迅速隔离故障电容器，保证其他完好的电容器继续运行。但由于熔断器抗电容充电涌流的能力不佳，不适应自动化要求等原因，对于多台串并联的电容器组必须采用更加完善的继电保护方式。

下面分别介绍电容器随一次接线不同所设置的几种保护形式。

① 单台电容器应设置专用熔断器组。

② 星形接线的电容器组可采用开口三角形电压保护。

③ 多段串联的星形接线电容器组可采用电压差动保护或桥式差电流保护。

④ 双星形接线的电容器组可采用中性线不平衡电压保护或不平衡电流保护。

⑤ 对电容器组的过电流和内部连接线的短路，应设置过电流保护；当有总断路器及分组

断路器时，电流速断作用于总断路器跳闸。

⑥ 电容器装置组设置母线过电压保护，带时限动作于信号或跳闸。在设有自动投切装置时，可不另设过电压保护。

⑦ 电容器组宜设置欠电压保护，当母线失电压时自动将电容器组切除。

（2）调试条件

① 做好开工前的摸底工作，确认设备屏柜组立完毕，相关二次电缆接线完成或光缆熔接完毕。

② 准备好调试所需仪器仪表、工器具，包括便携直流电源、精度采样测试仪、万用表、螺丝刀等，并确认所使用的仪器仪表在检定有效期内。

③ 调试工作开始前，确定好调试人员，并组织调试人员编写调试方案、二次安全措施票、作业指导书、工作票，调试过程中认真填写，不得遗漏。

④ 准备好电容器保护相关设计图纸、厂家说明书和厂家调试大纲。

⑤ 确认电容器保护的配置与一次电容器组的主接线方式相适应（主要区分电容器选择不平衡电压、差压、不平衡电流还是差流保护）。

⑥ 检查电容器保护装置的型号、版本号，要符合相关要求。

（3）调试流程及工艺标准

调试流程及工艺标准见表 4-77。

表 4-77 调试流程及工艺标准

序号	调试内容	工艺标准
1	外观检查	① 屏柜及其内部所有元件无锈蚀或碰擦损伤 ② 屏柜内接线整齐美观，端子压接紧固可靠，线端标号和电缆标牌完整清晰 ③ 转换开关、按钮外观完好 ④ 装置外观检查：保护装置的各部件固定良好，无松动现象，装置外形完好，无明显损坏及变形现象，保护装置的背板接线无断线、短路和焊接不良等现象，并检查背板上抗干扰元件的焊接、连线和元器件外观 ⑤ 光纤连接正确、牢固，无光纤损坏、弯折现象；光纤接头完全旋进或插牢，无虚接现象；光纤标号正确 ⑥ 屏柜内防火封堵完好，内部无凝露
2	接地检查	① 屏柜内接地铜排应用截面积不小于 $50mm^2$ 的铜缆与保护室内的等电位接地网可靠相连 ② 屏柜内电缆屏蔽层应使用截面积不小于 $4mm^2$ 的多股铜质软导线可靠连接到等电位接地铜排上 ③ 屏柜内设备的金属外壳应可靠接地，屏柜的门等活动部分应使用不小于 $4mm^2$ 的多股铜质软导线与屏柜体良好连接
3	压板检查	① 跳闸连接片的开口端应装在上方，接至断路器的跳闸回路 ② 跳闸连接片在落下的过程中必须和相邻跳闸连接片有足够的距离，以保证在操作跳闸连接片时不会碰到相邻的跳闸连接片 ③ 检查并确认跳闸连接片在拧紧螺栓后能可靠地接通回路，且不会接地 ④ 穿过保护屏的跳闸连接片导电杆必须有绝缘套，并距屏孔有明显距离
4	绝缘检查	① 分组回路绝缘检查：采用 1000V 摇表测各组回路间及各组对地的绝缘电阻，在测量某一组回路对地绝缘电阻时，应将其他各组回路都接地 ② 整个二次回路的绝缘耐压检验：在保护屏端子排处将所有电流、电压及直流回路的端子连接在一起，并将电流回路的接地点拆开，用 1000V 摇表测，要求大于 $1M\Omega$，跳闸回路要求大于 $10M\Omega$

序号	调试内容	工艺标准
5	保护装置直流电源测试	
5.1	检验装置直流电源输入电压值及稳定性	直流电源分别调至 80%、100%、110%额定电压值，模拟保护动作，保护装置应能正确工作
5.2	装置自启动电压测试	① 直流电源缓慢上升时的自启动性能检验，不低于 80%额定电压值装置正常启动 ② 拉合直流电源时的自启动性能检验，80%额定电压时拉合三次直流电源，装置均正常启动
5.3	直流电源拉合试验	拉合三次直流工作电源，保护装置应不误动和误发保护动作信号
6	通电初步检查	① 定值核对、定值区切换检查，能正确输入和修改定值，定值区切换正常，直流电源失电后定值不变 ② 保护装置键盘操作检查和软件版本号检查，软件版本号应符合入网检测要求 ③ 保护装置键盘操作及密码检查，保护装置键盘操作应灵活正确，保护密码应正确，并有记录 ④ 保护装置软件版本号检查 ⑤ 时钟整定与校核，应能正确对时，失电后时钟不应丢失和变化 ⑥ 保护打印机功能测试正常
7	模拟量输入特性检验	
7.1	零漂检查	① 进行本项目检验时要求保护装置不输入交流量 ② 在液晶显示屏中点击查看 CPU 和 DSP 采样值 ③ 检验零漂时，要求在一段时间内（几分钟）零漂值稳定在规定范围内，要求零漂值均在 $0.01I_n$（或 0.05V）以内
7.2	模拟量测试	① 将电流端子、电压端子与试验仪器接好，加入电流和电压，设置大小和相位，检查电流和电压采样是否正确，回路的极性是否正确，相位是否正确 ② 在三相电流回路中加入对称正序额定电流值和电压值，要求保护装置的电流采样值与实测值的误差应不大于 5%，电压采样值与实测值的误差应不大于 5%
8	开关量输入回路检验	① 投入功能压板，应有开关量输入的显示 ② 按下打印按钮，应打印 ③ 短接 GPS 对时接点，对时功能正常 ④ 短接接点，在菜单中查看，应有 A 相跳位开入的显示；短接对应接点应出现 B 相和 C 相的跳位开入 ⑤ 会导致装置直接跳闸的光隔输入，其动作电压范围为 50%～70%额定电压
9	保护定值和功能校验	
9.1	过流保护	
9.1.1	过流保护 1 段检验	① 投入"过流保护投入"压板（功能压板） ② 在"整定值修改"子菜单中将"过流 1 段投退"控制字置 1 ③ 将试验仪器与保护装置接好线，在高压侧电流端子排 A 相加入电流，故障电流为 1.05 倍过流 1 段动作电流，模拟过流保护 1 段动作 ④ 点击开始按钮后，装置上有告警事件产生，液晶屏上"过流 1 段"软件 LED 指示灯点亮 ⑤ 加 0.95 倍过流 1 段动作电流时应可靠不动

续表

序号	调试内容	工艺标准
9.1.2	过流保护 2 段检验	① 投入"过流保护投入"压板（功能压板） ② 在"整定值修改"子菜单中将"过流 2 段投退"控制字置 1 ③ 将试验仪器与保护装置接好线，在高压侧电流端子排 A 相加入电流，故障电流为 1.05 倍过流 2 段动作电流，模拟过流保护 2 段动作 ④ 点击试验仪器上的开始按钮后，保护应正确动作，保护装置上"跳闸"指示灯点亮，液晶面板上"过流 2 段"软件 LED 灯应点亮 ⑤ 加 0.95 倍过流 2 段动作电流时应可靠不动
9.2	零序电流保护	
9.2.1	零序过流保护 1 段检验	① 投入"零序过流保护投入"压板（功能压板） ② 在"整定值修改"子菜单中将"零序过流 1 段投退"控制字置 1 ③ 将试验仪器与保护装置接好线，在低压侧电流端子排 A 相加入电流，故障电流为 1.05 倍零序过流 1 段动作电流，模拟零序过流保护 1 段动作 ④ 点击开始按钮后，装置上有告警事件产生，液晶面板"零序 1 段"软件 LED 点亮 ⑤ 加 0.95 倍电流时应可靠不动
9.2.2	零序过流保护 2 段检验	① 投入"零序过流保护投入"压板（功能压板） ② 在"整定值修改"子菜单中将"零序过流 2 段投退"控制字置 1 ③ 将试验仪器与保护装置接好线，在低压侧电流端子排 A 相加入电流，故障电流为 1.05 倍零序过流 2 段动作电流，模拟零序过流保护 2 段动作 ④ 点击开始按钮后，装置上有告警事件产生，液晶面板"零序 2 段"软件 LED 点亮 ⑤ 加 0.95 倍电流时应可靠不动
9.3	过电压保护	① 投入"过电压保护投入"压板（功能压板） ② 在"整定值修改"子菜单中将"过压保护"控制字置 1 ③ 将试验仪器与保护装置接好线，在母线电压端子排 A 相加入电压，故障电压为 1.05 倍过压动作值，模拟过压保护动作 ④ 点击开始按钮后，装置上有告警事件产生，液晶屏上"过压保护动作"软件报文 ⑤ 加 0.95 倍过压动作电压值时应可靠不动 ⑥ 过电压保护功能在判定开关合位时开放
9.4	低电压保护	① 投入"低电压保护投入"压板（功能压板） ② 在"整定值修改"子菜单中将"低压保护"控制字置 1 ③ 将试验仪器与保护装置接好线，在母线电压端子排 A 相加入电压，故障电压为 0.95 倍低压动作值，模拟低压保护动作 ④ 点击开始按钮后，装置上有告警事件产生，液晶屏上"低压保护动作"软件报文 ⑤ 加 1.05 倍低压动作电压值时应可靠不动 ⑥ 低电压保护功能在判定开关合位时开放
9.5	不平衡电流保护	① 投入"不平衡保护投入"压板（功能压板） ② 在"整定值修改"子菜单中将"不平衡电流保护投退"控制字置 1 ③ 将试验仪器与保护装置接好线，在不平衡 CT 电流端子排 A 相加入电流，故障电流为 1.05 倍不平衡保护电流定值，模拟不平衡电流保护动作 ④ 点击开始按钮后，保护装置上有告警事件产生，液晶面板上"不平衡电流保护"软件 LED 灯点亮 ⑤ 加 0.95 倍电流定值时应可靠不动
9.6	不平衡电压保护	① 投入"不平衡保护投入"压板（功能压板） ② 在"整定值修改"子菜单中将"不平衡电压保护投退"控制字置 1 ③ 将试验仪器与保护装置接好线，在不平衡电压端子排 A 相加入电压，故障电压为 1.05 倍不平衡保护电压定值，模拟不平衡电压保护动作 ④ 点击开始按钮后，保护装置上有告警事件产生，液晶面板上"不平衡电压保护"软件 LED 灯点亮 ⑤ 加 0.95 倍电压定值时应可靠不动

续表

序号	调试内容	工艺标准
9.7	开关量输出检查	① 关闭装置电源，装置异常和装置闭锁接点闭合 ② 装置正常运行时，装置异常和装置闭锁接点断开 ③ 模拟过流保护跳闸，所有跳闸接点应闭合 ④ 将运行电源空开断开时，"运行电源消失，操作电源消失"信号端子导通，将操作电源空开断开时，"操作电源消失"信号端子导通
10	整组传动试验	① 投入过流保护、断路器出口跳闸压板。控制室和开关场设专人监视，试验时检查断路器和保护的动作应一致，中央信号装置的动作及有光、音信号指示正确 ② 试验结束后，恢复所有接线，检查所有接线连接良好。复归信号，关闭直流电源15s后再打开，应无其他告警报告，运行灯亮
11	对时功能检查	检查保护装置的对时功能，查看设计图纸确定所选择的对时方式。现在新建变电站一般选择电B码对时方式，一些比较老的变电站，可能会有脉冲对时（分或秒）方式，接入对时线前注意区分。查看说明书，按照对时部分的相关说明检查保护装置在对时接入后，液晶面板上是否有对时标志出现。将保护装置的时间修改成错误时间，对时功能满足后应该可以自动修改为正确的时间
12	打印机功能检查	连接打印机后，通过打印保护定值单检查打印功能。打印结果应字迹清晰、没有乱码、打印机不卡纸，不会发生异常停止的情况
13	保护装置定值整定复核	① 按照定值单整定母线保护定值，整定完成后打印定值单进行核对，核对无问题后签字确认。并且，注意收集电子版或纸制定值单作为出具保护调试报告的依据 ② 定值整定完成后，结合保护功能及检查的方法，对定值单上的定值进行校验

（4）电容器保护整组传动

① 合上断路器，退出保护跳闸压板，模拟任意保护动作，断路器不动作。

② 合上断路器，投入保护跳闸压板，模拟任意保护动作，断路器跳开。

（5）注意事项

① 应特别注意电容器一次接线方式的不同对应电容器保护配置的不同。

② 有些变电站，低压部分的CT变比可能不同。现在，大多数CT采用二次额定值为1A的变比，低电压等级部分有可能不同，采用二次额定值为5A的变比。这时，我们要注意保护装置交流输入插件要求的额定电流是1A还是5A。

③ 对时功能接入前，注意站内是B码对时方式还是有源脉冲对时方式，避免因接错线烧坏对时模块。

4.3.8　电抗器保护装置调试

（1）电抗器保护介绍

我国500kV线路远距离超高压输电线的对地电容大，为吸收这种容性无功功率，限制系统的过电压，对于使用单相重合闸的线路，为限制潜供电容电流，提高重合闸的成功率，都应在输电线两端或一端变电所内装设三相对地并联电抗器。并联电抗器均为单相油浸式，铁芯带气隙，单台容量一般为40～60MVA。

并联电抗器与高压输电线路的相连方式有以下3种：通过隔离开关与线路相连，节省设备，减少投资，可视为与线路一体，但运行欠灵活；采用专用断路器，运行灵活，但投资大；通过放电间隙与线路相连，当电压较高时放电间隙击穿自动投入，电压低时又自动退出，不仅节省投资，还能减少正常运行时的有功功率和无功功率损失，但技术要求较高，可靠性低。

根据并联电抗器的运行状况，常见的电抗器故障类型有内部故障、外部故障和不正常运行状态。电抗器内部故障指的是电抗器箱壳内部发生的故障，有绕组的相间短路故障、单相绕组的匝间短路故障、单相绕组与铁芯间的接地短路故障、电抗器绕组引线与外壳发生的单相接地短路。此外，还有绕组的断线故障。电抗器外部故障指的是箱壳外部引出线间的各种相间短路故障，以及引出线因绝缘套管闪络或破碎通过箱壳发生的单相接地短路。电抗器的不正常运行状态主要包括过负荷引起的对称过电流、运行中的电抗器油温过高以及压力过高等。

（2）调试条件

① 做好开工前的摸底工作，确认设备屏柜组立完毕，相关二次电缆接线完成或光缆熔接完毕。

② 准备好调试所需仪器仪表、工器具，包括便携直流电源、精度采样测试仪、万用表、螺丝刀等，并确认所使用的仪器仪表在检定有效期内。

③ 调试工作开始前，确定好调试人员，并组织调试人员编写调试方案、二次安全措施票、作业指导书、工作票，调试过程中认真填写，不得遗漏。

④ 准备好电抗器保护相关设计图纸、厂家说明书和厂家调试大纲。

⑤ 检查电抗器保护装置的型号、版本号，要符合相关要求。

（3）调试流程及工艺标准

调试流程及工艺标准见表 4-78。

表 4-78　调试流程及工艺标准

序号	调试内容	工艺标准
1	外观检查	① 屏柜及其内部所有元件无锈蚀或碰擦损伤 ② 屏柜内接线整齐美观，端子压接紧固可靠，线端标号和电缆标牌完整清晰 ③ 转换开关、按钮外观完好 ④ 装置外观检查：保护装置的各部件固定良好，无松动现象，装置外形完好，无明显损坏及变形现象，保护装置的背板接线无断线、短路和焊接不良等现象，并检查背板上抗干扰元件的焊接、连线和元器件外观 ⑤ 光纤连接正确、牢固，无光纤损坏、弯折现象；光纤接头完全旋进或插牢，无虚接现象；光纤标号正确 ⑥ 屏柜内防火封堵完好，内部无凝露
2	接地检查	① 屏柜内接地铜排应用截面积不小于 50mm² 的铜缆与保护室内的等电位接地网可靠相连 ② 屏柜内电缆屏蔽层应使用截面积不小于 4mm² 的多股铜质软导线可靠连接到等电位接地铜排上 ③ 屏柜内设备的金属外壳应可靠接地，屏柜的门等活动部分应使用不小于 4mm² 的多股铜质软导线与屏柜体良好连接
3	压板检查	① 跳闸连接片的开口端应装在上方，接至断路器的跳闸回路 ② 跳闸连接片在落下的过程中必须和相邻跳闸连接片有足够的距离，以保证在操作跳闸连接片时不会碰到相邻的跳闸连接片 ③ 检查并确认跳闸连接片在拧紧螺栓后能可靠地接通回路，且不会接地 ④ 穿过保护屏的跳闸连接片导电杆必须有绝缘套，并距屏孔有明显距离
4	绝缘检查	① 分组回路绝缘检查：采用 1000V 摇表测各组回路间及各组对地的绝缘电阻，在测量某一组回路对地绝缘电阻时，应将其他各组回路都接地 ② 整个二次回路的绝缘耐压检验：在保护屏端排处将所有电流、电压及直流回路的端子连接在一起，并将电流回路的接地点拆开，用 1000V 摇表测，要求大于 1MΩ，跳闸回路要求大于 10MΩ

序号	调试内容	工艺标准
5	保护装置直流电源测试	
5.1	检验装置直流电源输入电压值及稳定性	直流电源分别调至 80%、100%、110%额定电压值，模拟保护动作，保护装置应能正确工作
5.2	装置自启动电压测试	① 直流电源缓慢上升时的自启动性能检验，不低于 80%额定电压值装置正常启动 ② 拉合直流电源时的自启动性能检验，80%额定电压时拉合三次直流电源，装置均正常启动
5.3	直流电源拉合试验	拉合三次直流工作电源，保护装置应不误动和误发保护动作信号
6	通电初步检查	① 定值核对、定值区切换检查，能正确输入和修改定值，定值区切换正常，直流电源失电后定值不变 ② 保护装置键盘操作检查和软件版本号检查，软件版本号应符合入网检测要求 ③ 保护装置键盘操作及密码检查，保护装置键盘操作应灵活正确，保护密码应正确，并有记录 ④ 保护装置软件版本号检查 ⑤ 时钟整定与校核，应能正确对时，失电后时钟不应丢失和变化 ⑥ 保护打印机功能测试正常
7	模拟量输入特性检验	
7.1	零漂检查	① 进行本项目检验时要求保护装置不输入交流量 ② 在液晶显示屏中点击查看 CPU 和 DSP 采样值 ③ 检验零漂时，要求在一段时间内（几分钟）零漂值稳定在规定范围内，要求零漂值均在 $0.01I_n$（或 0.05V）以内
7.2	模拟量测试	① 将电流端子、电压端子与试验仪器接好，加入电流和电压，设置大小和相位，检查电流和电压采样是否正确，回路的极性是否正确，相位是否正确 ② 在三相电流回路中加入对称正序额定电流值和电压值，要求保护装置的电流采样值与实测值的误差应不大于 5%，电压采样值与实测值的误差不大于 5%
8	开关量输入回路检验	① 投入功能压板，应有开关量输入的显示 ② 按下打印按钮，应打印 ③ 短接 GPS 对时接点，对时功能正常 ④ 短接接点，在菜单中查看，应有 A 相跳位开入的显示；短接对应接点应出现 B 相和 C 相的跳位开入 ⑤ 会导致装置直接跳闸的光隔输入，其动作电压范围为 50%~70%额定电压
9	保护定值和功能校验	
9.1	过流保护	
9.1.1	过流保护 1 段检验	① 投入"过流保护投入"压板（功能压板） ② 在"整定值修改"子菜单中将"过流 1 段投退"控制字置 1 ③ 将试验仪器与保护装置接好线，在高压侧电流端子排 A 相加入电流，故障电流为 1.05 倍过流 1 段动作电流，模拟过流保护 1 段动作 ④ 点击开始按钮后，装置上有告警事件产生，液晶屏上"过流 1 段"软件 LED 指示灯点亮 ⑤ 加 0.95 倍过流 1 段动作电流时应可靠不动

续表

序号	调试内容	工艺标准
9.1.2	过流保护 2 段检验	① 投入"过流保护投入"压板（功能压板） ② 在"整定值修改"子菜单中将"过流 2 段投退"控制字置 1 ③ 将试验仪器与保护装置接好线，在高压侧电流端子排 A 相加入电流，故障电流为 1.05 倍过流 2 段动作电流，模拟过流保护 2 段动作 ④ 点击试验仪器上的开始按钮后，保护应正确动作，保护装置上"跳闸"指示灯点亮，液晶面板上"过流 2 段"软件 LED 灯应点亮 ⑤ 加 0.95 倍过流 2 段动作电流时应可靠不动
9.2	零序电流保护	
9.2.1	零序过流保护 1 段检验	① 投入"零序过流保护投入"压板（功能压板） ② 在"整定值修改"子菜单中将"零序过流 1 段投退"控制字置 1 ③ 将试验仪器与保护装置接好线，在低压侧电流端子排 A 相加入电流，故障电流为 1.05 倍零序过流 1 段动作电流，模拟零序过流保护 1 段动作 ④ 点击开始按钮后，装置上有告警事件产生，液晶面板"零序 1 段"软件 LED 点亮 ⑤ 加 0.95 倍电流时应可靠不动
9.2.2	零序过流保护 2 段检验	① 投入"零序过流保护投入"压板（功能压板） ② 在"整定值修改"子菜单中将"零序过流 2 段投退"控制字置 1 ③ 将试验仪器与保护装置接好线，在低压侧电流端子排 A 相加入电流，故障电流为 1.05 倍零序过流 2 段动作电流，模拟零序过流保护 2 段动作 ④ 点击开始按钮后，装置上有告警事件产生，液晶面板"零序 2 段"软件 LED 点亮 ⑤ 加 0.95 倍电流时应可靠不动
9.3	开关量输出检查	① 关闭装置电源，装置异常和装置闭锁接点闭合 ② 装置正常运行时，装置异常和装置闭锁接点断开 ③ 模拟过流保护跳闸，所有跳闸接点应闭合 ④ 将运行电源空开断开时，"运行电源消失，操作电源消失"信号端子导通，将操作电源空开断开时，"操作电源消失"信号端子导通
10	整组传动试验	① 投入过流保护、断路器出口跳闸压板。控制室和开关场设专人监视，试验时断路器和保护的动作应一致，中央信号装置的动作及有关光、音信号指示正确 ② 试验结束后，恢复所有接线，检查所有接线连接良好。复归信号，关闭直流电源 15s 后再开开，应无其他告警报告，运行灯亮
11	对时功能检查	检查保护装置的对时功能，查看设计图纸确定所选择的对时方式。现在新建变电站一般选用电 B 码对时方式，一些比较老的变电站，可能会有脉冲对时（分或秒）方式，接入对时线前注意区分。查看说明书，按照对时部分的相关说明检查保护装置在对时接入后，液晶面板上是否有对时标志出现。将保护装置的时间修改成错误时间，对时功能满足后应该可以自动修改为正确的时间
12	打印机功能检查	连接打印机后，通过打印保护定值单检查打印功能。打印结果应字迹清晰、没有乱码、打印机不卡纸，不会发生异常停止的情况
13	保护装置定值整定复核	① 按照定值单整定母线保护定值，整定完成后打印定值单进行核对，核对无问题后签字确认。并且，注意收集电子版或纸制定值单作为出具保护调试报告的依据 ② 定值整定完成后，结合保护功能及检查的方法，对定值单上的定值进行校验

（4）电抗器保护整组传动方法

① 合上断路器，退出保护跳闸压板，模拟任意保护动作，断路器不动作。

② 合上断路器，投入保护跳闸压板，模拟任意保护动作，断路器跳开。

（5）注意事项

① 有些变电站，低压部分的 CT 变比可能不同。现在，大多数 CT 采用二次额定值为 1A 的变比，低电压等级部分有可能不同，采用二次额定值为 5A 的变比。这时，我们要注意保护装置要求的额定电流是 1A 还是 5A。

② 对时功能接入前，注意站内是 B 码对时方式还是有源脉冲对时方式，避免因接错线烧坏对时模块。

4.3.9　安全自动装置调试

电力系统安全自动装置就是当电力系统发生故障或运行异常时，为防止电网失去稳定和避免发生大面积停电，而在电网中普遍采用的一种自动保护装置。如自动重合闸、备用电源和备用设备自动投入、自动联切负荷、自动低频（低压）减负荷、发电厂事故减出力或切机、电气制动、水轮发电机自动启动和调相改发电、抽水蓄能机组由抽水改发电、自动解列、振荡解列及自动快速调节励磁等装置。其作用就是以最快的速度恢复电力系统的完整性，防止发生和中止已开始发生的足以引起电力系统长期大面积停电的重大系统事故，如使电力系统失去稳定、频率崩溃和电压崩溃等。电力系统的运行稳定性包括三种形态，即同步运行稳定、运行频率稳定和运行电压稳定。

电力系统承受大扰动能力的有三类：第一类，保持稳定运行和电网的正常供电，对于出现概率较高的单一元件故障（单相瞬时、双回以上单相永久与三相、N-1、直流单极故障），保护、开关及重合闸正确动作，不采取稳定控制措施；第二类，保持稳定运行，但允许损失部分负荷，出现概率较低的严重故障，如双回线同时断开、直流双极闭锁、任一段母线故障、单回线跳开，保护、开关及重合闸正确动作，必要时允许采取切机和切负荷等稳定控制措施；第三类，当系统不能保持稳定运行时，必须防止系统崩溃，并尽量减少负荷损失，避免多重性严重事故如开关拒动、保护与自动装置误动或拒动、失去大电厂、多重故障等。

相对应地，为保证电力系统安全稳定运行，二次系统配备的完备防御系统应分为三道防线。

第一道防线：由继电保护装置快速切除故障元件，最直接最有效地保障电力系统暂态稳定，即本站的单体调试和分系统调试；第二道防线：采用安全稳定装置及切机、切负荷等措施，确保在发生大扰动情况下电力系统稳定运行；第三道防线：设置失步解列、频率及电压紧急控制装置，依靠这些装置防止事故扩大，防止大面积停电。

这三道防线中，第二道防线主要是以消除不平衡功率为目的，这类紧急控制措施中，最常见的有：快关气门，在电力系统的送端通过快速关闭发电厂汽轮机气缸的调节阀门，达到迅速减少发电机的不平衡加速功率的目的；电气制动，在送端加速发电机的机端或高压母线短时投入一制动电阻，吸收一部分加速功率；切机，在不平衡功率很大而又缺乏电气制动和快关措施时，果断的切机措施是必要的。切机措施必须及时，如果等监测到发电机失步才切机，则对系统的暂态稳定作用很小。由于水轮机启停方便、代价小，是首选的切机方案。切负荷，在电力系统的受端切除一定量的不重要的负荷，可以减少送端发电机的转子摆开角，同时也可以防止切除主力电厂后系统发生频率崩溃。

在电力系统中，应按照 GB 38755—2019《电力系统安全稳定导则》和 DL/T 723—2000《电力系统安全稳定控制技术导则》标准的要求，装设安全自动装置，以防止系统稳定破坏或事故扩大，造成大面积停电，或对重要用户的供电长时间中断。

安全自动装置按其在系统中的作用可分为以下三类。一是维持系统稳定的，有快速励磁、电力系统稳定器、电气制动、快关气门及切机、自动解列、自动切负荷、串联电容补偿、静止补偿器及稳定控制装置等。二是维持频率的，有按频率（电压）自动减负荷、低频自启动、低频抽水改发电、低频调相转发电、高频切机、高频减出力等。三是预防过负荷的，有过负荷切电源、减出力、过负荷切负荷等。

安全自动装置应满足可靠性、选择性、灵敏性和速动性的要求。可靠性是指装置该动作时动作，不该动作时不动作。为保证可靠性，装置应简单可靠，具备必要的检测和监视措施，便于运行维护。选择性是指安全自动装置应根据事故的特点，按预期的要求实现其控制作用。灵敏性是指安全自动装置的启动和判别元件，在故障和异常运行时能可靠启动和进行正确判断。速动性是指维持系统稳定的自动装置要尽快动作，限制事故影响，应在保证选择性前提下尽快动作。

（1）安全稳定控制系统

① 安全稳定控制系统介绍　安全稳定控制系统（简称稳控系统）是保证电网安全稳定运行的重要防线。它是当系统出现紧急状态后，通过执行各种紧急控制措施，使系统恢复到正常运行状态下的控制系统。电力系统安全稳定控制包括预防控制、紧急控制和恢复控制。电网安全稳定控制系统结构如图 4-25。

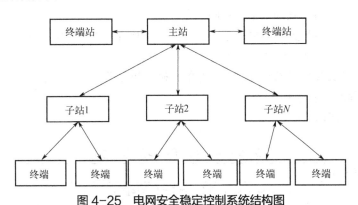

图 4-25　电网安全稳定控制系统结构图

按照电网规模和各厂站之间的功能可以将安全稳定控制系统分为就地型稳定控制、区域稳定控制和混合型稳定控制三类。

区域稳定控制系统是指为了解决一个区域电网的稳定问题而安装在两个或者两个以上厂站的安全稳定控制装置，经信息信道和通信接口设备联系在一起而组成，是调试较多的系统。

常规上，稳定控制系统由控制主站、子站、执行站及站间通道组成。一般在调度中心还设有稳控管理系统，对安稳控制系统进行监视。

控制主站一般安装在枢纽变电站，与各子站进行信息交换，收集全网信息，识别电网运行方式，综合判断多重事故和控制决策，转发有关命令。

控制子站安装在重要的变电站及电厂（500kV），监视本站出线及主变等设备运行状态，将信息上送主站，接收主站下发的运行方式及控制命令，进行本站当地控制及向有关执行站发送控制命令。

执行站安装在需要切机的电厂及需要切负荷的变电站，将本站控制量上送上一级子站或主站，接收上一级站下发的控制命令，并按要求选择被控对象，进行输出控制。根据需要当地还具有出线过载切负荷、低频低压切负荷功能。

　　站间通道及接口以光纤通道为主，采用 2Mb/s 或 64kb/s 数字接口（如 MUX-22 或 MUX-2M），传送数据和命令。在暂时不具备光纤通道的地方，也可使用载波或微波通道，采用音频传送方式 （MODEM 方式），传送速率为 1200b/s，不推荐采用收发信机传送接点命令。

　　稳控管理系统安装在调度中心，采用服务器或 PC 机，经通道收集各主站与子站的运行状态、事件记录及数据记录、装置的异常信息，以表格、曲线的形式提供给运行人员，可以下发控制策略表、定值。通道采用光纤或微波，一般用以太网 2M（64k）接口、103 规约，过去也曾使用远动通道音频方式。

　　② 试验条件

　　a. 相关设备安装已经完成，符合相关设计要求；

　　b. 相关二次回路连接正确，符合相关设计要求；

　　c. 相关保护、测量装置调试完毕，具备安稳联跳条件。

　　③ 试验目的

　　a. 检查安稳系统与相关保护、一次设备的接线是否符合要求；

　　b. 检查安稳系统动作是否符合系统的要求；

　　c. 检查所有相关的模拟量、数字量；

　　d. 检验稳控系统各装置间通信的正确性和可靠性；

　　e. 检验稳控系统各装置间有关信息、命令的传输和接收、防误闭锁措施的正确性和可靠性；

　　f. 检验稳控系统主站切机命令发送到新能源厂站的正确性和可靠性；

　　g. 检验稳控系统新能源站接收切机命令的正确性和可靠性。

　　④ 调试流程及工艺标准

　　调试流程及工艺标准见表 4-79。

表 4-79　调试流程及工艺标准

序号	调试内容	工艺标准
1	外观检查	① 屏柜及其内部所有元件无锈蚀或碰擦损伤 ② 屏柜内接线整齐美观，端子压接紧固可靠，线端标号和电缆标牌完整清晰 ③ 转换开关、按钮外观完好 ④ 装置外观检查：保护装置的各部件固定良好，无松动现象，装置外形完好，无明显损坏及变形现象，保护装置的背板接线无断线、短路和焊接不良等现象，并检查背板上抗干扰元件的焊接、连线和元器件外观 ⑤ 光纤连接正确、牢固，无光纤损坏、弯折现象；光纤接头完全旋进或插牢，无虚接现象；光纤标号正确 ⑥ 屏柜内防火封堵完好，内部无凝露
2	接地检查	① 屏柜内接地铜排应用截面积不小于 50mm² 的铜缆与保护室内的等电位接地网可靠相连 ② 屏柜内电缆屏蔽层应使用截面积不小于 4mm² 的多股铜质软导线可靠连接到等电位接地铜排上 ③ 屏柜内设备的金属外壳应可靠接地，屏柜的门等活动部分应使用不小于 4mm² 的多股铜质软导线与屏柜体良好连接
3	压板检查	① 跳闸连接片的开口端应装在上方，接至断路器的跳闸回路 ② 跳闸连接片在落下的过程中必须和相邻跳闸连接片有足够的距离，以保证在操作跳闸连接片时不会碰到相邻的跳闸连接片 ③ 检查并确认跳闸连接片在拧紧螺栓后能可靠地接通回路，且不会接地 ④ 穿过保护屏的跳闸连接片导电杆必须有绝缘套，并距屏孔有明显距离

续表

序号	调试内容	工艺标准
4	绝缘检查	① 分组回路绝缘检查：采用 1000V 摇表测各组回路间及各组对地的绝缘电阻，在测量某一组回路对地绝缘电阻时，应将其他各组回路都接地 ② 整个二次回路的绝缘耐压检验：在保护屏端子排处将所有电流、电压及直流回路的端子连接在一起，并将电流回路的接地点拆开，用 1000V 摇表测，要求大于 1MΩ，跳闸回路要求大于 10MΩ
5	保护装置直流电源测试	
5.1	检验装置直流电源输入电压值及稳定性	直流电源分别调至 80%、100%、110% 额定电压值，模拟保护动作，保护装置应能正确工作
5.2	装置自启动电压测试	① 直流电源缓慢上升时的自启动性能检验，不低于 80% 额定电压值装置正常启动 ② 拉合直流电源时的自启动性能检验，80% 额定电压时拉合三次直流电源，装置均正常启动
5.3	直流电源拉合试验	拉合三次直流工作电源，保护装置应不误动和误发保护动作信号
6	通电初步检查	① 定值核对、定值区切换检查，能正确输入和修改定值，定值区切换正常，直流电源失电后定值不变 ② 保护装置键盘操作检查和软件版本号检查，软件版本号应符合入网检测要求 ③ 保护装置键盘操作及密码检查，保护装置键盘操作应灵活正确，保护密码应正确，并有记录 ④ 保护装置软件版本号检查 ⑤ 时钟整定与校核，应能正确对时，失电后时钟不应丢失和变化 ⑥ 保护打印机功能测试正常
7	模拟量输入特性检验	
7.1	零漂检查	① 进行本项目检验时要求保护装置不输入交流量 ② 在液晶显示屏中点击查看 CPU 和 DSP 采样值 ③ 检验零漂时，要求在一段时间内（几分钟）零漂值稳定在规定范围内，要求零漂值均在 $0.01I_n$（或 0.05V）以内
7.2	模拟量测试	① 将电流端子、电压端子与试验仪器接好，加入电流和电压，设置大小和相位，检查电流和电压采样是否正确，回路的极性是否正确，相位是否正确 ② 在三相电流回路中加入对称正序额定电流值和电压值，要求保护装置的电流采样值与实测值的误差应不大于 5%，电压采样值与实测值的误差应不大于 5%
8	开关量输入回路检验	① 投入功能压板，应有开关量输入的显示 ② 按下打印按钮，应打印 ③ 短接 GPS 对时接点，对时功能正常 ④ 短接接点，在菜单中查看，应有 A 相跳位开入的显示；短接对应接点应出现 B 相和 C 相的跳位开入 ⑤ 会导致装置直接跳闸的光隔输入，其动作电压范围为 50%～70% 额定电压
9	安稳功能校验	
9.1	元件投停判别	仅使用电气量判别元件投停 当接入元件为线路或主变时： 投运状态：$\lvert P \rvert > P_t$（正常电压时）或 $I > I_t$（电压异常时） 停运状态：$\lvert P \rvert < P_t$（正常电压时）或 $I < I_t$（电压异常时） 装置延时 2s 确认投停状态 当接入元件为机组时： 投运状态：$\lvert P \rvert > P_t$ 或 $I > I_t$

续表

序号	调试内容	工艺标准
9.1	元件投停判别	停运状态：$\lvert P \rvert < P_t$ 且 $I < I_t$ 装置延时 3ms 确认投停状态 注：P_t 为投运的功率门槛定值，I_t 为投运的电流门槛定值
9.2	综合断路器位置和电气量判别元件投停	① 投运状态：TWJ 断开或电气量判别元件为投运状态 ② 停运状态：TWJ 闭合且电气量判别元件为停运状态 ③ 不对应状态：TWJ 闭合，电气量判别元件为投运状态，此时判元件为投运状态，同时装置发位置异常告警信号
9.3	稳定控制主站功能	① 监测主要输电断面功率、判断设备投停状态，识别电网运行方式 ② 自动判别电力系统故障、设备跳闸、运行参数异常等 ③ 根据控制策略表，采取切机、切负荷等控制措施 ④ 通过通信通道实时交换运行信息，传送控制命令等
9.4	稳定控制子站功能	① 监测本站断面功率、识别本站运行方式，判断本站设备故障状态 ② 采集本站信息并通过通道传送给稳定控制主站 ③ 接收、转发指令或信息 ④ 执行切机、切负荷等控制指令
9.5	远切命令模拟	① "数字模拟定值"→"通信试验定值"，"命令试验允许"置 1 ② 投入"试验压板"，在"本地命令"中选择"触发故障试验"，即可模拟主站切本站风机命令
9.6	通道自环试验	将"通道自环试验"中的定值项"光纤接口 4 通道自环"整定为 1，并投入试验压板，可进行通道自环试验
9.7	TA 断线检查	当满足 $3I_0 \geqslant 0.04I_n + 0.25I_{max}$ 时，装置延时 5s 发 CT 断线报警信号，异常消失后，延时 5s 自动返回
9.8	TV 断线判别	当满足 $U_2 > 0.14U_n$ 或 $U_2 < 0.14U_n$，同时 $U_{max} < 0.2U_n$ 且 $I > 0.06I_n$，装置延时 5s 发 PT 断线异常信号，异常消失后，延时 5s 自动返回
9.9	开关量输出检查	① 关闭装置电源，装置异常和装置闭锁接点闭合 ② 装置正常运行时，装置异常和装置闭锁接点断开 ③ 模拟保护跳闸，所有跳闸接点应闭合 ④ 将运行电源空开断开，"运行电源消失，操作电源消失"信号端子导通
10	对时功能检查	检查保护装置的对时功能，查看设计图纸确定所选择的对时方式，现在新建变电站一般选择电 B 码对时方式，一些比较老的变电站，可能会有脉冲对时（分或秒）方式，接入对时线前注意区分。查看说明书，按照对时部分的相关说明检查保护装置在对时接入后，液晶面板上是否有对时标志出现。将保护装置的时间修改成错误时间，对时功能满足后应该可以自动修改为正确的时间
11	打印机功能检查	连接打印机后，通过打印保护定值单检查打印功能。打印结果应字迹清晰、没有乱码、打印机不卡纸，不会发生异常停止的情况
12	保护装置定值整定复核	① 按照定值单整定母线保护定值，整定完成后打印定值单进行核对，核对无问题后签字确认。并且，注意收集电子版或纸制定值单作为出具保护调试报告的依据 ② 定值整定完成后，结合保护功能及检查的方法，对定值单上的定值进行校验

⑤ 故障跳闸类型判别见表 4-80。

表 4-80　故障跳闸类型判别

故障跳闸类型	判据
	判据为"与"的关系
单相瞬时接地故障	① 突变量启动 ② 有一相电流增加 ③ 有一相电压降低 ④ 查到有任一相跳闸信号且在 5ms 之内查不到其他跳闸信号

续表

故障跳闸类型	判据
	判据为"与"的关系
单相永久故障	① 突变量启动 ② 已判出单相瞬时故障或有一相电流增加、有一相电压降低 ③ 在大于重合闸时间后查到有两相跳闸信号
相间故障	① 突变量启动 ② 至少有两相电流增加 ③ 至少有两相电压降低 ④ 查到有两相跳闸信号，且两相跳闸信号间隔小于 5ms
单相转相间故障	① 突变量启动 ② 已判出单相瞬时故障或有一相电流增加、有一相电压降低 ③ 在小于重合闸时间内查到有两相跳闸信号
母线相间故障	① 变量启动 ② 查到有母差保护动作信号 ③ 正序电压小于 50%U_n
断路器失灵	① 突变量启动 ② 查到失灵保护的动作信号或者已判出有故障且故障后延时 T 还有电流

⑥ 规范要求

a. 为保证电力系统在发生故障情况下能够稳定运行，应依据 GB 38755 及 DL/T 723 标准的规定，在系统中根据电网结构、运行特点及实际条件配置防止暂态稳定破坏的控制装置。

· 设计和配置系统稳定控制装置时，应对电力系统进行必要的安全稳定计算以确定适当的稳定控制方案、控制装置的控制策略或逻辑。控制策略可以由离线计算确定，有条件时，可以由装置在线计算定时更新控制策略。

· 稳定控制装置应根据实际需要进行配置，优先采用就地判据的分散式装置，根据电网需要，也可采用多个厂站稳定控制装置及站间通道组成的分布式区域稳定控制系统，尽量避免采用过分庞大复杂的控制系统。

· 稳定控制系统应采用模块化结构，以便于适应不同的功能需要，并能适应电网发展的扩充要求。

b. 对稳定控制装置的主要技术性能要求：

· 装置在系统中出现扰动时，如出现不对称分量，线路电流、电压或功率突变等，应能可靠启动；

· 装置宜由接入的电气量正确判别本厂站线路、主变或机组的运行状态；

· 装置的动作速度和控制内容应能满足稳定控制的有效性；

· 装置应能与厂站自动化系统和/或调度中心相关管理系统通信，能实现就地和远方查询故障和装置信息、修改定值等；

· 装置应具有自检、整组检查试验、显示、事件记录、数据记录、打印等功能。

c. 为防止暂态稳定破坏，可根据系统具体情况采用以下控制措施：

· 对功率过剩地区采用发电机快速减出力、切除部分发电机或投入动态电阻制动等；

· 对功率短缺地区切除部分负荷（含抽水运行的蓄能机组）等；

· 励磁紧急控制，串联及并联电容装置的强行补偿，切除并联电抗器和高压直流输电紧急调制等；

• 在预定地点将某些局部电网解列以保持主网稳定。

d. 当电力系统稳定破坏出现失步状态时,应根据系统的具体情况采取消除失步振荡的控制措施。

• 为消除失步振荡,应装设失步解列控制装置,在预先安排的输电断面,将系统解列为各自保持同步的区域。

• 对于局部系统,如经验算或试验,可通过拉入同步到短时失步运行再到同步的过程,避免严重负荷损失、设备损坏或破坏系统稳定等结果,则可采用再同步控制,使失步的系统恢复同步运行。送端孤立的大型发电厂,在失步时应优先切除部分机组,以利其他机组再同步。

⑦ 安稳系统联调

a. 安稳系统联调应具备的条件。

• 要求做好充分的安全措施。

• 本控制系统涉及的各厂站稳定控制装置已完成现场安装、本体调试等相关工作,功能一切正常。

• 所有厂站稳控装置之间的通道连接已经全部完成,并且通信正常。

• 各站的联系指挥专用电话均已接至稳控装置主机屏柜前附近。

• 联调前,各厂站调试人员已将联调的调试定值输入稳控装置,并核对正确。

• 调试项目表已经发到各站调试人员手中,联调中将据此依次完成项目,每个项目有唯一的编号,以便所有人员能够统一行动。

• 对现场有实时控制装置的各站运行维护人员进行了初步培训,尤其是负责稳控装置的继电保护专职人员应基本掌握装置的性能和操作方法。

• 现场联调试验的领导小组和各站工作小组均已组成,并指定了现场工作负责人。

b. 光功率测试,记录于表 4-81。

表 4-81　光功率测试

厂站	项目		A 套（dbm）	B 套（dbm）
主站	装置型号 对#1 从机	收		
		发		
	装置型号 对 MUX	收		
		发		

c. 站间通道校验,校验内容见表 4-82。

表 4-82　站间通道校验

序号	物理通道	主站侧 通道压板	测量站侧 通道压板	测量站侧 装置状态	主站侧 装置状态
1	正常	投	投	无告警	无告警
2		投	退	通道告警	无告警
3		退	投	无告警	通道告警
4		退	退	无告警	无告警
5	主站侧 接收断	投	投	通道告警	主站 接收异常
6		退	投	无告警	通道告警

序号	物理通道	主站侧通道压板	测量站侧通道压板	测量站侧装置状态	主站侧装置状态
7	测量站侧接收断	投	投	测量站接收异常	通道告警
8		投	退	通道告警	无告警

d. 站间通道测试。

• 主站与测量站通道测试项目见表 4-83。

表 4-83　主站与测量站通道测试项目

主站→测量站	测量站→主站
线路 1 投运	线路 1 跳闸
线路 2 投运	线路 2 跳闸
—	线路 1 投运
	线路 2 投运

• 主站与子站通道测试项目见表 4-84。

表 4-84　主站与子站通道测试项目

主站→子站	子站→主站
需切容量	可切容量
子站退出总功能压板时，主站可切功率清零	
子站退出通道压板时，主站可切功率清零	
子站发送通道中断，主站可切功率清零	
子站接收通道中断，主站可切功率不清零	
子站装置闭锁时，主站可切功率清零	
主站退出通道压板时，主站可切功率清零	

• 主站与执行站通道测试项目见表 4-85。

表 4-85　主站与执行站通道测试项目

主站→电厂执行站	电厂执行站→主站
	第 1 可切机组容量
	第 2 可切机组容量
	第 3 可切机组容量
	第 4 可切机组容量
切电厂机组命令	第 5 可切机组容量
	第 6 可切机组容量
	第 7 可切机组容量
	第 8 可切机组容量
电厂退出总功能压板时，主站可切功率清零	
电厂退出通道压板时，主站可切功率清零	

续表

电厂发送通道中断，主站可切功率清零
电厂接收通道中断，主站可切功率清零
电厂装置闭锁时，主站可切功率清零
电厂退允许切情况，主站可切功率发生对应变化
主站退出通道压板时，主站可切功率清零

• 执行总站与子站通道测试项目见表 4-86。

表 4-86　执行总站与子站通道测试项目

执行总站→子站	子站→执行总站
可切容量	全切命令
—	按容量切令
总站退出总功能压板时，子站可切功率清零	
总站退出通道压板时，子站可切功率清零	
总站发送通道中断，子站可切功率清零	
总站接收通道中断，子站可切功率不清零	
总站装置闭锁时，子站可切功率清零	
总站退允许切情况，子站可切功率发生对应变化	
子站退出通道压板时，子站可切功率清零	

• 线路综合投停的判定条件是：电气量判投则综合投运；电气量判停时，两侧开关位置判投，则综合投运；上述以外的状态判为停运。

• 线路综合跳闸判定条件是：开关跳闸是任一相变位，最终至少两相在分位。

• 系统策略功能校验内容有：主站线路 $N-1$ 策略功能校验；执行总站切机原则校验；主站策略功能校验。

（2）失步解列装置

① 失步解列装置介绍　在电网中，保证电力系统稳定的第三道防线由失步解列、频率及电压紧急控制装置构成，当电力系统发生失步振荡、频率异常、电压异常等事故时采取解列、切负荷、切机等控制措施，防止系统崩溃。

失步解列是电力系统稳定破坏后防止事故扩大的基本措施，在电网结构的规划中应遵循合理的分层分区原则，在电网运行时应分析本电网各种可能的失步振荡模式，制定失步振荡解列方案，配置自动解列装置，即在预先选定的输电断面，以断开输电线路或解列发电厂或变电站母线来实现。

当电力系统发生失步时，破坏了稳定运行，于是出现振荡。此时必须尽快使系统解列。解列后可能破坏系统的功率平衡，导致频率和电压发生变化，因此需要对电源和负载进行调整，以维持系统功率的平衡，保持系统的稳定运行。以此来解列的一系列软、硬件设备，统称为失步解列装置。

a. 配置原则。为尽量缩小事故影响范围，防止发生长期大面积停电的事故，应根据电网结构和安全稳定计算分析的结果，在一些适当的地点装设失步解列装置，如网省间联络线、长距离大容量送电线路、高低压电磁环网低压侧等。220kV 及以上电压等级联络线路和电厂（机组）并网线路的失步解列装置应按双重化配置，一般 500kV、220kV 联络线每条线两侧各配置一套。

电厂（机组）并网线路为双回较短线路，当失稳特性主要影响电厂安全时，可仅在电厂每条出线侧各配置一套失步解列装置。

b. 保护配置。按照标准，失步解列装置应配置的保护功能有低频解列、低压解列、零序过压解列、母线过压解列、过频解列。

② 调试条件

a. 相关设备安装已经完成，符合相关设计要求。

b. 相关二次回路连接正确，符合相关设计要求。

c. 其他相关保护、测量装置调试完毕，具备分系统调试条件。

③ 试验目的　失步解列装置调试是监控系统的分系统试验，其目的是验证失步解列与二次系统的接口功能是否正常，并检查其性能是否满足合同和有关标准、规范的要求。

④ 调试流程及工艺标准　调试流程及工艺标准见表4-87。

表 4-87　调试流程及工艺标准

序号	调试内容	工艺标准
1	外观检查	① 屏柜及其内部所有元件无锈蚀或碰擦损伤 ② 屏柜内接线整齐美观，端子压接紧固可靠，线端标号和电缆标牌完整清晰 ③ 转换开关、按钮外观完好 ④ 装置外观检查：保护装置的各部件固定良好，无松动现象，装置外形完好，无明显损坏及变形现象，保护装置的背板接线无断线、短接和焊接不良等现象，并检查背板上抗干扰元件的焊接、连线和元器件外观 ⑤ 光纤连接正确、牢固，无光纤损坏、弯折现象；光纤接头完全旋进或插牢，无虚接现象；光纤标号正确 ⑥ 屏柜内防火封堵完好，内部无凝露
2	接地检查	① 屏柜内接地铜排应用截面积不小于 50mm² 的铜缆与保护室内的等电位接地网可靠相连 ② 屏柜内电缆屏蔽层应使用截面积不小于 4mm² 的多股铜质软导线可靠连接到等电位接地铜排上 ③ 屏柜内设备的金属外壳应可靠接地，屏柜的门等活动部分应使用不小于 4mm² 的多股铜质软导线与屏柜体良好连接
3	压板检查	① 跳闸连接片的开口端应装在上方，接至断路器的跳闸回路 ② 跳闸连接片在落下的过程中必须和相邻跳闸连接片有足够的距离，以保证在操作跳闸连接片时不会碰到相邻的跳闸连接片 ③ 检查并确认跳闸连接片在拧紧螺栓后能可靠地接通回路，且不会接地 ④ 穿过保护屏的跳闸连接片导电杆必须有绝缘套，并距孔口有明显距离
4	绝缘检查	① 分组回路绝缘检查：采用 1000V 摇表测各组回路间及各组对地的绝缘电阻，在测量某一组回路对地绝缘电阻时，应将其他各组回路都接地 ② 整个二次回路的绝缘耐压检验：在保护屏端子排处将所有电流、电压及直流回路的端子连接在一起，并将电流回路的接地点拆开，用 1000V 摇表测，要求大于 1MΩ，跳闸回路要求大于 10MΩ
5	保护装置直流电源测试	
5.1	检验装置直流电源输入电压值及稳定性	直流电源分别调至 80%、100%、110%额定电压值，模拟保护动作，保护装置应能正确工作
5.2	装置自启动电压测试	① 直流电源缓慢上升时的自启动性能检验，不低于 80%额定电压值装置正常启动 ② 拉合直流电源时的自启动性能检验，80%额定电压时拉合三次直流电源，装置均正常启动

序号	调试内容	工艺标准
5.3	直流电源拉合试验	拉合三次直流工作电源，保护装置应不误动和误发保护动作信号
6	通电初步检查	① 定值核对、定值区切换检查，能正确输入和修改定值，定值区切换正常，直流电源失电后定值不变 ② 保护装置键盘操作检查和软件版本号检查，软件版本号应符合入网检测要求 ③ 保护装置键盘操作及密码检查，保护装置键盘操作应灵活正确，保护密码应正确，并有记录 ④ 保护装置软件版本号检查 ⑤ 时钟整定与校核，应能正确对时，失电后时钟不应丢失和变化 ⑥ 保护打印机功能测试正常
7	模拟量输入特性检验	
7.1	零漂检查	① 进行本项目检验时要求保护装置不输入交流量 ② 在液晶显示屏中点击查看 CPU 和 DSP 采样值 ③ 检验零漂时，要求在一段时间内（几分钟）零漂值稳定在规定范围内，要求零漂值均在 $0.01I_n$（或 $0.05V$）以内
7.2	模拟量测试	① 将电流端子、电压端子与试验仪器接好，加入电流和电压，设置大小和相位，检查电流和电压采样是否正确，回路的极性是否正确，相位是否正确 ② 在三相电流回路中加入对称正序额定电流值和电压值，要求保护装置的电流采样值与实测值的误差应不大于 5%，电压采样值与实测值的误差应不大于 5%
8	开关量输入回路检验	① 投入功能压板，应有开关量输入的显示 ② 按下打印按钮，应打印 ③ 短接 GPS 对时接点，对时功能正常 ④ 短接接点，在菜单中查看，应有 A 相跳位开入的显示；短接对应接点应出现 B 相和 C 相的跳位开入 ⑤ 会导致装置直接跳闸的光隔输入，其动作电压范围为 50%～70%额定电压
9	失步解列功能校验	
9.1	保护功能校验	① 使用微机保护试验仪，根据定值单整定内容，模拟区内、外振荡试验，模拟各种故障，检查保护装置的动作情况 ② 模拟系统振荡，利用测量保护出口的方法做整组检验；使用模拟开关箱，在跳闸出口处测量电位或接点导通
9.2	整组传动试验	① 使用微机保护试验仪，根据定值单整定内容，模拟区内、外振荡试验，模拟各种故障，对断路器进行传动试验，检查断路器动作情况 ② 在传动断路器时，必须先通知检修班，在得到一次工作负责人同意，并在断路器机构箱明显的地方挂"断路器正在传动"标示牌后，方可传动断路器
9.3	故障信号检查	保护装置动作后，检查管理机、故障录波、远方监控系统的动作情况；管理机、故障录波、远方监控系统的动作信息应完全正确
9.4	TA 断线检查	① 装置对输入电流回路进行 TA 断线判别。当装置判出 TA 断线时，闭锁失步解列功能 ② TA 断线判据为线路出于正常运行状态 $3I_0 \geqslant 0.15I_n$ 且 $3I_0 > 0.125I_{max}$ 当满足条件延时 5s 后发 TA 断线报警信号；异常消失后延时 5s 自动返回
9.5	TV 断线判别	① 线路出于正常运行状态，三相电压向量和（$3U_0$）大于 0.15 倍额定电压，延时 5s 发 TV 断线异常信号，输出 TV 断线报文 ② 线路出于正常运行状态，三相电压均小于 0.2 倍额定电压，延时 5s 发 TV 断线异常信号，输出 TV 断线报文 ③ 当装置判出 TV 断线时，闭锁装置启动，异常消失后延时 5s 自动返回

续表

序号	调试内容	工艺标准
9.6	开关量输出检查	① 关闭装置电源，装置异常和装置闭锁接点闭合 ② 装置正常运行时，装置异常和装置闭锁接点断开 ③ 模拟保护跳闸，所有跳闸接点应闭合 ④ 将运行电源空开断开时，"运行电源消失，操作电源消失"信号端子导通
10	对时功能检查	检查保护装置的对时功能，查看设计图纸确定所选择的对时方式。现在新建变电站一般选择电 B 码对时方式，一些比较老的变电站，可能会有脉冲对时（分或秒）方式，接入对时线前注意区分。查看说明书，按照对时部分的相关说明检查保护装置在对时接入后，液晶面板上是否有对时标志出现。将保护装置的时间修改成错误时间，对时功能满足后应该可以自动修改为正确的时间
11	打印机功能检查	连接打印机后，通过打印保护定值单检查打印功能。打印结果应字迹清晰、没有乱码、打印机不卡纸，不会发生异常停止的情况
12	保护装置定值整定复核	① 按照定值单整定母线保护定值，整定完成后打印定值单进行核对，核对无问题后签字确认。并且，注意收集电子版或纸制定值单作为出具保护调试报告的依据 ② 定值整定完成后，结合保护功能及检查的方法，对定值单上的定值进行校验

⑤ 失步解列装置主要技术要求

a. 装置宜具备低电压、过电压、低频、过频和零序过电压解列功能。装置按母线配置。

b. 低电压解列应具备两段解列功能，同时应具备 TV 断线闭锁功能。

c. 过电压解列宜具备两段解列功能，过电压元件应采用线电压进行判断。

d. 低频解列宜具备两段解列功能。

e. 过频解列宜具备两段解列功能。

f. 零序过电压解列宜具备两段解列功能，同时具备母线自产零序电压校核功能。

g. 装置应具备 TV 断线告警功能。

（3）备自投装置

① 备自投装置介绍　备自投功能包括分段备自投和进线备自投，当备自投方式 1～方式 4 控制位均投入时，能够自适应判别备投方式。

可经控制位"备自投动作后自动闭锁投入"选择备自投仅动作一次，此动作需接通解锁开入。

a. 备自投方式 1。备自投方式 1 适用于电源 1 运行、电源 2 备用的进线或主变备投，接线如图 4-26。

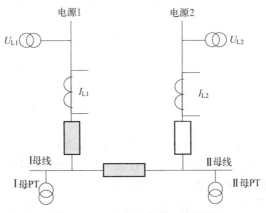

图 4-26　备自投方式 1 接线图

充电条件：备自投功能压板、备自投方式 1、备自投方式 1 控制字均投入，两段母线电压大于有压定值，如果投"检电源 2 电压"需 U_{L2} 大于有压定值，分段断路器在合闸位置，电源 1 断路器在合闸位置，电源 2 断路器在分闸位置，且无其他闭锁条件。

放电条件：断路器位置异常、手跳/遥跳闭锁、U_{L2} 低于有压定值延时 15s、闭锁备自投开入、备自投合上电源 2 断路器、电源 1 或分段断路器跳位经"电源 1 跳闸时间+3s"、电源 1 或 2 断路器跳位开入无效 500ms、自定义控制字"PT 三相断线闭锁备投投入"投入时，任一母线失压延时 15s、PT 三相断线等。

动作逻辑：两段母线电压均低于无压定值，I_{L1} 无流，投"检电源 2 电压"时需 U_{L2} 有压，经"电源 1 跳闸时间"跳电源 1 断路器及Ⅰ母、Ⅱ母并网线的断路器，确认电源 1 断路器跳开后，经"合备用电源长延时"合电源 2 断路器。

电源 1 断路器偷跳时，若"备自投加速自投投入"控制字位退出，则经"电源 1 跳闸时间"补跳电源 1 断路器及Ⅰ母、Ⅱ母并网线的断路器，确认电源 1 断路器跳开后，经"合备用电源长延时"合电源 2 断路器；若"备自投加速自投投入"控制字位投入，则经"备自投加速跳时间"补跳电源 1 断路器及Ⅰ母、Ⅱ母并网线的断路器，确认电源 1 断路器跳开后，经"合备用电源长延时"合电源 2 断路器。

当控制字"闭锁分段偷跳备投逻辑投入"置 0 时，分段断路器偷跳逻辑：Ⅰ母有压，Ⅱ母无压，分段跳位无流，投"检电源 2 电压"时需 U_{L2} 有压，若"备自投加速自投投入"控制字位退出，则经"电源 1 跳闸时间"补跳分段断路器及Ⅱ母并网线的断路器，确认分段断路器跳开后，经"合备用电源长延时"合电源 2 断路器；若"备自投加速自投投入"控制字位投入，则经"备自投加速跳时间"补跳分段断路器及Ⅱ母并网线的断路器，确认分段断路器跳开后，经"合备用电源长延时"合电源 2 断路器。

1#变压器保护动作跳分段断路器和电源 1 断路器时，分段跳位无流或电源 1 跳位无流，投"检电源 2 电压"时需 U_{L2} 有压，若"备自投加速自投投入"控制字位退出，则经"电源 1 跳闸时间"补跳分段断路器及Ⅱ母并网线的断路器，确认分段断路器跳开后，经"合备用电源长延时"合电源 2 断路器；若"备自投加速自投投入"控制字位投入，则经"备自投加速跳时间"补跳分段断路器及Ⅱ母并网线的断路器，确认分段断路器跳开后，经"合备用电源长延时"合电源 2 断路器。

2#变压器保护动作闭锁备自投动作。

用作变压器备投时，投入"跳合高压侧断路器投入"控制字，只需把变压器高压侧断路器的跳合回路接到装置相应出口，在跳电源 1 时会自动联跳电源 1 高压侧断路器，合备用电源时先经"合备用电源短延时"合电源 2 高压侧断路器。

如果设置定值时，"合备用电源短延时"大于"合备用电源长延时"，则按"合备用电源长延时"延时合备用高、低压侧断路器。

b. 备自投方式 2。备自投方式 2 适用于电源 2 运行、电源 1 备用的进线或主变备投，接线如图 4-27。

充电条件：备自投功能压板、备自投方式 2、备自投方式 2 控制字均投入，两段母线电压大于有压定值，如果投"检电源 1 电压"需 U_{L1} 大于有压定值，分段断路器在合闸位置，电源 2 断路器在合闸位置，电源 1 断路器在分闸位置，且无其他闭锁条件。

放电条件：断路器位置异常、手跳/遥跳闭锁、U_{L1} 低于有压定值延时 15s、闭锁备自投开入、备自投合上电源 1 断路器、电源 2 或分段断路器跳位经"电源 2 跳闸时间+3s"、电源 1 或

2 断路器跳位开入无效 500ms、自定义控制字"PT 三相断线闭锁备投投入"投入时，任一母线失压延时 15s、PT 三相断线等。

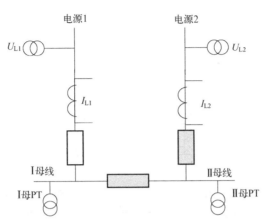

图 4-27　备自投方式 2 接线图

　　动作逻辑：两段母线电压均低于无压定值，I_{L2} 无流，投"检电源 1 电压"时需 U_{L1} 有压，经"电源 2 跳闸时间"跳电源 2 断路器及 I 母、II 母并网线的断路器，确认电源 2 断路器跳开后，经"合备用电源长延时"合电源 1 断路器。

　　电源 2 断路器偷跳时，若"备自投加速自投投入"控制字位退出，则经"电源 2 跳闸时间"补跳电源 2 断路器及 I 母、II 母并网线的断路器，确认电源 2 断路器跳开后，经"合备用电源长延时"合电源 1 断路器；若"备自投加速自投投入"控制字位投入，则经"备自投加速跳时间"补跳电源 2 断路器及 I 母、II 母并网线的断路器，确认电源 2 断路器跳开后，经"合备用电源长延时"合电源 1 断路器。

　　当控制字"闭锁分段偷跳备投逻辑投入"置 0 时，分段断路器偷跳逻辑：II 母有压，I 母无压，分段跳位无流，投"检电源 1 电压"时需 U_{L1} 有压，若"备自投加速自投投入"控制字位退出，则经"电源 2 跳闸时间"补跳分段断路器及 I 母并网线的断路器，确认分段断路器跳开后，经"合备用电源长延时"合电源 1 断路器；若"备自投加速自投投入"控制字位投入，则经"备自投加速跳时间"补跳分段断路器及 I 母并网线的断路器，确认分段断路器跳开后，经"合备用电源长延时"合电源 1 断路器。

　　2#变压器保护动作跳分段断路器和电源 2 断路器时，分段跳位无流或电源 2 跳位无流，投"检电源 1 电压"时需 U_{L1} 有压，若"备自投加速自投投入"控制字位退出，则经"电源 2 跳闸时间"补跳分段断路器及 I 母并网线的断路器，确认分段断路器跳开后，经"合备用电源长延时"合电源 1 断路器；若"备自投加速自投投入"控制字位投入，则经"备自投加速跳时间"补跳分段断路器及 I 母并网线的断路器，确认分段断路器跳开后，经"合备用电源长延时"合电源 1 断路器。

　　1#变压器保护动作闭锁备自投动作。

　　用作变压器备投时，投入"跳合高压侧断路器投入"控制字，只需把变压器高压侧断路器的跳合回路接到装置相应出口，在跳电源 2 时会自动联跳电源 2 高压侧断路器，合备用电源时先经"合备用电源短延时"合电源 1 高压侧断路器。

　　如果设置定值时，"合备用电源短延时"大于"合备用电源长延时"，则按"合备用电源长延时"延时合备用高、低压侧断路器。

c. 备自投方式 3。备自投方式 3 适用于两电源运行、分段跳位、Ⅰ母失压的进线或主变备投，接线如图 4-28。

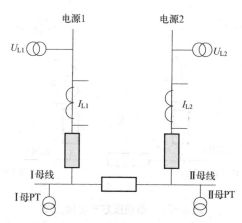

图 4-28　备自投方式 3、4 接线图

充电条件：备自投功能压板、备自投方式 3、备自投方式 3 控制字均投入，两段母线电压均大于有压定值，分段断路器在分闸位置，两进电源断路器在合闸位置，且无其他闭锁条件。

放电条件：断路器位置异常、手跳/遥跳闭锁、Ⅱ母线电压低于有压定值延时、闭锁备自投开入、备自投合上分段断路器、电源 1 断路器跳位经"电源 1 跳闸时间+3s"、电源 1 或 2 断路器跳位开入无效 500ms、自定义控制字"PT 断线闭锁备自投投入"投入时，任一母线失压延时 15s、PT 三相断线等。

动作逻辑：Ⅰ母电压低于无压定值，且 I_{L1} 小于无流定值，Ⅱ母有压时，经"电源 1 跳闸时间"跳电源 1 断路器及Ⅰ母并网线的断路器；确认电源 1 断路器跳开后，经"合分段断路器时间"延时合分段断路器。

电源 1 断路器偷跳时，若"备自投加速自投投入"控制字位退出，则经"电源 1 跳闸时间"补跳电源 1 断路器及Ⅰ母并网线的断路器，确认电源 1 断路器跳开后，经"合分段断路器时间"合分段断路器；若"备自投加速自投投入"控制字位投入，则经"备自投加速跳时间"补跳电源 1 断路器及Ⅰ母并网线的断路器，确认电源 1 断路器跳开后，经"合分段断路器时间"合分段断路器。

主变保护动作闭锁备自投动作。

用作变压器备投时，投入"跳合高压侧断路器投入"控制字，只需把变压器高压侧断路器的跳合回路接到装置相应出口，在跳电源 1 时会自动联跳电源 1 高压侧断路器。

d. 备自投方式 4。备自投方式 4 适用于两电源运行、分段跳位、Ⅱ母失压的进线或主变备投，接线如图 4-28 所示。

充电条件：备自投功能压板、备自投方式 4、备自投方式 4 控制字均投入，两段母线电压均大于有压定值，分段断路器在分闸位置，两电源断路器在合闸位置，且无其他闭锁条件。

放电条件：断路器位置异常、手跳/遥跳闭锁、Ⅰ母线电压低于有压定值延时、闭锁备自投开入、备自投合上分段断路器、电源 2 断路器跳位经"电源 2 跳闸时间+3s"、电源 1 或 2 断路器跳位开入无效 500ms、自定义控制字"PT 三相断线闭锁备投投入"投入时，任一母线失压延时 15s、PT 三相断线等。

动作逻辑：Ⅱ母电压低于无压定值，且 I_{L2} 小于无流定值，Ⅰ母有压时，经"电源 2 跳闸时间"跳电源 2 断路器及Ⅱ母并网线的断路器；确认电源 2 断路器跳开后，经"合分段断路器时间"延时合分段断路器。

电源 2 断路器偷跳时，若"备自投加速自投投入"控制字位退出，则经"电源 2 跳闸时间"补跳电源 2 断路器及Ⅱ母并网线的断路器，确认电源 2 断路器跳开后，经"合分段断路器时间"合分段断路器；若"备自投加速自投投入"控制字位投入，则经"备自投加速跳时间"补跳电源 2 断路器及Ⅱ母并网线的断路器，确认电源 2 断路器跳开后，经"合分段断路器时间"合分段断路器。

主变保护动作闭锁备自投动作。

用作变压器备投时，投入"跳合高压侧断路器投入"控制字，只需把变压器高压侧断路器的跳合回路接到装置相应出口，在跳电源 2 时会自动联跳电源 2 高压侧断路器。

② 试验条件

a. 相关设备安装已经完成，符合相关设计要求。

b. 相关二次回路连接正确，符合相关设计要求。

c. 其他相关保护、测量装置调试完毕，具备分系统调试条件。

③ 试验目的 备自投装置调试是监控系统的分系统试验，其目的是验证备自投与二次系统的接口功能是否正常，并检查其性能是否满足合同和有关标准、规范的要求。

④ 调试流程及工艺标准

a. 采样值品质位检查，检查内容见表 4-88。

调试要点：采样值品质位无效标识在指定时间范围内的累积数量或无效频率超过保护允许范围，相关的保护功能应瞬时可靠闭锁，与该异常无关的保护功能应能正常投入，采样值恢复后，被闭锁的保护功能应及时开放。

调试方法：通过数字继电保护测试仪按不同的频率将采样值中部分数据品质位设置为无效，模拟 MU 发送采样值出现品质位无效的情况。

表 4-88 采样值品质位检查

电流/电压间隔	模拟方法（使用数字试验仪）	装置反应	
		相关保护	无关保护
Ⅰ母电压	按不同频率将某一相数据品质位设为无效	闭锁	动作
Ⅱ母电压	按不同频率将某一相数据品质位设为无效	闭锁	动作
进线 1 保护电流	按不同频率将某一相数据品质位设为无效	闭锁	动作
进线 2 保护电流	按不同频率将某一相数据品质位设为无效	闭锁	动作
分段保护电流	按不同频率将某一相数据品质位设为无效	闭锁	动作

b. 采样传输异常检查，检查内容见表 4-89。

调试要点：采样值传输异常导致保护装置接收采样值通信延时，MU 间采样序号不连续，采样值错序及采样值丢失数量超过保护设定范围，相应保护功能应可靠闭锁，以上异常未超出保护范围或恢复正常后，保护功能恢复正常。

调试方法：采用数字继电保护测试仪调整采样值数据发送延时、采样值序号等模拟保护装置接收采样值通信延时增大、发送间隔抖动大于 10μs、MU 间采样序号不连续、采样值错位及采样值丢失等异常情况。

表 4-89　采样传输异常检查

电流/电压间隔	模拟方法（使用数字试验仪）	装置反应	
		相关保护	无关保护
Ⅰ母电压	调整发送延时；修改采样值序号使其不连续或错位	闭锁	动作
Ⅱ母电压	调整发送延时；修改采样值序号使其不连续或错位	闭锁	动作
进线 1 保护电流	调整发送延时；修改采样值序号使其不连续或错位	闭锁	动作
进线 2 保护电流	调整发送延时；修改采样值序号使其不连续或错位	闭锁	动作
分段保护电流	调整发送延时；修改采样值序号使其不连续或错位	闭锁	动作

c. 开入输入量检查，检查内容见表 4-90。

通过数字化测试仪，按照 SCD 文件正确配置后，进行 GOOSE 收发测试。给入 GOOSEIN，在主菜单的【运行信息】中查看对应的 GOOSE 输入状态应能正确变位。

表 4-90　GOOSE 检查

进入保护开入量菜单，观察液晶显示屏上的开关量变化			
压板或开入	结果	压板或开入	结果
投检修状态	正确	对时	正确
复归		正确	
进入保护软压板开入量菜单，观察液晶显示屏上的软压板投退变化			
压板类别	压板名称	含义	
远方控制压板	远方修改定值软压板	远方修改定值	
	远方切换定值区软压板	远方修改定值区号	
	远方控制压板	远方可以进行控制	
功能投退压板	自投方式 1	备自投方式	
	自投方式 2	备自投方式	
	自投方式 3	备自投方式	
	自投方式 4	备自投方式	
	合后位置	开关合后位置	

d. 外部开入检查，检查内容见表 4-91。

表 4-91　外部开入检查

开入量名称		模拟方法	装置反应
保护板开入	分段跳闸位置	分开断路器	相应位置置 1
	分段合闸位置	合上断路器	相应位置置 1
	分段合后位置	遥合断路器	相应位置置 1
	进线 1 跳闸位置	分开进线 1 断路器	相应位置置 1
	进线 1 合后位置	遥合进线 1 断路器	相应位置置 1
	进线 2 跳闸位置	分开进线 2 断路器	相应位置置 1

开入量名称		模拟方法	装置反应
保护板开入	进线 2 合后位置	遥合进线 2 断路器	相应位置置 1
	闭锁备自投方式 1	模拟 1 号变保护 1 动作	相应位置置 1
	闭锁备自投方式 2	模拟 1 号变保护 2 动作	相应位置置 1
	闭锁备自投方式 3	模拟 2 号变保护 1 动作	相应位置置 1
	闭锁备自投方式 4	模拟 2 号变保护 2 动作	相应位置置 1
	闭锁备自投	投入闭锁备自投硬压板	相应位置置 1
	远方位置	投入远方硬压板	相应位置置 1
	信号复归开入	按复归按钮	相应位置置 1
	装置检修	投入检修硬压板	相应位置置 1
	自投方式 1 充电	满足方式 1 充电条件	相应位置置 1
	自投方式 2 充电	满足方式 2 充电条件	相应位置置 1
	自投方式 3 充电	满足方式 3 充电条件	相应位置置 1
	自投方式 4 充电	满足方式 4 充电条件	相应位置置 1
GOOSE 开入	GOOSE 开入进线 1 开关 KKJ	遥控合进线 1 开关	相应位置置 1
	GOOSE 开入进线 1 开关 KKJ 品质	至进线 1 智能终端链路正常	相应位置置 1
	GOOSE 开入进线 1 开关 TWJ	遥控分进线 1 开关	相应位置置 1
	GOOSE 开入进线 1 开关 TWJ 品质	至进线 1 智能终端链路正常	相应位置置 1
	GOOSE 开入进线 2 开关 KKJ	遥控合 2 开关	相应位置置 1
	GOOSE 开入进线 2 开关 KKJ 品质	至进线 2 智能终端链路正常	相应位置置 1
	GOOSE 开入进线 2 开关 TWJ	遥控分进线 2 开关	相应位置置 1
	GOOSE 开入进线 2 开关 TWJ 品质	至 502 智能终端链路正常	相应位置置 1
	GOOSE 开入分段开关 KKJ	遥控合分段开关	相应位置置 1
	GOOSE 开入分段开关 KKJ 品质	至分段智能终端链路正常	相应位置置 1
	GOOSE 开入分段开关 TWJ	遥控分分段开关	相应位置置 1
	GOOSE 开入分段开关 TWJ 品质	至分段智能终端链路正常	相应位置置 1
	GOOSE 开入分段开关 HWJ	遥控合分段开关	相应位置置 1
	GOOSE 开入分段开关 HWJ 品质	至分段智能终端链路正常	相应位置置 1
	GOOSE 开入 3 闭锁自投	遥控分分段开关	相应位置置 1
	GOOSE 开入 3 闭锁自投品质	至 545 智能终端链路正常	相应位置置 1
	GOOSE 开入 4 闭锁自投	模拟 1 号变保护 1 动作	相应位置置 1
	GOOSE 开入 4 闭锁自投品质	至 1 号变保护 1 链路正常	相应位置置 1
	GOOSE 开入 5 闭锁自投	模拟 1 号变保护 2 动作	相应位置置 1
	GOOSE 开入 5 闭锁自投品质	至 1 号变保护 2 链路正常	相应位置置 1
	GOOSE 开入 6 闭锁自投	模拟 2 号变保护 1 动作	相应位置置 1
	GOOSE 开入 6 闭锁自投品质	至 2 号变保护 1 链路正常	相应位置置 1
	GOOSE 开入 7 闭锁自投	模拟 2 号变保护 2 动作	相应位置置 1
	GOOSE 开入 7 闭锁自投品质	至 2 号变保护 2 链路正常	相应位置置 1
	GOOSE 开入 8 闭锁自投	模拟母线保护动作	相应位置置 1
	GOOSE 开入 8 闭锁自投品质	至母线保护链路正常	相应位置置 1

e. 开出接点检查，检查内容见表 4-92、表 4-93。

表 4-92　出口压板检查

软压板	模拟保护跳闸	压板投入	压板退出
保护出口软压板	分段跳闸出口	动作	不动作
	进线 1 跳闸出口	动作	不动作
	进线 2 跳闸出口	动作	不动作
	分段合闸出口	动作	不动作

表 4-93　信号输出检查

序号	信号名称	模拟方法	监控后台及报文分析	
			监控后台	故障报文分析装置
1	I 母 TV 异常	I 母失压	显示正确	显示正确
2	II 母 TV 异常	II 母失压	显示正确	显示正确
3	备自投充电	进线 1、2 合分段分，I，II 母电压加正常值	显示正确	显示正确
4	备自投动作	任意母线失压	显示正确	显示正确
5	备投跳进线 1 开关	模拟进线 1 进线备投	显示正确	显示正确
6	进线 1 进线备投充电	模拟进线 1 进线备投	显示正确	显示正确
7	进线 1 进线备投动作	模拟进线 1 进线备投	显示正确	显示正确
8	备投进线 1 跳闸	模拟进线 1 进线备投	显示正确	显示正确
9	进线备投进线 1 拒跳	模拟进线 1 进线备投，断进线 1 跳闸压板	显示正确	显示正确
10	分段备投进线 1 拒跳	模拟分段备投，断进线 1 跳闸压板	显示正确	显示正确
11	备投跳进线 2 开关	模拟进线 2 进线备投	显示正确	显示正确
12	进线 2 进线备投充电	模拟进线 2 进线备投	显示正确	显示正确
13	进线 2 进线备投动作	模拟进线 2 进线备投	显示正确	显示正确
14	备投进线 2 跳闸	模拟进线 2 进线备投	显示正确	显示正确
15	进线备投进线 2 拒跳	模拟进线 2 进线备投，断进线 1 跳闸压板	显示正确	显示正确
16	分段备投 502 拒跳	模拟分段备投，断进线 2 跳闸压板	显示正确	显示正确
17	备自投分段拒合	断分段合闸压板	显示正确	显示正确

f. 定值整定及校验，定值及动作结果见表 4-94。

表 4-94　定值整定及校验

有压定值 U_Y=40V/相，无压定值 U_w=17V/相，无流检查 I=0.04A，跳闸时限 t=2.5s，合闸时限 t=0.2s，投入备自投方式：I 母暗备自投、II 母暗备用

项目		动作元件	装置显示
I 母线	0.95U_w，t=5s	跳进线 1 开关	跳进线 1 合分段
	1.05U_w，t=5s	无	不动作
II 母线	0.95U_w，t=5s	跳进线 2 开关	跳进线 2 合分段
	1.05U_w，t=5s	无	不动作
I、II 母线	0.95（1 母和 2 母）U_w，t=5s	跳进线 1 开关	跳进线 1 合进线 2
	1.05（1 母和 2 母）U_w，t=5s	无	不动作

续表

有压定值 U_Y=40V/相，无压定值 U_w=17V/相，无流检查 I=0.04A，跳闸时限 t=2.5s，合闸时限 t=0.2s，投入备自投方式：Ⅰ 母暗备自投、Ⅱ 母暗备用

项目		动作元件	装置显示
Ⅰ、Ⅱ母线	0.95（4 母和 5 母）U_w，t=5s	跳进线 2 开关	跳进线 2 合进线 1
	1.05（4 母和 5 母）U_w，t=5s	无	不动作
检验动作时间			

　　g. 备自投保护传动，传动内容及结果见表 4-95。

　　• 进线 1 带 1 号主变，进线 2 带 2 号主变运行。

表 4-95　备自投保护传动

序号	输入值	理论结果	实际输出
1	进线 1、进线 2 合位，分段分位，Ⅳ、Ⅴ 母三相有压	延时 10s，备投充电	充电灯亮
2	分段为合位	备自投不充电	备自投不动作
3	手动分合进线 1、进线 2，分段	备自投不充电	备自投不动作
4	遥控分合进线 1、进线 2，分段	备自投不充电	备自投不动作
5	备自投保护退出	备自投不充电	备自投不动作
6	备自投软压板退出	备自投不充电	备自投不动作
7	1 号主变保护动作	备自投不充电	备自投不动作
8	2 号主变保护动作	备自投不充电	备自投不动作
9	备投动作一次后闭锁	备自投不充电	备自投不动作
10	暗备用控制字退出	备自投不充电	备自投不动作

　　• 进线 1 带 1 号主变，进线 2 带 2 号主变运行备自投动作情况：

　　满足充电条件，经延时 10s 充电完成；

　　Ⅰ 母失压且进线 1 无流，同时 Ⅱ 母有压，经延时 4.1s 发出跳开进线 1 命令；

　　当进线 1 开关处于分位，则经延时 0.2s 合分段开关；

　　Ⅰ 母失压且进线 1 电流大于 0.03A 时，备自投保护闭锁；

　　Ⅱ 母失压且进线 2 无流，同时 Ⅳ 母有压，经延时 4.1s 发出跳开进线 2 命令；

　　当进线 2 开关处于分位，则经延时 0.2s 合分段开关；

　　Ⅱ 母失压且进线 2 电流大于 0.03A 时，备自投保护闭锁。

　　⑤ 备自投装置技术要求

　　a. 在下列情况下，应装设备用电源的自动投入装置（以下简称自动投入装置）：

　　• 具有备用电源的发电厂厂用电源和变电所所用电源。

　　• 由双电源供电，其中一个电源经常断开作为备用电源。

　　• 降压变电所内有备用变压器或有互为备用的电源。

　　• 有备用机组的某些重要辅机。

　　b. 自动投入装置的功能设计应符合下列要求：

　　• 除发电厂备用电源快速切换外，应保证在工作电源或设备断开后，才投入备用电源或设备。

　　• 工作电源或设备上的电压，不论何种原因消失，除有闭锁信号外，自动投入装置均应动作。

• 自动投入装置应保证只动作一次。

c. 发电厂用备用电源自动投入装置，除 b 条的规定外，还应符合下列要求：

• 当一个备用电源同时作为几个工作电源的备用时，如备用电源已代替一个工作电源，另一工作电源又被断开，必要时，自动投入装置仍能动作。

• 有两个备用电源的情况下，当两个备用电源为彼此独立的备用系统时，应装设各自独立的自动投入装置；当任一备用电源作为全厂各工作电源的备用时，自动投入装置应使任一备用电源能对全厂各工作电源实行自动投入。

• 在条件可能时，自动投入装置宜采用带有检定同步的快速切换方式，并采用带有母线残压闭锁的慢速切换方式及长延时切换方式作为后备；条件不允许时，可仅采用带有母线残压闭锁的慢速切换方式及长延时切换方式。

• 当厂用母线速动保护动作、工作电源分支保护动作或工作电源手动或由分散控制系统（DCS）跳闸时，应闭锁备用电源自动投入。

d. 应校核备用电源或备用设备自动投入时过负荷及电动机自启动的情况，如过负荷超过允许限度或不能保证自启动，应有自动投入装置动作时自动减负荷的措施。

4.4 其他装置调试

4.4.1 测控装置调试

（1）测控装置介绍

电力系统的测控装置，是实现电力系统四遥的基础设备。测控装置的主要功能是：

① 通过电缆或光纤与电力系统的一次设备（断路器、隔离开关、接地刀闸、电流互感器、电压互感器等）和二次设备（保护装置、故障录波器、测控装置、网络分析装置等）直接连接。

② 采集一次设备的电压、电流、频率、功率、温度、开关刀闸位置等信息，采集二次设备的运行状态信息（故障或闭锁信号、保护跳闸信号等），通过间隔层网络和站控层网络将信息传输至微机监控主机。

③ 通过微机监控主机接收运行人员下发的分合闸、挡位调节等命令，并下发给断路器、隔离开关、接地刀闸、有载分接开关。

（2）电力系统四遥

① 遥测：通过测控装置采集电力系统运行的模拟量信息，包括电压、电流、频率、功率、温度等。

② 遥信：通过测控装置采集反映电力系统一二次设备运行状态的开关量信息，包括断路器位置、隔离开关位置、接地刀闸位置、有载分接开关挡位、保护装置报警或闭锁、保护装置跳闸等开关量信息。

③ 遥控：通过测控装置对断路器、隔离开关、接地刀闸等下发分闸或合闸命令。

④ 遥调：通过测控装置接收调度中心下发的调整电力系统的有功和无功参数（对电容器或电抗器进行分合闸操作），调整有载分接开关挡位。

（3）调试条件

调试前需要准备的材料见表 4-96。

表 4-96　调试准备材料

序号	名称
1	变电站二次回路接线图（全套）
2	整理后的点表
3	传动及校验记录
4	测控装置技术说明书
5	测控装置分板原理图
6	测控装置厂家出厂测试报告
7	测控装置组态数据备份
8	测控装置同期整定值通知单
9	断路器同期校验记录
10	作业指导书、二次安全措施票

① 做好开工前的摸底工作，确认设备屏柜组立完毕，相关二次电缆接线完成或光缆熔接完毕。

② 准备好调试所需仪器仪表、工器具，包括便携直流电源、精度采样测试仪、万用表、螺丝刀等，并确认所使用的仪器仪表在检定有效期内。

③ 调试工作开始前，确定好调试人员，并组织调试人员按照表 4-96 准备相关材料，调试过程中认真填写，不得遗漏。

（4）调试项目

主要分为以下七项。

① 测控装置的外观检查。

② 测控装置直流电源检查。

③ 测控装置参数及时钟同步检查。

④ 测控装置遥信传动。

⑤ 测控装置精度测试。

⑥ 测控装置同期校验。

⑦ 测控装置直流测量检查。

（5）调试方法

① 运行灯检查：运行时运行灯应点亮；运行时解锁灯应点亮表示进入解锁状态（采用专用五防机闭锁，装置本身自带的五防功能处于解锁状态）；运行时远方灯应亮，表示可以进行远方操作，就地灯灭。

② 屏蔽接地检查：装置引入、引出电缆必须用屏蔽电缆；屏蔽电缆的屏蔽层必须在装置侧单端接地；测控装置的外壳应用良好导体与屏体接地铜排连接；接地规范、牢固。

③ 电缆标识及接头检查：标号清晰正确且无松动。

④ 插件外观检查：插件外观应完整，插件内应无灰尘。发现问题应查找原因，不要频繁插拔插件。

⑤ 直流电源检查：额定电压为直流 220V；电压浮动范围在±5%内；直流电源回路的保险正常，熔断容量适当。

⑥ 测控装置参数及时钟同步检查：装置参数准确无误；时钟正确，并能实现自动校对；严防误修改装置参数。

（6）测控装置遥信传动

① 传动前与中调、区调自动化值班人员联系：与中调、区调电话联系，获得批准方可进行，防止未经批准就开始工作。

② 开始传动：

a. 记录传动开始的时间。

b. 检查遥信与一次设备运行状态是否一致。

c. 传动前，传动人要与监护人共同确认遥信名称和性质，然后由监护人发令开始传动。

d. 传动时应观察测控装置、监控后台、区调和中调遥信变位情况以及后台告警窗口记录情况，保证其一致性。

e. 遥信在经过分、合或"动作"与"复归"过程传动后，经监护人检查并记录，再进行下一个遥信的传动。

③ 传动结束：

a. 对每个信号进行核对，保证一致性。

b. 确认中调转发表中该测控装置采集信号已全部收到。

c. 确认区调转发表中该测控装置采集信号已全部收到。

d. 所有信号监控后台已经全部收到。

e. 通过规约测试仪检查事件顺序记录（SOE）正确性并与主站核对。

f. 监护人记录工作结束时间。

（7）测控装置精度测试

① 现场遥测变比核实：根据原始记录确认遥测变比；由一人对比，监护人记录；防止误记、漏记遥测变比。

② 虚负荷法遥测数据记录（全校）：电压回路摘除清楚、完全；电流回路封闭清楚、完全；接线正确、清楚、牢固；标准源与装置接线正确、清楚、牢固；正确读取数据。

③ 遥测准确度计算：根据装置读数与标准源读数计算遥测准确度 E（即装置误差），要求在 $\pm 0.5\%$ 内。

基本误差计算公式：

$$E = \frac{V_X V_I}{A_p} \times 100\%$$

式中，V_X 为被测显示值；V_I 为标准显示值；A_p 为基准值（额定值）。

a. 电流误差计算公式

$$E_i = \frac{I_x - I_i}{A_F} \times 100\%$$

式中，I_x 为测控装置显示值；I_i 为标准装置输出值；A_F 为基准值（若用二次值计算，则 A_F 为 1A 或 5A）。

b. 电压误差计算公式

$$E_u = \frac{V_x - V_i}{A_F} \times 100\%$$

式中，V_x 为测控装置显示值；V_i 为标准装置输出值；A_F 为基准值（若用二次值计算，则 A_F 为 57.74V）。

c. 频率误差计算公式

$$E_f = \frac{F_x - F_i}{A_F} \times 100\%$$

式中，F_x 为测控装置显示值；F_i 不标准装置输出值；A_F 为基准值（A_F 为 10Hz）。

d. 功率因数误差计算公式

$$E_{PF} = \frac{PF_x - PF_i}{A_F} \times 100\%$$

式中，PF_x 为测控装置显示值；PF_i 为标准装置输出值；A_F 为基准值（A_F 为 1）。

e. 有功（无功）误差计算公式

$$E_P = \frac{P_x - P_i}{A_F} \times 100\% \qquad E_Q = \frac{Q_x - Q_i}{A_F} \times 100\%$$

式中，P_x（Q_x）为测控装置显示值；P_i（Q_i）为标准装置输出值；A_F 为基准值（$\cos\psi=1$ 或 $\sin\psi=1$ 时用相应的基准电压和基准电流计算得到的三相功率）。

（8）同期试验

① 测控装置同期定值参数检查：装置同期定值参数应准确无误，严防误修改装置参数，同期定值示例如表 4-97。

表 4-97 某变电站的测控装置同期定值

装置型号	NSD500	生产厂家	南瑞科技	开放时间	30s
压差	3V	角差	30°	频差	0.2Hz
滑差	0.1	同期有压	40V	同期无压	30V
导前时间	200ms	同期压板	同期投入	—	—

② 同期试验传动前的准备工作：

a. 接线正确、清楚、牢固。

b. 标准源与装置接线正确、清楚、牢固。

c. 试验电源插座放于工作屏前，测量试验电压是否正常。

d. 精度采样测试仪电源接于试验电源插座，试验电压线正确接至保护校验仪。

e. 用万用表测量试验间隔端子排母线侧、线路侧有无电压，将端子滑片打开，试验线正确接于装置端子排侧，使其具备试验条件。

f. 用万用表测量试验间隔控制回路公共端有无正电，将其拆开，并用绝缘胶布包好。

③ 监控系统后台遥合同期定值试验传动：

a. 记录同期试验传动开始的时间。

b. 检查监控系统后台与测控装置通信情况，确认后台画面遥控间隔连接点位正确。

c. 传动前，传动人要与监护人共同确认试验条件具备，然后由监护人发令开始传动。

d. 传动时应观察测控装置、监控后台以及后台告警窗口记录情况，保证其一致性。

e. 监控系统后台进行遥合同期试验传动后，经监护人检查并记录，再进行下一个遥合试验传动。

f. 将试验间隔"就地/远方"把手置于"远方"位置；投入检修状态压板、断路器出口压板、同期功能压板。

g. 根据同期定值参数设置保护校验仪母线侧和线路侧电压均在定值范围内，压差、角度差、频差、滑差均小于定值或分别大于定值条件。

h. 分别查看测控屏面板显示是否与保护校验仪设置参数一致。

i. 选择万用表通断挡位，将表笔分别置于控制回路公共端端子与合闸端子之间。

j. 在不同设置条件下，监控系统后台分别进行遥合同期试验。

④ 测控装置（智能终端）手合同期定值试验传动：

a. 记录手合同期试验传动开始的时间

b. 检查监控系统后台与测控装置通信情况。

c. 传动前，传动人要与监护人共同确认试验条件具备，然后由监护人发令开始传动。

d. 传动时应观察测控装置、监控后台以及后台告警窗口记录情况，保证其一致性。

e. 测控装置进行手合同期试验传动后，经监护人检查并记录，再进行下一个手合试验传动。

f. 将试验间隔"就地/远方"把手置于"就地"位置，同期把手至于"手动同期"位置；投入检修状态压板、断路器功能压板、同期功能压板。

g. 根据同期定值参数设置保护校验仪母线侧和线路侧电压均在定值范围内，压差、角度差、频差、滑差均小于定值或者分别大于定值条件。

h. 分别查看测控屏面板显示是否与保护校验仪设置参数一致。

i. 选择万用表通断挡位，将表笔分别置于控制回路公共端端子与合闸端子之间。

j. 在不同设置条件下，测控装置分别进行手合同期试验。

⑤ 传动结束：由监护人记录工作结束时间。

a. 确认运行测控屏上"就地/远方"把手置于"远方"位置，遥控出口压板均已投入，检修状态压板退出。

b. 确认同期电压端子排滑片和控制回路电缆公共端均已及时恢复。将各种记录数据重新核实、确认。防止有遗漏的项目；防止不同时记录数据；防止误记、漏记试验数据。

（9）测控装置直流测量检查

常规变电站的变压器油面温度 1、油面温度 2 和绕组温度均需要上传至监控后台。油面温度 1 变送器、油面温度 2 变送器和绕组温度变送器一般输出 4～20mA，接至主变本体测控装置。

（10）注意事项

① 直流电源检查：用直流电压挡测量装置电压；防止直流触电；防止直流电源回路短路或接地；防止电源保险松脱。

② 测控装置遥信传动：

a. 无源接点在"合"时，打开信号输入端，在"断"时，短接公共端。

b. 有源接点在"合"时，打开信号输入端，在"断"时，用信号正电短接。

c. 禁止对未经确认的遥信信号进行传动。

d. 禁止多路信号同时传动。

e. 禁止一个遥信信号传动后未经记录就继续下一个传动。

f. 监控后台各画面都要查看，并确保告警窗口、历史记录中都有相应信息。

③ 测控装置精度测试：

a. 测量电压回路是否带电。

b. 打开电流回路连接片前将电流回路外侧封好，并将电压线断开（A、B、C、N）。

c. 用交流采样测试仪（源）加入标准电压、电流。

d. 记录测控装置采集电压、电流、功率的二次值。

e. 记录当地后台、区调、中调电流、功率的一次值。

f. 防止不同时记录数据；防止误记、漏记遥测数据。

g. 防止电压短路，电压线、N600 必须断开

h. 防止从 PT 二次加压。

i. 防止电流回路开路。

④ 同期校验：

a. 表计量程选择不当，有可能造成二次交、直流电压回路短路或误控。

b. 应确认投入测控屏试验间隔的 PT 电压开关。

c. 母线侧、线路侧测量有电压时，应做好安全措施，防止 PT 回路短路。

d. 工作时防止遥控误动，将运行测控屏上"就地/远方"把手置于"就地"位置，断开遥控出口压板。

e. 确认除检修状态压板、断路器出口压板、同期功能压板外均已退出。

f. 监控系统后台遥合时严防走错间隔。

g. 禁止一次遥合同期试验传动后未经记录就继续下一次传动。

h. 正确读取数据。

（11）规范要求

本小节主要引用下列规程规范：

① DL/T 995—2016《继电保护和电网安全自动装置检验规程》。

② GB/T 50976—2014《继电保护及二次回路安装及验收规范》。

③ GB/T 14285—2006《继电保护和安全自动装置技术规程》。

④ GB/T 7261—2016《继电保护和安全自动装置基本试验方法》。

⑤ 《国家电网有限公司十八项电网重大反事故措施》（2018 修订版）。

⑥ DL/T 516—2017《电力调度自动化运行管理规程》。

⑦ DL/T 5003—2017《电力系统调度自动化设计规程》。

4.4.2 合并单元调试

（1）合并单元装置介绍

目前在电力系统获得广泛应用的是电磁式电流、电压互感器。但传统的电磁式互感器的接线方法有许多缺点，主要有：

① 现场接线方式复杂，并使用大量电缆，难以维护。

② 大量电缆使用容易受到外部干扰，抗干扰能力不强。

近年来，随着电子技术和光纤通信的快速发展，信号传输途径逐渐由光缆代替，这种做法有许多优点：

① 由于光信号不容易受干扰，所以抗干扰能力强。

② 光缆的使用大大节约了电缆，使现场接线变得简单，容易维护。

③ 光纤的使用让通道断链告警成为可能。

合并单元装置采取就地安装的原则，通过交流插件就地采集电流互感器和电压互感器的二次回路采样信息，然后通过 IEC61850-9-2 协议发送给保护或者测控计量装置，能够适用于各种等级变电站常规互感器采样。装置设计灵活通用，数据通道可根据具体情况进行灵活配置。

（2）调试条件

① 做好开工前的摸底工作，确认智能汇控柜安装完毕，合并单元在智能柜内安装并接线完毕，相关二次电缆接线完成或光缆熔接完毕。

② 准备好调试所需仪器仪表、工器具，包括便携直流电源、继电保护测试仪、万用表、螺丝刀等，并确认所使用的仪器仪表在检定有效期内。

③ 调试工作开始前，确定好调试人员，并组织调试人员准备如下相关资料，调试过程中认真填写，不得遗漏。

a. 变电站二次回路接线图（全套）。

b. SCD 配置文件。

c. 合并单元技术说明书。

d. 合并单元出厂测试报告。

e. 合并单元作业指导书、CT/PT 作业指导书、二次安全措施票。

（3）调试项目

① 设备名称及参数检查。

② 合并单元外观检查。

③ 合并单元及相关二次回路绝缘检查。

④ 装置上电及逆变电源检查。

⑤ 工程配置文件及模拟量输入输出检查。

⑥ 合并单元检修功能检查。

⑦ 合并单元告警输出检查。

⑧ 合并单元的时钟同步检查。

⑨ 合并单元电压切换功能检查。

⑩ 光纤衰耗测试。

（4）调试方法

① 设备名称及参数检查　主要是核对合并单元的型号、版本号、制造厂家以及电压电流的额定参数。注意合并单元的型号是 57.7V/1A 还是 57.7V/5A，需要与电流互感器匹配的变比是 1 还是 5。还要核对合并单元的额定工作电压，站内是 220V 直流系统还是 110V 直流系统，装置要与电源匹配，避免损坏设备。

② 合并单元外观检查　检查合并单元在运输过程中是否有磕碰，表面是否有划痕或者凹痕；液晶屏是否完好，能否正常显示；信号灯、按钮、把手、背板接线端子和接线是否变形损坏；检查合并单元相关功能压板是否完好，压板能够正常投退，不卡涩，投退过程中不会碰到相邻压板，开口在上方。合并单元如果存在这些缺陷，应尽快反映给项目部、监理、业主，尽快联系厂家更换。

③ 二次回路绝缘检查　使用 1000V 摇表对合并单元二次回路进行绝缘检查，检查时摇表的 E 端接在地上，L 端接在二次回路上，检查线芯与地之间绝缘以及芯与芯间绝缘，绝缘应大于 10MΩ，绝缘检查完后二次回路应对地放电。按照说明书拔出合并单元需要拔出的插件，使用 500V 摇表对合并单元进行绝缘检查，检查时摇表的 E 端接在地上，L 端接在合并单元相关端子上，测得绝缘电阻应大于 20MΩ。

④ 逆变电源检查

a. 80%额定工作电压时，保护装置稳定工作。

　　b. 电源从 0 上升至 80%额定工作电压，保护装置运行灯应点亮，装置无异常。

　　c. 80%额定电压下拉合三次直流电源空开，逆变电源应可靠启动，保护装置不误动，不误发信号。

　　d. 合并单元掉电恢复过程中无异常，通电后正常工作。

　　e. 合并单元掉电瞬间不误发数据。

　　⑤ 工程配置文件及模拟量输入输出检查

　　a. 装置模拟量输入通道配置检查。

　　b. 装置数字量输出通道配置检查。

　　c. 加入额定电压，检查装置输入状态，输入应正常，无短路、压降现象。

　　d. 加入额定电流，检查装置输入状态，输入应正常，无分流、开路现象。

　　e. 输入电压 A=50V/0°，B=40V/-120°，C=30V/120°，电流 A=1A/0°，B=0.8A/-120°，C=0.6A/120°，按照 SCD 文件的虚端子连接，检查各设备显示采样值是否与输入值一致。这里要注意不同准确度等级的电压和电流二次回路应与相关设备匹配。测量设备使用 0.2 级的电流绕组和 0.5 级的电压绕组，计量表计使用 0.2S 级的电流绕组和 0.2 级的电压绕组，保护装置、故障录波器使用 5P 级的电流绕组和电压绕组。

　　⑥ 检修功能检查

　　a. 投入检修状态压板后，合并单元的检修指示灯点亮。

　　b. 投入检修状态压板后，合并单元应送出检修品质位数据。保护装置在不投入检修压板的状态下，采集到数据但是不进行数据计算，保护装置不动作；在保护装置也投入检修压板后，与合并单元检修状态一致，保护装置才会处理采集到数据，进行计算且满足定制要求后，保护动作跳闸。

　　⑦ 告警输出检查　参考合并单元说明书和设计图纸，进行装置失电和装置异常告警输出信号的检查。装置失电信号和装置异常信号应与微机后台信号光字名称一一对应。

　　⑧ 时钟同步检查

　　a. 合并单元与同步对时系统的光纤连接应正确，通信应正常，合并单元时钟同步信号灯点亮。

　　b. 合并单元的时间同步精度和守时精度应满足规程规范要求。在断开时钟源后，10min 内合并单元时间误差不超过 4μs。

　　⑨ 电压切换功能检查　网络获取断路器、隔离开关 GOOSE 信息功能。合并单元可通过 GOOSE 组网或硬接点电缆接入方式采集切换刀闸的位置信息，并在合并单元的面板上有相应的刀闸切换指示灯点亮。

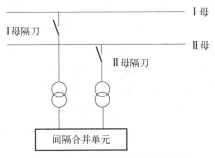

图 4-29　电压切换接线示意图

电压切换接线示意图如图 4-29，向合并单元施加两个母线的电压，改变合并单元的刀闸位置开入，检查合并单元是否能够根据刀闸开入切换电压。检查结果应与表 4-98 一致。在倒闸操作过程中，从故障录波器或网络分析仪中监测其电压波形不应有间断。

表 4-98　合并单元电压切换功能检验

序号	Ⅰ母隔刀		Ⅱ母隔刀		母线电压输出情况
	合	分	合	分	
1	1	0	0	1	Ⅰ母线电压输出
2	0	1	1	0	Ⅱ母线电压输出
3	1	0	1	0	Ⅰ母线电压输出
4	0	1	0	1	无电压输出

⑩ 光纤衰耗测试

a. 测试被测设备光纤端口发送功率、最小接收功率及光纤回路衰耗功率。

b. 光波长 1310nm 光纤：光纤发送功率-20～-14dBm；光接收灵敏度-31～-14dBm。光波长 850nm 光纤：光纤发送功率-19～-10dBm；光接收灵敏度-24～-10dBm。光波长 1310nm 光纤和 850nm 光纤回路（包括光纤熔接盒）的衰耗不大于 0.5dB。

（5）注意事项

① 光纤衰耗测试过程中，要注意保护跳纤不被折断。

② 光纤衰耗测试过程中，要注意测试设备的波长要匹配。

③ 合并单元备用光纤接口不能裸露，扣好防尘盖。

（6）规范要求

本小节主要引用下列规程规范：

① 《国家电网有限公司十八项电网重大反事故措施》（2018 修订版）。

② 《继电保护和电网安全自动装置检验规程》（DL/T 995—2016）。

③ 《智能变电站自动化系统现场调试导则》（Q/GDW 431—2010）。

4.4.3　智能终端调试

（1）智能终端装置介绍

智能终端是由微机实现的智能操作箱，可与分相或三相操作的双跳圈断路器配合使用，保护装置和其他有关设备均可通过智能操作箱进行分合操作。装置具有一组分相跳闸回路和一组分相合闸回路，以及 4 把刀闸、4 把地刀的分合出口，支持基于 IEC61850 的 GOOSE 通信协议，具有最多 15 个独立的光纤 GOOSE 口，满足 GOOSE 点对点直跳的需求。

装置经过严格的高低温和电磁兼容试验，可以在户外运行。专门为装置户外运行而设计的屏柜，其防湿热、防尘、防水、防辐射等各项技术指标都能满足户外安装的要求。

智能终端设备，简化了现场接线方式，大大减少了现场电缆的使用。由于远距离传输采用了光纤方式，所以信号抗干扰能力大大增强。光纤的使用让通道断链告警成为可能。智能终端具体功能见表 4-99。

表 4-99　智能终端具备的功能

断路器操作功能	1	一套分相的断路器跳闸回路，一套分相的断路器合闸回路
	2	支持保护的分相跳闸、三跳、重合闸等 GOOSE 命令
	3	支持测控的遥控分、遥合等 GOOSE 命令
	4	电流保持功能
	5	压力监视及闭锁功能
	6	跳合闸回路监视功能
	7	各种位置和状态信号的合成功能
开入开出功能：配置 80 路开入、39 路开出，还可以根据需要灵活增加		
可以完成开关、刀闸、地刀的控制和信号采集		
支持联锁命令输出		

（2）调试条件

① 做好开工前的摸底工作，确认智能汇控柜安装完毕，合并单元在智能柜内安装并接线完毕，相关二次电缆接线完成或光缆熔接完毕。

② 准备好调试所需仪器仪表、工器具，包括便携直流电源、继电保护测试仪、万用表、螺丝刀等，并确认所使用的仪器仪表在检定有效期内。

③ 调试工作开始前，确定好调试人员，并组织调试人员准备如下相关资料，调试过程中认真填写，不得遗漏。

a. 变电站二次回路接线图（全套）。

b. SCD 配置文件。

c. 智能终端技术说明书。

d. 智能终端出厂测试报告。

e. 智能终端作业指导书、CT/PT 作业指导书、二次安全措施票。

（3）调试项目

① 设备名称及参数检查。

② 智能终端外观检查。

③ 智能终端及相关二次回路绝缘检查。

④ 装置上电及逆变电源检查。

⑤ 智能终端检修功能检查。

⑥ 智能终端告警输出检查。

⑦ 智能终端的时钟同步检查。

⑧ 智能终端开入量检查。

⑨ 智能终端出口压板功能验证。

⑩ 智能终端跳合闸电流整定及防跳继电器校验。

⑪ 光纤衰耗测试。

（4）调试方法

① 设备名称及参数检查　主要是核对智能终端的型号、版本号、制造厂家。还要核对智能终端的额定工作电压，站内是 220V 直流系统还是 110V 直流系统，装置要与电源匹配，避

免损坏设备。

② 外观检查　检查智能终端在运输过程中是否有磕碰，表面是否有划痕或者凹痕；液晶屏是否完好，能否正常显示；信号灯、按钮、把手、背板接线端子和接线是否变形损坏；检查智能终端相关功能压板是否完好，压板能够正常投退，不卡涩，投退过程中不会碰到相邻压板，开口在上方。智能终端如果存在这些缺陷，应尽快反映给项目部、监理、业主，尽快联系厂家更换。

③ 二次回路绝缘检查　使用1000V摇表对智能终端二次回路（控制回路、信号回路、电源回路等）进行绝缘检查，检查时摇表的E端接在地上，L端接在二次回路上，检查线芯与地之间绝缘以及芯与芯间绝缘，绝缘应大于10MΩ，绝缘检查完后二次回路应对地放电。按照说明书拔出智能终端需要拔出的插件，使用500V摇表对智能终端进行绝缘检查，检查时摇表的E端接在地上，L端接在智能终端相关端子上，测得绝缘电阻应大于20MΩ。

④ 装置上电及逆变电源检查

a. 80%额定工作电压时，保护装置稳定工作。

b. 电源从0上升至80%额定工作电压，保护装置运行灯应点亮，装置无异常。

c. 80%额定电压下拉合三次直流电源空开，逆变电源应可靠启动，保护装置不误动，不误发信号。

d. 智能终端掉电恢复过程中无异常，通电后正常工作。

e. 智能终端掉电瞬间不误发数据。

⑤ 检修功能检查

a. 投入检修状态压板后，智能终端的检修指示灯点亮。

b. 投入检修状态压板后，智能终端应送出检修品质位数据。保护装置在不投入检修压板的状态下，保护动作后智能终端收到保护命令不执行；在保护装置投入检修压板后，与智能终端检修状态一致，保护装置下发跳闸或重合闸命令后，智能终端跳闸信号灯或重合闸信号灯点亮，跳闸出口和合闸出口驱动断路器动作。

⑥ 告警输出检查　参考合并单元说明书和设计图纸，进行装置失电和装置异常告警输出信号的检查。装置失电信号和装置异常信号应与微机后台信号光字名称一一对应。

⑦ 时钟同步检查

a. 智能终端与同步对时系统的光纤连接应正确，通信应正常，智能终端时钟同步信号灯点亮。

b. 智能终端的时间同步精度和守时精度应满足规程规范要求。

⑧ 开入量检查

a. 开入量信号的构成一般包括：断路器、隔离开关、接地刀闸的位置信号；断路器、隔离开关、接地刀闸的机构信号，比如断路器储能相关信号，隔离开关和接地刀闸的控制电源和电机电源信号；智能柜本身的信号，比如各种装置电源的掉电信号和空调系统的故障、超温、超湿信号等。

b. 智能终端的开入量应与微机监控系统的光字和报文一一对应，传动时应认真填写作业指导书和自动化点表，避免遗漏。

⑨ 智能终端出口压板功能验证

a. 分相断路器会按照A、B、C三相分别配置断路器跳闸压板和合闸压板，传动过程中应与保护装置的跳闸相别相对应，不误动。

　　b. 智能终端会设置断路器、隔离开关和接地刀闸的分合闸操作的遥控压板,压板与断路器、隔离开关或接地刀闸相对应,投退任意一个遥控压板,其他设备不误动。

　　⑩ 跳合闸电流整定及防跳继电器校验

　　a. 智能终端跳合闸电流整定,以图 4-30 为例,每一相跳合/闸回路的保持电流可以根据工程需要整定,当任何跳线都不短接时,默认保持电流为 0.5A;当短接一个跳线时,则在 0.5A 的基础上再加上该支路的分流（0.5A、1A 或 2A）;当所有跳线均短接时,保持电流定值为 4A,这样可很方便地实现由 0.5～4A 的保持电流的整定（级差为 0.5A）。整定保持电流时,只要按断路器实际跳/合闸电流整定即可,回路的实际动作电流为整定电流的 20%～50%,保留了足够的裕度。

　　以上举例仅仅是某一厂家的跳合闸电流的整定方法,不同厂家的设备会有不同。整定之前应先测量断路器的分合闸线圈的电阻,再按照各厂家说明书里的要求方法进行整定,同时与智能终端的厂家做好沟通,避免整定错误。

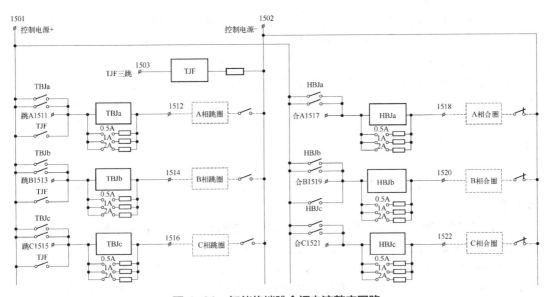

图 4-30　智能终端跳合闸电流整定回路

　　b. 防跳继电器的校验:主要包括防跳继电器动作电压的校验和动作时间的校验两部分。动作电压要求在 55%～70%额定电压之间,接点的动作时间不长于 10ms。防跳继电器的校验还应该结合防跳试验进行,防跳继电器的动作时间应能够与断路器辅助接点相配合,避免因为防跳继电器的动作时间过长,而造成断路器辅助接点在防跳继电器尚未自保持时就返回,进而造成断路器跳跃现象的发生。

　　⑪ 光纤衰耗测试

　　a. 测试被测设备光纤端口发送功率、最小接收功率及光纤回路衰耗功率。

　　b. 光波长 1310nm 光纤:光纤发送功率-20～-14dBm;光接收灵敏度-31～-14dBm。光波长 850nm 光纤:光纤发送功率-19～-10dBm;光接收灵敏度-24～-10dBm。光波长 1310nm 光纤和 850nm 光纤回路（包括光纤熔接盒）的衰耗不大于 0.5dB。

　　（5）注意事项

　　① 光纤衰耗测试过程中,要注意保护跳纤不被折断。

② 光纤衰耗测试过程中，要注意测试设备的波长要匹配。

③ 智能终端备用光纤接口不能裸露，扣好防尘盖。

④ 注意双重化配置下，双套智能终端之间闭锁重合闸回路内要有硬压板。

⑤ 注意双重化配置下，分合闸把手应同时作用于双套智能终端，避免双套智能终端事故总和闭锁重合闸动作行为不一致。

（6）规范要求

本小节主要引用下列规程规范：

① 《国家电网有限公司十八项电网重大反事故措施》（2018 修订版）。

② 《继电保护和电网安全自动装置检验规程》（DL/T 995—2016）。

③ 《智能变电站自动化系统现场调试导则》（Q/GDW 431—2010）。

4.4.4　故障录波器调试

（1）故障录波器装置介绍

故障录波器用于电力系统，可在系统发生故障时，自动、准确地记录故障前、后过程的各种电气量的变化情况，通过这些电气量的分析、比较，对分析处理事故、判断保护是否正确动作、提高电力系统安全运行水平均有着重要作用。故障录波器还可以记录因短路故障、系统振荡、频率崩溃、电压崩溃等大扰动引起的系统电流、电压及其导出量，如有功、无功及系统频率的全过程变化现象。它主要用于检测继电保护与安全自动装置的动作行为，了解系统暂态过程中系统各电参量的变化规律，校核电力系统计算程序及模型参数的正确性。多年来，故障录波已成为分析系统故障的重要依据。

（2）调试条件

① 做好开工前的摸底工作，确认故障录波器屏柜安装完毕，相关二次电缆接线完成或光缆熔接完毕。

② 准备好调试所需仪器仪表、工器具，包括便携直流电源、继电保护测试仪、万用表、螺丝刀等，并确认所使用的仪器仪表在检定有效期内。

③ 调试工作开始前，确定好调试人员，并组织调试人员按照设计图纸里面的故障录波器分册图纸编辑作业指导书，调试过程中认真填写，不得遗漏。有些设计院没有将故障录波器的模拟量和开关量统计好的习惯，只有原理图和端子排图，这个时候，咱们就要自己动手按照端子排图整理好故障录波器的点表（模拟量、开关量）。

④ 常规站故障录波器屏柜组立好以后就可以通知厂家来现场配置故障录波里的模拟量和开关量的参数了。智能站要等 SCD 文件做好以后，经过 SCD 审核，确认 SCD 文件不会再更改，变电站内组网基本完成之后，才能通知厂家来配置故障录波器里面的参数。

（3）调试项目

① 故障录波器参数检查。

② 故障录波器外观检查。

③ 故障录波器绝缘检查。

④ 故障录波器装置上电及逆变电源检查。

⑤ 故障录波器模拟量通道采样值检查。

⑥ 故障录波器开关量通道检查。

⑦ 故障录波器定值校验。

⑧ 故障录波器开出信号及对时功能检查。

（4）调试方法

① 参数检查　主要是核对故障录波器的型号、版本号、制造厂家。还要核对故障录波器的额定工作电压，站内是 220V 直流系统还是 110V 直流系统，装置要与电源匹配，避免损坏设备。检查故障录波器的开关量工作电压是 220V 还是 24V，因为 24V 工作电压的开关量设计方式已经基本被淘汰了，尽快安排厂家更换为 220V 强电工作的开关量板件。

② 外观检查　检查故障录波器在运输过程中是否有磕碰，表面是否有划痕或者凹痕；液晶屏是否完好，能否正常显示；信号灯、按钮、把手、背板接线端子和接线是否变形损坏。

③ 二次回路绝缘检查　使用 1000V 摇表对故障录波器二次回路（控制回路、信号回路、电源回路等）进行绝缘检查，检查时摇表的 E 端接在地上，L 端接在二次回路上，检查线芯与地之间绝缘以及芯与芯间绝缘，绝缘应大于 10MΩ，绝缘检查完后二次回路应对地放电。按照说明书拔出故障录波器需要拔出的插件，使用 500V 摇表对故障录波器进行绝缘检查，检查时摇表的 E 端接在地上，L 端接在故障录波器相关端子上，测得绝缘电阻应大于 20MΩ。

④ 装置上电及逆变电源检查

a. 80%额定工作电压时，保护装置稳定工作。

b. 电源从 0 上升至 80%额定工作电压，保护装置运行灯应点亮，装置无异常。

c. 80%额定电压下拉合三次直流电源空开，逆变电源应可靠启动，保护装置不误动，不误发信号。

d. 故障录波器掉电恢复过程中无异常，通电后正常工作。

e. 故障录波器掉电瞬间不误发数据。

⑤ 模拟量通道采样值检查

a. 装置模拟量输入通道配置检查，模拟量通道的命名应符合规范。

b. 加入额定电压，检查装置输入状态，输入应正常，无短路、压降现象。

c. 加入额定电流，检查装置输入状态，输入应正常，无分流、开路现象。

d. 输入电压 A=50V/0°，B=40V/-120°，C=30V/120°，电流 A=1A/0°，B=0.8A/-120°，C=0.6A/120°，检查各设备显示采样值是否与输入值一致。这里注意，故障录波器的 CT 和 PT 二次回路使用的是 5P 级的绕组。故障录波器各模拟量通道的波形应与测试仪通入的量一致，波形完整，没有畸变。

⑥ 开关量通道检查

a. 装置开关量输入通道配置检查，模拟量通道的命名应符合规范。

b. 在故障录波器单体调试阶段，可以用短接线一端连接在开关量公共端，另一端按顺序依次点击开关量输入端子，模拟相邻两个开关量的动作时间不能长于 4s（具体查看故障录波器的说明书，不同厂家会有不同），这样会把所有试验过的开关量录波在同一张波形图上，便于查看。最终形成的波形图，开关量变位会按照短接模拟的时间顺序依次呈现在录波图上，如果有交叉或者没有开关量变位的情况发生，首先检查端子排至故障录波器背板的接线，可能有接错或松动的情况。

⑦ 定值校验　故障录波器的定值以冀北地区为例进行讲述。冀北地区按照网调继 2008 年 3 号《华北电网故障录波装置管理规定》进行整定，具体线路间隔的线路参数，变电站投运前会出具相关定值单，按下发定值单进行整定。整定并检查结束后，按定值单所列定值项进行定

值校验，调试方法与保护装置校验方法一致。

故障记录装置模拟量启动值，按下列要求执行：

a. 电流（I_n 为电流互感器二次额定电流）。

电流突变量：$\Delta I_\Phi = 0.1 I_n$

相电流：$I_\Phi = 1.2 I_n$

零序电流：$3 I_0 = 0.1 I_n$

负序电流：$I_2 = 0.1 I_n$

b. 电压。

电压突变量：$\Delta U_\Phi = 8V/$相，$\Delta 3 U_0 = 8V$，$\Delta U_2 = 3V/$相

相电压：$U_{过} = 64V/$相，$U_{低} = 52V/$相

零序电压：$3 U_0 = 8V$

负序电压：$U_2 = 3V/$相

c. 频率：$f > 50.5Hz$，$f < 49.5Hz$。

1.5s 内电流变差 10% 启动：$0.1 I_n$。

以上定值均为二次值。

本规定未提及的模拟量启动值，可不用。

d. 定值单不针对单台故障记录装置，按厂站统一下发，包括以下内容：该厂站所有出线的线路参数，一次值；定值单未提供的参数，可不整定；为满足特殊要求而下发的模拟量、开关量以及装置启动定值。

⑧ 开出信号及对时功能检查

a. 检查设计图，按设计接线进行故障录波器的开出量检查。故障录波器一般会有装置故障、录波启动、对时异常等信号线接至变电站公用测控屏。信号传动与监控后台的光字牌和报文显示应一一对应。

b. 检查故障录波器时间与时钟同步系统的时间是否一致；检查故障录波器时钟同步标志是否出现；录波启动，检查生成录波文件的时间是否与时钟同步系统一致。

⑨ 故障录波器组网至调度数据网　原先故障录波器组网至调度数据网均是故障录波器自己组网直接接至调度数据网，现在故障录波器信息通过 II 区数据通信网关机上送至调度数据网，新投故障录波器需要查看是否需要申请 IP 地址。

（5）注意事项

① 调试过程前，注意查看开关量板件是否使用 220V 强电工作电源，因为要求引用设备区断路器位置和三相不一致信号，弱电不满足使用要求。

② 故障录波器的命名，冀北地区必须满足《冀北电网故障录波器配置及命名规范》的要求。

③ 华北地区，故障录波器的定值，按照网调继 2008 年 3 号《华北电网故障录波装置管理规定》执行，一般情况下线路参数会下新的定值单，常规定值不会下发新的定值单。

（6）规范要求

① 网调继 2008 年 3 号《华北电网故障录波装置管理规定》。

② 《冀北电网故障录波器配置及命名规范》。

③ 《国家电网有限公司十八项电网重大反事故措施》（2018 修订版）。

④ 《继电保护和电网安全自动装置检验规程》（DL/T 995—2016）。

4.4.5　继电器调试

（1）继电器介绍

继电器，二次回路的基本元器件之一。当输入量（电压、电流、功率等）达到继电器设置的定值时，通过电磁力带动继电器接点接通或者断开。目前，电力系统常用的继电器包括交流电压继电器、交流电流继电器、直流中间继电器、大功率继电器、时间继电器等。其中，交流电压继电器一般用于电压互感器二次回路电压监视，分为过电压继电器和低电压继电器。过电压继电器一般采集电压互感器零序电压，当电力系统三相不平衡，零序电压升高满足定值后接点动作发出信号；低电压继电器一般分别采集电压互感器 A、B、C 相电压或者 AB、BC、CA 相间电压，当电力系统发生故障电压降低满足低电压定值后，接点动作发出信号。交流电流继电器一般用于变压器冷却系统的按负荷启动风冷回路和过负荷闭锁有载调压回路中。中间继电器是二次回路最常用的继电器，用途广泛，一般是直流电压型继电器。大功率继电器一般用于继电保护中非电量保护瓦斯跳闸的启动回路和变压器或 500kV 母线失灵保护的直跳回路中，因为中间电缆较长，容易受到电磁干扰，一般继电器可能误动。时间继电器一般用于 220kV 及以上断路器的三相不一致保护的启动继电器。

（2）调试条件

① 编写好继电器校验的作业指导书。

② 准备好校验所需仪器仪表、工器具，包括便携直流电源、继电保护测试仪、万用表、螺丝刀等，并确认所使用的仪器仪表在检定有效期内。

（3）调试项目

① 交流电压继电器校验。

② 交流电流继电器校验。

③ 直流中间继电器校验。

④ 大功率继电器校验。

⑤ 时间继电器校验。

（4）调试方法

① 交流电压继电器校验

a. 检查继电器外观，应无破损，各部件动作无妨碍，接点动作不卡涩。

b. 用 1000V 摇表测量继电器的线圈、接点对底座的绝缘不低于 1MΩ。

c. 将测试仪的交流电压输出端与交流继电器的线圈端子（A1、A2）连接，将交流电压继电器的常开接点与测试仪的接点输入端连接。缓慢升高测试仪输出交流电压，在测试仪接收到继电器接点闭合信号后停止升高电压，记录继电器动作电压值；然后缓慢降低测试仪交流输出电压，在测试仪接收到继电器接点打开信号后停止降低电压，记录继电器返回电压值。

d. 检查继电器的动作电压和返回电压与定值是否相符合。应符合大于 1.05 倍电流定值可靠动作，低于 0.95 倍电流定值可靠不动作的要求。

② 直流中间继电器校验

a. 检查继电器外观，应无破损，各部件动作无妨碍，接点动作不卡涩。

b. 用 1000V 摇表测量继电器的线圈、接点对底座的绝缘不低于 1MΩ。

c. 动作值校验：将测试仪的直流电压输出端与直流继电器的线圈端子（A1、A2）连接，将直流电压继电器的常开接点与测试仪的接点输入端连接。缓慢升高测试仪输出直流电压，在测试仪接收到继电器接点闭合信号后停止升高电压，记录继电器动作电压值；然后缓慢降低测试仪直流输出电压，在测试仪接收到继电器接点打开信号后停止降低电压，记录继电器返回电压值。

d. 动作时间校验：用测试仪的时间校验程序，向中间继电器加入额定电压值作为计时启动条件，将常开接点闭合作为停止条件，测量中间继电器的动作时间（仅直接作用于跳闸的中间继电器需校验接点的动作时间）。

e. 检查继电器的动作电压值应在 55%～70% 的额定电压之间。直接作用于跳闸的中间继电器，动作时间应小于 10ms。

③ 大功率继电器校验

a. 检查继电器外观，应无破损，各部件动作无妨碍，接点动作不卡涩。

b. 用 1000V 摇表测量继电器的线圈、接点对底座的绝缘不低于 1MΩ。

c. 动作值校验：将测试仪的直流电压输出端与大功率继电器的线圈端子（A1、A2）连接，将大功率继电器的常开接点与测试仪的接点输入端连接。缓慢升高测试仪输出直流电压，在测试仪接收到继电器接点闭合信号后停止升高电压，记录继电器动作电压值。

d. 动作功率校验：在进行动作值校验的同时，在测试电路中接入直流电流表，记录继电器动作时的电流值，并通过动作电压值和动作电流值计算该继电器的动作功率。

e. 继电器的动作电压值应在 55%～70% 的额定电压之间，动作功率不低于 5W。

④ 时间继电器校验

a. 检查继电器外观，应无破损，各部件动作无妨碍，接点动作不卡涩。

b. 用 1000V 摇表测量继电器的线圈、接点对底座的绝缘不低于 1MΩ。

c. 动作值校验：将测试仪的直流电压输出端与时间继电器的线圈端子（A1、A2）连接，将时间继电器的常开接点与测试仪的接点输入端连接。将时间继电器加入额定电压值作为计时启动条件，将常开接点闭合作为停止条件，测量时间继电器的动作时间。

（5）注意事项

① 继电器测试前，要注意继电器本身的类型，避免测试过程中损坏继电器。

② 继电器测试不能代替回路功能传动。

③ 注意交流和直流继电器不能混用，继电器的额定工作电压要与所在二次回路工作电压相一致。

④ 每个继电器的测试次数不能少于三次。

⑤ 宜在继电器安装位置进行测试，有些厂家的继电器会因为安装方式的不同造成测量结果的差异。

（6）规范要求

本小节主要引用下列规程规范：

① 《国家电网有限公司十八项电网重大反事故措施》（2018 修订版）。

② 《继电保护和电网安全自动装置检验规程》（DL/T 995—2016）。

4.5　分系统调试

4.5.1　交流供电分系统调试

（1）调试工序

调试工序见表 4-100。

表 4-100　调试工序

序号	工序名称		工序要求
1	调试前准备	安全准备	① 工作票符合要求 ② 现场勘察，无交叉作业 ③ 试验工具检验合格 ④ 安全措施布置到位 ⑤ 对工作班成员安全交底完成
		试验人员准备	① 试验人员数量不少于 3 人，其中至少 1 人为工程师或技师及以上资格人员 ② 安全监护人员数量 1 人
		被试设备状态检查	① 电气系统及设备安装完毕 ② 与自动化系统相关的二次电缆已施工结束 ③ 网络设备安装及通信线缆（铜缆和光缆）已施工结束，通信线缆合格并标示正确 ④ 现场交直流系统已施工结束，满足现场调试要求 ⑤ 光纤组网完成
2	断路器分系统调试		① 断路器单体调试完成 ② 断路器与操作箱、测控后台、故障录波器系统回路搭建完成
3	刀闸分系统调试		① 刀闸单体调试完成 ② 刀闸与保护装置、切换箱、测控后台系统回路搭建完成
4	线路保护回路传动		① 断路器分系统调试完成 ② 线路纵联保护通道搭建完成
5	失灵及母差保护传动		线路保护与母差保护回路搭建完成
6	检修功能检查		保护装置与合并单元、智能终端、母差保护回路传动完成
7	二次通流、通压试验		① 电流互感器、电压互感器单体试验完成 ② 合并单元单体试验完成 ③ 故障录波器网络搭建完成 ④ 网络分析系统搭建完成 ⑤ 监控系统搭建完成 ⑥ 电能计量系统搭建完成 ⑦ 保护装置单体调试完成
8	保护与监控、故障录波、故障信息系统传动		① 故障录波器网络搭建完成 ② 监控系统搭建完成 ③ 故障信息系统搭建完成
9	保护与对时系统检查		① 时钟同步系统单体调试完成 ② 保护与时钟同步系统连接完成
10	保护与打印系统检查		① 保护装置打印机安装完成 ② 保护装置与监控后台通信接通

（2）断路器分系统调试

① 电源检查

a. 直流电源上电检查。依次合入表 4-101 中的空开，测量表中端子排位置的直流电压，检查是否有绝缘问题。

表 4-101　上电检查记录表格

类别	合并单元 A 装置电源	智能终端 A 装置电源	智能终端 A 遥信电源	第一组控制电源
测量位置	正： 负：	正： 负：	正： 负：	正： 负：
类别	合并单元 B 装置电源	智能终端 B 装置电源	智能终端 B 遥信电源	第二组控制电源
测量位置	正： 负：	正： 负：	正： 负：	正： 负：

b. 混电绝缘检查。上电后，为防止二次回路有寄生回路、错线等问题造成的电源混电问题。在所有电源空开都合位的情况下，依次断开表 4-101 中的空开，检查确保其对应的端子排的正、负极已无电位。常规变电站需要检查第一组控制电源、第二组控制电源、遥信电源、故障录波电源、保护装置电源之间是否有混电。

c. 交流电源上电检查。上电前，测量 A、B、C、N 之间的直阻并用摇表测量 A、B、C、N 对地的绝缘，无问题后再给交流电源。上电时，需要用万用表及时测量交流电源，如有问题及时断开电源。

② 断路器、隔离开关、接地开关的位置检查

a. 操作前，需要厂家先分合断路器、隔离开关、接地开关，无问题后调试人员方可在汇控柜处分合断路器、隔离开关、接地开关，并检查汇控柜处的指示灯，并应有人在相应的机构本体处确认是否相对应。防止有航空插头、接线接错的情况。

b. 分合操作的同时，应检查合并单元和智能终端的位置显示指示灯动作情况是否一致。

③ 断路器控制回路检查　检查时"远方/就地"把手按照表 4-102 进行，断路器动作情况应与表内结果一致。

a. 汇控柜处控制分合检查。

• 只给上第一组控制电源空开，断开第二组控制电源空开。汇控柜处"远方/就地"切换把手在就地位置时，应能正确分合断路器；"远方/就地"切换把手在远方位置时，操作分合无效。

• 断路器在合位，只给上第二组控制电源空开，断开第一组控制电源空开。汇控柜处"远方/就地"切换把手在就地位置时，应能正确控分断路器；"远方/就地"切换把手在远方位置时，操作控分无效。

b. 智能柜处控制分合检查。查看图纸，确认智能柜处分合闸把手是否能对 A 套、B 套智能终端都进行控制。即智能柜远方/就地把手、分合闸把手，就地和远方时都是控制 A 套的手分、手合，然后通过 A 套的辅助接点开出给 B 套进行分、合操作。

表 4-102　把手状态检查

智能柜处把手位置	汇控柜处把手位置	断路器动作情况
就地	远方	动作
就地	就地	不动作
远方	远方	不动作
远方	就地	不动作

c. 分、合位时分别检查 107、109、137 的电位。电位检查结果应与表 4-103 所列结果一致。

表 4-103　电位检查

断路器在分位时					
测量回路	107	109	137	207	209	237
测量位置	操作箱或智能终端	操作箱或智能终端	操作箱或智能终端	同 107 接点并联使用	同 109 接点并联使用	操作箱或智能终端
正确电位	负	负	正	负	负	正
断路器在合位时					
测量回路	107	109	137	207	209	237
测量位置	操作箱或智能终端	操作箱或智能终端	操作箱或智能终端	同 107 接点并联使用	同 109 接点并联使用	操作箱或智能终端
正确电位	负	正	负	负	正	负

d. 断路器二次回路传动。

• SF_6 功能检查。第一组闭锁继电器为 K3，模拟 SF_6 泄漏至闭锁值，使 K3 动作。断路器置远方，合位时控分无效，分位时控合无效。

第二组闭锁继电器为 K4，模拟 SF_6 泄漏至闭锁值，使 K4 动作。断路器置远方，合位时控分无效。

模拟短接使继电器动作时，汇控柜处 SF_6 闭锁信号指示灯应正确点亮。

单体试验时利用模拟短接的方法，应在适当的时间，进行所有间隔实际放气 SF_6 检查，放气时检查闭锁和信号继电器是否动作。

• 弹簧未储能闭锁。弹簧未储能通过接点 SP2 闭锁。弹簧未储能状态下，断路器置远方，分位时控合无效。

• 电机储能过流、过时闭锁打压。超时闭锁断路器置分位，断开电机电源，调整时间继电器为 3s（原始一般为 30s）。合 A 相，检查 A 相电机储能 3s 后停止，恢复时间继电器原始位置，断开再给上电机电源空开，电机应能继续储能完成。同理检查 B、C 相。

过流闭锁储能过程中模拟热耦继电器动作，电机储能立即停止，复位后继续储能至完成。

• 三相不一致功能检查。220kV 及以上电压等级分相操作的开关，应按照完全双重化的原则配置三相不一致保护回路，两套三相不一致的启动、跳闸回路均应完全独立，禁止共用一套启动回路，禁止采用经同一出口继电器启动两个操作回路的方式跳闸。

每套三相不一致保护的启动及分相跳闸回路均应设置压板，禁止采用出口回路正电源设置 1 个总控制压板的方式。

启动回路检查：断开三相不一致跳闸压板，先观察接点组合，启动继电器的动作情况。非全相状态下，第一组启动压板投入后，时间继电器动作，经整定延时后出口继电器动作。

跳闸出口回路检查：断路器三相置合位，投入第一组启动压板，模拟第一组出口继电器动作，三相开关跳开，跳开后立即返回继电器；断路器三相置合位，投入第二组启动压板，模拟第二组出口继电器动作，三相开关跳开，跳开后立即返回继电器。

信号回路检查：每套三相不一致保护回路至少需要提供两副瞬动接点用于监控及故录，一副保持接点用于运行人员就地检查。信号保持继电器动作后，按下复归按钮，信号应复归。检查结果应与表 4-104 一致。

表 4-104　三相不一致功能检查

A 相位置	B 相位置	C 相位置	第一组时间继电器	第一组出口、信号保持继电器	第二组时间继电器	第二组出口、信号保持继电器
合	合	合	×	×	×	×
分	分	分	×	×	×	×
分	合	合	√	√	√	√
合	分	合	√	√	√	√
合	合	分	√	√	√	√
合	分	分	√	√	√	√
分	合	分	√	√	√	√
分	分	合	√	√	√	√

• 防跳功能检查。压力闭锁等接点在控制回路中的位置应合理，确保不会断开已动作保持的防跳回路。

防跳继电器应为快速动作继电器，其动作时间应满足要求，即确保断路器手合于故障的最严重情况下能快速动作可靠断开合闸回路。

断路器保持分位，短接合闸接点并保持，模拟断路器永久故障跳闸，断路器的动作情况应为"分位-合位-分位"，待断路器电机储能完成后，断路器不再动作，仍能保证可靠闭锁在分位，即为试验合格，此时再断开合闸接点，并检查计数器动作情况是否正确，同时检查故障录波器断路器位置波形是否正确。

④ 断路器遥控传动　检查结果应与表 4-105 一致。

表 4-105　断路器遥控传动

控制分合	断路器
控合	由分到合
控分	由合到分

就地操作无问题后，需检查远方操作回路：汇控柜处隔离接地"远方/就地"把手置就地时，不能进行远方操作。

⑤ 信号回路检查　本部分只作为信号回路检查的参考，具体以厂家图纸为准，因为不同间隔的信号略有不同。信号示例见表 4-106～表 4-109。

表 4-106　智能终端 A 信号检查

信号名称	智能终端	监控后台	模拟方法
断路器 A 相分位			
断路器 A 相合位			
断路器 B 相分位			
断路器 B 相合位			
断路器 C 相分位			
断路器 C 相合位			

信号名称	智能终端	监控后台	模拟方法
2G 隔离开关分位			
2G 隔离开关合位			
3G 隔离开关分位			
3G 隔离开关合位			
2GD 地刀分位			
2GD 地刀合位			
3GD1 地刀分位			
3GD1 地刀合位			
3GD2 地刀分位			
3GD2 地刀合位			
断路器弹簧未储能			SP1
断路器 SF_6 压力低告警			K2 继电器
断路器 SF_6 压力低闭锁 1			K3 继电器
断路器机构就地			SBT1 把手
三相不一致 1 动作			KL4
合闸储能超时			KT3
第一组控制电源空开跳闸			QF1
断路器机构远方			SBT1 把手
断路器本体加热电源空开跳闸			QF10 空开
A 相电机控制电源空开跳闸			QF3 空开
B 相电机控制电源空开跳闸			QF4 空开
C 相电机控制电源空开跳闸			QF5 空开
A 相机构加热电源空开跳闸			QF6 空开
B 相机构加热电源空开跳闸			QF7 空开
C 相机构加热电源空开跳闸			QF8 空开
断路器机构就地			SBT1 把手
断路器机构远方			SBT1 把手
2G 刀闸机构远方			SBT2 把手
2G 刀闸机构就地			SBT2 把手
2G 刀闸电机过载故障			KT 热过载继电器
2G 刀闸断相与相序故障			XJ 相序继电器
2G 刀闸加热电源空开跳闸			SD1 继电器
2G 刀闸控制电源空开跳闸			控制电源 QF2
2G 刀闸电机电源空开跳闸			电机电源 QF3
3G 刀闸机构远方			SBT2 把手
3G 刀闸机构就地			SBT2 把手
3G 刀闸电机过载故障			KT 热过载继电器
3G 刀闸断相与相序故障			XJ 相序继电器
3G 刀闸加热电源空开跳闸			SD1 继电器
3G 刀闸控制电源空开跳闸			控制电源 QF2
3G 刀闸电机电源空开跳闸			电机电源 QF3

续表

信号名称	智能终端	监控后台	模拟方法
2GD 刀闸机构远方			SBT2 把手
第一套合并单元装置闭锁			断开装置电源
第一套合并单元装置告警			拔光纤
2GD 刀闸机构就地			SBT2 把手
智能终端远方			1-4QK
第二套智能终端告警			拔光纤
第二套智能终端闭锁			断开装置电源
智能终端联锁			41JSH 置联锁
智能终端解锁			41JSH 置解锁
2GD 刀闸电机过载故障			KT 热过载继电器
2GD 刀闸断相与相序故障			XJ 相序继电器
2GD 刀闸加热电源空开跳闸			SD1 继电器
2GD 刀闸控制电源空开跳闸			控制电源 QF2
2GD 刀闸电机电源空开跳闸			电机电源 QF3
智能柜空调照明电源空开跳闸			SD
线路 PT 二次空开跳闸			QF
3GD1 刀闸机构远方			SBT2 把手
3GD1 刀闸机构就地			SBT2 把手
3GD1 刀闸电机过载故障			KT 热过载继电器
3GD1 刀闸断相与相序故障			XJ 相序继电器
3GD1 刀闸加热电源空开跳闸			SD1 继电器
3GD1 刀闸控制电源空开跳闸			控制电源 QF2
3GD1 刀闸电机电源空开跳闸			电机电源 QF3
3GD2 刀闸机构远方			SBT2 把手
3GD2 刀闸机构就地			SBT2 把手
3GD2 刀闸电机过载故障			KT 热过载继电器
3GD2 刀闸断相与相序故障			XJ 相序继电器
3GD2 刀闸加热电源空开跳闸			SD1 继电器
3GD2 刀闸控制电源空开跳闸			控制电源 QF2
3GD2 刀闸电机电源空开跳闸			电机电源 QF3
空调 1 湿度告警			1RJH
空调 1 温度告警			1RJH
空调 1 装置告警			1RJH

表 4-107　合并单元 A 切换信号检查

信号名称	合并单元	监控后台	模拟方法
检修状态			—
-1G 合			—
-1G 分			—
-2G 合			—
-2G 分			—

表 4-108　智能终端 B 信号检查

信号名称	智能终端	监控后台	模拟方法
断路器 A 相分位			
断路器 A 相合位			
断路器 B 相分位			
断路器 B 相合位			
断路器 C 相分位			
断路器 C 相合位			
2G 隔离开关分位			
2G 隔离开关合位			
3G 隔离开关分位			
3G 隔离开关合位			
2GD 地刀分位			
2GD 地刀合位			
3GD1 地刀分位			
3GD1 地刀合位			
3GD2 地刀分位			
3GD2 地刀合位			
第二组控制电源空开跳闸			QF2
断路器 SF_6 压力低闭锁 2			K4 继电器
三相不一致 2 动作			KL5
第二套合并单元装置闭锁			断开装置电源
第二套合并单元装置告警			拔光纤
第一套智能终端告警			拔光纤
第一套智能终端闭锁			断开装置电源
空调 2 湿度告警			2RJH
空调 2 温度告警			2RJH
空调 2 装置告警			2RJH

表 4-109　合并单元 B 切换信号检查

信号名称	合并单元	监控后台
检修状态		
−1G 合		
−1G 分		
−2G 合		
−2G 分		

⑥ 交流加热照明回路检查

a. 照明回路。

• 汇控柜照明。图纸中汇控柜共有 2 个照明灯，分别由 4 个门控开关接点控制。

• 断路器机构照明。图纸中机构内有 2 个照明灯，由三个柜门控开关并联控制。

b. 加热回路。

• 先在保证电源断电的情况下，测量端子排上两端的电阻。

• 测量完成后，给上空开，模拟温控器动作，再对所有测量端子进行电源电压检查。检查对象如表 4-110 所示。

表 4-110　加热回路检查内容

序号	内容
1	智能柜温控器加热
2	智能柜常投加热
3	2G 隔离刀闸
4	3G 隔离刀闸
5	2GD 接地刀闸
6	3GD1 接地刀闸
7	3GD2 接地刀闸
8	断路器机构温控器加热
9	断路器机构常投加热
10	断路器机构伴热带加热

（3）刀闸分系统调试

① 接线检查　查线过程中需要特别注意，端子箱至机构箱之间的电缆是否有交、直流混用一根电缆的情况。例如信号、切换回路是直流，而电机、控制电源是交流。

② 刀闸控制回路检查

a. 传动前首先确认刀闸状态，在保证安全的条件下进行传动。

b. 检查端子箱、机构箱电源，保证电机电源、控制电源、加热照明电源电压正常、电机电源相序正确，同时保证加热照明电源与电机控制电源保持独立。将所有五防编码锁电缆短接并做好绝缘。

c. 在刀闸机构箱处，断开电机电源和控制电源，将摇把插入电机手动控制插孔顺时针或逆时针摇动电机，刀闸机构应平稳升降无卡涩，相应辅助接点动作正确。重复此步骤，直至将所有刀闸和地刀全部置分位。

d. 将要传动的刀闸手动摇至半分半合状态，抽出摇把，挡板应恢复至正常电动位置。远方就地把手扳至就地。

e. 检查闭锁回路是否接入，若已接入，需要短接闭锁回路（操作完成后记得恢复原状）。

f. 按照分—停—合—停—分—合—分顺序进行操作，刀闸机构动作应与操作顺序一致。如分合方向相反，应立即断开电机电源和控制电源，将电机相序进行调整，直至刀闸机构动作与操作顺序一致，相应辅助接点动作正确。

g. 在端子箱处，将端子内远方就地把手扳至就地位置，重复步骤 f，刀闸机构应不动作。将机构箱内远方就地把手扳至远方位置，重复步骤 f，刀闸机构动作应与操作顺序一致，相应辅助接点动作正确。

h. 将端子箱内远方就地把手扳至远方位置，重复步骤 g，刀闸机构应不动作。

i. 将端子箱内远方就地把手扳至远方位置，监控后台遥控操作刀闸，刀闸机构应动作正确，端子箱内远方就地把手扳至就地位置时，后台遥控操作刀闸，刀闸机构不应动作。

③ 信号回路检查　在控制回路检查正确后，保证信号电源正常情况下，按照表 4-111 进行信号回路检查，电位或通断应正确可靠。

表 4-111　信号回路检查

信号名称	测量位置	模拟方法
刀闸远控		远方就地把手切换至远方
刀闸近控		远方就地把手切换至就地
电机过热故障		按下继电器过热试验按钮
断相与相序信号		断开任一相电机电源
刀闸加热电源消失		断开刀闸加热空开
刀闸控制电源消失		断开刀闸控制空开
刀闸电机电源消失		断开刀闸电机空开
照明电源消失		断开照明电源空开
刀闸合位		合刀闸
刀闸分位		分刀闸

④ 五防编码锁传动　以上步骤完成后，逐个断开五防编码锁，重复控制回路检查相关步骤，对应的刀闸机构均不应动作。传动正确后再将编码锁进行短接处理，以备分系统调试使用。

⑤ 加热照明回路检查　确保加热照明电源正确情况下进行此项检查。打开加热照明开关，相应的照明灯应可靠点亮，温湿度控制器状态正常，常通加热器工作，按下手动模式后，大功率加热器工作，两者均可测量出加热电流。按下自动模式后，视环境温湿度决定大功率加热器是否工作，温湿度控制器定值按照运行要求进行整定。

⑥ 联锁回路传动　在以上五步完成后，进行联锁回路传动，依据为设计图纸，每个回路都要传动正确以保证运行安全。联锁传动包括本间隔联锁和跨间隔联锁。传动内容参考表 4-112所示。

表 4-112　联锁回路检查

序号	检查内容	备注
1	间隔内联锁	
2	母线侧刀闸与母线接地刀闸之间的相互联锁	
3	母线侧刀闸倒闸操作时与母联间隔的联锁	
4	主变三侧之间的刀闸、接地刀闸的相互联锁	

（4）线路保护分系统调试

① 跳闸、重合闸传动检查　将光纤通道自环，定值中两侧纵联码整定一致，投入纵联差动功能软压板，使保护光纤通道一/通道二恢复正常，合三相开关，使重合闸充电灯点亮。

退出另一套保护 TWJ 启动重合闸控制字，用常规模拟量测试仪在合并单元处通入故障量，分别模拟正向区内 A/B/C 单相瞬时故障、单相永久故障、CA 相瞬时故障。检查断路器各相跳闸及保护、智能终端装置面板的动作信号显示是否正确，检查保护跳闸出口压板及重合闸压板的正确性。断路器处应有人核实断路器动作的正确性。

将以上的各种动作情况填入表 4-113。表中×表示压板退出，√表示压板投入。

表 4-113　跳闸、重合闸传动检查

重合闸方式	模拟故障类别	智能终端出口硬压板				保护出口软压板		断路器动作结果	跳闸灯	重合闸灯
		A	B	C	重合	跳闸	重合			
单重方式	A 相瞬时故障	×	√	√	√	√	√	不动	亮	不亮
		√	×	×	×	√	√	跳 A	亮	亮
		√	×	×	×	×	√	不动	不亮	不亮
		√	×	×	√	√	√	跳 A，合 A	亮	亮
		√	×	×	√	√	×	跳 A，不合	亮	不亮
	B 相瞬时故障	√	×	√	√	√	√	不动	亮	不亮
		×	√	×	√	√	√	跳 B，合 B	亮	亮
	C 相瞬时故障	√	×	√	√	√	√	不动	亮	不亮
		×	×	√	√	√	√	跳 C，合 C	亮	亮
	C 相永久故障	√	√	√	√	√	√	三跳	亮	不亮
	CA 相瞬时故障	√	√	√	√	√	√	三跳	亮	不亮

② 线路光纤通道调试

a. 收发功率测试，测试位置见表 4-114。

表 4-114　收发功率测试

项目	光发/dBm	光收/dBm
保护装置一口		
保护装置二口		
光电转换装置一		
光电转换装置二		

b. 通道检查：本侧与对侧保护纵联码检查；本侧与对侧通道方式检查。

c. 通道一采样：将光纤收发装置接好通道告警消失，本侧与对侧 CT 变比核对。
线路两端差动保护电流同步性检验，同步性能宜小于 2°。

d. 模拟线路故障：将两侧的光纤收发装置接好投入纵差保护压板，让两侧开关合位并充满电，本侧加故障量，两侧开关应跳开重合。

e. 远跳功能测试：将两侧的光纤收发装置接好投入纵差保护压板，让对侧发远跳，本侧加启动量开关跳开；本侧发远跳，让对侧加启动量开关跳开，并检查故障录波器中的收远跳信号是否正确。

f. 弱馈功能测试：线路两侧均投入差动保护压板，本侧断路器在合位，对侧开关在跳位，重合闸单重状态并充电完成，模拟差动保护动作，动作结果应为：加单相故障量时单跳单重，多相故障时三跳不重合。

g. 通道二采样检查，检查内容见表 4-115。

表 4-115　通道二采样检查

项目	A	B	C
本侧加			

续表

项目	A	B	C
对侧收			
对侧加			
本侧收			

h. 光纤通道检查，检查内容见表 4-116。

对调工作完成后，两侧光纤通道保持在正常运行状态，观察 24h 报文异常、通道失步、通道误码有无变化，是否正常。

表 4-116　光纤通道检查

通道状态	记录数据
通道一失步、丢帧	
通道一误码	
通道一延时	
通道二失步、丢帧	
通道二误码	
通道二延时	

当线路是双回线时，为防止两侧的光纤或 2M 回路交叉接错，应将一侧的保护电源断开，对侧观察是否本线路通道告警。

③ 线路保护启动失灵传动检查　投入启动失灵发送软压板，模拟单相 A/B/C 瞬时故障，不需带开关，在母差保护处观察对应的失灵开入信号（若单相故障时，母差处难以分清 A/B/C 三相开入，则可使用线路保护开出失灵信号检查）。

退出启动失灵发送软压板，模拟线路故障，在母差保护处观察对应的失灵开入信号。

④ 检修功能检查　检修一致性检查（模拟差动保护动作，保护出口软压板投入）按照表 4-117 进行。

表 4-117　检修功能检查

保护装置状态	合并单元状态	智能终端状态	保护装置动作情况	断路器动作情况
运行	运行	运行	保护动作	断路器跳开
检修	运行	运行	SV 采样无效，保护不动作	断路器拒动
运行	检修	运行	SV 采样无效，保护不动作	断路器拒动
运行	运行	检修	保护动作	断路器拒动
检修	检修	运行	保护动作	断路器拒动
检修	检修	检修	保护动作	断路器跳开

⑤ 二次通流、通压试验

a. 二次通流试验。打开 CT 根处端子排连接片，封好该组 CT 其他所有端子排处连接片，在线路合并单元处使用常规模拟量测试仪按照计量、测量、保护 1、保护 2 顺序通入分相电流。通流内容如表 4-118 所示。

表 4-118　二次通流结果记录

CT 编号及变比	用途功能	加量端子排位置	观察点
CT1 3200/5	计量	XT3：1（A） XT3：2（B） XT3：3（C） XT3：10（N）	电能表
CT2 3200/5	测量	XT3：14（A） XT3：15（B） XT3：16（C） XT3：23（N）	线路测控 监控后台
CT3 3200/5	保护 1	XT3：27（A） XT3：28（B） XT3：29（C） XT3：36（N）	线路保护 A 母差保护 A 故录 网分
CT4 3200/5	保护 2	XT3：40（A） XT3：41（B） XT3：42（C） XT3：49（N）	线路保护 B 母差保护 B 故障录波 网络分析

注：扩建间隔与其他间隔的同期性检查，母差保护的差流应为0。

b. 二次通压试验。将所有电压二次回路连接片接入，只断开端子箱处电压互感器至一次设备处连接片，避免电压互感器二次反送电。

在母线合并单元处按照计量电压、保护 1 电压、保护 2 电压、开口三角电压顺序分别按50V、40V、30V 电压通入。根据记录检查装置的采样，不能观察采样的使用万用表测量电压幅值。端子箱处要测量到断开连接片处，其电压二次刀闸及空开要进行拉合试验，保证可靠断开电压回路。检查内容如表 4-119、表 4-120 所示。

表 4-119　电压二次回路检查

功能及编号	二次刀闸	空开	观察点
601/计量电压	经电压转接柜 PT 刀闸辅助节点	1-13ZKK4	各线路电能表 主变电能表
602/保护 1 及测量电压	2G 刀闸辅助节点	1-13ZKK3	各线路保护 A 主变保护 A 故障录波 监控后台 母线测控装置 电能质量
604/保护 2 电压	2G 刀闸辅助节点	2-13ZKK3	各线路保护 B 主变保护 B
L601/开口三角	—	—	故障录波 监控测量
切换功能检查			
并列功能检查			

注意在二次通压时，需要对电压并列功能进行试验。一般电压并列时需要合上母联刀闸、母联开关以及4、5 母 PT 间隔一次刀闸，并将并列把手旋转至并列。

表 4-120 线路抽取电压通压

二次绕组编号		1a1n、2a2n		
回路编号		A601、A602		
绕组使用		线路保护 1	线路保护 2	测控装置
通入电压/V	A			
装置采样或端子排测量/V	A			

注：电压切换回路带电压切换正常；三相电压相位正确。

母线电压作为同期电压，需要检查线路各间隔刀闸切换功能，并检查并列功能。

⑥ 保护与监控、故障录波、故障信息系统传动

a. 保护输出的软、硬点信号，在监控系统光字，告警窗显示正确。

b. 保护输出的软、硬点信号，在故障录波系统显示正确。

c. 保护输出的软点信号，在故障信息系统显示正确。

⑦ 保护与对时系统检查 检查内容如表 4-121 所示。

表 4-121 保护与对时系统检查

装置名称	线路保护 1	线路保护 2	边开关合并单元 1	边开关合并单元 2
对时方式	电 B 码	电 B 码	光 B 码	光 B 码
检查结果	同步	同步	同步	同步
装置名称	边开关侧智能终端 1	边开关智能终端 2	中开关合并单元 1	中开关合并单元 2
对时方式	电 B 码	电 B 码	光 B 码	光 B 码
检查结果	同步	同步	同步	同步
装置名称	中开关侧智能终端 1	中开关智能终端 2	线路测控装置	断路器测控装置
对时方式	电 B 码	电 B 码	电 B 码	电 B 码
检查结果	同步	同步	同步	同步

⑧ 打印系统检查 保护装置连接打印机成功，打印波特率一致，打印切换按钮功能验证正确，打印定值、软压板、版本信息清晰准确，智能站后台远程打印定值不能作为定值整定依据，必须现场打印。

4.5.2 母线分系统调试

（1）调试工序

具体调试工序见表 4-122。

表 4-122 调试工序

序号	工序名称		工序要求
1	调试前准备	安全准备	① 工作票符合要求 ② 现场勘察，无交叉作业 ③ 试验工具检验合格 ④ 安全措施布置到位 ⑤ 对工作班成员安全交底完成
		试验人员准备	① 试验人员数量不少于 3 人，其中至少 1 人为工程师或技师及以上资格人员 ② 安全监护人员数量 1 人

续表

序号	工序名称		工序要求
1	调试前准备	被试设备状态检查	① 电气系统及设备安装完毕 ② 与自动化系统相关的二次电缆已施工结束 ③ 网络设备安装及通信线缆（铜缆和光缆）已施工结束，通信线缆合格并标示正确 ④ 现场交直流系统已施工结束，满足现场调试要求 ⑤ 光纤组网完成
2	母线分系统调试		① 母线保护单体调试完成 ② 母线保护、各间隔断路器与操作箱、测控后台、故障录波器系统回路搭建完成
3	检修功能检查		保护装置与合并单元、智能终端、母差保护回路传动完成
4	保护与监控、故障录波、故障信息系统传动		① 故障录波器网络搭建完成 ② 监控系统搭建完成 ③ 故障信息系统搭建完成
5	保护与对时系统检查		① 时钟同步系统单体调试完成 ② 保护与时钟同步系统连接完成
6	保护与打印系统检查		① 保护装置打印机安装完成 ② 保护装置与监控后台通信接通
7	母线间隔刀闸分系统调试		① 母线接地刀闸、PT 刀闸单体调试完成 ② 母线间隔与监控系统搭建完毕
8	母线 PT 分系统调试		① 所有间隔隔离刀闸传动完毕 ② PT 电压二次回路接线完成 ③ PT 间隔光纤回路搭建完毕，级联光纤组网完成

（2）母线保护分系统调试

如果是运行站调试，应将保护装置、合并单元、智能终端三者都投入检修压板后，方可进行试验。如果是新建站，则应令三者一致，检修或运行状态都可。在合并单元处用传统测试仪模拟故障。注意先退出间隔保护功能，避免间隔保护同时动作无法区分。

① 母线差动保护　投入差动压板，间隔合并单元处加量模拟正向区内故障，间隔智能终端处的跳闸出口硬压板全部投入。检查断路器各相跳闸及装置面板的动作信号显示是否正确。断路器处应有人检查并核实断路器动作的正确性。检查内容见表 4-123。

表 4-123　母线差动保护检查

间隔名称	对应 GOOSE 发送软压板	断路器动作结果	面板动作信号
线路 1	×	不动	
	√	不动	
	√	动作	
线路 2	×	不动	
	√	不动	
	√	动作	
线路 3	×	不动	
	√	不动	
	√	动作	

续表

间隔名称	对应 GOOSE 发送软压板	断路器动作结果	面板动作信号
线路 4	×	不动	
	√	不动	
	√	动作	
主变 1	×	不动	
	√	不动	
	√	动作	
主变 2	×	不动	
	√	不动	
	√	动作	
母联 1	×	不动	
	√	不动	
	√	动作	

② 失灵保护　投入失灵保护压板，间隔合并单元处加量模拟失灵保护动作，间隔智能终端处的跳闸出口硬压板全部投入。检查断路器各相跳闸及装置面板的动作信号显示是否正确。断路器处应有人检查并核实断路器动作的正确性。检查内容见表 4-124。

表 4-124　失灵保护检查

间隔名称	对应 GOOSE 发送软压板	断路器动作结果	面板动作信号
线路 1	×	不动	
	√	不动	
	√	动作	
线路 2	×	不动	
	√	不动	
	√	动作	
线路 3	×	不动	
	√	不动	
	√	动作	
线路 4	×	不动	
	√	不动	
	√	动作	
主变 1	×	不动	
	√	不动	
	√	动作	
主变 2	×	不动	
	√	不动	
	√	动作	
母联 1	×	不动	
	√	不动	
	√	动作	

续表

间隔名称	对应 GOOSE 发送软压板	断路器动作结果	面板动作信号
主变 1 失灵联跳	×	不动	
	√	不动	
	√	动作	
主变 2 失灵联跳	×	不动	
	√	不动	
	√	动作	

（3）检修功能检查

① 母线保护与母联间隔合并单元的检修一致性检查。用任一间隔（此间隔检修状态同保护装置）合并单元处加量，模拟母线区内故障，检查保护装置动作情况，应与表 4-125 一致。

表 4-125 检修功能检查（一）

保护与间隔状态	线路（母联）合并单元	动作情况
运行	运行	动作
检修	检修	动作
检修	运行	不动作
运行	检修	不动作

② 母线差动保护和失灵保护中，母线保护与母线合并单元的检修一致性检查。用任一间隔（此间隔检修状态同保护装置）合并单元处加量，模拟母线区内故障，检查保护装置动作情况，应与表 4-126 一致。

表 4-126 检修功能检查（二）

保护装置状态	母线合并单元	动作情况
运行	运行	动作
检修	检修	动作
运行	检修	不动作
检修	运行	不动作

③ 保护装置与智能终端的检修一致性检查。合并单元处加量，合并单元与保护检修一致使保护能正确动作，记录智能终端的动作情况，检查保护装置动作情况，应与表 4-127 一致。

表 4-127 检修功能检查（三）

间隔名称	保护装置状态	智能终端状态	动作情况
线路 1	运行	运行	线路 1 断路器跳开
	检修	检修	
	运行	检修	线路 1 断路器拒动
	检修	运行	

续表

间隔名称	保护装置状态	智能终端状态	动作情况
线路 2	运行	运行	线路 2 断路器跳开
	检修	检修	
	运行	检修	线路 2 断路器拒动
	检修	运行	
线路 3	运行	运行	线路 3 断路器跳开
	检修	检修	
	运行	检修	线路 3 断路器拒动
	检修	运行	
线路 4	运行	运行	线路 4 断路器跳开
	检修	检修	
	运行	检修	线路 4 断路器拒动
	检修	运行	
主变 1	运行	运行	主变 1 断路器跳开
	检修	检修	
	运行	检修	主变 1 断路器拒动
	检修	运行	
主变 2	运行	运行	主变 2 断路器跳开
	检修	检修	
	运行	检修	主变 2 断路器拒动
	检修	运行	
母联	运行	运行	母联断路器跳开
	检修	检修	
	运行	检修	母联断路器拒动
	检修	运行	

（4）保护与监控、故障录波、故障信息系统传动

① 保护输出的软、硬点信号，在监控系统光字，告警窗显示正确。

② 保护输出的软、硬点信号，在故障录波系统显示正确。

③ 保护输出的软点信号，在故障信息系统显示正确。

（5）保护与对时功能检查

检查内容参考表 4-128。

表 4-128　对时功能检查

装置名称	220kV 4 母智能终端	220kV 4 母合并单元	220kV 4 母线测控	220kV 5 母合并单元	220kV 5 母智能终端
对时方式	光 B 码	光 B 码	电 B 码	光 B 码	光 B 码
检查结果	同步	同步	同步	同步	同步
装置名称	110kV 4 智能终端	110kV 4 合并单元	220kV 4 母线测控	110kV 5 合并单元	110kV 5 母智能终端
对时方式	光 B 码	光 B 码	电 B 码	光 B 码	光 B 码
检查结果	同步	同步	同步	同步	同步

续表

装置名称	220kV 母线保护 1	220kV 母线保护 2	110kV 母线保护	220kV 5 母线测控	110kV 5 母线测控
对时方式	电 B 码	电 B 码	电 B 码	电 B 码	电 B 码
检查结果	同步	同步	同步	同步	同步

（6）打印系统检查

保护装置连接打印机成功，打印波特率一致，打印切换按钮功能验证正确，打印定值、软压板、版本信息清晰准确，智能站后台远程打印定值不能作为定值整定依据，必须现场打印。

（7）母线间隔刀闸分系统调试

① 接线检查　查线过程中需要特别注意，端子箱至机构箱之间的电缆是否有交、直流混用一根电缆的情况。例如信号、切换回路是直流，而电机、控制电源是交流。

② 刀闸控制回路检查

a. 刀闸传动前首先确认刀闸状态，在保证安全的条件下进行传动。

b. 检查端子箱、机构箱电源，保证电机电源、控制电源、加热照明电源电压正常，电机电源相序正确，同时保证加热照明电源与电机控制电源保持独立。将所有五防编码锁电缆短接并做好绝缘。

c. 在刀闸机构箱处，断开电机电源和控制电源，将摇把插入电机手动控制插孔顺时针或逆时针摇动电机，刀闸机构应平稳升降无卡涩，相应辅助接点动作正确。重复此步骤，直至将所有刀闸和地刀全部置分位。

d. 将要传动的刀闸手动摇至半分半合状态，抽出摇把，挡板应恢复至正常电动位置。远方就地把手扳至就地。

e. 检查闭锁回路是否接入，若已接入，需要短接闭锁回路（操作完成后记得恢复原状）。

f. 按照分—停—合—停—分—合—分顺序进行操作，刀闸机构动作应与操作顺序一致。如分合方向相反，应立即断开电机电源和控制电源，将电机相序进行调整，直至刀闸机构动作与操作顺序一致，相应辅助接点动作正确。

g. 在端子箱处，将端子箱内远方就地把手扳至就地位置，重复步骤 f，刀闸机构应不动作。将机构箱内远方就地把手扳至远方位置，重复步骤 f，刀闸机构动作应与操作顺序一致，相应辅助接点动作正确。

h. 将端子箱内远方就地把手扳至远方位置，重复步骤 g，刀闸机构应不动作。

i. 将端子箱内远方就地把手扳至远方位置，监控后台遥控操作刀闸，刀闸机构应动作正确，端子箱内远方就地把手扳至就地位置时，后台遥控操作刀闸，刀闸机构不应动作。

③ 信号回路检查　在控制回路检查正确后，保证信号电源正常情况下，按照表 4-129 进行信号回路检查，电位或通断应正确可靠。

表 4-129　信号回路检查

信号名称	测量位置	模拟方法
刀闸远控		远方就地把手切换至远方
刀闸近控		远方就地把手切换至就地
电机过热故障		按下继电器过热试验按钮
断相与相序信号		断开任一相电机电源

续表

信号名称	测量位置	模拟方法
刀闸加热电源消失		断开刀闸加热空开
刀闸控制电源消失		断开刀闸控制空开
刀闸电机电源消失		断开刀闸电机空开
照明电源消失		断开照明电源空开
刀闸合位		合刀闸
刀闸分位		分刀闸

④ 五防编码锁传动　在以上步骤完成后，逐个断开五防编码锁，重复控制回路检查相关步骤，对应的刀闸机构均不应动作。传动正确后再将编码锁进行短接处理，以备分系统调试使用。

⑤ 加热照明回路检查　确保加热照明电源正确情况下进行此项检查。打开加热照明开关，相应的照明灯应可靠点亮，温湿度控制器状态正常，常通加热器工作，按下手动模式后，大功率加热器工作，两者均可测量出加热电流。按下自动模式后，视环境温湿度决定大功率加热器是否工作，温湿度控制器定值按照运行要求进行整定。

⑥ 联锁回路传动　在以上五步完成后，进行联锁回路传动，依据为设计图纸，每个回路都要传动正确以保证运行安全。

联锁传动包括本间隔联锁和跨间隔联锁。传动内容参考表 4-130。

表 4-130　联锁回路检查内容

序号	检查内容
1	间隔内联锁
2	母线侧刀闸与母线接地刀闸之间的相互联锁
3	母线侧刀闸倒闸操作时与母联间隔的联锁

（8）母线 PT 分系统调试传动

① 二次回路检查　检查项目及要求见表 4-131。

表 4-131　二次回路检查

试验条件	在被保护设备的断路器、电流互感器以及电压回路与其他单元设备的回路完全断开后方可进行	
检查项目		结论
检查电压互感器一次、二次绕组的所有二次回路接线的正确性和端子排引线螺钉压紧的可靠性		接线正确，所有螺钉紧固可靠
全站 N600 的一点接地情况		220kV 侧 4 母、5 母 PT 在各母线汇控柜内经氧化锌避雷器接地，110kV 侧 4 母、5 母 PT 在各母线汇控柜内经氧化锌避雷器接地，35kV 侧 1 母、2 母 PT 在各母线开关柜内经氧化锌避雷器接地
电压互感器端子箱至电压并列柜电压电缆的共用情况		分开引入，无共用情况
检查电压互感器二次中性点在开关场的金属氧化锌避雷器的安装是否符合规定		各二次绕组分开配置避雷器，符合要求
检查串联在电压回路中的隔离开关及切换设备触点接触的可靠性		切换正常，触点接触可靠

② 光纤回路检查　检查项目见表 4-132。

表 4-132　光纤回路检查

试验条件	光纤回路施工完成
检查项目	
各继电保护装置、智能终端至 GOOSE 的光纤连接应正确，各保护装置、智能终端均经光纤点对点连接正确，所有光纤连接正确，标志清晰，通信正常	

③ 二次回路绝缘电阻检测　检测条件、项目见表 4-133。

表 4-133　二次回路绝缘电阻检测

试验条件		确认被保护设备的断路器、电流互感器全部停电，并与其他回路隔离完好					
试验位置	检查项目	检查结果/MΩ					
		220kV 4 母	220kV 5 母	110kV 4 母	110kV 5 母	66kV 1 母	66kV 2 母
电压互感器端子箱（或开关柜）	交流回路对地	200	200	200	200	200	300
	直流回路对地	200	200	200	200	200	300
	回路之间	200	200	200	200	200	300
	金属氧化锌避雷器放电检查	当用 1000V 绝缘电阻表时，避雷器不击穿；当用 2500V 绝缘电阻表时，避雷器可靠击穿，并能自动恢复					

注：相关二次装置在端子排断开，交流耐压用 1000V 摇表代替，历时 1min，试验时非带电回路接地。

④ 电压切换并列装置检验　检验内容见表 4-134。

表 4-134　电压切换并列装置检验

试验条件	各电气元件单体调试完成，二次电缆施工完成，具备带电条件	
类别	项目名称	二次回路检查
220kV 母线	4 母并 5 母	
	5 母并 4 母	
	解列	
110kV 母线	4 母并 5 母	
	5 母并 4 母	
	解列	
66kV 母线	1 母并 2 母	
	2 母并 1 母	
	解列	

⑤ 电压互感器二次通压试验　试验内容见表 4-135。

表 4-135　电压互感器二次通压试验

设备名称		220kV 4 母电压互感器			
二次绕组编号		1a1n	2a2n	3a3n	dadn
回路编号		630j	630I	630II	L630
绕组使用		0.2	0.5（3P）	0.5（3P）	3P
类别	相别	试验数据			
通入电压/V	A	20.00	20.00	20.00	20.00
	B	40.00	40.00	40.00	40.00
	C	60.00	60.00	60.00	60.00
	L	60.00	60.00	60.00	60.00
装置采样或端子排测量/V	A	20.05	20.03	20.04	20.01
	B	40.08	40.07	40.04	40.06
	C	60.11	60.08	60.12	59.98
	L	60.05	60.04	59.98	60.18
设备名称		220kV 5 母电压互感器			
二次绕组编号		1a1n	2a2n	3a3n	dadn
回路编号		640j	640I	640II	L640
绕组使用		0.2	0.5（3P）	0.5（3P）	3P
类别	相别	试验数据			
通入电压/V	A	20.00	20.00	20.00	20.00
	B	40.00	40.00	40.00	40.00
	C	60.00	60.00	60.00	60.00
	L	60.00	60.00	60.00	60.00
装置采样或端子排测量/V	A	20.05	20.03	20.04	20.01
	B	40.08	40.07	40.04	40.06
	C	60.11	60.08	60.12	59.98
	L	60.05	60.04	59.98	60.18
设备名称		110kV 4 母电压互感器			
二次绕组编号		1a1n	2a2n	3a3n	dadn
回路编号		630j	630I	630II	L630
绕组使用		0.2	0.5（3P）	0.5（3P）	3P
类别	相别	试验数据			
通入电压/V	A	20.00	20.00	20.00	20.00
	B	40.00	40.00	40.00	40.00
	C	60.00	60.00	60.00	60.00
	L	60.00	60.00	60.00	60.00
装置采样或端子排测量/V	A	20.05	20.03	20.04	20.01
	B	40.08	40.07	40.04	40.06
	C	60.11	60.08	60.12	59.98
	L	60.05	60.04	59.98	60.18

续表

设备名称		110kV 5 母电压互感器			
二次绕组编号		1a1n	2a2n	3a3n	dadn
回路编号		640j	640I	640II	L640
绕组使用		0.2	0.5（3P）	0.5（3P）	3P
类别	相别	试验数据			
通入电压/V	A	20.00	20.00	20.00	20.00
	B	40.00	40.00	40.00	40.00
	C	60.00	60.00	60.00	60.00
	L	60.00	60.00	60.00	60.00
装置采样或端子排测量/V	A	20.04	20.02	20.01	20.02
	B	40.07	40.08	40.02	40.04
	C	61.11	60.02	60.16	59.97
	L	59.05	60.04	59.92	60.16
设备名称		66kV 1 母电压互感器			
二次绕组编号		1a1n	2a2n	3a3n	dadn
回路编号		630J	630I	630II	L630
绕组使用		0.2	0.5（3P）	0.5（3P）	3P
类别	相别	试验数据			
通入电压/V	A	20.00	20.00	20.00	20.00
	B	40.00	40.00	40.00	40.00
	C	60.00	60.00	60.00	60.00
	L	60.00	60.00	60.00	60.00
装置采样或端子排测量/V	A	20.05	20.03	20.04	20.01
	B	40.08	40.07	40.04	40.06
	C	60.11	60.08	60.12	59.98
	L	60.05	60.04	59.98	60.18
设备名称		66kV 2 母电压互感器			
二次绕组编号		1a1n	2a2n	3a3n	dadn
回路编号		640J	640I	640II	L640
绕组使用		0.2	0.5（3P）	0.5（3P）	3P
类别	相别	试验数据			
通入电压/V	A	20.00	20.00	20.00	20.00
	B	40.00	40.00	40.00	40.00
	C	60.00	60.00	60.00	60.00
	L	60.00	60.00	60.00	60.00
装置采样或端子排测量/V	A	20.04	20.02	20.01	20.02
	B	40.07	40.08	40.02	40.04
	C	61.11	60.02	60.16	59.97
	L	59.05	60.04	59.92	60.16

4.5.3　变压器分系统调试

（1）调试工序

调试内容及工序见表 4-136。

表 4-136　调试内容及工序

序号	工序名称		工序要求
1	调试前准备	安全准备	① 工作票符合要求 ② 现场勘察，无交叉作业 ③ 试验工具检验合格 ④ 安全措施布置到位 ⑤ 对工作班成员安全交底完成
		试验人员准备	① 试验人员数量不少于 3 人，其中至少 1 人为工程师或技师及以上资格人员 ② 安全监护人员数量 1 人
		被试设备状态检查	① 电气系统及设备安装完毕 ② 与自动化系统相关的二次电缆已施工结束 ③ 网络设备安装及通信线缆（铜缆和光缆）已施工结束，通信线缆合格并标示正确 ④ 现场交直流系统已施工结束，满足现场调试要求 ⑤ 光纤组网完成 ⑥ 变压器二次的过程层、间隔层光纤回路施工完成，配置下载完毕，光衰符合要求，链路通信正常，光纤回路完整 ⑦ 变压器相关一、二次电气设备单体调试完成，二次电缆施工完成，设备带电正常
2	主变差动保护回路传动		① 断路器单体调试完成 ② 主变保护单体调试完成 ③ 保护、断路器与操作箱、测控后台、故障录波器系统回路搭建完成
3	主变后备保护回路传动		① 断路器单体调试完成 ② 主变保护单体调试完成 ③ 保护、断路器与操作箱、测控后台、故障录波器系统回路搭建完成
4	主变非电量保护回路传动		① 断路器单体调试完成 ② 主变保护单体调试完成 ③ 本体智能终端、断路器与操作箱、测控后台、故障录波器系统回路搭建完成
5	失灵及母差保护传动		① 主变保护、母差保护单体调试完成 ② 主变保护、母差保护与测控后台、故障录波器系统回路搭建完成
6	检修功能检查		保护装置与合并单元、智能终端、母差保护回路传动完成
7	保护与监控、故障录波、故障信息系统传动		① 故障录波器网络搭建完成 ② 监控系统搭建完成 ③ 故障信息系统搭建完成
8	保护与对时系统检查		① 时钟同步系统单体调试完成 ② 保护与时钟同步系统连接完成
9	保护与打印系统检查		① 保护装置打印机安装完成 ② 保护装置与监控后台通信接通

（2）主变差动保护回路传动

投入差动压板，模拟正向区内故障。检查断路器各相跳闸及装置面板的动作信号显示是否正确。断路器处应有人检查并核实断路器动作的正确性。传动内容及结果见表 4-137。

表 4-137　保护回路传动内容及结果

高压侧边开关动作情况			
模拟故障类别	边开关 GOOSE 跳闸软压板	智能终端 跳闸压板	断路器 动作结果	面板动作信号
主变区内 故障	×	√	不动	√
	√	×	不动	√
	√	√	动作	√

高压侧中开关动作情况			
模拟故障 类别	中开关 GOOSE 跳闸软压板	智能终端 跳闸压板	断路器 动作结果	面板动作信号
主变区内 故障	×	√	不动	√
	√	×	不动	√
	√	√	动作	√

中压侧开关动作情况			
模拟故障 类别	2201 GOOSE 跳闸软压板	智能终端 跳闸压板	断路器动作结果	面板动作信号
主变区内 故障	√	√	跳三相线圈 I	√
	×	√	不动	√
	√	×	不动	√

低压侧开关动作情况			
模拟故障类别	601 GOOSE 跳闸软压板	智能终端 跳闸压板	断路器动作结果	面板动作信号
主变区内 故障	√	√	动作	√
	×	√	不动	√
	√	×	不动	√

（3）主变后备保护回路传动

投入中压侧后备压板，分别投入跳中压侧分段 2244、2255，母联 2245 甲、2245 乙 GOOSE 发布软压板，模拟正向区内故障，检查断路器跳闸线圈组别及装置面板的动作信号显示是否正确。传动内容及结果见表 4-138。

表 4-138　主变后备保护回路传动内容及结果

4 母分段 2244 动作情况			
模拟故障 类别	2244 GOOSE 跳闸软压板	智能终端 跳闸压板	断路器 动作结果	面板动作信号
主变区内 故障	×	√	不动	√
	√	×	不动	√
	√	√	动作	√

5 母分段 2255 动作情况			
模拟故障 类别	2255 GOOSE 跳闸软压板	智能终端 跳闸压板	断路器 动作结果	面板动作信号
主变区内 故障	×	√	不动	√
	√	×	不动	√
	√	√	动作	√

续表

2245 甲动作情况				
模拟故障类别	2245 甲 GOOSE 跳闸软压板	智能终端 A 跳闸压板	断路器动作结果	面板动作 信号
主变区内故障	√	√	跳三相线圈 I	√
	×	√	不动	√
	√	×	不动	√
2245 乙动作情况				
模拟故障类别	2245 乙 GOOSE 跳闸软压板	智能终端 A 跳闸压板	断路器动作结果	面板动作 信号
主变区内故障	√	√	跳三相线圈 I	√
	×	√	不动	√
	√	×	不动	√

（4）主变非电量保护回路传动

分别投入本体重瓦斯、调压重瓦斯启动跳闸压板，模拟本体重瓦斯、调压重瓦斯故障。检查智能终端装置面板的跳闸信号显示是否正确。然后分别投入跳各侧压板实际带断路器，分别模拟本体重瓦斯、调压重瓦斯故障，断路器应正确动作。断路器处应有人检查并核实断路器动作的正确性。传动内容及结果见表 4-139。

表 4-139　主变非电量保护回路传动内容及结果

高压侧边开关动作情况（智能终端出口压板全投）				
模拟故障 类别	边开关出口一压板	边开关出口二压板	断路器动作结果	面板动作信号
非电量跳 闸	√	×	跳三相线圈 I	√
	×	√	跳三相线圈 II	√
	×	×	不动	√
高压侧中开关动作情况（智能终端出口压板全投）				
模拟故障 类别	中开关出口一压板	中开关出口二压板	断路器动作结果	面板动作信号
非电量 跳闸	√	×	跳三相线圈 I	√
	×	√	跳三相线圈 II	√
	×	×	不动	√
中压侧 2201 动作情况				
模拟故障 类别	2201 出口一压板	2201 出口二压板	断路器动作结果	面板动作信号
非电量 跳闸	√	×	跳三相线圈 I	√
	×	√	跳三相线圈 II	√
	×	×	不动	√
低压侧 301 动作情况				
模拟故障类别	601 出口一压板	601 出口二压板	断路器动作结果	面板动作信号
非电量跳闸	√	×	跳三相线圈 I	√
	×	√	跳三相线圈 II	√
	×	×	不动	√

（5）失灵及母差保护传动

① 中压侧失灵启动保护联合传动

a. 模拟4母失灵：短接2203-4刀闸辅助接点，从失灵保护屏启动保护加入启动电流，模拟保护动作启动4母失灵，使失灵启动保护动作，检查4母线失灵保护出口元件是否动作。回路中任一接点或压板断开，失灵保护应不动。传动结果见表4-140。

表4-140　失灵保护及母差保护传动

4母刀闸切换接点	5母刀闸切换接点	失灵保护电流判别	失灵保护GOOSE接收压板	主变保护动作节点	主变保护GOOSE发布压板	失灵保护动作结果
√	×	√	√	√	√	4母失灵动作
×	√	√	√	√	√	5母失灵动作
×	√	×	√	√	√	不动
√	×	×	√	√	√	不动
√	√	√	√	×	√	不动
√	√	√	√	√	×	不动
√	√	√	×	√	√	不动

b. 模拟5母失灵：方法同上，将-4刀闸换为-5刀闸。传动结果与表4-140一致。

② 中压侧母差失灵保护至2201断路器跳闸回路传动

a. 短接母差保护2201-4刀闸辅助接点；合上2201断路器；分别投入母差保护Ⅰ跳2201断路器GOOSE发布软压板，模拟4母线故障，使4母差出口动作；检查2201断路器跳闸及出口信号灯是否正确。模拟4母失灵保护动作检查2201断路器出口是否正确。

b. 短接母差保护2201-5刀闸辅助接点；合上2201断路器；分别投入母差保护Ⅰ跳2201断路器GOOSE发布软压板，模拟5母线故障，使5母差出口动作；检查2201断路器跳闸及出口信号灯是否正确。模拟5母失灵保护动作检查2201断路器出口是否正确。

（6）检修功能检查

① 接收带检修位SV报文功能检验。改变合并单元及保护装置的检修压板状态，同时向合并单元装置加入故障量，观察保护装置是否响应SV报文正确动作。当装置接收的报文检修状态和保护装置的检修状态一致时，装置应正确接收并响应SV报文；当二者检修不一致时，装置应不响应SV报文不动作。传动结果与表4-141一致。

表4-141　检修功能检查（一）

边开关间隔合并单元保护检修功能检验 为了方便调试，保护装置只投入边开关合并单元SV接收压板			
检查内容			检查结果
检修压板	合并单元	保护装置	
	不投检修压板	不投检修压板	动作
	投检修压板	投检修压板	动作
	不投检修压板	投检修压板	不动
	投检修压板	不投检修压板	不动
中开关间隔合并单元保护检修功能检验 为了方便调试，保护装置只投入中开关合并单元SV接收压板			

续表

检查内容			检查结果
检修压板	合并单元	保护装置	
	不投检修压板	不投检修压板	动作
	投检修压板	投检修压板	动作
	不投检修压板	投检修压板	不动
	投检修压板	不投检修压板	不动

2201 间隔合并单元保护检修功能检验
为了方便调试，保护装置只投入 2201 合并单元 SV 接收压板

检查内容			检查结果
检修压板	合并单元	保护装置	
	不投检修压板	不投检修压板	动作
	投检修压板	投检修压板	动作
	不投检修压板	投检修压板	不动
	投检修压板	不投检修压板	不动

601 间隔合并单元保护检修功能检验
为了方便调试，保护装置只投入 601 合并单元 SV 接收压板

检查内容			检查结果
检修压板	合并单元	保护装置	
	不投检修压板	不投检修压板	动作
	投检修压板	投检修压板	动作
	不投检修压板	投检修压板	不动
	投检修压板	不投检修压板	不动

主变本体合并单元保护检修功能检验
为了方便调试，保护装置只投入本体合并单元 SV 接收压板

检查内容			检查结果
检修压板	合并单元	保护装置	
	不投检修压板	不投检修压板	动作
	投检修压板	投检修压板	动作
	不投检修压板	投检修压板	不动
	投检修压板	不投检修压板	不动

② 合并单元与保护装置检修压板一致时保护动作，检查主变三侧检修情况。传动结果与表 4-142 一致。

表 4-142 检修功能检查（二）

边开关合并单元		中开关合并单元		2201 合并单元		601 合并单元		保护装置	结果
MU 投入	MU 退出	MU 投入	MU 退出	MU 投入	MU 退出	MU 投入	MU 退出	硬压板	信号灯
不投检修	—	不投检修	—	不投检修	—	不投检修	—	不投检修	动作
投检修	—	投检修	—	投检修	—	投检修	—	投检修	动作
—	不投检修	—	不投检修	—	不投检修	—	不投检修	不投检修	不动
—	投检修	—	投检修	—	投检修	—	投检修	投检修	不动

③ 检查智能终端与保护装置检修机制　给保护装置加入故障电流使保护装置动作，改变保护装置和智能终端的检修压板的状态，智能终端出口情况、检修状态相同时应该处理，不同时应该不处理。传动结果与表 4-143 一致。

表 4-143　检修功能检查（三）

加入故障电流使保护装置动作		
检查内容		检查结果
保护装置	智能终端	
不投检修压板	不投检修压板	出口
投检修压板	投检修压板	出口
不投检修压板	投检修压板	不出口
投检修压板	不投检修压板	不出口

注：表格左侧"检修压板"为跨行单元格。

（7）保护与监控、故障录波、故障信息系统传动

① 保护输出的软、硬点信号，在监控系统光字，告警窗显示正确。

② 保护输出的软、硬点信号，在故障录波系统显示正确。

③ 保护输出的软点信号，在故障信息系统显示正确。

（8）保护与对时系统检查

检查内容如表 4-144 所示。

表 4-144　保护与对时系统检查

装置名称	主变保护 1	主变保护 2	高压侧合并单元 1	高压侧合并单元 2	测控装置
对时方式	电 B 码	电 B 码	光 B 码	光 B 码	电 B 码
检查结果	同步	同步	同步	同步	同步
装置名称	高压侧智能终端 1	高压侧智能终端 2	中压侧合并单元 1	中压侧合并单元 2	低压侧合智 1
对时方式	电 B 码	电 B 码	光 B 码	光 B 码	电 B 码
检查结果	同步	同步	同步	同步	同步
装置名称	低压侧合智 2	本体智能终端	—	—	—
对时方式	电 B 码	电 B 码	—	—	—
检查结果	同步	同步	—	—	—

（9）保护与打印系统检查

保护装置连接打印机成功，打印波特率一致，打印切换按钮功能验证正确，打印定值、软压板、版本信息清晰准确，智能站后台远程打印定值不能作为定值整定依据，必须现场打印。

（10）变压器保护分系统调试常见问题

① 在启动开入端未采用动作电压在额定直流电源电压的 55%~70% 范围以内的中间继电器，动作功率不低于 5W 的大功率继电器，导致非电量保护误动。

② 变压器温度补偿 CT 开路造成变压器跳闸。

③ 变压器矩阵检查错误导致开关拒动。

④ 变压器保护取高压侧两路电流而不是合电流，接地点在各自的汇控柜。

⑤ 智能变电站变压器三侧电流未同源加量，延时不一致，导致变压器有差流误动。

⑥ 未加强 SCD 文件在基建、验收等阶段的过程管控，验收时未确保 SCD 文件的正确性及其与设备配置文件的一致性，SCD 文件错误导致保护失效或误动。

⑦ 给变压器保护的 CT 极性设置错误导致误动。

（11）变压器保护分系统调试注意事项

① 进行保护至断路器传动时，断路器本体需派专人监护，保证传动准确，防止本体有人工作造成误伤。

② 实发非电量信号，攀爬变压器需要系安全带，同时防止踩踏变压器本体二次设备造成损坏。

③ 瓦斯继电器至保护柜的电缆应尽量减少中间转接环节。

④ 两套保护装置与其他保护、设备配合的回路应遵循相互独立的原则，应保证每一套保护装置与其他相关装置（如失灵保护）联络关系的正确性，防止因交叉停用导致保护功能缺失。

⑤ 为防止装置家族性缺陷可能导致的双重化配置的两套继电保护装置同时拒动的问题，双重化配置的线路、变压器、母线、高压电抗器等保护装置应采用不同生产厂家的产品。

⑥ 当变压器、电抗器的非电量保护采用就地跳闸方式时，应向监控系统发送动作信号。未采用就地跳闸方式的非电量保护应设置独立的电源回路（包括直流空气开关及其直流电源监视回路）和出口跳闸回路，且必须与电气量保护完全分开。220kV 及以上电压等级变压器、电抗器的非电量保护应同时作用于断路器的两个跳闸线圈。

⑦ 变压器的电气量保护应启动断路器失灵保护，断路器失灵保护动作除应跳开失灵断路器相邻的全部断路器外，还应跳开本变压器连接其他电源侧的断路器。

⑧ 必须进行所有保护整组检查，模拟故障检查保护与硬（软）压板的唯一对应关系，避免有寄生回路存在。

⑨ 加强继电保护试验仪器、仪表的管理工作，每 1～2 年应对微机型继电保护试验装置进行一次全面检测，确保试验装置的准确度及各项功能满足继电保护试验的要求，防止因试验仪器、仪表存在问题造成继电保护误整定、误试验。

4.5.4　故障录波及保护故障信息分系统调试

（1）故障录波及保护故障信息系统简介

① 概述　现代电网的发展，不仅规模越来越大，电网自动化水平也已得到空前的发展和进步，微机继电保护、自动装置和故障录波器等二次装置在电网中得到了广泛应用。这些设备作为电网自动化系统的智能终端装置，除了实现传统的功能外，都具有强大的事件记录和波形存储功能。从电网调度运行管理的角度出发，对这些二次装置所记录的电网异常或故障信息能及时、有效地进行综合运用分析显得尤为迫切。从专业管理的角度讲，充分加强对这些智能化设备的实时在线监测和管理也极为重要。近年来，智能化技术、计算机技术和网络技术在电力系统中的应用和发展，为促进故障信息管理系统发展提供了必要的技术条件。

② 故障录波系统分类　分为线路故障录波系统、变压器故障录波系统和其他故障录波系统，目前变电站主要配置前两种。

③ 故障录波系统作用　故障录波器是一种系统正常运行时不动作（不录波），当系统发生故障及振荡时，通过启动装置迅速自动启动录波，直接记录下反映到故障录波器安装处的系统故障电气量的一种自动装置。它的主要作用是记录电网中各种扰动（主要是电力系统故障）发生的过程，为分析故障和检测电网运行提供依据。

a. 为正确分析事故原因、研究防止对策提供原始资料。

b. 利用录取的电流、电压波形，分析故障点。

c. 分析评价继电保护及自动装置、高压断路器的动作情况，及时发现设备缺陷，以便消除隐患。

d. 了解电力系统情况，迅速处理事故。

e. 实测系统参数，研究系统振荡。

④ 故障信息管理系统定义　故障信息管理系统是由保护设备、故障录波器设备、子站设备、主站设备、通信网络以及接口设备组成的一个综合系统。主要是在系统发生故障后，作为调度员快速了解事故性质和保护动作行为的辅助决策工具，同时在系统保护动作行为不正确时，为继电保护人员分析保护动作行为提供技术手段。

⑤ 故障信息管理系统子站的功能　故障信息管理系统主要是接入厂站内的继电保护和故障录波及其他自动装置，并且能够准确无误地采集这些装置在运行状态下产生的各种瞬间数据，再将采集到的各类数据进行整理就地存储并发往主站，供主站端进行分析处理。

⑥ 故障信息系统子站数据采集内容

a. 子站采集的内容包括所连接微机保护、自动装置和录波器的信息，如保护的定值、压板投入状态、采样值、装置启动和动作时的报告、自检报告、异常信息、录波器所录数据、子站系统与站内装置的通信情况等。

b. 子站系统应能适应多种通信接口，接入不同厂家、不同时期、不同型号的保护装置、故障录波装置以及系统有必要管理的其他设备。子站与二次装置之间的通信方式主要有 RS485 总线、LonWorks 总线、CAN 网、以太网、点对点（RS232、RS485、RS422 等）、虚拟串口等。

c. 子站系统应能适应不同厂家、不同时期的多种规约。例如与原南京电力自动化设备总厂（现国电南自）的 WXB 系列保护装置的通信采用南自 94 协议，PST 系统的保护装置的通信采用 IEC103 协议；与南瑞继保的 LFP 系统保护装置的通信采用 LFP 协议，与 RCS 系列的保护装置通信采用 IEC103 协议以及目前智能站 61850 协议等。

⑦ 故障信息管理系统主站与子站的连接　主子站之间的通信根据不同地区的通信链路状况，可以用数据网，也可用通信专网，还可以用电话拨号，通信链路好的地区可以将电话拨号作为数据网或通信专网的通信备份。

⑧ 故障信息管理系统配置原则

a. 500kV 变电站应配置一套保护及故障录波信息管理子站系统，保护及故障信息管理子站系统与监控系统宜根据需要分别采集继电保护装置的信息。

b. 保护及故障信息管理子站系统与保护装置、监控系统的联网方式宜采用如下两个方案：

· 如果不考虑在监控系统后台实现继电保护装置软压板投退、远方复归的功能，则监控系统仅采集与运行密切相关的保护硬接点信号，站内所有保护装置与故障录波装置仅与保护及故障信息管理子站连接，保护及故障信息管理子站通过防火墙接入监控系统站控层网络，向监控系统转发各保护装置详细软报文信息。

· 如果考虑在监控系统后台实现继电保护装置软压板投退、远方复归的功能，则保护及故障信息管理子站系统与监控系统分网采集保护信息。保护装置可直接通过网口或保护信息采集器，按照子站系统和监控系统对保护信息量的要求，将保护信息分别传输至子站系统和监控系统，故障录波单独组网后直接与子站连接。保护信息采集器推荐与保护信息管理子站统一设计。

（2）故障录波系统调试

调试工序见表 4-145。

表 4-145　调试工序

序号	工序名称		工序要求
1	调试前准备	安全准备	① 工作票符合要求 ② 现场勘察，无交叉作业 ③ 试验工具检验合格 ④ 安全措施布置到位 ⑤ 对工作班成员安全交底完成
		试验人员准备	① 试验人员数量不少于 3 人，其中至少 1 人为工程师或技师及以上资格人员 ② 安全监护人员数量 1 人
		被试设备状态检查	① 电气系统及设备安装完毕 ② 与自动化系统相关的二次电缆已施工结束 ③ 网络设备安装及通信线缆（铜缆和光缆）已施工结束，通信线缆合格并标示正确 ④ 现场交直流系统已施工结束，满足现场调试要求 ⑤ 光纤组网完成
2	故障录波系统采样回路检查		① 故障录波器单体调试完成 ② 故障录波器网络搭建完成 ③ 过程层网络搭建完成
3	故障录波系统信号输入检查		① 故障录波器单体调试完成 ② 故障录波器网络搭建完成 ③ 过程层网络搭建完成
4	故障录波系统信号输出检查		① 故障录波器网络搭建完成 ② 监控系统搭建完成 ③ 故障信息系统搭建完成
5	故障录波系统与主站通信检查		① 故障录波器网络搭建完成 ② 站端调度数据网通道接通
6	故障录波系统对时检查		① 时钟同步系统单体调试完成 ② 保护与时钟同步系统连接完成

① 故障录波系统采样回路检查

a. 站端系统进行一次通流、二次通压试验过程中，分别检查故障录波系统的采样幅值变比、角度等是否正确，如果是光纤数字采样，检查品质位。

b. 站端系统试运行过程中，检查故障录波系统的采样幅值、角度等是否正确，如果是光纤数字采样，检查品质位。

c. 采样检查如表 4-146 所示。

表 4-146　采样检查

模拟量	通入幅值	故障录波一次值	故障录波二次值	品质位检查
主变系统电压	额定值	合格	合格	合格
主变系统电流	0.1×额定值	合格	合格	合格
500kV 母线电压	额定值	合格	合格	合格
500kV 线路电压	额定值	合格	合格	合格
500kV 线路电流	0.1×额定值	合格	合格	合格
220kV 母线电压	额定值	合格	合格	合格

续表

模拟量	通入幅值	故障录波一次值	故障录波二次值	品质位检查
220kV 线路电压	额定值	合格	合格	合格
220kV 线路电流	0.1×额定值	合格	合格	合格
220kV 母联电流	0.1×额定值	合格	合格	合格
220kV 分段电流	0.1×额定值	合格	合格	合格

② 故障录波系统信号输入检查

a. 站端系统进行分系统试验，检查故障录波系统相对应的开关量是否正确。

b. 站端系统试运行，检查各个分系统一次、二次设备开入状态是否正确。

c. 开关量检查如表 4-147 所示。

表 4-147　故障录波系统信号输入检查

开关量	实际传动	故障录波开入	品质位检查
主变一次设备	开关信号	相应位置变位正确	合格
主变二次设备	保护动作、告警	相应位置变位正确	合格
500kV 一次设备	开关信号	相应位置变位正确	合格
500kV 二次设备	保护动作、告警	相应位置变位正确	合格
220kV 一次设备	开关信号	相应位置变位正确	合格
220kV 二次设备	保护动作、告警	相应位置变位正确	合格

③ 故障录波系统信号输出检查　信号输出检查如表 4-148 所示。

表 4-148　故障录波系统信号输出检查

测控装置	信号名称	带二次回路检查
公用测控	装置异常	正确
	装置录波启动	正确
	装置告警	正确
	装置失电	正确

④ 故障录波系统接入后台故障信息管理系统检查

将故障录波系统的数据录入故障信息管理系统，在故障信息管理系统调阅查看是否正常。

⑤ 故障录波系统与主站通信检查

a. 与主站沟通分配下发的 IP 地址，对站端故障录波装置进行设置。

b. 主站进行数据召唤，检查通道正常。

c. 站端进行模拟量、开关量输入，检查主站显示正确。

⑥ 故障录波系统对时检查

a. 核对故障录波装置时间与对时源一致。

b. 核对故障录波报文的时间与对时源一致。

c. 核对主站召唤录波文件时间与对时源一致。

⑦ 常见问题

a. 智能站采样要求双 AD，有些厂家模拟量通道数过少，不能满足采样要求。

b. 故障录波器组网要求不尽相同,一种方式是交换机站端组网,再接入调度数据网上送主站,此种方式缺点是,如果交换机断电,会造成所有故障录波网络中断。另一种方式是每个故障录波装置单独连接站控层二区,再转发送主站,目前采用此种方式。

c. 部分后台厂家无法实现故障录波由二区转发至调度数据网,在工程实际中提前沟通解决。

⑧ 注意事项

故障录波器在现场调试时,应按照上面提出的要求,进行全面检查,同时作为故障信息系统的重要组成部分,应结合故障信息系统情况,进行设备联调,认真检查数据远传能力,并进行通道稳定性测试,确保通信设置正确,运行稳定。录波记录应以 COMTRADE 格式上传,在子站保护管理机和调度端主站均应能及时准确调用录波记录,并提供完备的分析软件,分析记录中的信息。在投运前,应进行 GPS 对时精度测试,确保对时精度满足规定。故障录波器在运行以后,经常会因为变电站扩建、改造的需要,增加、调整新的录波。在调试结束、验收合格的情况下,应及时修改图纸,确保图纸和现场情况相符。必须在新设备投运前,将有关参数输入到录波器中,保证故障录波器对新设备能正确录波。

(3) 保护故障信息系统调试

调试工序见表 4-149。

表 4-149　调试工序

序号	工序名称		工序要求
1	调试前准备	安全准备	① 工作票符合要求 ② 现场勘察,无交叉作业 ③ 试验工具检验合格 ④ 安全措施布置到位 ⑤ 对工作班成员安全交底完成
		试验人员准备	① 试验人员数量不少于 3 人,其中至少 1 人为工程师或技师及以上资格人员 ② 安全监护人员数量 1 人
		被试设备状态检查	① 电气系统及设备安装完毕 ② 与自动化系统相关的二次电缆已施工结束 ③ 网络设备安装及通信线缆(铜缆和光缆)已施工结束,通信线缆合格并标示正确 ④ 现场交直流系统已施工结束,满足现场调试要求 ⑤ 光纤组网完成
2	保护及录波管理功能检查		① 站控层网络搭建完毕 ② 站端保护、监控系统数据库调试完毕
3	数据库管理功能检查		① 站控层网络搭建完毕 ② 站端保护、监控系统数据库调试完毕
4	告警管理功能检查		① 站控层网络搭建完毕 ② 站端保护、监控系统数据库调试完毕
5	对时功能检查		① 时钟同步系统单体调试完成 ② 保护与时钟同步系统连接完成

① 保护及录波管理功能检查

a. 保护及故障信息管理子站系统应能与各继电保护装置和故障录波装置进行数据通信,收集各继电保护装置及故障录波装置的动作信号、运行状态信号,通过必要的分析软件,在站内对事故进行分析。

b. 保护及故障信息管理子站系统对保护装置应具有调取查询保护定值、历史记录查询、投/

退软压板及复归功能；对故障录波装置应具有定值修改和系统参数配置、定值区查看、召唤、启动、复归功能。

c. 保护及故障信息管理子站系统应能通过电力调度数据网、专用通信通道或模拟通道（拨号方式）与调度中心通信。调度中心主站应能查询站内各继电保护装置的动作信号、运行状态信号，通过配置的故障分析软件，当有故障录波记录时可由主站手动召唤或者自动接收录波装置主动上送的数据，以进行故障分析和处理，并把数据转换为标准的 COMTRADE 格式保存。

② 数据库管理功能检查　实时库应按照一定的要求不断地刷新，严格保证数据的一致性和完整性，并且存取快速方便，历史库接口标准高效，界面友好，可靠性高，开放性好，易于扩展。

③ 图形及系统监控功能检查

a. 保护及故障录波信息管理子站应以图形化的方式显示一次系统运行状态、保护配置和运行情况并在异常、故障等情况下主动发出告警信号。

b. 保护及故障录波信息管理子站应能显示全变电站运行方式、当前定值、保护功能投入情况及保护装置运行工况等信息。

c. 保护及故障录波信息管理子站应能显示系统所有保护、安全自动装置等设备的配置情况，包括保护的型号、功能、生产厂家、技术参数等。

d. 保护及故障录波信息管理子站应能显示系统通信网络组成方式、设备接入形式、网络及设备的通信工况等。

④ 告警管理功能检查　告警管理功能是将各种必要的信息反馈给用户，当系统有异常信息、运行提示消息等时，告警管理功能按照信息的严重程度进行不同的处理，如自动弹出告警窗、提供声光告警信号或者发出自动通知等。

⑤ 对时功能检查　保护及故障录波信息管理子站应能接收站内时间同步系统 RS-485 接口的网络对时信号，并对系统各计算机、系统所接保护和故障录波器等智能装置完成软件对时。

⑥ 常见问题

a. 信息传送时间达不到要求：保护动作时间不大于 3s，故障报告不大于 10s，查询响应时间不大于 5s。

b. 子站系统内部的任何元件故障，部分影响保护装置的正常运行。

⑦ 注意事项

a. 不同安全区的设备在接入到子站时，要采用适当的隔离方式，绝不可以通过网络连接在一起。

b. 所有以 Windows 为操作系统的设备接入子站和数据网时要进行隔离，不可以直接接入。

c. 采用嵌入式子站装置是比较好的抵抗计算机病毒攻击的方法。

d. 在厂家工作人员进行调试时，要重视其工作的计算机的安全性，不能将病毒带入网络中。

e. 主站系统和工作站必须单独成系统，不得接入到公司办公网和国际互联网。

f. 保护及故障信息管理子站系统主机不宜采用 Windows 操作系统。

g. 保护及故障信息管理子站系统宜采用嵌入式装置化的产品，信息的采集、处理和发送不依赖于后台机。

h. 保护及故障信息管理子站系统应能通过电力调度数据网、专用通信通道与调度中心通信。

i. 装置的软件设计先进、合理，装置的运行、调试、整定均采用中文菜单方式进行管理。装置应具有完善的综合分析软件。

4.5.5　自动化分系统调试

自动化分系统调试主要包括微机监控分系统调试、五防系统调试、同期功能调试、同步相量采集系统调试、时钟同步系统调试、电网调度自动化调试等。其中微机监控分系统调试、五防系统调试需由厂家专业人员在现场开展硬件安装、软件安装、系统调试等，同时五防和后台的通信及联锁逻辑需要事先通过运维单位的验收。自动化系统的设备配置和功能按设计原则要求宜按无人值班模式设计，采用开放式分层分布式网络结构，逻辑上由站控层、间隔层、过程层以及网络设备构成。站控层设备按变电站远景规模配置，间隔层、过程层设备按工程实际规模配置。站内监控保护统一建模，统一组网，信息共享，通信规约统一采用 DL/T 860，实现站控层、间隔层、过程层二次设备互操作。变电站内信息宜具有共享性和唯一性，变电站自动化系统监控主机与远动数据传输设备信息资源共存。变电站自动化系统具有与电力调度数据专网的接口，软件、硬件配置应能支持联网的网络通信技术以及通信规约的要求。向调度端上传的保护、远动信息量执行现有相关规程。变电站自动化系统网络安全应严格按照《电力二次系统安全防护规定》来执行。

4.5.5.1　微机监控分系统调试

（1）微机监控分系统介绍

微机监控分系统调试需要满足的现场调试条件：站控层、间隔层、过程层网络搭建完成，微机监控数据服务器、监控主机、综合应用服务器、操作员站、工程师站等相关设备安装到位，同时单体调试完毕，后台监控数据库、画面制作完成。图 4-31 为自动化系统结构图，需要将一、二次设备组网，并将相关信号传送至监控主机后台。

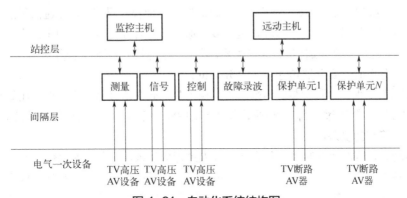

图 4-31　自动化系统结构图

微机监控分系统调试需要将全站设备遥信、遥测、遥控、遥调信息全部传至监控后台，同时在监控后台进行对比确认信息的正确性。站控层由主机兼操作员工作站、远动通信装置、继电保护故障信息系统子站（可选）、状态监测及智能辅助控制系统后台主机及网络打印机等设备构成，提供站内运行的人机联系界面，实现管理控制间隔层、过程层设备等功能，形成全站监控、管理中心，并与远方监控/调度中心通信。

站控层设备通过网络与站控层其他设备通信，与间隔层设备通信，传输 MMS 报文和GOOSE 报文。站控层网络宜采用双重化以太网络。

站控层交换机与间隔层交换机之间的级联端口宜采用光口。站控层交换机与间隔层交换机同一室内布置时，可采用电口。站控层交换机宜采用 24 电口交换机，其光口数量根据实际要求配置。

（2）调试前准备

在开展微机监控分系统调试前需要进行一些准备工作，包括资料准备、人员准备等。资料主要包括后台核对信息记录、配合人员需要的图纸、说明书以及单体调试时所记录的调试信息，人员包括后台核对信息人员、现场传动人员。为保证调试安全性，避免不必要的重复性工作，现场需要有效的隔离调试区域，无关调试人员需要离开调试现场。

（3）调试项目

① 遥信传动　遥信即远程信号，可表示为"YX""TS"。遥信指数值上不连续的开关量或者状态量，包含断路器和隔离开关位置信号、继电保护装置和安全自动装置动作及报警信号、一次设备操动机构和压力异常信号、变压器挡位信号、运行监视信号等。遥信数值以"0"或者"1"表示，但也有双位置遥信，以两位二进制位表示四种状态："00""01""10""11"。双位置遥信通常用于断路器位置信号，需要断路器提供两副接点，正常情况下这两副接点位置相反，一旦位置相同，则表示断路器位置错误，需要引起调控人员关注。因此双位置信号能够防止断路器的辅助接点发生故障时调控人员的误判。

遥信的产生方式一般有以下三类。

a. 辅助接点形式接入测控装置产生。此遥信又称为开入量。这类信号以硬接点点对点方式通过光耦隔离接入测控装置。这类遥信发生异常，检查的方法比较直接，可以使用万用表判断出是接点问题还是测控装置问题。在做遥信试验时也比较直接，通过短接线短接接点或者断开接点接线就可以模拟"合""分"状态。一般较为重要的位置信号、保护动作信号等通过开入量产生。

b. 总控装置将多个遥信合并计算产生。此遥信又称为合并遥信。合并遥信虽然在调度主站端以单个遥信形式显示，但在厂站端则是由多个遥信计算合并而成。比如全站事故总信号、装置异常信号等。比如当合并遥信为"或"关系，其中一个遥信"合"时，合并遥信就显示为"合"；所有遥信为"分"时，合并遥信才显示"分"位。

c. 总控装置、保护、测控装置内部软件判断产生。此遥信又称为虚遥信。比如保护装置的"TV断线""TA异常""过负荷"，测控装置"通信中断"等信号。这类遥信是装置软件自产的，试验及查找故障较为复杂。

遥信传动时，监控后台侧由经验丰富的专人进行信息核对，发现遥信信号不正确时第一时间由设备服务人员改正。对于事故类信号，由试验人员通过整组传动、实际操作设备等方式产生遥信信号。合并信号的传动仅需发出一次，前提条件是单体调试时试验人员已经逐一验证所有合成条件均能可靠触发合并信号。

② 遥测传动　遥测即远程测量，可表示为"YC""TM"。遥测指数值上连续变化的模拟量，包括电流、电压、有功功率、无功功率、功率因数、频率、温度、压力、流量等。遥测的传送方式有变化传送和全遥测传送两种类型。变化传送指当前采集的遥测数值比前一次有所变化，且变化值超过预先设定的门槛值时，该遥测值就传送出去，否则不再发送，以减轻通信负荷。全遥测指每隔一段时间，测控装置或者总控装置将采集到的所有遥测数据全部发送一次，这样能够防止之前发送的遥测数据丢失。一般变化遥测的传送周期在几秒之内，全遥测的传送周期有几十秒甚至几分钟。

遥测传动时，监控后台侧由经验丰富的专人进行遥测量核对，发现问题时，第一时间由设备服务人员改正，并重新传动正确后再进行下一项。由于全站遥测量比遥信量要少很多，因此在传动方式上区别于遥信传动，目标为一次性正确传动，直至验收。试验人员一般通过外加信号源的方式模拟产生电流、电压、温度等遥测信息，这也称为虚负荷方法。对于分相式设备，在各相遥测值加量时通常有明显大小差异以区分相别。

③ 遥控传动　遥控即远程控制，可表示为"YK""RC"，指调控人员发送控制命令，对设备运行状态进行控制的行为。目前能够实现遥控的设备必须具备电动操动机构，并接入控制系统。遥控主要是对断路器、隔离开关位置进行远程分、合，通过对电容器开关的合、分实现电容器的投、退；对主变压器挡位进行调节等。

遥控分为手动控制和自动控制两种。手动控制包括调控主站控制、站内站控层控制、间隔层控制，并具备调控主站控制/站内站控层控制、站内站控层控制/间隔层控制切换功能，控制级别由高到低分别为间隔层控制、站内站控层控制、调控主站控制。三种控制级别之间同一时刻只允许一级控制。自动控制包括顺序控制和自动无功电压功率因数调节控制。顺序控制是指按设定步骤顺序操作，可以对旁路代供、倒母线等成组操作在后台计算机监控系统或者调控中心主站系统上预先选择、组合，经校验正确后，按要求发令自动执行远程操作。自动无功电压功率因数调节控制则由主站系统根据电压、无功和功率因数控制目标进行预先设定，自动发送电容器投、切和主变压器挡位调节遥控命令。

遥控测试前，站内应做好必要的安全措施，待现场负责人许可后，方能进行传动测试，防止误动设备、误伤工人或机械联锁损坏。后台人员应核对遥控的目标、性质和遥控结果是否一致。遥控过程中要针对把手、压板进行唯一性试验并做好相关记录。

④ 遥调及其他试验传动　遥调即远程调节，可表示为"YT""RR"。在主站侧设置调节程度，对设备进行远程调节，如远程切换保护定值区、调节发电机输出功率、汽轮机气门开启大小、水电站水位等。遥调的试验和验收与遥控相似，都必须保证遥调的正确性，防止误操作。

其他试验传动需要包括在线监测、油色谱、气体监测以及一些特殊的监测量，试验和遥测传动类似，需要保证测量的正确性及唯一性。

4.5.5.2　五防系统调试

（1）五防系统介绍

五防系统是变电站防止误操作的主要系统，是确保变电站安全运行，防止人为误操作的重要设备，任何正常倒闸操作都必须经过五防系统的模拟预演和逻辑判断，所以确保五防系统的完好和完善，能大大防止和减少电网事故的发生。

五防功能是指防止误分、合断路器；防止带负荷分、合隔离开关；防止带电挂（合）接地线（接地刀闸）；防止带接地线（接地刀闸）合断路器（隔离开关）；防止误入带电间隔。传统电气防误是建立在二次操作回路上的一种防误功能，一般通过开关的辅助接点联锁来实现。微机五防是一种采用计算机技术，用于高压开关设备防止电气误操作的装置，通常主要由主机、模拟屏、电脑钥匙、机械编码（五防）锁等功能元件组成。现行微机防误闭锁装置闭锁的设备有断路器、开关、地线（地线开关）、遮栏网门（开关柜门），这些设备是通过微机锁具（电编码锁和机械编码锁）实现闭锁的，对这些设备须由软件编写操作闭锁规则。

微机五防与电气防误技术比较。电气防误闭锁回路是一种现场电气联锁技术，主要通过相关设备的辅助接点来实现闭锁。这是电气闭锁最基本的形式，闭锁可靠。但这种方式需要接入大量的二次电缆，接线方式较为复杂，运行维护较为困难。微机五防系统一般不直接采用现场设备的辅助接点，接线简单，通过五防系统微机软件的规则库和现场锁具实现防误闭锁。电气闭锁回路一般只能防止断路器、隔离开关和接地开关的误操作，对误入带电间隔、接地线的挂接（拆除）等则无能为力，不能实现完整的五防。微机五防系统可根据现场实际情况，编写相应的五防规则，可以实现较为完整的五防功能。只是在微机系统故障未解除而解除闭锁时，五防功能完全失去。

五防系统工作原理是倒闸操作时先在防误主机上模拟预演操作，防误主机根据预先储存的防误闭锁逻辑库及当前设备位置状态，对每一项模拟操作进行闭锁逻辑判断，将正确的模拟操作内容生成实际操作程序传输给电脑钥匙，运行人员按照电脑钥匙显示的操作内容，依次打开相应的编码锁对设备进行操作。全部操作结束后，通过电脑钥匙的回传，设备状态与现场的设备状态保持一致。

（2）调试条件

五防系统调试条件包括：全站一次设备位置遥信和遥控传动完毕，不存在任何遗留问题，闭锁逻辑所需要的开关量遥信验证正确，例如 PT 二次空开位置宜加入逻辑运算。

（3）闭锁类型

① 机械闭锁　五防系统发展的初级阶段，低压开关柜、手车柜、户外隔离开关和接地开关等电气设备之间的闭锁通常采用机械闭锁，即通过在操作部位之间用相互制约和联动的机械结构来达到先后动作的闭锁要求，例如：

a. 隔离开关在合位，接地开关不能合。

b. 隔离开关在分位，接地开关可以合。

c. 接地开关在合位，隔离开关不能合。

在单个开关间隔内，利用机械连杆、凸形滑块直接传动和闭锁限位销的默契配合来达到断路器、隔离开关和前后网门的闭锁。机械闭锁无需使用钥匙等辅助工具，即可实现按操作顺序闭锁。当现场操作顺序错误时，机械闭锁可实现自动强制闭锁，阻止误操作的发生。机械闭锁可实现正向和反向的闭锁要求，加之闭锁有直观、强度高、维护工作量小、操作方便等优点，很受运行和检修人员的欢迎。然而，机械闭锁只能在开关柜内部或户外刀闸机械动作部件之间应用，对开关柜之间、开关柜与外部配电设备或户外刀闸与开关之间的联锁则无法实现，且机械结构一旦故障后不便于解除联锁。因此机械闭锁，还需结合其他闭锁方式，才可以达到"五防"的全部要求。

② 电气闭锁　电气闭锁是一种现场电气联锁技术，利用控制电缆将断路器、隔离开关、接地开关的辅助触点组成逻辑电路，串入设备的闭锁回路中，用于接通、断开操作对象的电源而实现对操作的强制闭锁。

电气闭锁对电动操作设备具有强制闭锁功能，不需要机械联锁的锁具，操作简单，因此目前在综自变电站中仍在广泛使用。

但电气闭锁也存在的一些问题，主要有：

a. 对辅助开关的质量和运行环境要求较高，可靠性差。

b. 跨间隔横向闭锁（如母联、旁路、分段、主变压器开关和母线接地开关等）的电气闭锁逻辑回路设计复杂，触点过多，电缆使用量大，实现难度较大。

c. 无法防止误分、误合断路器。

d. 对手动操作的电气设备、接地线和网门等缺乏有效的闭锁手段，如不通过辅助电磁锁的配合，将无法防止带地线合隔离开关、带电挂接地线、误入带电间隔（网门）。

因此电气闭锁不是一种完善的防误闭锁方案，电气闭锁仅适用于闭锁逻辑较为简单的单元间隔内的电动操作设备和组合开关柜的防误闭锁，特别是对 GIS 组合电气设备尤为适用。若要实现全站的防误闭锁（包括断路器、手动操作的设备、临时接地线和网门），需和其他防误闭锁装置配套使用。

③ 微机五防　早期的微机五防系统由模拟屏、电脑钥匙、防误控制器、电编码锁、机械编码锁等部分组成。防误控制器安装在模拟屏上，内装每个设备的五防闭锁逻辑，电编码锁串联到电气设备的操作回路中，机械编码锁安装在手动操动机构上，防止对手动机构的随意操作。执行操作时，先在模拟屏上进行模拟预演，预演过程中控制器对模拟操作进行五防逻辑判断，对符合逻辑的预演进行记录，不符合逻辑的预演则有错误提示或灯光报警。所有操作都预演成功后，模拟屏根据预演顺序生成可执行的操作票，并将操作票传入电脑钥匙中。操作人员根据电脑钥匙保存的操作序列，对设备进行逐个解锁操作。

电脑钥匙执行每项操作时，先采集编码锁的编码，判断是否与操作对象对应的编码锁一致，若一致则电脑钥匙的内部机构允许对编码锁解操作，否则电脑钥匙无法对编码锁进行解锁操作并有报警提示。操作结束后，电脑钥匙将操作记录回传到模拟屏。

现代的微机五防系统将操作票专家系统与微机防误结合，可实现操作票生成与五防闭锁的一体化。现代微机五防系统具有独立的图形界面，可显示一次设备的接线图，具有独立的数据库，可存储一次设备的操作逻辑、典型操作票、历史数据等。操作票可自动生成，也可通过图形开票的方式生成。预演成功的操作票可传到电脑钥匙，进行现场操作。

微机五防闭锁系统具有以下优点：

a. 实现了与监控后台的通信。模拟屏或专家系统需要的一次设备的信息由监控后台采集，通过串口或以太网传给五防系统，供五防开操作票或模拟操作时进行逻辑判断。监控后台对设备遥控操作时，先通过串口或以太网向五防系统发送遥控请求信息，得到"允许操作"指令后，再实施遥控操作。遥控成功后，监控后台将遥信变位信息及时发送给五防机，五防机再决定是否可进行后续操作。

b. 软件功能强大。凭借计算机强大的软件功能，将防误闭锁逻辑关系软件化，所有逻辑运算全部靠软件实现，实现了防误闭锁的智能化。

c. 微机软件的引入，使传统电气闭锁装置难于实现的跨间隔五防得以轻松实现，通过软件实现了全站的防误闭锁。

d. 一把电脑钥匙代替了众多的程序钥匙，实现了一把钥匙开多把锁，节省了操作时间，减轻了操作强度。

e. 闭锁锁具通用性和扩展性强。控制锁的编码位数可方便扩充锁的数量，码片方便更换。

f. 仅在操作对象上安装闭锁装置和锁具，闭锁对象互锁时不需要敷设大量电缆，系统扩展方便。

但微机五防也存在以下一些缺陷：

a. 早期的微机五防与监控完全分离，导致五防闭锁系统缺乏有效的实时数据，影响了其可靠性和安全性，现代微机五防与监控系统通过通信手段实现互动，"五防"可接收监控的实时数据，并为监控遥控操作提供实时闭锁信息。但微机五防有独立的数据库和图形界面，实际应用过程中，时常发生因通信不畅或五防与监控对应的数据库不一致造成的操作闭锁问题。"五防"与监控相互独立的模式，也造成变电站改（扩）建时施工难度的加大。

b. 自动化程度不高。当一个操作任务既有遥控项又有用电脑钥匙操作的手动操作项时，操作人员往往要在主控室和操作现场间多次往返，影响操作效率。

　　c. 锁具故障率高。安装在户外的锁具，容易锈蚀或卡涩，影响操作票的执行进程。且锁具种类繁多，安装复杂，日常维护工作量大。

　　d. 电脑钥匙离线工作。电脑钥匙无法实时与五防主机保持通信，在电脑钥匙现场操作过程中，一旦产生影响操作逻辑的异常信息，五防主机应立即闭锁所有操作，此时主机却无法实时闭锁电脑钥匙的操作，给安全操作带来隐患。

　　e. 存在"走空程"的隐患。"走空程"是指用电脑钥匙打开编码锁，但未对设备进行操作就进行下一项操作。离线工作的电脑钥匙在解锁本步操作对象的编码锁后，不能及时获得该设备的操作状态，在无法判断该步操作是否完成的情况下，进入下一步操作项的解锁，将导致"走空程"。"走空程"是微机五防闭锁系统的一个致命缺陷，为此生产厂家提出了众多改进办法，例如增加状态编码锁等，但由于获取的是虚拟状态位，对于隔离开关操作不到位的情况不能有效判断，不能根本上杜绝走空程。

　　针对微机五防存在的缺陷，现场运维人员通过人工核对、操作来弥补可能遗漏的问题，同时机械闭锁、电气闭锁、五防闭锁相互配合保障电网稳定运行。

　　（4）调试过程

　　根据上述介绍，试验人员调试过程包括三个阶段：

　　① 机械闭锁、间隔闭锁的传动。开放式隔离开关存在一定设置的机械闭锁，原理是相邻隔离刀闸和接地刀闸设置机械闭锁装置，另外三工位电动隔离开关，主要与 GIS 类设备存在内部闭锁，间隔内断路器和刀闸、刀闸与刀闸之间存在间隔闭锁，试验第一步骤就是将这些联锁传动到位，为接下来的间隔间电气联锁做准备。

　　② 间隔间电气联锁主要设计母线间隔与出线间隔、主变间隔、变压器三次间隔、与母联分段间隔联锁的其他间隔等联锁回路，现场通常叫作大联锁，需要多作业人员相互配合传动，可有效防止间隔间短路电网事故。

　　③ 五防联锁试验主要工作是锁具的识别、后台五防机的开票操作，一般由五防厂家逻辑录入后，运维人员直接验收，自动化集成、试验便捷，同时也是整站调试进入尾声的标志。

4.5.5.3　系统同期功能调试

　　（1）系统同期介绍

　　随着用户对供电可靠性要求的提高，网络结构的日趋紧凑，在电力系统并网过程中断路器的同期合闸操作越来越多。测控装置作为电力系统自动化的重要组成部分，除了能实现测量和控制外，还能实现断路器的同期合闸这一重要功能，减小并网操作时对系统和设备的冲击，在提高电力系统稳定性和提高线路合闸成功率等方面都发挥着重要作用。

　　断路器分、合闸是变电站微机监控系统最常见的操作。其中对于断路器手动合闸命令，由于合闸前断路器两侧系统状态不同，需要测控装置实时采集断路器两侧电气量信息并进行计算和比较，以确定当前状态是否允许合闸并确定与之相应的最佳合闸时刻。一般而言，断路器合闸操作所需要采集的电气量信息是电压幅值、频率和相角，线路间隔引接的一般是母线电压及线路 PT 抽取电压，线路抽取电压一般选择单相电压，母联间隔、分段间隔引接的是各段母线三相电压，也有选取单相的情况，主变间隔则是选取主变 PT 电压和母线电压。

　　（2）调试条件

　　同期试验一般需要满足下面两个条件。

　　① 微机监控遥控传动完毕。断路器合闸主要操作都来自后台监控的遥控命令，因此在遥

控的时候需要加入同期条件进行判断，条件允许则合闸出口，条件不允许则合闸失败，并返回报文显示哪些条件不满足。

② 常规站测控手合逻辑验证完毕，智能站智能终端合闸把手逻辑验证完毕，同时对应的同期位置传动完毕，如此才可以试验把手合闸的功能，同样的逻辑判断依旧是由测控装置来实现，并返回报文。

（3）调试项目

同期试验主要包括两部分，一部分是检同期操作，条件包括压差、角差、频差，任何条件不满足都不会合闸成功，另一部分是检无压，即判断断路器两侧电压是否满足无压条件。同期校验是一个动态过程，一般脉冲时限为 20s，即在定值时间内，只要满足条件就会合闸出口，超时后才会返回失败报文。

① 同期压差　测控装置中有专门的压差定值项，通常情况下设定为 3V，即当开关两侧电压差值超过 3V 时，合闸失败，当然两侧电压也要满足有压条件，不能低于定值，否则也会合闸失败。二次额定电压一般取相电压 57.74V，一般加量试验时都是母线侧加额定电压，出线或其他侧电压变化或是无压，对比相别根据实际安装电压互感器位置决定，也可以是核对线电压值，单相电压互感器只能核对单相，可以通过定值设定来更改对比相别，这也是试验过程中很容易忽视的造成合闸失败的问题。

② 同期频差　频差同样也是测控中的定值项，额定情况下，电压频率取值为 50Hz，电力系统正常运行下一般不会超过 0.5Hz，同期试验时，只改变频率差值，在定值允许范围内合闸成功，范围外合闸失败。

③ 同期角差　角差也是定值项，角度的变化与频率的变化有关系，频率不同，周波时间不同，就会在同一时刻产生不一样的角度，所以在试验时会有频率不一致导致角差不满足的结果，这是正常现象。角度差值一般定值 30°，允许范围还是很大的，超过定值合闸失败，定值范围内，合闸成功。

④ 同期检无压　检无压时一般会退出检同期功能，二者是不同时操作的，根据电压定值判断系统，在满足无压条件时出口合闸，变电站内一般多使用同期检验。

⑤ 其他同期检验　除了测控功能的同期合闸，还有一种使用同期功能装置的是重合闸装置，即送电线路在瞬时故障触发重合闸时，需要检验电压情况，以免电压不同期导致电网事故。这项功能一般不使用，需要使用三相重合闸方式才进行同期校验。

4.5.5.4　同步相量测量装置调试

（1）同步相量测量装置介绍

PMU 是电力系统同步相量测量装置的简称，是用于同步相量的测量和输出以及进行动态记录的装置。PMU 的核心特征包括基于标准时钟信号的同步相量测量、失去标准时钟信号的守时能力、PMU 与主站之间能够实时通信并遵循有关通信协议。

现有 PMU 大多依靠美国的 GPS 系统进行授时，部分设备已经开始采用 GPS 和北斗系统双对时。

（2）PMU 基本参数要求

装置应同时具有时钟同步、实时监测、实时通信、动态数据记录、暂态录波功能，且各功能不能相互影响和干扰，应能同步测量安装点的三相基波电压、三相基波电流、电压电流的基波正序相量、频率（每台发电机和每条线路都应至少测量一个频率）和开关量信号。装置基本要求如下：

① 实时监测

a. 装置应具有同时向主站传送实时监测数据的能力。

b. 装置应能接收多个主站的召唤命令，以及传送部门或者全部测量通道的实时监测数据。

c. 装置实时监测数据的输出速率应可以整定，在电网故障或特定事件期间，装置应具备按照最高或设定记录速率进行数据输出的能力。

d. 装置实时监测数据的输出时延（相量对标与数据输出时刻之时间差）应不大于30ms。

② 实时记录

a. 装置应能实时记录全部测量通道的相量数据。

b. 装置实时记录数据的最高速率应不低于100次/s，并具有多种可选记录速率。

c. 装置实时记录数据的保存时间应不少于14天。

d. 当电力系统发生频率越限、频率变化率越限、相电压越限、正序电压越限、相电流越限、正序电流越限等事件时，装置应能建立事件标识，以方便用户获取事件发生时段的实时记录数据。

e. 当装置监测到继电保护或接到手动记录命令时应建立事件标识。

f. 当同步时钟信号丢失、异常以及同步时钟信号恢复正常时，装置应建立事件标识。

g. 每个PMU暂态录波文件包含故障前0.2s到故障后2s的数据。一次启动录波期间所产生的各录波文件之间数据必须连续。

（3）PMU的作用

同步相量测量技术可以应用到电力系统的许多方面，例如电力系统的状态估计、静态稳定的监测、暂态稳定的预测及控制以及故障分析等。但是，其最重要的应用场合必然是电力系统的暂态稳定性的预测和控制。PMU作为电力系统实时动态监测系统（WAMS）的子站设备，可实现对地域广阔的电力系统动态数据的高速采集，从而对电力系统的动态过程进行监测和分析。装置主要功能如下：

① 同步相量测量

a. 测量线路三相电压、三相电流、开关量，计算获得三相电压、电流同步相量和正序电压、电流同步相量。

b. 测量发电机机端三相电压、三相电流、开关量、励磁信号、气门开度、AGC、AVC、PSS等信号。

c. 同步测量励磁电流、励磁电压，用于分析机组的励磁特性。

d. 同步AGC控制信号，用于分析AGC控制响应特性。

e. 获取高精度的时间信号。

② 同步相量数据传输　装置根据通信规约将同步相量数据传输到主站，传输的通道根据实际情况而定，如2M/10M/100M/64K/Modem等，传输通信链路一般采用TCP/IP。

③ 就地数据管理及显示

a. 装置的参数当地整定。

b. 装置的测量数据可以在计算机界面上显示出来。

④ 扰动数据记录

a. 具备暂态录波功能。用于记录瞬时采样数据的输出格式符合ANSI/IEEEPC37.111-1991（COMTRADE）的要求。

b. 具有全域启动命令的发送和接收功能，以记录特定的系统扰动数据。

c. 可以以 IEC60870-5-103 或 FTP 的方式和主站交换定值及故障数据。

⑤ 数据存储及交换　装置可以存储暂态录波数据、实时同步相量数据，提供通信接口用于和励磁系统、AGC 系统、电厂监控系统等进行数据交换。

（4）PMU 主要信号

装置的输入信号有：

① 线路电压、线路电流信号（监控 CT）。

② 开关量信号。

③ 发电机轴位置脉冲，可以是鉴相信号或转速信号。

④ 用于励磁、ACG 等的 4～20mA 控制信号。

⑤ GPS 标准时间信号。

装置的输出信号有：

① 中央信号的告警信号。

② 通信用的 10/100M 以太网及 RS232 接口（采用 IEEEstd1344 通信标准）。

③ 控制用的 4～20mA 输出信号。

（5）调试条件

① 二次接线完成　同步相量采集柜厂家接线图、端子排图、设计图与现场实际接线位置一致。同步相量测量装置安装完成，软硬件配置完好，单体调试完成。

② 网络搭建完成

a. 敷设通信线，PMU 一般采用双以太网通信，分为 A 网 B 网。

b. 通信线与设备连接。

c. 设置地址。设置装置地址前，先做个表格把所有需要通信的设备统计并分配地址，然后根据表格所分配地址在装置上设置。

d. 通信测试。装置地址设置完后，在装置上观察通信等是否显示正常，然后用电脑接入网络根据地址表拼读装置地址。

③ 调试前准备　调试前，检查所需调试仪器、工器具，调试现场安全、可靠。调试至少需两人配合开展。调试前，应据作业内容和性质安排好人员，要求所有人员明确各自的作业内容、进度要求、作业标准、安全注意事项、危险点及控制措施。

（6）调试项目及方法

① 装置外观检查

a. PMU 配置、型号、参数和制造厂家与设计要求一致。

b. 外观清洁无明显尘土，装置内插件焊接良好，连接可靠。

c. 装置各部件无机械损伤或变形，安装牢固，外盖密封良好。

d. 切换开关、操作面板等辅助设备操作灵活，手感良好，接触可靠。

e. 主要设备、辅助设备的工艺质量良好。

f. 压板、按钮标识与设计相符。

② 二次接线检查

a. 装置接线端子应拧紧，端子内外部接线应与厂家图纸以及设计图纸相对应，线号清晰正确。

b. 检查装置交、直流额定值与设计参数是否一致。

c. CT 回路无开路现象，PT 回路无短路现象，CT、PT 二次回路应严格按照设计图纸可靠接地。

d. 检查装置内部电源独立性，无混电现象，且装置可靠接地。

③ 装置绝缘检查

a. 检查 CT、PT 回路对地绝缘电阻。

b. 检查直流回路对地绝缘电阻。

c. 直流回路使用 500V 摇表，其他回路使用 1000V 摇表，单装置绝缘不小于 20MΩ，带二次回路绝缘不小于 1MΩ。

注意：进行绝缘试验前必须将回路电源全部可靠断开，接地线拆除。

④ 装置通电检查

a. 装置通电后查看装置运行灯是否正常亮起，报警灯是否不亮。

b. 控制面板显示清晰，按键灵活，装置菜单可正确进入退出。

c. 装置菜单内显示的装置版本与设计要求或出厂要求一致。

⑤ 装置时钟检查　装置接入 GPS 对时后可正确接收对时信号（报文或硬点），将时间改错后，可自动恢复正确时间。

⑥ 网络检查

a. 装置与监控网络连接后，装置与监控系统均显示网络正常。

b. 断开装置 A 网，装置与监控系统均显示 A 网中断，不影响监控系统与装置正常通信。

c. 再断开装置 B 网，装置与监控系统均显示 B 网中断，监控系统与装置通信中断。

d. 而后将装置 A 网恢复，装置与监控系统均显示 A 网恢复，监控系统与装置恢复正常通信。

e. 最后将装置 B 网恢复，装置与监控后台均显示 B 网恢复，监控后台与装置恢复正常通信。

⑦ 装置断电检查　装置断电，经过很长时间后重新通电，各类整定定值、时钟显示、有关报告均不丢失，在此期间装置不误发 SOE，不误出口，装置断电后有相应报警信号。

⑧ 交流回路精度校验　在同步相量采集屏电压电流端子排处分别加入采集线路的电压电流值，根据对应的误差计算公式校验交流回路精度，各项试验内容的试验点统计如表 4-150 所示。记录装置的显示值保留三位小数。

表 4-150　交流回路精度校验

试验内容	试验点						
电压 U	0	40%U_n	80%U_n	100%U_n	120%U_n		
电流 I	0	20%I_n	40%I_n	60%I_n	80%I_n	100%I_n	120%I_n

注：U_n 为标称电压值，I_n 为标称电流值。

电压基本误差公式：

$$E_u = \frac{V_x - V_i}{A_F} \times 100\%$$

式中，V_x 为测控装置显示值；V_i 为标准装置输出值，A_F 为基准值（若用二次值计算，则 A_F=57.74V）。

电流基本误差公式：

$$E_i = \frac{I_x - I_i}{A_F} \times 100\%$$

式中，I_x 为测控装置显示值；I_i 为标准装置输出值；A_F 为基准值（若用二次值计算，则 A_F=1A 或 5A）。

⑨　系统内通信检查　检查各小室 PMU 采集子站与 PMU 采集主机通信，确定通信方式，查看通信状态是否良好。

⑩　PMU 功能试验　在各采集装置加入采集线路的电压电流值，在主控楼核实对应线路的电压、电流、功率值。

⑪　GPS 对时功能检查　检查 PMU 采集主机柜及各小室 PMU 采集装置的 GPS 对时功能是否正常，对时结果应正确。

⑫　与控制保护（监控后台）接口功能检查　运行人员工作站 A 系统及 B 系统能分别正确接收 PMU 采集主机柜及各小室 PMU 采集装置发出的通信异常/装置告警、直流消失信号。

4.5.5.5　时间同步系统调试

（1）时间同步系统介绍

在电力系统中，电网的运行状态瞬息万变，电网调度实行分层多级管理，调度管理中心远离现场。为保证电网安全和经济运行，各种以计算机技术和通信技术为基础的自动化装置被广泛应用，如调度自动化系统、故障录波系统装置、微机继电保护装置、事件顺序记录装置等控制装置。随着电厂、变电站自动化水平的提高，电力系统对全站统一时间的要求越来越迫切，有统一的时间，既可实现全站系统在统一的时间基准下的运行监控，也可以通过各开关的先后顺序来分析事故的原因及发展过程。因此电力系统的安全、稳定、可靠运行对时间的基准统一及精度的要求进一步提高，在电力系统的电厂、变电站及调度中心等建立统一的时间同步系统已经显得十分迫切和必要。

另外，各站往往有不同的装置需要接收同步时钟信号，其接口类型繁多，装置的数量也不等，所以在实际应用中常感到卫星对时装置某些类型的接口数量不够或者缺少某些类型的接口，其结果就是全站中有某些装置无法对时。

变电站所有二次装置和系统必须实现时间同步，并能与调度端主系统实现时间同步。只有时间同步了，在电网事故分析时，管理人员才能根据 SOE 信号，分辨出各变电站保护动作、开关变位时间先后顺序，并以此判断事故发生过程和原因。时间同步系统指接收外部时间基准信号，并按照要求的时间准确度向外输出时间同步信号和时间信息的系统。对于变电站来说，时间同步系统通常由主时钟、若干从时钟、时间信号传输介质组成。

（2）运行方式及配置要求

根据 DL/T 1100《电力系统的时间同步系统》技术规范要求，时间同步系统有三种运行方式，分别是基本式、主从式、主备式三种。

①　基本式　基本式时间同步系统由一台主时钟和信号传输介质组成，用以为被授时设备或系统对时，如图 4-32 所示。根据需要和技术要求，主时钟可设接收上一级时间同步系统下发的有线时间基准信号的接口。

②　主从式　主从式时间同步系统由一台主时钟、多台从时钟和信号传输介质组成，用以为被授时设备或系统对时。根据实际需要和技术要求，主时钟可设用以接收上一级时间同步系统下发的有线时间基准信号的接口，如图 4-33 所示。

③　主备式　主备式时间同步系统由两台主时钟、多台从时钟和信号传输介质组成，为被授时设备或系统对时，如图 4-34 所示。根据实际需要和技术要求，主时钟可留有接口，用来接收上一级时间同步系统下发的有线时间基准信号。

变电站应配置一套时间同步系统，500kV 变电站宜采用主备式时间同步系统，以提高时间同步系统的可靠性。220kV 及以下电压等级变电站一般采用主从式时间同步系统。

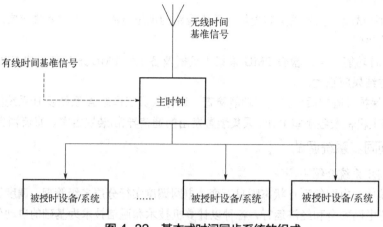

图 4-32　基本式时间同步系统的组成

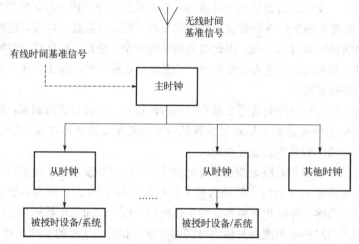

图 4-33　主从式时间同步系统的组成

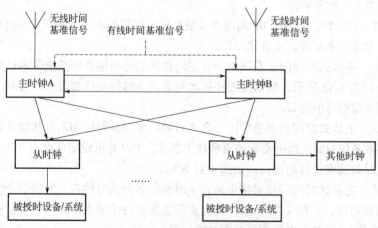

图 4-34　主备式时间同步系统的组成

（3）原理及技术参数

时间同步系统主要由接收单元、时钟单元和输出单元三部分组成。

时间同步系统的接收单元以接收的无线或有线时间基准信号作为外部时间基准。一般采用 GPS 信号，目前国产装置同时支持北斗和 GPS 信号。

接收单元接收到外部时间基准信号后，时钟单元按优先顺序选择外部时间基准信号作同步源，将时钟牵引入跟踪锁定状态，并补偿传输延时。这时，时钟受外部时间基准信号的控制，并输出与其同步的时间信号和时间信息。

如接收单元失去外部时间基准信号，则时钟进入守时保持状态。这时，时钟仍能保持一定的时间准确度，并输出时间同步信号和时间信息。外部时间基准信号恢复后，时钟单元自动结束守时保持状态，并被外部时间基准信号牵引入跟踪锁定状态。

在牵引过程中，时钟单元仍能输出正确的时间同步信号和时间信息。这些时间同步信号应不出错。

输出单元输出各类时间同步信号和时间信息、状态信号和告警信号，也可以显示时间、状态和告警信息。

（4）调试过程

① 监控信号调试　时间同步系统涉及的遥信主要如表 4-151 所示。

表 4-151　时间同步系统主要信号

检查内容	公共测控遥信检查	检查情况	后台光字牌告警	检查情况
对时主机 1 装置失电				
对时主机 1 装置异常				
对时主机 2 装置失电				
对时主机 2 装置异常				
对时主机 1 装置失步				
对时主机 2 装置失步				
对时分机装置失电				
对时分机装置异常				
对时扩展装置 1 失电				
对时扩展装置 1 异常				
对时扩展装置 2 失电				
对时扩展装置 2 异常				
对时扩展单元输入失步				

注：告警信号根据现场实际情况而定

② 时间同步装置异常　该信号指时间同步装置失电、模件故障等，一旦出现异常，时间同步装置则无法工作，甚至发出错误的时间信号，导致被授时装置时间错乱，严重会引起被授时装置故障、死机。

③ 时间同步装置失步　该信号仅仅指装置无法接收 GPS 或者北斗信号，只能依靠内部原子钟保持时钟准确度。由于内部时钟准确度有要求，一般 24h 误差不超过 2ms，因此，即使处于失步状态，被授时装置在短期内仍然能够保证足够的时间精度。时间同步装置长时间失步，对于本站所有被授时装置来说，时间仍然能够保持一致性，可以保证本站事件顺序记录的分辨

率，但与其他变电站无法确定事故发生的先后顺序。

根据时间同步装置的异常信号，将模拟结果传动至后台，核对正确无误，同时该信号也会最终传送调度数据网到调控中心，时间同步关系到电网的安全稳定，同时也是事故记录的重要因素之一，不容忽视。

④ 装置对时校验　需要有时间同步对时的装置都需要进行对时校验，通常是使用修改时间法，即将装置时间更改与时间不同步不一致，且改动时间差值不超过 24h，保存后装置会自我更新，更改时间失效，光 B 码拔掉光纤、电 B 码拆掉对时线后，装置会发出告警，显示同步异常或对时异常，并发送到监控后台，恢复后异常信息恢复如初，即达到了调试目的。

4.5.5.6　电网调度自动化调试

（1）调度自动化系统介绍

① 远动系统　图 4-35 所示为远动机信息传输示意图，远动机负责与上级调度包括集控站、调度自动化系统进行通信，完成多种远动通信规约的解释，实现现场数据的上送及远方遥控、遥调命令的下传。

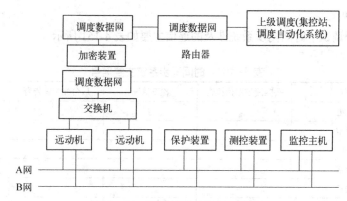

图 4-35　远动机信息传输示意图

厂站端采集到的数据上传到主站端（集控中心）的流程为：一次设备（互感器）→测控装置→监控网→子站远动机→调制解调器→通信设备通道→主站调制解调器→主站前置机接收→主站服务器处理。

主站为控制站，对子站实现远程监控，子站为被控站，受主站监视和控制。远动规约（协议）是在远动系统中，为了正确地传送信息，必须具备的一套关于信息传送顺序、信息格式和信息内容等约定。这一套约定称为规约（协议）。调制解调器是对远动设备所传送的信号进行调制和解调的设备。规约转换器为连接两个通信网络的智能电子装置，它能够按一种规约接收一个网络的信息，进行转换后，按第二个规约向另一个网络转发，或相反。

a. 调度关系。根据变电站的建设规模和在系统中所处的位置以及电网实行统一调度分级管理的原则。

b. 远动系统设备配置。一般采用一体化监控系统，远动功能并入一体化监控系统中，远动设备包括Ⅰ区、Ⅱ区、Ⅲ/Ⅳ区数据通信网关机。Ⅰ区、Ⅱ区数据通信网关机双重化配置，Ⅲ/Ⅳ数据通信网关机按单套配置。变电站远动、保护、告警直传等信息分别通过 Ⅰ 区数据通信网关机向调度端上传，故障录波信息通过调度数据网Ⅱ区交换机上传，站内辅助信息及状态监测信息通过Ⅲ/Ⅳ数据通信网关机上传。

c. 远动信息采集。远动信息采取"直采直送"原则，直接从 I/O 测控单元获取远动信息并向调度端传送。

d. 远动信息内容。远动信息内容应满足 DL/T 5003—2017《电力系统调度自动化设计规程》相关调度端对变电站的监控要求，并根据调控一体化运行模式的要求，贯彻《变电站调控数据交互规范》，信息内容如下：

•遥测。500kV 出线有功功率、无功功率、电流、电压；500kV 各段母线电压及频率；220kV 出线有功功率、无功功率、电压；220kV 母联电流；220kV 各段母线电压；66kV 各段母线电压；主变 500kV 侧有功功率、无功功率、电流；主变 220kV 侧有功功率、无功功率、电流；主变 66kV 侧无功功率、电流；66kV 电抗器无功功率；66kV 电容器组无功功率。

•遥信。全所事故总信号、全部断路器位置信号、500kV 出线和主变隔离开关位置信号、220kV 所有隔离开关及出线接地刀位置信号、500kV 出线主要保护动作信号、500kV 断路器保护重合闸和失灵保护动作信号、220kV 出线主要保护和重合闸动作信号、500kV 和 220kV 母线保护动作信号、主变压器主保护动作信号、控制回路异常信号、测控装置异常信号、保护装置异常信号、自动装置异常信号、保护软压板投入退出信号、站内交直流电源告警信号、其他维护所需开关量信号。

•遥控。各电压等级所有断路器以及电动隔离开关主刀的分合；电容器、电抗器组的投切。

•状态监测数据。主变油中溶解气体分析数据、避雷器泄漏电流和动作次数。

e. 远动信息传输。远动通信设备应能实现与相关调度中心的数据通信，分别以主备通道并按照各级调度要求的通信规约进行通信。

采用两个平面数据网通信互为备用的方式向各级调度传输远动信息，取消点对点专线通道。网络通信应采用 DL/T 634.5104—2009 规约，专线通信应采用 DL/T 634.5101—2022 规约。

② 关口电能计量系统　电能量远方终端，以串口或以太网口方式采集各电能表信息，具有对电能量计量信息采集、数据处理、分时存储、长时间保存、远方传输等功能以及同步对时功能。采集器网络接入调度数据网应符合《电力二次系统安全防护总体方案》（国家电网调〔2006〕1167 号）变电站二次系统安全分区要求，接到调度数据网的电能量远方终端应接在非控制区。应单独设置接入调度数据网终端设备。

通信应采用 DL/T 719 或 DL/T 645 通信规约和 TCP/IP 网络通信协议。

③ 相量测量装置　功角测量系统由 PMU 数据集中器、PMU 采集装置构成，由 PMU 数据集中器将监测信息上传至主站，采集线路、主变电流、电压信息。信息采用调度数据通信网络传送至各级调度主站系统。PMU 数据集中器双重化配置。

④ 调度数据通信网络接入设备　变电站配置 2 套调度数据网接入设备，每套调度数据网接入设备均包含 1 台路由器和 2 台交换机。每套调度数据网均采用 4X2M 捆绑数据口，变电站双套调度数据网应采用 2 条独立通道传输。调度数据网数据传送协议为 TCP/IP，其应用层协议采用 DL/T 634.5104—2009。

（2）调试条件

① 点表编辑及配置　以测控装置为单元整理每个间隔的遥信、遥测、遥控点表，并与设备、装置原理图进行比对，提高点表的正确性。根据点表在测控装置接线端子上比对遥信、遥测、遥控线的接线位置，线路号是否与设计图纸一致。确认一致后，分别按遥信、遥测及遥控点表配置各路开关遥信量地址、遥测量地址及遥控量地址。

② 测控屏上电完成　合上屏内装置电源开关，检查开关的单一性和正确性，检查装置面

板、装置运行灯是否能正常工作。

③ 网络搭建完成

a. 敷设通信线，测控装置一般采用双以太网通信，即各测控装置分为 A 网、B 网。保护装置一般采用串口通信。

b. 通信线与设备连接。

c. 设置装置地址前，先做个表格把所有需要通信的设备统计并分配地址，然后根据表格所分配地址在装置上设置。

d. 在装置地址设置完后，在装置上观察通信等是否显示正常，然后用电脑接入网络根据地址表拼读装置地址。

④ 完成监控系统搭建

a. 数据库是整个监控系统的核心部分，数据库中要录入本站所有监控数据。在监控服务器上建立数据库，依据就是在准备工作时所整理出来的信息表，包括：所有可以采集到的遥测值，测控采集的、直流系统采集的，等等；所有接入设备的遥控量，测控装置、保护测控装置、低压智能装置，等等；所有接入设备的遥信量，测控装置、保护测控装置、低压智能装置、直流系统，等等。

b. 监控画面是能体现变电站设备最直观的界面，可以最直观地监控设备的状态变化，对设备发出命令等。在画监控画面时主要依据的就是主接线图、甲方的习惯和要求，以及整体美观协调和方便后期添加设备，包括主画面、一次主接线图、设备分图、直流分图、其他分图。在主画面上可以链接到站内主要分图，例如主接线、光字牌、直流系统、各电压等级侧。一次主接线图不链接遥控功能，只用于监视一次设备位置，线路有功、无功电流，变压器挡位、温度，可以链接到各设备分图。设备分图具备设备遥控功能，用于监视有功、无功电流、电压和频率、功率因数、变压器挡位、温度等遥测量以及一次设备位置、设备故障事故时发出的遥信量。直流分图用于监视直流设备运行状态、故障报警、接地报警遥信量，输入交流电源、输出直流电源的遥测量。其他分图包括电压棒图、设备通信状态图、报表等等，此类图可根据甲方要求后期验收时完成。

⑤ 完成站内整体传动　在以上工作都完成了以后，与二次调试人员沟通，了解设备是否可以进行实际传动。然后在测控屏上将信号电源一一合上，在合的同时用万用表监测输入信号电源的变化，保证不接地。然后根据整理出来的遥信、遥控、遥测点表按间隔实际传动，此外还需要完成直流系统传动，包括直流充电机报警信息、模拟量，接地选线装置在每一路馈出线路接地时的报警传动、其他设备传动，保护串口信号传动，UPS 串口信息传动，等等。

⑥ 调试前准备

a. 远动系统的软硬件应部署到位，所有设备均可正常运行。首先远传通道必须具备，其次明确有几级调度，且分别需要什么信息量，采用什么通道，以及相应规约。最后在了解以上信息后，将远传信息表录入远动机内，模拟通道或数字通道调试。

b. 调试前工作负责人应检查调试人员的着装、个人防护用品及其精神状态，确认没有问题后开始准备调试工作。调试人员应核对远动设备接线图、开关设备二次接线图和通信设备接线图等，图纸资料应与现场情况相符。调试前，检查所需调试仪器、工器具，调试现场安全、可靠。调试至少需两人配合开展。调试前，应据作业内容和性质安排好人员，要求所有人员明确各自的作业内容、进度要求、作业标准、安全注意事项、危险点及控制措施。

（3）调度自动化系统调试项目

① 远动装置外观及绝缘检查

a. 装置外观检查。

·外观清洁无明显尘土。

·装置各部件无机械损伤或变形，安装牢固，外盖密封良好。

·切换开关、操作面板等辅助设备操作灵活，手感良好，接触可靠。

b. 装置接线检查。

·装置接线端子应拧紧，端子内外部接线应与厂家图纸以及设计图纸相对应，线号清晰正确。

·检查装置直流额定值与设计参数是否一致，装置型号与订货合同是否相符。

·检查装置内部电源独立性，无混电现象，且装置可靠接地。

c. 装置绝缘检查。

·检查直流回路对地绝缘电阻。

·直流回路使用 500V 摇表，单装置绝缘不小于 20MΩ，带二次回路绝缘不小于 1MΩ。

注意：进行绝缘试验前必须将回路电源全部可靠断开，接地线拆除。

② 远动装置通电检查

a. 装置通电基本检查。

·装置通电后装置运行灯应正常亮起，报警灯不亮。

·控制面板显示清晰，按键灵活，装置菜单可正确进入退出。

·装置菜单内显示的装置版本与设计要求或出厂要求一致。

b. 装置时钟检查。装置接入 GPS 对时后可正确接收对时信号（报文或硬点），将时间改错后，可自动恢复正确时间。

c. 网络检查。

·网络通信功能调试。在各监控机上可以对各个智能装置进行报文及通信状态监视。从 Modem 面板的指示灯可以监视 Modem 板是否工作正常。检查远动工作站的数据发送接收报文是否正常。

·系统通信功能调试。远动工作站 A、远动工作站 B 互为备用，模拟在运行主设备或主通道出现故障时，运行备机切换为主机，或备用通道切换为主通道。提高通信的可靠性。

系统采用双网络的结构方式，模拟一条网络出现故障时，另一条网络仍可运行。

d. 装置断电检查。装置断电，经过很长时间后重新通电，各类整定值、时钟显示、有关报告均不丢失，在此期间装置不误发 SOE，不误出口。

③ 远动数据传动

a. 调度遥信及 SOE 功能。与调度端按照遥信转发表顺序，加入相应遥信量，比较调度与当地后台显示，应能正确显示。

测试方法及步骤：

·与调度端协商调度信息转发表和规约设置。

·实际产生信号，在调度端查看显示值是否正确，遥信量变位是否和现场一致，SOE 时标是否准确，事件记录是否完整。

b. 调度遥测功能。与调度端按照遥测转发表顺序，加入相应遥测量，比较调度与当地后台显示，应能正确显示。

测试方法及步骤：

·与调度端协商调度信息转发表和规约设置。

·加模拟量，在调度端查看显示值是否正确，收到的遥测数据和测试设备施加量是否一致。

注意：遥测试验现场加压、加流变更接线或试验结束时，应断开试验电源。最后，调试人员应准确记录遥控调试的项目及试验结果。

c. 调度遥控功能。与调度端按照遥控转发表顺序，在调度端进行遥控，控点应能正确动作，信号返回及时。

测试方法及步骤：

- 与调度端协商调度信息转发表和规约设置。
- 调度端进行遥控，现场观察控制点动作状况。

注意：遥控中若执行不成功，应停止工作，查明原因后方可继续。最后，调试人员应准确记录遥控调试的项目及试验结果。

d. 故障报警功能。遥信、遥测及遥控功能调试结束后，调试人员可以开展故障报警功能调试。首先，调试人员按信息点表配置各路开关过电流、失压等故障信息量地址；其次，调试人员核对故障信息量点号，注入过电流和失压信号，观察是否检测到对应故障量；最后，调试人员应准确记录故障报警功能调试的项目及试验结果。

④ 危险点注意事项　调试人员进行调度自动化系统调试时应针对危险点做好保护措施，如严格进行遥信、遥测、遥控信号点核对，参数核对，图形核对；严禁未断电变更试验接线；加压设备断电后还应进行放电；遥控试验前检查数据库中遥控点号、遥控序号，并与现场人员进行核对；明确电源位置，做好带电体绝缘遮蔽及个人绝缘防护等安全措施；应使用绝缘工具，调试人员应站在绝缘垫上等。

4.5.6　二次安防系统调试

（1）二次安防系统介绍

① 二次安防系统构成　调度数据网络在变电站侧包含数据网一平面接入路由器、二平面接入路由器及相应的接入交换机。二次安全防护设备在变电站侧包含一平面 I 区纵向认证加密网关或者硬件防火墙、Ⅱ区纵向加密网关或者硬件防火墙，二平面相应安全防护设备与一平面相似。变电站数据网业务二次安防系统连接示意如图 4-36 所示。

对于调控人员，调度数据网及二次安全防护设备可以作为透明的通信传输设备，只需要了解它们的作用、故障后的影响即可。

从图中可以看出，两台总控装置分别连接到调度数据网的两台接入路由器上。因此调度数据网最重要的作用就是提供了变电站到调控主站的远动传输通道。二次安全防护设备是为了保证网络通道的安全性。两套数据网及二次安全防护设备和两台总控装置就真正构成了双重化的远动通道。当然，由于目前变电站通信设备一般只有一套，因此，当通信设备故障时，该站的所有远动通道也就会退出。

一旦远动传输通道上的任何一个设备出现故障，无论是交换机、安全防护装置还是路由器，相应的总控装置远动通道均中断，调控人员能够立即发现异常现象并报检修人员处理。

为了保证远动通道运行可靠，双重化配置的路由器、二次安全防护装置、交换机、工作电源应独立，通信通道也应独立，这在验收过程中应特别加以关注。

② 安全分区　安全分区是电力二次系统安全防护体系的结构基础。发电企业、电网企业和供电企业内部基于计算机和网络技术的应用系统，原则上划分为生产控制大区和管理信息大区。如图 4-37 所示，生产控制大区可以分为控制区（又称安全区 I）和非控制区（又称安全区Ⅱ）。

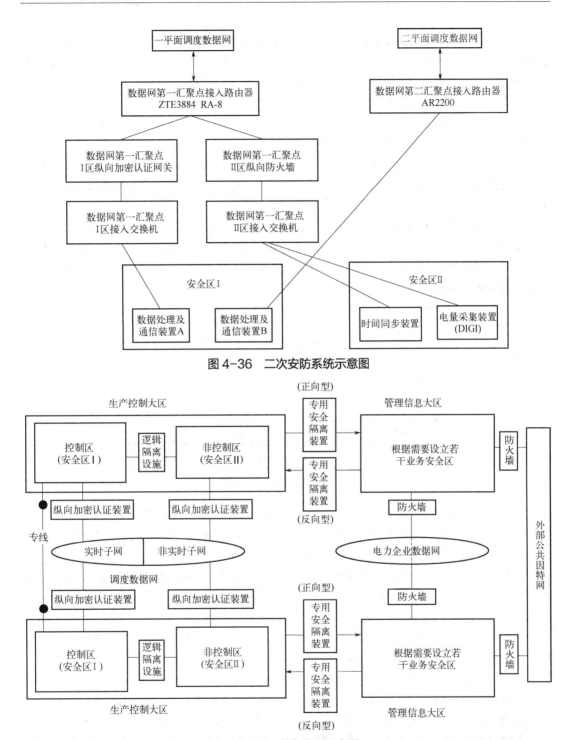

图 4-36　二次安防系统示意图

图 4-37　安全分区示意图

a. 控制区（安全区Ⅰ）。

控制区中的业务系统是电力生产的重要环节，直接实现对电力一次系统的实时监控，纵向使用电力调度数据网络或专用通道，是安全防护的重点与核心。

控制区的典型业务系统包括电力数据采集和监控系统、能量管理系统、广域相量测量系统、配电网自动化系统、变电站自动化系统等，其主要使用者为调度员和运行操作人员，数据传输实时性为毫秒级或秒级，其数据通信使用电力调度数据网的实时子网或专用通道进行传输。该区内还包括采用专用通道的控制系统，如继电保护、安全自动控制系统等。

b. 非控制区（安全区Ⅱ）。

非控制区中的业务系统是电力生产的必要环节，在线运行但不具备控制功能，使用电力调度数据网络，与控制区中的业务系统联系紧密。

非控制区的典型业务系统包括继电保护及故障录波信息管理系统、电能量计量系统、电力市场运营系统。非控制区的数据采集频度是分钟级或小时级，其数据通信使用电力调度数据网的非实时子网。

③ 电力调度数据网安全防护　电力调度数据网是为生产大区服务的专用数据网络，承载电力实时控制、在线生产交易等业务。图 4-38 所示为网络专用示意图，电力调度数据网划分为逻辑隔离的实时子网和非实时子网，分别连接在控制区和非控制区。电力调度数据网应当采用以下安全防护措施：

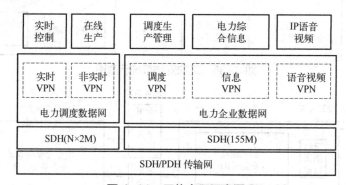

图 4-38　网络专用示意图

a. 网络路由防护。按照电力调度管理体系及数据网络技术规范，采用虚拟专网技术，将电力调度数据网分割为逻辑上相对独立的实时子网和非实时子网，分别对应控制业务和非控制生产业务，保证实时业务的封闭性和高等级的网络服务质量。

b. 网络边界防护。应当采用严格的接入控制措施，保证业务系统接入的可信性。经过授权的节点允许接入电力调度数据网，进行广域网通信。数据网络与业务系统边界采用必要的访问控制措施，对通信方式与通信业务类型进行控制；在生产控制大区与电力调度数据网的纵向交界处应当采取相应的安全隔离、加密、认证等防护措施。对于实时控制等重要业务，应该通过纵向加密认证装置或加密认证网关接入调度数据网。

c. 网络设备的安全配置。网络设备的安全配置包括关闭或限定网络服务、避免使用默认路由、关闭网络边界 OSPF 路由功能、设置受信任的网络地址范围、开启访问控制列表等。

④ 横向隔离装置　专用横向单向安全隔离装置按照数据通信方向分为正向型和反向型。正向安全隔离装置用于生产控制大区到管理信息大区的非网络方式的单向数据传输。反向安全隔离装置用于从管理信息大区到生产控制大区的单向数据传输，是管理信息大区到生产控制大区的唯一数据传输途径。

数据库访问穿越专用横向单向安全隔离装置，仅允许纯数据的单向安全传输。

⑤ 纵向加密认证　纵向加密认证是电力系统安全防护体系的纵向防线。纵向加密认证网关和管理中心部署，采用认证、加密、访问控制等技术措施实现数据的远方安全传输以及纵向

边界的安全防护。对于重点防护的调度中心、发电厂、变电站，在生产控制大区与广域网的纵向连接处，应当设置经过国家指定部门检测认证的电力专用纵向加密认证装置或加密认证网关及相应设施，实现双向身份认证、数据加密和访问控制。

纵向加密认证装置及加密认证网关用于生产控制大区的广域网边界防护。纵向加密认证装置为广域网通信提供认证与加密功能，实现数据传输的机密性、完整性保护，同时具有类似防火墙的安全过滤功能。加密认证网关除具有加密认证装置的全部功能外，还应实现对电力系统数据通信应用层协议及报文的处理功能。原则上，对于重点防护的调度中心和重要厂站两侧均应配置纵向加密认证装置。

（2）调试条件

监控系统分系统调试完成、站内通道已经开通。

调试前，检查所需调试仪器、工器具，调试现场安全、可靠。调试至少需两人配合开展。调试前，应据作业内容和性质安排好人员，要求所有人员明确各自的作业内容、进度要求、作业标准、安全注意事项、危险点及控制措施。

（3）调试项目

① 装置外观检查

a. 外观清洁无明显尘土。

b. 装置各部件无机械损伤或变形，安装牢固，外盖密封良好。

c. 切换开关、操作面板等辅助设备操作灵活，手感良好，接触可靠。

d. 主要设备、辅助设备的工艺质量良好。

② 装置接线检查

a. 装置接线端子应拧紧，端子内外部接线应与厂家图纸以及设计图纸相对应，线号清晰正确。

b. 检查装置直流额定值与设计参数是否一致，装置型号与订货合同是否相符。

c. 检查装置内部电源独立性，无混电现象，且装置可靠接地。

③ 装置通电检查

a. 装置通电后查看装置运行灯是否正常亮起，报警灯是否不亮。

b. 控制面板显示清晰，按键灵活，装置菜单可正确进入退出。

c. 装置菜单内显示的装置版本与设计要求或出厂要求一致。

④ 装置时钟检查　装置接入 GPS 对时后可正确接收对时信号（报文或硬点），将时间改错后，可自动恢复正确时间。

⑤ 铭牌及厂家核对　确定安装单元、路由器型号、制造厂家、制造日期，交换机型号、加密型号、加密厂家、装置额定参数应与设计要求一致，设备的配置、型号、参数与设计相符。

⑥ 路由器、交换机与加密装置调试　路由器、交换机通过加密装置分别与各级调度成功通信。

4.6　一体化电源调试

4.6.1　直流系统调试

（1）直流系统介绍

变电站直流系统由直流充电屏、直流联络屏、直流馈线屏和电池组组成。

直流充电屏包括交流配电系统、充电模块（整流模块）、电池检测仪、绝缘检测仪、监控模块、人机对话界面。

交流配电系统是将交流电流引入分配给各个充电模块，扩展功能为实现两路交流输入的自动切换。充电模块（整流模块）是完成 AC/DC 变换，即交流变直流，实现系统最为基本的功能，在正常运行方式下提供常用直流负荷电源并对蓄电池组进行浮充电。电池检测仪可以实时检测到每节蓄电池的电压多少，当哪一节蓄电池电压低过设定值时，就会发出告警信号。绝缘检测仪是实现系统母线和支路的绝缘状况检测，产生告警信号并上报数据到监控模块，在监控模块显示故障详细情况。监控模块是将系统交、直流中各种模拟量、开关量信号采集并处理，同时提供声光报警，进行系统的智能管理，实现人机对话界面的通信和后台远程监控。人机对话界面是显示系统运行过程中的重要数据，查询系统故障报警信息。

直流联络屏包括直流母线联络开关、电池开关；直流馈线屏包括直流输出总开关、馈线开关；电池组一般由 2～12V 的电池以一定数量串联组成，对应电池的电压输出是 110V 或者 220V。站内一般采用阀控式铅酸蓄电池，单体电池额定电压为 2V。

变电站直流系统采用辐射状供电方式，直流系统的常用接线如图 4-39 所示。

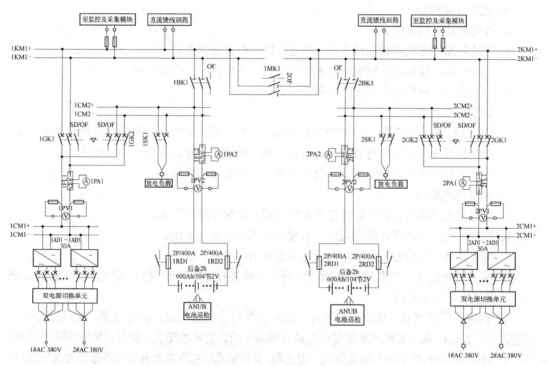

图 4-39　直流系统的接线方式图

蓄电池组正常运行时，充电模块处于浮充电方式，在保证直流负载电源供给情况下，同时还以很小的电流补充蓄电池的自放电。蓄电池平时不供电，只有在负载突然增大（如断路器合闸等），充电设备满足不了时，蓄电池才介入放电。这种运行方式称为浮充电方式。

（2）调试条件

直流系统设备（包括直流充电屏、直流联络屏、直流馈线屏和电池组）安装完成、交流配电系统至少具备一路交流电源、蓄电池组与直流屏的电缆接线完成。

（3）调试项目

① 外观检查；

② 装置绝缘检查；

③ 蓄电池组充放电检查；

④ 绝缘监察功能试验；

⑤ 系统级差配合试验；

⑥ 信号及报警试验传动。

（4）调试方法

① 外观检查　系统接线正确；电池参数与设计相符；三相交流输入开关和接触器各端子之间无短路现象且接线牢固可靠；各控制回路、合闸回路、正负母线之间无短路现象，电池输入空开或熔丝断开；充电模块外观完好，无磕碰变形情况发生。

② 绝缘电阻与绝缘强度　电源系统主回路的交流部分对地、直流部分对地、交流部分对直流部分的绝缘电阻大于 10MΩ，试验电压 500V DC。

在充电模块和监控模块都与系统断开的情况下，系统的交流部分对直流部分能承受 50Hz、3000V 的交流电压 1min，无击穿，漏电流≤30mA；交流部分对地、直流部分对地应能承受 50Hz、2000V 的交流电压 1min，无击穿，漏电流≤30mA。

③ 蓄电池组充放电检查　蓄电池组充放电试验的目的主要是激活电池性能、验证电池容量。由于电池出厂前已经将电量充满，但是由于运输储存时间的原因，会因为自放电的原因产生电量损耗，因此，电池组现场安装完成后，要先进行补充电，然后再进行 10h 放电试验以验证电池容量，经过完全放电后再进行充电，反复 3 次完成蓄电池组的充放电试验并记录。

④ 绝缘监察功能试验　直流电源装置在空载运行时，额定电压为 220V，用 25kΩ 电阻；额定电压为 110V，用 7kΩ 电阻；额定电压为 48V，用 1.7kΩ 电阻。分别使直流母线接地，应发出声光报警；直流母线电压低于或高于整定值时，应发出低压或过压信号及声光报警；充电装置的输出电流为额定电流的 105%～110%时，应具有限流保护功能；若直流电源装置装有微机型绝缘监察仪，任何一支路的绝缘状态或接地都能监测、显示和报警。

⑤ 系统级差配合试验　直流电源总输出回路、直流分段母线的输出回路宜按逐级配合的原则设置熔断器，保护柜屏的直流电源进线应使用自动开关。

直流总输出回路、直流分路均装设自动开关时，必须确保上、下级自动开关有选择性地配合，自动开关的额定工作电流应按最大动态负荷电流（即保护三相同时动作、跳闸和收发信机在满功率发信的状态下）的 2.0 倍选用。

⑥ 信号及报警试验传动　分别模拟直流系统运行情况，应能够以音响或声光的形式反映出相应的报警或异常信号。

（5）规范要求

① 《国家电网有限公司十八项电网重大反事故措施》2018 修订版。

② 国家能源局《防止电力生产事故的二十五项重点要求》（国能安全〔2014〕161 号）。

③ DL/T 5044—2014《电力工程直流电源系统设计技术规程》。

（6）常见问题

① 直流系统接地　直流接地故障中，危害较大的是两点接地，可能造成严重后果。一点接地可能造成保护及自动装置误动或者拒动；而两点接地，除可能造成继电保护、信号、自动装置误动或拒动外，还可能造成直流保险熔断，使保护及自动装置、控制回路失去电源，在复

杂保护回路中同极两点接地，还可能将某些继电器短接，不能动作跳闸，致使越级跳闸，造成事故扩大。

在新建变电站发生直流接地时，先用万用表确定接地故障的极性，哪一段直流发生直流接地，哪一面直流分电屏发生直流接地，然后在直流分电屏用"拉路法"查找直流接地故障，可以采用拉一路推一路的方法或者推拉容易发生直流接地的回路方法查找哪一路发生直流接地。

在运行变电站发生直流接地时，需要先在保护屏处和汇控柜处断开工作范围内的直流空开（不能影响站内运行设备）。如果直流接地故障未恢复，及时联系站内运行人员；如果直流接地故障恢复正常，则说明是在工作范围内有直流接地，然后用摇表摇一路给一路电源。

查找直流接地故障时，也可以查看监控模块、人机对话界面确定哪一路直流接地。

② 直流系统混电　现在无论是智能变电站还是常规变电站，对于直流混接是时有发生的事情。一是遥信电源混接在操作电源中，二是操作电源混接在遥信电源中，三是Ⅰ段直流混接在Ⅱ段直流系统中等。电力建设二次设备系统中，直流电源均是相互独立存在，在变电站正常运行的情况下无任何异常现象发生，但是变电站一次设备服役到期或者扩建、改造等外界力量的变化，都会造成直流电源断不开或者变电站内有一处绝缘强度下降就会引发全站直流系统接地现象发生。

直流系统混电故障情况下可以按照以下步骤进行查找处理。第一步，装置或汇控柜上电过程中，给一路电源查看其他路电源有无问题，这一路电源无问题后可以再给下一路电源，一路一路电源给，直至检查完所有电源问题，上电过程中先强电后弱电。第二步，混电过程中可以只给一路电源，查看其他路电源有无混电。第三步，混电过程中可以只断一路电源，查看这一路电源有无混电。

（7）注意事项

① 设计资料中应提供全站直流系统上下级差配置图和各级断路器（熔断器）级差配合参数。

② 两组蓄电池的直流电源系统，其接线方式应满足切换操作时直流母线始终连接蓄电池运行的要求。

③ 蓄电池组正极和负极引出电缆不应共用一根，并采用单根多股铜芯阻燃电缆。

④ 一组蓄电池配一套充电装置或两组蓄电池配两套充电装置的直流电源系统，每套充电装置应采用两路交流电源输入，且具备自动投切功能。

⑤ 采用交直流双电源供电的设备，应采取防止交流窜入直流回路的措施。

⑥ 直流电源系统馈出网络应采用集中辐射或分层辐射供电方式，分层辐射供电方式应按电压等级设置分电屏，严禁采用环状供电方式。断路器储能电源、隔离开关电机电源、35kV（10kV）开关柜顶可采用每段母线辐射供电方式。

⑦ 变电站内端子箱、机构箱、智能控制柜、汇控柜等屏柜内的交直流接线，不应接在同一段端子排上。

⑧ 直流断路器不能满足上、下级保护配合要求时，应选用带短路短延时保护特性的直流断路器。

⑨ 直流回路隔离电器应装有辅助触点，蓄电池组总出口熔断器应装有报警触点，信号应可靠上传至调控部门。直流电源系统重要故障信号硬接点应输出至监控系统。

⑩ 直流电源系统应具备交流窜直流故障的测量记录和报警功能，不具备的应逐步进行改造。

⑪ 变电站内的故障录波器应能对站用直流系统的各母线段（控制、保护）对地电压进行录波。

⑫ 通信电源系统调试过程中主要涉及光电转换的电源取自哪一段电源。当线路保护是双复用通道时，两套保护的通道一光电转换电源均取Ⅰ段通信电源，通道二光电转换电源均取Ⅱ段通信电源。当线路保护是单通道方式（复用方式）或者一专用一复用时，保护一的光电转换电源取Ⅰ段通信电源，保护二的光电转换电源取Ⅱ段通信电源；应沿线路纵联保护光电转换设备至光通信设备光电转换接口装置之间的 2M 同轴电缆敷设截面积不小于 100mm² 的铜电缆。

4.6.2　交流系统调试

（1）交流系统介绍

变电站站用交流系统是由站用变压器、交流网络回路、站用变压器电源系统及 UPS 不间断电源等组成的一套为变电站提供可靠交流电源的电源系统。每个变电站都应至少有两台站变。变电站站用交流系统为以下部分提供交流电源：主变冷却器电源、直流充电装置、UPS 电源、加热系统、室内设备排风系统、照明系统、交流操作电源、变电站消防系统。变电站站用交流系统异常会造成以下问题：

① 主变冷却系统故障，甚至致使主变因此停用。

② 使直流系统失去交流电源，造成蓄电池单独承担全站常用电负荷。

③ 使隔离开关及断路器合闸电源消失，造成无法正常操作。

④ 加热、照明电源消失，导致加热装置无法正常运行等。

站用交流系统一般有两种接线方式。一种是通过分段开关实现备自投功能，如图 4-40 所示，当一路电源进线故障时，跳开故障进线开关合分段。另一种是通过 ATS 实现备自投功能，如图 4-41 所示，正常运行状态下，1QF 和 2QF 处于合位，3QF 和 4QF 处于分位，1ATS-Ⅰ 和 2ATS-Ⅱ 处于合位状态，这样是两台站变分别带两段母线。当 1 号站用变故障时，1QF 跳开，3QF 合闸，1ATS-Ⅱ 切至合位状态，此时，站外电源带着交流系统一段，交流系统二段原理相同。

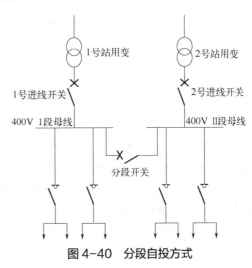

图 4-40　分段自投方式

（2）调试条件

变电站新建时经常只有一路站外临时电源，当变电站 400V 一次设备安装完成且 400V 开关柜内电缆接线完成时交流系统才能备通电、调试。

（3）调试项目

① 外观检查；

② 装置绝缘检查；

③ 设备功能试验；

④ 系统级差配合试验；

⑤ 信号及报警试验传动。

（4）调试方法

① 外观检查　系统接线正确；电池参数与设计相符；三相交流输入开关和接触器各端子

之间无短路现象且接线牢固可靠；各控制回路、合闸回路、母线之间无短路现象；设备外观完好，无磕碰变形情况发生。

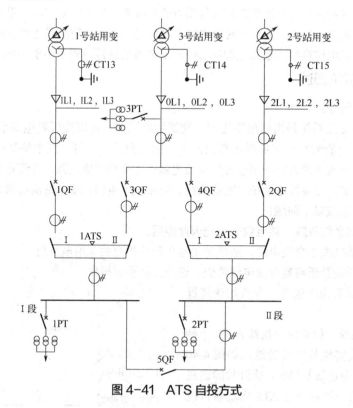

图 4-41　ATS 自投方式

② 绝缘电阻与绝缘强度　电源系统主回路的各相对地、各相之间的绝缘电阻大于 10MΩ，试验电压 500V DC。交流系统对地能承受 50Hz、2500V 的交流电压 1min，无击穿。

③ 设备功能调试　400V 断路器和 ATS 能够手动分合，进线断路器摇至试验位，交流系统馈线抽屉开关分合无卡涩。

交流系统一次接线方式比较多，不同的接线方式有不同的联锁逻辑。下面主要介绍上面两种接线方式的联锁逻辑。

通过分段开关实现备自投的接线方式，两个进线开关和分段开关只能同时合两个。

通过 ATS 实现备自投的接线方式，联锁逻辑如下：

1QF 开关：交流联络柜 5QF 分位或者 Ⅱ 段交流进线柜的 2QF 和 0 段交流进线柜 4QF 均处于分位；

3QF 开关：交流联络柜 5QF 分位或者 Ⅱ 段交流进线柜的 2QF 和 0 段交流进线柜 4QF 均处于分位；

4QF 开关：交流联络柜 5QF 分位或者 Ⅰ 段交流进线柜的 1QF 和 0 段交流进线柜 3QF 均处于分位；

2QF 开关：交流联络柜 5QF 分位或者 Ⅰ 段交流进线柜的 1QF 和 0 段交流进线柜 3QF 均处于分位；

5QF 开关：Ⅰ 段交流进线柜的 1QF 和 0 段交流进线柜 3QF 均处于分位或者 Ⅱ 段交流进线柜的 2QF 和 0 段交流进线柜 4QF 均处于分位。

通过分段开关实现备自投：Ⅰ段母线失电，跳开 1 号进线开关，在Ⅱ段母线有压的情况下，合分段开关；Ⅱ段母线失电，跳开 2 号进线开关，在Ⅰ段母线有压的情况下，合分段开关；在 1 号进线开关和 2 号进线开关偷跳时，合分段开关保证正常供电。为防止母线 TV 失压时备自投勿动，取进线电流作为母线 TV 失压的闭锁判据。

通过 ATS 实现备自投：如图 4-41 交流系统 ATS 接线方式，正常运行状态下，1QF 和 2QF 处于合位，3QF 和 4QF 处于分位，1ATS-Ⅰ和 2ATS-Ⅱ处于合位状态，这样是两台站变分别带两段母线。当 1 号站用变故障、Ⅰ段母线失压或者 1QF 偷跳时，1QF 跳开，在 0 号母线有压的情况下，3QF 合闸，1ATS-Ⅱ切至合位状态，此时，站外电源带着交流系统Ⅰ段；当 2 号站用变故障、Ⅱ段母线失压或者 2QF 偷跳时，2QF 跳开，在 0 号母线有压的情况下，4QF 合闸，2ATS-Ⅰ切至合位状态，此时，站外电源带着交流系统Ⅱ段。

④ 系统级差配合试验　新建变电站交流系统在投运前，应完成断路器上下级差配合试验，核对熔断器级差参数，合格后方可投运。试验方法参考直流系统调试相关内容。

⑤ 信号及报警试验传动　分别模拟交流系统运行情况，应能够以音响或声光的形式反映出相应的报警或异常信号。

（5）常见问题

① 变电站内由于设计原因或者站外电源的原因会造成 400V 交流系统不同期，角度差 60°。变电站扩建站用变时，需要核实站用变的连接组号与运行站用变连接组号是否一致。

② 变电站内有交流环网时，容易造成两段交流合环运行，需要在电源环路中设置明显断开点，禁止合环运行。

③ 400V 通电调试的时候，容易造成 CT 开路和 PT 短路。

（6）注意事项

① 设计资料中应提供全站交流系统上下级差配置图和各级断路器（熔断器）级差配合参数。

② 110kV（66kV）及以上电压等级变电站应至少配置两路站用电源。装有两台及以上主变压器的 330kV 及以上变电站和地下 220kV 变电站，应配置三路站用电源。站外电源应独立可靠，不应取自本站作为唯一供电电源的变电站。

③ 当任意一台站用变压器退出时，备用站用变压器应能自动切换至失电的工作母线段，继续供电。

④ 两套分列运行的站用交流电源系统，电源环路中应设置明显断开点，禁止合环运行。

4.6.3　UPS 系统调试

（1）UPS 系统介绍

不间断电源（UPS）系统设备由主机柜（包括输入变压器、整流器、逆变器、输出隔离变压器、逆变静态开关和旁路静态开关等）、隔离变压器柜、旁路稳压柜和配电柜等组成。为了保证 UPS 系统不间断地向重要负荷供电，每套 UPS 系统设有三路电源，即 UPS 工作主电源、直流电源（蓄电池）、旁路电源。整流器将交流电整流成直流电，且当输入电压发生变化或负载电流发生变化时，整流器能提供给逆变器一稳定的直流电源。逆变器将整流器或由 220V 直流电源送来的直流电转换成大功率、波形好的交流电提供给负载。静态开关在过载或逆变器停机的情况下自动将负载切换到旁路后备电源，并在正常运行状态恢复后自动且快速地将负载由旁路后备电源切换到逆变器。静态开关一般采用晶闸管元件，切换时间 $t < 5ms$，实现了对负载

的不间断供电。隔离变压器的作用是当逆变器停止工作，负载由旁路电源供电时，实现电源与负载间的电气隔离。旁路稳压变压器的作用是当逆变回路故障时能自动地将负荷切换到旁路回路。这种变压器除采取可靠屏蔽措施外，还具有稳压的功能。手动旁路开关可将静态开关和逆变器完全旁路隔离，以便在安全和不间断向负载供电的条件下对 UPS 进行维护。

UPS 系统有四种不同运行模式：正常模式、直流模式、静态旁路模式、检修旁路模式。其原理如图 4-42 所示。

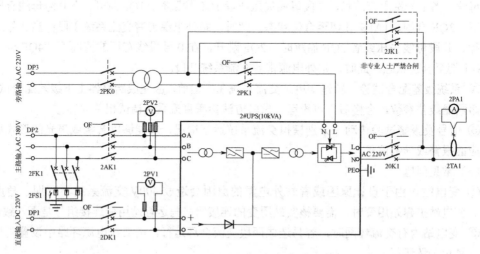

图 4-42　UPS 系统接线图

交流输入经过输入变压器和整流电路后与直流输入并联，在线逆变后经过输出隔离变压器给重要负载供电，平常工作时整流器输出端的直流电压略高于直流输入端的电压，因此，平常工作时并不消耗蓄电池的电力，一旦交流断电，直流电力自动给逆变器供电，因此交流输出仍保持不间断，同样，万一直流断电，在交流电网有电时也不影响交流输出，因此实现了零间断的切换。另外，万一逆变器故障或过载，该电源也将自动切换到旁路电源上供电，旁路电源可由电网供电，也可由另外一台在线逆变电源供电，若用另外一台在线逆变电源供电，即实现了逆变器的冗余连接，进一步提高了供电的可靠性。旁路供电回路除了具有静态开关切换电路外，还加入了旁路隔离变压器，以保证可靠供电，另外为保证维修时不间断供电，还增设了手动维修旁路开关（先合后离）。

（2）调试条件

当变电站 UPS 系统设备安装完好且电缆接线完成，两套 UPS 系统共六路电源均具备时，交流系统才能通电、调试。

（3）调试项目

① 外观检查；

② 装置绝缘检查；

③ 设备功能试验；

④ 信号及报警试验传动。

（4）调试方法

① 外观检查　系统接线正确；交流输入开关接线牢固可靠；系统的开关分合无卡涩；母线之间无短路现象；设备外观完好，无磕碰变形情况发生。

② 绝缘电阻与绝缘强度　交流对地、交流回路对直流回路、直流回路对地,用 500V 绝缘电阻表测量,绝缘电阻不小于 10MΩ。

系统的交流部分对直流部分能承受 50Hz、3000V 的交流电压 1min,无击穿,漏电流≤30mA;交流部分对地、直流部分对地应能承受 50Hz、2000V 的交流电压 1min,无击穿,漏电流≤30mA。

③ 系统功能调试

a. UPS 系统分别通入市电、直流,开机启动后主机显示正常,输出电压合格;

b. 分别进行 UPS 系统市电-直流、逆变-旁路、逆变-维修切换试验,切换时间应满足要求;

c. UPS 系统启动后,合上输出开关,测量母线电压正常,带负载后电压无下降;

d. 模拟运行中各种异常工况,系统应发出声光或接点报警信号,信号能传至监控系统。

(5) 常见问题

直流系统属于绝缘系统,交流系统属于接地系统。在某些 UPS 系统中,由于元件老化或一些特殊原因导致交直流系统隔离不好,造成站内直流系统频繁报警,所以在系统通电试验之前,一定要保证绝缘良好,系统上电后测量交直流系统有无干扰。

(6) 注意事项

① 变电站采用交流供电的通信设备、自动化设备、防误主机交流电源应取自站用交流不间断电源系统。

② 站用交流母线分段的,每套站用交流不间断电源装置的交流主输入、交流旁路输入电源应取自不同段的站用交流母线。两套配置的站用交流不间断电源装置交流主输入应取自不同段的站用交流母线,直流输入应取自不同段的直流电源母线。

③ 站用交流不间断电源装置交流主输入、交流旁路输入及不间断电源输出均应有工频隔离变压器,直流输入应装设逆止二极管。

④ 双机单母线分段接线方式的站用交流不间断电源装置,分段断路器应具有防止两段母线带电时闭合分段断路器的操作措施。手动维修旁路断路器应具有防误操作的闭锁措施。

⑤ 正常运行中,禁止两台不具备并联运行功能的站用交流不间断电源装置并列运行。

⑥ 调度自动化系统应采用专用的、冗余配置的 UPS 供电,UPS 单机负载率应不高于 40%。外供交流电消失后 UPS 电池满载供电时间应不小于 2h。UPS 应至少具备两路独立的交流供电电源,且每台 UPS 的供电开关应独立。

⑦ 由于 UPS 系统是给变电站内重要设备(站控层交换机、调度数据网、监控主机等)使用,故在新建变电站时禁止私接 UPS 电源。

4.6.4　事故照明系统调试

事故照明系统是变电站安全、稳定运行的重要组成部分。当变电站发生事故、失去站内照明后事故照明是必不可少的。正确、快速实现事故照明系统的切换,保证站内的事故照明,对为值班、检修人员观察、分析、处理事故提供可靠的照明环境至关重要。事故照明系统接线方式如图 4-43 所示。

事故照明系统的接线方式比 UPS 系统的接线方式简单,原理是一样的。调试项目、调试方法可以参考 UPS 系统的相关内容。

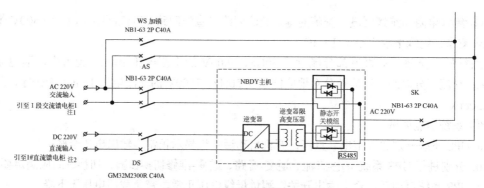

图 4-43　事故照明系统接线图

4.7　辅助分系统调试

4.7.1　电量采集系统调试

（1）电量采集系统介绍

远程电量采集系统是集电能表、电量数据采集终端、通信网络、主站系统于一体，全面实现电量数据采集、计算、统计分析等功能的自动化系统。远程电量采集系统依靠先进的网络技术、数据库技术、存储技术、Web 技术和面向对象技术，对所辖变电站、电厂、考核及计量关口电量数据进行完整、准确、及时、同步的采集，同时进行电量数据的各种统计、计算和分析，实现电量数据的各种应用和分析，以提供层次化、流程化的数据管理、应用和考核机制。远程电量采集系统一般由电能表、485 总线、数据采集设备、上行通信信道（有线、无线和以太网等）和数据处理、管理终端组成。用户使用的电表，一般为数字式或具有数据接口，对于这些电表，可以将其抽象为测量点；数据采集终端采集电表数据，并根据协议处理、封装和存储结果，同时将数据通过通信网络传输到管理主站系统；管理主站分为前台通信、数据库服务器和后台数据处理三个部分。

在变电站现场调试中，主要是对测量点、数据采集设备、通信信道的调试。

电量采集装置对各种关口和不同用电性质的电量及相关数据进行自动采集和结算，可接入脉冲计数电表和智能电表等各类电表，并可靠地传送到主站系统进行数据的分析、处理、统计以及存储等，并对电能表进行远程诊断及参数下载。

变电站内电能表主要分为数字化电能表、三相三线电能表、三相四线电能表等。数字化电能表通过多模光纤连接合并单元获取电压、电流等模拟量，需要提前下载 SCD 模型文件。三相三线电能表、三相四线电能表均是硬线将电流、电压接入电能表。三相三线电能表常用于主变低压侧的电容器、电抗器、站用变等间隔。电能表的电压参数有 3×57.7V/100V、3×220V/380V、3×100V。3×220V/380V 适用于交流 380V 系统，3×100V 是三相三线电能表，变电站内常用的三相四线电能表电压参数为 3×57.7V/100V。电能表的电流参数有 3×0.3（1.2）A、3×1.5（6）A。3×0.3（1.2）A 适用于二次额定电流为 1A，3×1.5（6）A 适用于二次额定电流为 5A。从测量精度上可分为 0.2S 级、0.5S 级、0.5 级等。对于特殊线路（如电铁、风电场出线），一般使用主副常规电能表。

（2）调试条件

① 电量采集系统调试的前提条件有：

所有测量点电能表已经安装完成；

485 总线敷设安装完成；

数据采集设备安装完成并上电；

上行通信信道已开通；

具备调试所需安全环境；

全员安全交底已完成；

工作票签发许可已完成。

② 调试前准备的工器具主要有：

电能表校验仪 1 台；

绝缘表 1 块；

电子式万用表 1 块；

尖嘴钳 1 把；

螺丝刀若干；

测试线若干；

绝缘胶布若干。

（3）调试项目

电量采集系统调试可分为测点设备调试、数据采集设备调试、通道调试、数据上传调试几部分。主要包括：

① 电能表外观检测；

② 电能表接线检测；

③ 电能表型号、规格、参数确认记录；

④ 电压、电流互感器变比检查确认记录；

⑤ 数据采集设备外观检测；

⑥ 数据采集设备接线检测；

⑦ 数据采集设备型号、规格、参数确认；

⑧ 数据采集功能检测；

⑨ 上行通信信道与图纸一致性核对；

⑩ 数据上传功能检测。

（4）调试方法

① 电能表铭牌字迹清晰、内容完整，参数与设计图纸一致；液晶或数码显示器无乱码、断码现象；表壳完整、安装牢固；应该点亮的指示灯不存在熄灭现象；封印完整无损坏。

② 电能表接线正确；为便于后期运行维护，电压线、电流线经接线盒后接入电能表，电流线采用三相六线制，信号线和电源线必须用独立电缆芯接入电能表。线径符合规程要求；电源线需经过空气开关；屏柜内所有电能表的 485 通信线，不允许在电能表处并接，必须分别接至端子排处并接。

③ 按照电能表应用环境和设计图纸，对其型号、规格、参数进行确认，确认无误后进行记录。

④ 电流互感器、电压互感器变比一经确认，必须与实际接线进行核对，如不一致以定值单为准修改实际接线，修改无误后进行记录。

⑤ 数据采集设备铭牌字迹清晰、内容完整，参数与设计图纸一致；液晶或数码显示器无乱码、断码现象；按键灵敏可靠；网络接口数量足够；保证本期采样点外还应对远期间隔进行

考虑；对时正确。

⑥ 数据采集设备电源采用双路电源，一交一直，无交叉混用电缆现象；通信线、信号线接线清晰、牢固。

⑦ 按照设计图纸对数据采集设备型号、规格、参数进行确认，确认无误后进行记录。

⑧ 数据采集功能检测：

a. 用测试仪依次加入各间隔的电压电流值，观察相应电能表示数。

表4-152　电流采样检查

通道	I_a	I_b	I_c	I_a	I_b	I_c
输入值	1A	0.8A	0.6A	0.3A	0.3A	0.3A
电能表显示						

表4-153　电压采样检查

通道	U_a	U_b	U_c	U_a	U_b	U_c
输入值	50V	40V	30V	57.74V	57.74V	57.74V
电能表显示						

b. 分别模拟电能表告警，在相应端子测量电位或通断，结果应正确可靠。

表4-154　电能表报警检查

信号名称	运行人员工作站	
	检查位置	检查结果
电能表报警		

c. 检查各间隔电能表与电量采集终端通信，需无通信告警状态，通信良好。

表4-155　电能表通信检查

通信方式 检查部位	电能量采集终端1	
	通信方式	通信状态
电能表		

d. 用测试仪依次加入各间隔的电压电流值，在电能量采集终端相应界面观察采集到的电能表信息，保证每块电能表同时加入电流、电压时间不低于25min，以便能够采集到一个采集周期的变化量，电能表一个采集周期是15min。

表4-156　电能表采样检查

计量点	电流	电压	有功电量		无功电量	
			正	反	正	反
电能表						

e. 分别模拟电能量采集终端告警，在相应端子测量电位或通断，结果应正确可靠。

表 4-157 采集终端告警检查

信号名称	运行人员工作站	
	检查位置	检查结果
采集终端...告警 1		
采集终端...告警 2		

以设计图纸为依据对上行通信信道进行核对，包含但不限于数字通道、模拟通道，并进行记录。

f. 记录电量采集终端参数。

表 4-158 电量采集终端参数

型号	系统	版本号	采集周期
主站一：	子网掩码	网关：	非实时数据网端口
主站二：	子网掩码：	网关：	非实时数据网端口

g. 数据上传功能检测与计量主站进行数据核对。

表 4-159 数据上传功能检测

	主站 1	主站 2
省级调度数据网		
地级调度数据网		
两线拨号		
GPRS		
两线拨号		

将检查结果分别填入表 4-152～表 4-159。

（5）规范要求

JJG 596—2012《电子式交流电能表检定规程》；

DL/T 448—2016《电能计量装置技术管理规程》；

DL/T 645—2007《多功能电能表通信协议》；

DL/T 743—2001《电能量远方终端》。

（6）常见问题

① 低压电能表采用三相六线制接线。

② 电能表电压电流回路不经端子排和接线盒。

③ 电能表电压回路不经单相空开。

④ 数据采集设备网络接口数量与业务需求不符。

（7）注意事项

① 所有电能表电流回路均采用三相六线制接线。

② 利用测试仪给电能表加模拟量时一定要加入 1 倍标定电压、0.1 倍标定电流观察电能表功率变化。

③ 涉及主表和备表的 CT 电流和 PT 电压回路，不允许在接线盒处直接转接或并接，必须经端子排处转接或并接。

④ 屏柜内所有电能表的 485 通信线，不允许在电能表处并接，必须分别接至端子排处并接。

⑤ 备用电能表的电源线、通信线必须从端子排处断开。

⑥ 备用电能表的报警电缆从相应端子排拆除。

⑦ 保证每块电能表加入模拟量的时间不低于 25min，以便能够采集到一个采集周期的变化量。

⑧ 数据采集设备电源采用双路电源，一交一直。

⑨ 数据采集设备网络接口预留充足。

⑩ 电能表必须要有接线盒，接线盒内电流回路接线方式便于电能表校验。

4.7.2　设备状态在线监测系统调试

在线监测技术的提出是为了实时监测变电站设备的运行情况，分析其可能出现的故障，在故障发生之前能够进行及时预警并解除故障危险，使得变电站设备运行更加安全，降低设备故障出错率。在线监测是指在变电站设备的正常运行状态下，通过检测装置、仪表设备等，发现运行中的设备所存在的潜在性故障。现阶段变电站设备状态在线监测系统主要包括油色谱、SF_6、避雷器绝缘电流的检测。

（1）调试条件

① 变电站主变压器安装完成，油色谱监测装置安装完成。

② 氧化锌避雷器绝缘电流在线监测系统安装完成。

③ 通信光缆敷设、熔接完成。

④ 上行通信信道已开通。

⑤ 具备调试所需安全环境。

⑥ 全员安全交底已完成。

⑦ 工作票签发许可已完成。

（2）调试项目

① 油色谱监测系统调试项目：测量误差试验、测量重复性检验。

② 氧化锌避雷器绝缘电流在线监测系统调试项目：测量误差试验。

（3）调试方法

① 油色谱监测系统调试方法　测量误差试验时受试装置处于正常工作状态，试验期间不允许进行任何设置。试验均通过标油进行，油样中所含气体成分浓度应该符合下列要求：最低检测限值允许标油偏差-10%~30%、最高检测限值允许标油偏差-30%~10%；烃类气体小于 10μL/L 油样 1 个，10~150μL/L 大致成等差关系的不少于 4 个；介于 150μL/L 和最高检测限值两者之间、气体含量大致成等差关系的不低于 4 个。标油中各气体成分浓度由离线色谱仪确定。标准油样可以包括多气体成分，也可以是单气体成分。各油样中气体成分的测量误差均需符合测量误差要求。

测量重复性检验指针对同一油样（以乙烯 C_2H_4 浓度 50μL/L 计算），连续进行 5 次油中气体成分分析，试验结果之间的差异不超过五次结果平均值的 10%，且各次测量结果的测量误差均需符合测量重复性要求。

性能要求对最低检测限值和最高检测限值之间气体含量的油样进行分析的同时，取同一油样在气相色谱仪上检测，以色谱仪检测数据为基准，计算测量误差，在线监测装置的测量误差需符合测量误差要求。对于相应指标低于最低检测限值的油中溶解气体在线监测装置，按表

4-160～表 4-162 标准进行检验。测量误差=（在线监测装置检测数据−色谱仪检测数据）/色谱仪检测数据×100%。

表 4-160　多组分在线监测装置技术指标

检测参数	最低检测限值 μL/L	最高检测限值 μL/L	测量误差要求
氢气（H_2）	2	2000	
乙炔（C_2H_2）	0.5	1000	
甲烷（CH_4）	0.5	1000	
乙烷（C_2H_6）	0.5	1000	最低检测限值或 30%，测量误差取两者最大
乙烯（C_2H_4）	0.5	1000	
一氧化碳 CO	25	5000	
二氧化碳 CO_2	25	15000	

表 4-161　少组分在线监测装置技术指标

检测参数	最低检测限值 μL/L	最高检测限值 μL/L	测量误差要求
氢气（H_2）	5	2000	
乙炔（C_2H_2）	1	200	最低检测限值或 30%，测量误差取两者最大
一氧化碳 CO	25	2000	

表 4-162　其他技术指标要求

参量	要求
最小监测周期	≤120min
取油口耐受压力	≥0.34MPa
载气瓶使用次数	≥400 次
测量重复性	同一调试条件下对同一油样的监测结果间的偏差≤10% （以 C_2H_4 气体浓度 50μL/L 计算）

② 氧化锌避雷器绝缘电流在线监测系统调试方法　将待测的电容型设备/金属氧化物避雷器绝缘在线监测装置接于状态参量模拟装置，将标准测试仪（高精度介损电容量/全电流测试装置）接于同一个状态参量模拟装置，同时测得多个测量点的介质损耗因数、电容量、全电流值及阻性电流。将两者在各测量点的测量值一一比较，以标准测试仪检测数据为基准，计算测量误差，金属氧化物避雷器绝缘在线监测装置的测量误差需符合表 4-163 中测量误差要求。测量误差计算公式如下：

测量误差=在线监测装置测量值−标准测试仪测量值

金属氧化物避雷器绝缘在线监测装置各测量点的选取原则：选取包括在线监测装置最小可测量电流值、最大可测量电流值以及其他 4 个电流值在内的，共计 6 个不同的电流值。在每个测量点下对全电流及阻性电流进行误差测量。

表 4-163　金属氧化物避雷器绝缘在线监测装置技术指标

检测参数	测量范围	测量误差要求
全电流	100μA～50mA	±（标准读数×5%+5μA）
阻性电流	10μA～10mA	±（标准读数×5%+5μA）

注：标准读数为标准测量仪器读数。

（4）规范要求

Q/GDW 534—2010 变电设备在线监测系统技术导则；

Q/GDW 535—2010 变电设备在线监测装置通用技术规范；

Q/GDW 536—2010 变压器油中溶解气体在线监测装置技术规范；

Q/GDW 537—2010 电容型设备及金属氧化物避雷器绝缘在线监测装置技术规范。

（5）注意事项

① 电流信号取样回路具有防止开路的保护措施，电压信号取样回路具有防止短路的保护措施。

② 在线监测装置的接入不应改变主设备的连接方式、密封性能以及绝缘性能，不应影响现场设备的安全运行，接地引下线应保证可靠接地，并满足相应的通流能力。

4.7.3　变电站安防系统调试

变电站安防系统由图像监视及安全警卫子系统、火灾报警子系统、环境监测子系统组成，通过安防系统后台实现子系统之间以及与消防、暖通、照明等的联动控制。系统结构见表 4-164。安全警卫子系统、火灾报警子系统、环境监测子系统和辅助控制系统后台之间应采用 DL/T 860标准互联。

变电站现场调试中，主要是对图像监视及安全警卫子系统进行调试。

表 4-164　安防系统结构表

辅助控制子系统	辅助控制项目	与智能辅助控制系统监控后台通信
图像监视及 安全警卫子系统	安全检测	
	门禁	
	声光报警	
	摄像头	
	照明控制接口	
环境检测子系统	温度传感器	
	湿度传感器	
	SF_6 泄漏传感器（可选）	
	水浸传感器（可选）	
	阀通控制接口	
	给排水控制接口	
火灾报警子系统	火灾探测器	
	报警控制器	
	手动报警器	

（1）调试条件

① 各子系统硬件安装完成。

② 上行通信信道已开通。

③ 具备调试所需安全环境。

④ 全员安全交底已完成。

⑤ 工作票签发许可已完成。

（2）调试项目

① 外观检查；

② 功能检查；

③ 通信检查。

（3）调试方法

① 脉冲电子围栏系统调试：

a. 主要检查围栏有无破损，是否有影响围栏的树木。

b. 检查挂线杆、绝缘子、金属导体、跨接线、接地桩、警灯、内部报警、复位开关。

c. 检查大门口红外对射探测器是否清洗，脉冲电子围栏主机表面是否清洁。

d. 对脉冲电子围栏进行断路报警和短路报警试验、高低压切换试验。

② 出入口控制系统调试：

a. 检查设备表面是否清洁。

b. 检查读卡器的外观、按键、防水性能是否良好，读卡距离是否正常，检查电控锁是否正常工作，反应是否灵敏。

c. 检查控制器是否正常工作，指示灯、输入输出端口、报警联动、通信是否正常工作。

d. 检查线缆接头是合松动、脱落。

e. 检查电动大门及其控制装置是否完好，控制是否可靠。

③ 安防视频监控系统日常维护内容：

a. 检查摄像机镜头、护罩、球壳的清洁度。

b. 摄像机变焦、转动等性能方面检查。

c. 检查接头是否松动、脱落。

d. 检查是否正常录像、录像资料是否齐全，硬盘录像机是否有告警信息，联动是否正常等。

④ 火灾报警子系统

a. 检查火灾报警控制器、手动火灾报警按钮、信号输入模块外观是否完好。

b. 依据规范不同的保护区域应设置不同的探测器。

c. 检查烟感探测器、温感探测器、烟温复合式探测器、可燃气体探测器、红外对时探测器、感温电缆灵敏度。

d. 检查缆型火灾探测器、电缆敷设位置，无折断现象。

e. 模拟火灾发生，报警控制器要能够发出警报，发信号到监控后台。

⑤ 模拟各子系统动作，智能辅助控制系统监控后台能收到相应信号并根据系统配置上传到各级调控中心。

各子系统调试记录见表 4-165～表 4-168。

表 4-165　脉冲电子围栏系统调试记录

序号	项目	方法	结论
	脉冲主机		
1	主机防区：双防区主机台数、多防区主机台数	外观检查	
2	具有高压或低压两种工作模式，并可实现用户自由切换	检查试验	
3	在高压模式时，应能使每根金属导体上具有 5～10kV 的脉冲电压	检查试验或说明书	
4	每防区报警信号均有硬接点输出	检查试验	

续表

序号	项目	方法	结论
5	装置故障告警应有硬接点输出	检查试验	
6	脉冲主机一般安装在围墙内侧现场，主机安装应牢固、美观，使用不锈钢箱进行防护，防水性能好	外观检查	
	前端设施		
1	围栏金属导线选用 2mm 专用多股合金导线	外观检查	
2	围栏采用四线制或六线制；线间距离（20±2）cm	外观检查	
3	围栏金属导线不能与脉冲电子围栏供电电源或其他电源相连接	外观检查	
4	前端围栏上每隔 10m 悬挂"危险""禁止攀爬"等夜间自发光警示牌（100*200）	外观检查	
5	门口主动红外探测器：变电站大门上侧、下侧里面各一对警戒距离：75m	检查测量	
6	声光告警装置：宜采用一体化设备，警铃声强级应介于 80～100dB 之间	模拟试验	
7	观察前段围栏安装是否存在盲区	现场观察并模拟试验	
	电子围栏接地		
1	电子围栏接地电阻小于 10Ω	测量接地电阻	
2	电子围栏接地网与变电站原有接地网是否分开并保持足够距离	实际观察测量	
3	避雷器是否符合要求	现场检查	
	功能试验		
1	开路报警试验	模拟试验	
2	短路报警试验	模拟试验	
3	高低压切换试验	实际切换	
	入侵报警主机		
1	报警主机有 8/16 个完全可编程防区，并可扩展至 48 个完全可编程防区	检查，查看说明书	
2	有电话线传输接口，具有电话线路短路检测，主机防拆、防撬功能	模拟试验	
3	通过电话线传输方式可以实现远方巡自动报警功能检功能	检查传动	
4	通过网络传输方式可以实现自动报警功能、远方检功能	检查传动	
	联动试验		
1	各处红外双鉴探测器报警试验	模拟试验	
2	电子围栏开路、短路报警试验	模拟试验	
3	联动报警试验，入侵报警信号上传到安防平台或 110 报警服务中心	模拟试验	
4	联动报警试验，装置故障信号上传到安防平台或 110 报警服务中心	模拟试验	

表4-166　出入口控制系统调试记录

序号	项目	方法	结论
	门禁控制单元		
1	TCP/IP 通信方式：有与报警主机联动撤布防的接口	检查，查看说明书	
2	变电站大门口采用"卡+密码"的开门方式	现场检查	
3	读卡器：具备防水、防尘等功能	现场检查	
4	门禁系统交流输入电源应取自变电站交流不间断电源（UPS）屏	现场检查	
	锁具配置		
1	锁具：通过公安部安全与警用电子产品质量检测中心（MA）型式检验，采用通电上锁方式，无机械磨损，额定工作电压 DC 12V，使用寿命不低于 35 万次	现场检查，查看说明书	
2	变电站大门处：门内、门外各配置 1 只读卡器、1 只键盘	现场检查	

续表

序号	项目	方法	结论
3	主控楼门：门外配置 1 只读卡器，门内配置 1 只出门按钮，1 只开变电站大门按钮，1 只关变电站大门按钮，门上配置一把电控锁	现场检查	
4	主控室门：门外配置 1 只读卡器，门内配置 1 只出门按钮，门上配置 1 把电控锁	现场检查	
辅助装置			
1	变电站大门外，正对门禁系统读卡器位置，布置 1 台红外枪型摄像机	现场检查	
2	具有应急开锁装置，在电控锁故障时，可通过遥控方式实现	现场检查	
联动试验			
1	远方开、关门试验	模拟试验	
2	远方开门&撤防、关门&布防试验	模拟试验	
3	远方开关门控制与视频联动试验	模拟试验	
4	火灾报警与门禁联动试验	模拟试验	

表 4-167　安防视频监控系统调试记录

序号	项目	方法	结论
摄像机布置			
1	变电站门口、围墙用摄像机应防尘、防锈、防腐、防水，具备高低温防护功能	查看说明书，现场检查	
2	变电站大门内，正对大门的位置，布置 1 台高清强光抑制可调（红外）网络枪型摄像机	现场检查	
3	变电站四面围墙，各布置 1 台高清（红外）球形网络摄像机	现场检查	
4	围墙摄像机预置位应相继监视全线围墙	现场检查	
5	主控楼出入口布置固定摄像机	现场检查	
6	现场实时图像清楚地显示出监控区域人员面部特征、机动车牌号等现场信息	调取图像观察	
机柜安装			
1	变电站标准保护屏柜	现场检查	
2	标志牌齐全	现场检查	
3	接地电阻小于 1Ω	现场测量	
4	平稳牢固防震	现场检查	
柜内设备			
1	自上而下按显示器、视频、稳压电源、灯控、交换机、报警主机顺序安装	现场检查	
2	独立屏柜电源开关、端子绝缘良好，设备电源使用分路空开控制	现场检查	
3	屏柜设备上机架、螺钉固定、接地、散热良好	现场检查	
存储要求			
1	应满足图像存储要求，存储时间不低于 30 天	现场检查	
2	夜间视频监视和记录能够正常使用	现场检查	
3	历史记录图像能清楚地显示出监控区域人员面部特征、机动车号牌等现场信息	调取历史图像观察	

表 4-168　火灾报警子系统调试记录

序号	项目	方法	结论
	火灾报警控制器		
1	具有网络 TCP/IP 输出接口，系统具备良好的扩展机能，通信规约开放，实现远程信号传输或控制	查看说明书，现场检查	
2	具有火灾报警信号、装置故障信号无源输出接点，查看说明书	现场检查	
3	火灾报警控制器应固定安装，高度宜 1.3～1.5m	观察、测量	
4	控制器的电源应有明显的永久性标志，并应直接与消防电源连接，严禁使用电源插头，控制器与其外接备用电源之间应直接连接	观察	
	感烟、温、火探测器		
1	探测器至墙壁、梁边水平距离不应小于 0.5m；探测器周围 0.5m 内不应有遮挡物	观察、测量	
2	感温探测器的安装间距，不应超过 10m，感烟探测器的安装间距，不应超过 15m。探测器至端墙的距离，不应大于安装间距的一半	观察、测量	
3	探测器的底座应固定牢靠，导线可靠连接或焊接；宜水平安装，若确需倾斜安装，倾斜角不应大于 45°；户外布置应加装防雨罩	观察、测量	
	手动火灾报警按钮		
1	手动火灾报警按钮应牢固安装在距地（楼）面高度 1.5m 处	检查、测量	
	联动控制要求		
1	脉冲电网子系统、入口控制子系统、安防视频子系统、火灾报警子系统应实现联动控制	试验、传动	
	信号上传		
1	火灾报警信号通过无源节点上传到调控中心监控平台	现场试验	
2	火灾自动报警装置报警信号、故障信号通过网络上传到安防监控平台	现场试验	

（4）规范要求

Q/GDW 11309—2014《变电站安全防范系统技术规范》；

Q/GDW 688—2012《智能变电站辅助控制系统设计技术规范》；

GB 25201—2010《建筑消防设施的维护管理》；

GB 50229—2019《火力发电厂与变电站设计防火标准》；

GB 50116—2013《火灾自动报警系统设计规范》。

（5）注意事项

① 脉冲电子围栏主机优先选用双防区主机，多防区时宜选用多台双防区主机。

② 前端围栏每根导线短路或断路时，均应报警。

③ 前端围栏采用四线制或六线制。

④ 防盗报警控制器宜与室内入侵防盗报警系统共用 1 台，电子围栏入侵信号和大门口红外对射探测器信号接入防盗报警控制器。

⑤ 声光报警装置宜采用一体化设备，每防区安装 1 个声光报警器，声强级 80～100dB。

⑥ 脉冲电子围栏主机不应安装在二次设备室、控制室、一次设备室。安装在室外的脉冲电子围栏主机应放置在设备箱内。设备箱应防水、通风，宜采用不锈钢材质。

⑦ 脉冲电子围栏供电电源应接入变电站交流屏，设单独空气开关，保证可靠供电，前端围栏导线不能与脉冲电子围栏供电电源或其他电源相连接。

⑧ 站端硬盘应满足图像存储要求，存储时间不低于 30 天。当报警发生时，应能对报警现场进行图像复核，并将现场图像自动切换到指定的显示装置上。经复核后的报警视频图像应长期保存，重要图像宜备份存储。

⑨ 周界摄像机布点应满足变电站防盗和墙监视的要求，保证变电站围墙、门口和主控楼出入口全部处于实时监控与视频记录状态。

⑩ 宜选用网络高清摄像机，130 万像素以上。摄像机及其附件应防尘、防锈、防腐、防电磁射。

⑪ 变电站大门口宜采用"卡+密码"、远程控制等开门方式。变电站大门外，正对门禁系统读卡器位置，布置 1 台红外枪型摄像机，用于监视刷卡进入变电站的人员和车辆。

⑫ 火灾报警信号、火灾报警装置故障信号通过无源输出接点接入变电站综合自动化系统，并传输到调度监控平台。

⑬ 高压开关室宜设置红外光束感烟探测器，开关柜上部不宜设置吸顶型感烟探测器。

4.7.4　消防系统调试

变电站在整个输变电系统中承担着承上启下的重要作用，而变电站能否安全运行，消防又是重要的环节。针对突发事件，消防系统能否正常投入运行，实现压制和扑灭早期火灾是非常重要的。变电站消防系统由报警系统、灭火系统和防火封堵组成。变电站的报警系统由探测系统和联动控制系统组成。报警系统在上一节已经进行了介绍，这里着重介绍灭火系统安装和调试。

变电站灭火系统分水喷雾灭火系统、气体灭火系统和移动式灭火系统。对于主变压器在室外布置的变电站，采用水喷雾灭火系统；对室内主变压器、电容器室、电缆夹层、接地变压器等采用气体灭火系统。

水喷雾灭火系统由水雾喷头、供水网管、雨淋阀（或电动蝶阀）、泵房组成。水喷雾灭火设备是利用水雾的冷却、水雾挥发的水蒸气窒息、水雾的冲击力以及水雾在燃烧物表面形成的水膜进行灭火的设备。其灭火原理如下：

水雾的冷却作用：水喷雾灭火设备的特点是雾状水的粒径小，且喷雾面积较小。因此，水喷雾在燃烧区与周围的接触面积比直流水枪射流的接触面积大数万倍，充分发挥水对燃烧物区和爆炸物品的冷却作用，使燃烧区或燃烧物品表面的温度迅速下降，当燃烧物品的温度达到燃点以下时，火焰熄灭，燃烧停止。

水雾的窒息作用：水雾喷到燃烧区后，由于水雾的温度瞬间升高，微小粒径的雾状水将迅速汽化，在汽化过程中吸收大量热，使燃烧区的温度进一步大幅度下降，与此同时，挥发出大量水蒸气，充斥燃烧区空间，这种不燃水蒸气的增加，导致燃烧区氧气的浓度不断下降，使燃烧空间严重缺氧，火焰因窒息而熄灭。

水膜的覆盖作用：喷雾射流扩面面积大，在较短的时间内，使燃烧物的表面形成一层水膜，起到隔绝空气和冷却物品的作用，使可燃物难以继续燃烧。

冲击乳化作用：喷雾射流的起始流速（即离开喷头时的流速）很大，具有较大的能量。当与非水溶性的液体，特别是与油接触时，由于冲击力的作用，在油品的液面形成"水包油""油上水"的混合物。该混合物呈牛乳状，漂浮在可燃液体的表面上，虽然这种乳状物的产生和消失是瞬时的，但由于喷雾射流连续作用，乳状物也具有连续性的特征。由于这种乳状物是不燃的（或难以燃烧的），故起着阻燃的作用。

稀释作用：喷雾水与水溶性液体能很好融合，因而使水溶性液体稀释，浓度降低。当降到一定浓度后，就不会继续燃烧。

在实际火灾中，喷雾水的灭火往往是起综合作用的，对某些固定部位，可能其中一两个要素起着重要作用，而其他灭火是辅助的。本小节以主变压器水喷雾灭火系统为例进行介绍。

（1）调试条件

① 水喷雾喷头安装完成。

② 供水网管安装完成。

③ 水泵组安装完成。

④ 消防控制屏安装接线完成。

⑤ 火灾报警系统安装完成。

⑥ 动力电源容量足够，具备启动消防水泵的条件。

⑦ 蓄水池水位符合要求。

⑧ 具备调试所需安全环境。

⑨ 全员安全交底已完成。

⑩ 工作票签发许可已完成。

（2）调试项目

① 消防水泵检查传动；

② 雨淋阀检查传动；

③ 供水网管检查；

④ 蓄水池及水位检查；

⑤ 消防水泵保护装置传动及定值检查；

⑥ 水喷雾系统试水；

⑦ 系统联动试验。

（3）调试方法

① 消防水泵

a. 外观检查：铭牌参数要与设计图纸一致，外观清洁无污物。

b. 中心轴转动灵活不卡滞，润滑良好。

② 雨淋阀

a. 外观检查：铭牌参数要与设计图纸一致，外观清洁无污物。

b. 控制回路：雨淋阀控制回路二次接线无误，按钮、把手转动灵活，启闭功能传动正常。

③ 供水管网

a. 外观检查：外观清洁，无锈蚀及渗漏。

b. 喷头与周边障碍物及保护对象的距离符合要求。

c. 水管直径全部符合要求。

④ 蓄水池及水位

a. 水量充足，水质达标、无污物。

b. 自动进水阀功能正常。

c. 液位检测装置工作正常，水位超过正常范围能发出信号到监控系统。

⑤ 消防水泵保护装置传动及定值检查　消防水泵控制回路二次接线无误，动力电源容量满足要求，控制屏按钮、把手转动灵活，保护装置定值合理，启动、停止消防水泵传动正常。

⑥ 水喷雾系统试水

a. 系统置手动方式，各部阀门状态正确、压力仪表显示正常，拧下主变水喷雾系统喷头，模拟主变感温电缆或重瓦斯动作，信号能上传至消防控制屏。启动消防水泵，待供水管网出现连续不断水流直至水质清澈无杂物后停止消防水泵，将喷头重新安装后再次启动消防水泵，水喷雾系统能够持续不断喷出水雾，水雾面积能够覆盖全部主变压器。

　　b. 系统置自动方式，各部阀门状态正确、压力仪表显示正常，同时模拟主变压器顶部感温电缆报警、主变压器重瓦斯动作、主变压器两侧（或三侧）断路器跳闸三种报警，系统应能够自动启动，持续不断喷出水雾，水雾面积能够覆盖全部主变压器。

　　c. 系统喷水试验要包含每一台主变压器，保证每台变压器水喷雾系统的独立性，避免由于供水管网的问题发生误喷情况。

　　⑦ 系统联动试验　模拟主变发生火灾启动水喷雾灭火系统，消防联动控制器启动发消防信号至火灾报警系统，通过上行通信信道上传到调控中心监控平台，联调结果填入表 4-169。

表 4-169　消防系统调试记录

序号	项目	方法	结论
消防水泵			
1	铭牌参数要与设计图纸一致，外观清洁无污物	外观检查	
2	中心轴转动灵活不卡滞，润滑良好	检查试验	
雨淋阀			
1	铭牌参数要与设计图纸一致，外观清洁无污物	外观检查	
2	雨淋阀控制回路二次接线无误，按钮、把手转动灵活，启闭功能传动正常	检查传动	
供水管网			
1	外观清洁，无锈蚀、无渗漏	外观检查	
2	喷头与周边障碍物及保护对象的距离符合要求	外观检查	
3	水管直径全部符合要求	外观检查	
蓄水池及水位			
1	水量充足，水质达标无污物	外观检查	
2	自动进水阀功能正常	检查传动	
3	液位检测装置工作正常，水位超过正常范围能发出信号到监控系统	检查传动	
消防水泵保护装置传动及定值检查			
1	消防水泵控制回路二次接线无误，动力电源容量满足要求，控制屏按钮、把手转动灵活	外观检查	
2	保护装置定值合理，启动、停止消防水泵传动正常	传动	
水喷雾系统试水			
1	系统置手动方式，各部阀门状态正确、压力仪表显示正常，拧下主变水喷雾系统喷头，模拟主变感温电缆或重瓦斯动作，信号能上传至消防控制屏。启动消防水泵，待供水管网出现连续不断水流直至水质清澈无杂物后停止消防水泵，将喷头重新安装后再次启动消防水泵，水喷雾系统能够持续不断喷出水雾，水雾面积能够覆盖全部主变压器	实际传动	
2	系统置自动方式，各部阀门状态正确、压力仪表显示正常，同时模拟主变压器顶部感温电缆报警、主变压器重瓦斯动作、主变压器两侧（或三侧）断路器跳闸三种报警，系统应能够自动启动，持续不断喷出水雾，水雾面积能够覆盖全部主变压器。	实际传动	
系统联动试验			
1	模拟主变发生火灾启动水喷雾灭火系统，消防联动控制器启动发消防信号至火灾报警系统，通过上行通信信道上传到调控中心监控平台	实际传动	

（4）规范要求

GB 50229—2019《火力发电厂与变电站设计防火标准》；

DL 5027—2015《电力设备典型消防规程》；

GB 25201—2010《建筑消防设施的维护管理》；

（5）常见问题

① 消防水泵功率不达标，致使水喷雾系统无法喷出水雾。

② 消防水泵保护装置定值与消防水泵功率不匹配，无法正常启动消防水泵。

③ 消防管网直径不达标，致使水喷雾系统无法喷出水雾。

④ 消防管网路径错误。

⑤ 报警控制器无法提供报警空接点。

（6）注意事项

① 注意核对消防水泵铭牌参数是否与图纸参数一致，是否符合相关规程规定，如有出入提前与设计沟通。

② 消防水泵保护定值如果与消防泵参数不匹配，需尽快与调度单位沟通进行核验。

③ 提前查看图纸，核对管网直径与规程规定是否相符。

④ 提前查看图纸，核对管网实际路径是否与图纸相符。

⑤ 实际查看报警控制器和说明书，查看是否具备报警空接点以及接点数量，在保证图纸需求基础上适当预留。

第 5 章

变电站试运行及启动调试

5.1 概述

变电站启动及试运行是设备在安装调试完成后投入一次电流及工作电压进行检验和判定的试验,包括一次设备冲击试验、核相和带负荷相量检查。启动试运行试验是对设计、施工、调试、生产准备、设备质量的考验,是一项涵盖组织指挥、试验操作、后勤保障的系统调试。需要所有参与者能够执行贯彻设计、设备采购、施工、调试、运行全过程的安全、质量管理理念,严格遵守国家及行业规程规范。

5.1.1 启动试运行前准备

① 运行单位应准备好操作用品、用具,消防器材配备齐全并到位。

② 所有启动试运行范围内的设备均按有关施工规程、规定要求进行安装调试,且经启动委员会工程验收组验收合格,并向启动委员会呈交验收结果报告,启动委员会认可已具备试运行条件。

③ 变电站与调度的通信开通,启动设备的远动信息能正确传送到调度。

④ 启动试运行范围内的设备图纸及厂家资料齐全,有关图纸资料报供电局调度管理所。

⑤ 启动试运行范围内的设备现场运行规程编写审批完成并报生技、安监部备案。

⑥ 施工单位和运行单位双方协商安排操作、监护及值班人员和班次,各值班长和试运行负责人的名单报调度备案。

⑦ 与启动试运行设备相关的厂家代表已到位。

5.1.2 启动试运行应具备的条件

① 所有启动范围的电气设备均按规程试验完毕、验收合格。

② 变电站各间隔电流回路极性接线正确。

③ 所有启动范围的继电保护装置调试完毕,并已按调度下达的定值单整定正确,且经运行值班人员签字验收。

④ 所有现场有关本次启动设备的基建工作完工,已验收合格,临时安全措施拆除,与带电设备之间的隔离措施已做好,所有施工人员已全部撤离现场,现场具备送电条件。

⑤ 运行单位已向调度报送启动申请。

⑥ 启动调试开始前,参加启动调试的有关人员应熟悉厂站设备、启动方案及相关的运行规程规定。与启动有关的运行维护单位应根据启委会批准的启动方案,提前准备操作票。

⑦ 变电站各条线路绝缘试验合格,已向试运行小组组长汇报。

5.1.3 启动条件

以冀北某 A 站(该站 500kV 系统图如图 5-1 所示)为例进行讲述。

（1）500kV 线路 1、线路 2 及主变 1、主变 2 启动条件

① 冀北调度向华北网调报：500kV 线路 1、线路 2 验收合格，线路相序正确且线路上无任何地线，具备带电调试条件。

② 某 A 站向华北网调报：5011、5012、5021、5022、5023、5032、5033 开关刀闸间隔一、二次设备验收合格，站内电气一次系统相序正确，上述所有设备均处在冷备用状态，本期启动设备开关及刀闸（含地刀）均在断开位置且无任何地线，具备带电调试条件。

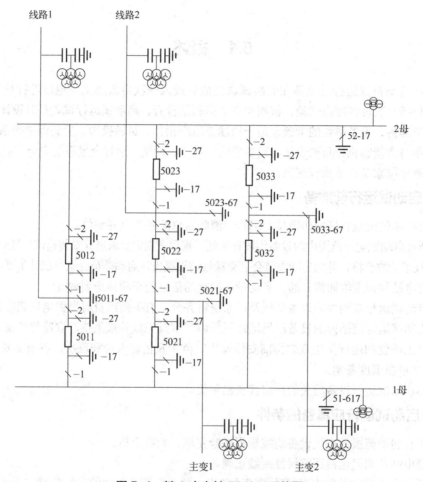

图 5-1 某 A 变电站 500kV 系统图

（2）某 A 站主变 1、主变 2 启动条件

① 冀北调度向华北网调报：某 A 站 220kV 母线系统在正常运行方式。

② 某 A 站向华北网调报：

a. 主变 1、主变 2 及其所属 500kV/220kV/66kV 开关刀闸间隔，66kV#1、#2 母线系统，66kV 电容器／电抗器组及其所属开关刀闸间隔一、二次设备验收合格，主变 1、主变 2 保护及 66kV 系统电容器、电抗器组保护定值核对正确并按规定投入运行，上述所有设备均处在冷备用状态，具备带电调试条件。

b. 220kV 母线系统在正常运行方式。

5.2　启动前检查

5.2.1　CT 二次回路检查

重点检查 CT 顺序、准确度等级、接地点、大小变比、极性、直阻、绝缘、接线位置、紧固度等。具体检查内容见表 5-1。

表 5-1　CT 二次回路检查记录

CT 编号	回路	准确度等级	接地点		变比		极性		直阻		绝缘	紧固度
			理论	实际	理论	实际	理论	实际	内阻	外阻		
1LH	A4111	TPY	汇控柜		4000/1		正接					
	B4111						正接					
	C4111						正接					
2LH	A4121	TPY	汇控柜		4000/1		正接					
	B4121						正接					
	C4121						正接					
3LH	A4131	5P20	汇控柜		4000/1		正接					
	B4131						正接					
	C4131						正接					
4LH	A4141	0.2S	主变测控		4000/1		正接					
	B4141						正接					
	C4141						正接					
5LH	A4151	0.2S	电能表		4000/1		正接					
	B4151						正接					
	C4151						正接					
6LH	A4161	5P20	汇控柜		4000/1		正接					
	B4161						正接					
	C4161						正接					
7LH	A4171	TPY	汇控柜		4000/1		反接					
	B4171						反接					
	C4171						反接					
8LH	A4181	TPY	汇控柜		4000/1		反接					
	B4181						反接					
	C4181						反接					

5.2.2　PT 二次回路检查

重点检查准确度等级、接地点、刀闸、空开、用途、组别、绝缘、接线位置、紧固度等。具体检查内容见表 5-2。

表5-2　PT二次回路检查记录

组别	回路	准确度等级	刀闸	空开	用途	接地点	变比	直阻 内阻	直阻 外阻	绝缘	紧固度
1a1n	— — —	0.2	F61	FB41	备用		500/0.1				
2a2n	A630-I B630-I C630-I	0.2/3P	F621	FB42	5011断路器保护1、故障录波	汇控柜	500/0.1				
2a2n	A630 B630 C630	0.2/3P	F622	FB43	母线测控、5011测控、5012测控	汇控柜	500/0.1				
3a3n	A630-II B630-II C630-II	0.5/3P	F63	FB44	5011断路器保护2、		500/0.1				
dadn		3P	F64	FB45	备用		$500/\sqrt{3}$/0.1				

5.2.3　保护定值整定及核对

打印定值单后，重点检查装置版本、型号、变比、定值区号、数字定值、控制字、软压板是否与下发定值单一致。具体检查内容见表5-3。

表5-3　保护定值核对记录

与定值单核对项目	检查结果	备注	调试人员签字	验收人员签字
版本				
型号				
变比				
定值区号				
数字定值				
控制字				
软压板				

5.2.4　保护定值校验

重点校验保护动作报文、重合闸充放电情况、保护功能压板、控制字、出口压板、开入压板、动作时间、动作条件、定值大小等。以差动保护为例，校验记录见表5-4。

表5-4　保护定值校验记录

将光纤通道自环，投入差动保护软压板、差动保护控制字，差动电流定值_____A			
项目	故障类型	动作元件及选相	信号指示
$1.05I_{cd}/2$	A相故障	纵联差动保护动作A	跳A
	B相故障	纵联差动保护动作B	跳B

续表

将光纤通道自环，投入差动保护软压板、差动保护控制字，差动电流定值_____A			
项目	故障类型	动作元件及选相	信号指示
1.05I_{cd}/2	C 相故障	纵联差动保护动作 C	跳 C
	AB 相故障	纵联差动保护动作 AB	跳 A、跳 B、跳 C
	BC 相故障	纵联差动保护动作 BC	跳 A、跳 B、跳 C
	CA 相故障	纵联差动保护动作 CA	跳 A、跳 B、跳 C
0.95I_{cd}/2	A 相故障	不动	—
	B 相故障	不动	—
	C 相故障	不动	—
	AB 相故障	不动	—
	BC 相故障	不动	—
	CA 相故障	不动	—
检验动作时间			

5.2.5　压板投入检查

特别注意旁路电流压板、三相不一致压板等。以线路保护为例，校验记录见表 5-5。

表 5-5　压板投入检查

检查类型	压板名称	运规要求	实际位置
保护屏			
端子箱			
汇控柜			
测控屏			
安稳屏			

5.2.6　二次安全措施检查

变电站为运行站，进行改扩建项目，应严格按照二次安全措施票恢复安全措施，注意不要误动运行间隔。以某 500kV 线路保护安措恢复为例，二次安全措施恢复项目见表 5-6。

表 5-6　二次安全措施检查

工作内容：500kV 线路二次设备检修工作				
安全措施：解开 CT 回路，解开 PT 回路				
序号	所做措施地点	执行	安全措施内容	恢复
1	500kV 线路保护屏	√	断开 CT 端子与盘内连片 1D：1	
2		√	1D：3	
3		√	1D：5	
4		√	1D：7	
5		√	断开 CT 端子与盘内连片 9D：1	
6		√	9D：3	
7		√	9D：5	

续表

工作内容：500kV 线路二次设备检修工作				
安全措施：解开 CT 回路，解开 PT 回路				
序号	所做措施地点	执行	安全措施内容	恢复
8		√	9D：7	
9		√	断开至 PT 端子箱的电压端子 1D：9	
10		√	1D：10	
11		√	1D：11	
12	500kV 线路保护屏	√	1D：12	
13		√	9D：9	
14		√	9D：10	
15		√	9D：11	
16		√	9D：12	

5.2.7　一次设备状态检查

与运行人员核实断路器、刀闸位置，原则上待投运间隔均为分位。

特别注意，预留间隔地刀、主刀应为分位（某些站预留间隔监控无信号，需要现场核查），详见一次设备状态检查表 5-7。

表 5-7　一次设备状态检查

一次设备	送电前位置	实际位置	备注
5011	分位		
5011-1	分位		
5011-2	分位		
5011-17	分位		
5011-27	分位		
5012	分位		
5012-1	分位		
5012-2	分位		
5012-17	分位		
5012-27	分位		
5012-67	分位		
51-17	分位		
52-17	分位		
……			

5.3　启动试验项目

5.3.1　电压定相、核相

启动投产期间，电压互感器带电后，要及时开展电压定相、核相工作。

　　定相即确定电压的大小和相序是否正确，即判断三相导线哪根是 A 相，哪根是 B 相，哪根是 C 相。

　　核相是判断两条线路相应接线是否同相。

　　在实际工作中，对于新投运 220kV 及以上电压等级线路，调度下令电源侧分别合 A 相、合 B 相、合三相，受电侧进行定相工作。若受电侧是运行变电站，则继续开展新投运线路与已运行系统的核相工作；若受电侧是新投变电站，则另一条线路定相正确后，两路电源开展核相工作。

　　调试要点分析：

　　① 定相工作中，调度下令合单相 A 相开关时，A 相电压测量值应为二次额定值（57.735V），其余两相测量值由于感应电并不为 0，一般在 0～20V 范围内。开口三角电压测量值 dadn（L650-N）一般为 160V 左右（由 A+B+C 的 $\sqrt{3}$ 倍计算），da-1a 应为 100V，N600-地应为 0V，确定中性线可靠接地。电压定相检查见表 5-8。

表 5-8　电压定相检查表　　　　　　　　　　单位：V

项目	A-N	B-N	C-N
1a1n	59.62	15.70	16.44
2a2n	59.66	15.71	16.45
3a3n	59.67	15.68	16.42
dadn	159		
da-1a	100		
N600-地	0		

　　② 定相工作中，调度下令合三相开关时，根据电压互感器铭牌所标明的变比，表格中分相电压测量值应为二次额定值（57.735V），线电压测量值应为 100V，开口三角电压测量值 L650-N 正常运行时应为 0V，开口三角抽取电压测量值 L651-N 应为 100V。不同组别之间的核相应为 0V。由于系统电压偏高，导致实测值偏高，但应在正常范围内。

5.3.2　电流相量检查

　　电工学中用以表示正弦量大小和相位的矢量，叫作相量。启动调试期间，调试人员使用钳形相位表测量电流的大小和角度，并进行数据分析，验证设备带电后其变比、极性是否正确，以及设备是否正确投产。

　　电流互感器各二次绕组的单相电流及中性线电流大小及角度的检查。备用绕组也应在端子箱或汇控柜处对其进行检查确保其不能开路。使用经检验合格的钳形相位表对上述项目逐一检查并填写记录，检验结果应正确。

5.3.3　保护测控等二次设备采样检查

　　一次设备带电后，在保护、测控、故录、网分、电能表、电能质量监测装置内检查采样数据，对幅值和角度进行分析，检验各二次装置读数是否正确，是否与上述两项检查结果相符。并对差动保护（例如线路纵联差动、主变差动、母线差动等）进行差动电流检查，检查其差流是否为 0。

5.3.4　投运装置和设备检查

　　投运的装置和设备无异常告警信号，监控后台遥测、遥控、遥信量是否正确，作业人员逐一对投运设备进行观察，应无异常信号。

5.4　启动试验示例

5.4.1　某 B 站对 500kV 线路冲击三次，无问题不拉开

某 B 站测量线路 PT 电压结果如表 5-9 所示。

表 5-9　测量电压检查表　　　　单位：V

线路 PT 测量					
项目	A-N	B-N	C-N	A-B	B-C	C-A
1a1n	59.88	59.94	59.98	103.5	103.8	103.7
2a2n	59.86	59.90	59.94	103.5	103.7	103.8
3a3n	59.79	59.87	59.99	103.4	103.8	103.8
dadn	0.826	da-1a		59.79	N600-地	0
项目	A-A		B-B		C-C	
1a-2a	0		0		0	
1a-3a	0		0		0	
观察点：线路保护，断路器保护，网分，故录，线路测控，断路器测控，电能表						

5.4.2　PT 电压二次核相

测量结果如表 5-10 所示。

表 5-10　PT 电压二次核相检查表

线路 PT-某运行 PT 核相								
项目	A-A	A-B	A-C	B-A	B-B	B-C	C-A	C-B	C-C
线路 1a-运行 1a	0.2	104.0	104.2	104.1	0.2	104.4	104.2	104.5	0.5

5.4.3　保护相量

测量结果如表 5-11 所示。

表 5-11　保护相量检查表

线路间隔 CT 相量							
项目	作用	A/mA°	B/mA°	C/mA°	N/mA	变比	极性
4111	保护 1	21/262.7	23/28.4	21/152.9	1.6	2500/1	+
4121	保护 2	21/263.5	22/28.2	21/153.2	1.8	2500/1	+
4131	断路器	21/263.5	23/28.7	21/153.1	1.5	2500/1	+
4141	测量	21/263.4	23/28.5	21/153.3	1.7	2500/1	+
4151	计量	21/263.4	23/28.6	21/153.1	1.5	2500/1	+

5.5　安全措施及注意事项

5.5.1　安全措施

①　严格执行与调试工作相关的安全生产法规以及国家、行业、国网公司安全规程和制度，确保调试工作安全。

②　严格执行安全责任制，落实项目部内部调总、副调总、安全员、专业负责人、专业人员安全责任。

③　开展安全风险识别与评估，结合项目实际作业特点，在调试作业前对风险进行动态识别，重新评估风险等级，采取有针对性的预控措施，保证输变电工程调试安全风险始终处于可控、在控、能控状态。

④　开展安全检查、事故隐患排查治理，发现问题及时整改，对潜在问题采取预防措施，严格执行"两票"，杜绝违章作业，防止安全事故发生。

⑤　制订应急现场处置方案，发生事故及时报告，启动应急响应，做好应急处置工作。

⑥　采取措施确保人身安全，重点防范高/低压触电、感应电伤人、电弧烧伤、高处坠落、物体打击、中暑等人身事故。

⑦　配备合格的安全工器具及劳动防护用品并确保正确使用。

⑧　参加试运行人员，工作前应熟悉有关安全规程、运行规程及调试方案，试运行安全措施和试运行停、送电联系制度等。严格执行安全交底制度。

⑨　参加试运行人员，工作前应熟悉现场系统设备，认真检查试验设备，工具必须符合工作及安全要求。

⑩　对与运行设备有联系的系统进行调试，应办理工作票，同时采取隔离措施并设专人监护。

⑪　在汛期季节，做好防汛措施。在雷暴雨到来前对调试计划进行调整，避免危险区域的调试作业，同时督促责任方做好防止现场设备受潮的工作。

⑫　在配电设备及母线送电以前，应先将该段母线的所有回路断开，然后再接通所需回路，防止窜电至其他设备。

⑬　使用钳形电流表时，其电压等级应与被测电压相符，测量时应戴绝缘手套，测量高压电缆线路的电流时，钳形电流表与高压裸露部分距离应不小于规定数值。

⑭　被控制设备、操作设备、执行机构的机械部分、限位装置和闭锁装置等，未经就地手动操纵调整并证明工作可靠的不得进行远方操作。进行就地手动操作调整时，应有防止他人远方操作的措施。

⑮　在远方操作调整试验时操作人与就地监护人每次操作中应相互联系，及时处理异常情况。

⑯　除使用特殊仪器外，所有使用携带型仪器的测量工作，均应在电流互感器和电压互感器的二次侧进行。电流表、电流互感器及其他测量仪表的接线和拆卸，需要断开高压回路，应将此回路所连接的设备和仪器全部停电后，才能进行。

⑰　在启动调试之前，应组织有关人员检查试验回路，严格做好运行设备、调试设备和调试中设备的安全隔离作业。启动时，被试设备或外接试验设备处，应挂有相应的标志牌，或使用遮栏、警示带等装置，高压外接分压器处应采取安全遮栏等特殊警示措施，并派专人看管。试验和操作人员应严格按照启动调试指挥系统的命令进行作业。试验中一旦发生电气设备异常事故，应立即停止试验，试验人员退出现场，由调试指挥及调度部门进行处理。

5.5.2　注意事项

① 所有参加启动试运行的人员必须遵守《电业安全工作规程》。

② 各项操作及试验须提前向调度部门申请，同意后方可实施。

③ 所有操作均应填写操作票，操作票的填写及操作由运行单位负责，操作过程由施工单位监护，施工单位负安全责任。

④ 试验人员需要在一次设备及相关控制保护设备上装、拆接线时，应在停电状态、工作监护人监护下进行。

⑤ 每个项目完成后，应得到各方的报告，确认运行系统及试验正常，调度员下令后方能进行下一个项目的工作。

⑥ 试运行期间发生的设备故障处理及试验工作，须经启动委员会同意后方可实施；试运行过程中如果正在运行的设备发生事故或出现故障，应暂停试运行并向启动委员会汇报。

⑦ 试运行期间，非指挥、调度、运行当值及操作监护人员不得随意进入试运行设备区域，任何人不得乱动设备，以确保人身和设备安全。

⑧ 测量前确认万用表使用电压挡位，电压互感器二次回路严禁短路。使用的测试线应完好无损，防止有破皮造成人员触电和二次回路短路。

⑨ 电流互感器二次回路严禁开路，钳形相位表在使用中严禁钳形夹与电流回路二次线作用力过大造成开路。钳形相位表的电压回路接线不要造成电压二次回路短路。

⑩ 严禁走错间隔、误碰运行设备。

5.5.3　预控措施

① 试验站遵守调度批准书、系统调试方案和安规相关规定。

② 填写工作票，作业前通知监理。

③ 在 CT、PT、交流电源、直流电源等带电回路进行测试或接线时应使用合格工具，落实好严防 CT 二次开路以及 PT 反充电的措施。

④ 严格执行系统稳定控制、系统联调试验方案。防止私自调整试验步骤和试验条件。认真分析试验过程中试验数据的正确性，防止重复试验。

⑤ 一次设备第一次冲击送电时，现场应由专人监护，并注意安全距离，二次人员待运行稳定调度下令后，方可到现场进行相量测试和检查工作。

⑥ 由一次设备处引入的测试回路注意采取措施防止高电压引入，注意检查一次设备接地点和试验设备安全接地，高压试验设备应铺设绝缘垫。

⑦ 系统稳定控制装置试验结束后，应认真核对调控中心下达的定值和策略，核对装置运行状态。

⑧ 在变电站保护室保护屏、通信机通信屏设备区域工作时，应用红色标志牌区分运行及检修设备，并将检修区域与运行区域进行隔离，二次工作安全措施票执行正确。

⑨ 应确认待试验的稳定控制系统（试验系统）与运行系统已完全隔离后方可开始工作，严防走错间隔及误碰无关带电端子。

⑩ 在进行试验接线时应严防 PT 二次侧短路、CT 二次侧开路。

⑪ 试验完成后应根据稳定控制系统的正式定值进行认真核对，确保无误。

第6章

工程实例——廊坊北500kV
变电站新建工程

6.1 工程总体概况

廊坊北500kV变电站新建工程位于廊坊市香河县蒋辛屯镇，总占地面积5.2846公顷（79.269亩），站区围墙内占地面积为3.8808公顷（58.212亩），进站道路用地面积1.2330公顷（18.495亩），围墙外其他用地面积0.1708公顷（2.562亩）。

廊坊北500kV变电站被列入2021年冀北公司重点工程，投运后能够满足廊坊"北三县"电网地区负荷发展的需要，大幅减少环境污染物和温室气体的排放量，为清洁能源目标助力。

6.2 调试方案

6.2.1 设计规模

本期新建变电容量2×750MVA，远期4×12000MVA；本期新建66kV并联电容器4×60MVar和1×60MVar低压电抗器，远期建成66kV并联电容器16×60MVar和8×60MVar低压电抗器；本期新建500kV出线2回至北京东站，远期8回（廊坊南2回、西南备用2回、东南备用2回）；本期新建220kV 8回出线间隔（蒋辛屯2回、翟各庄2回、淑阳2回、李旗庄2回），其中李旗庄2回出线只建设站内间隔设备，本期不出线，远期14回。

6.2.2 设计特点

廊坊北500kV变电站500kV电气主接线为一个半断路器接线形式，本期建设2个完整串、1个不完整串共7台断路器，分别为5021、5022、5042、5043、5051、5052、5053。本期建设#2主变、#3主变以及廊香一线、廊香二线共2回500kV线路。220kV终期采用双母线双分段接线，本期建设双母线双分段接线，低压采用单母线接线。

6.3 调试流程

廊坊北调试项目包括：500kV分系统一、二次设备试验，220kV分系统一、二次设备试验，

66kV 分系统一、二次设备试验，主变分系统一、二次设备试验，自动化及辅助系统调试，CT、PT 及启动调试。调试人员入场后的主要调试步骤包括：现场踏勘、图纸审核、一次设备试验、二次接线检查、组网、设备上电、单体调试、分系统调试、系统联调、定值校验、工程验收、启动送电。

6.4 调试台账对照及隐患排查

6.4.1 调试问题台账对照

对照表见表 6-1。

表 6-1 调试问题台账对照

问题描述	原因分析	处理方案	改进重点
汇控柜信号电源与智能终端共用一路电源	设计不符合规范	汇控柜至直流屏增加一根 4×4mm² 电缆	图纸审核重点关注
主变中压侧常发控回断线	三相联动断路器与南瑞分相智能终端不匹配	调试人员做勾线分将 TWJ A、B、C 和 TA、TB、TC 并联	关注断路器与智能终端配合问题
CT 绝缘下降	封堵后 CT 二次电缆破皮接地	重新做电缆头并接线	封堵后一定要复查直阻绝缘
220kV PT 避雷器击穿	厂家避雷器选用错误	更换避雷器，满足 1000V 不击穿、2000V 击穿后恢复的要求	关注 PT 二次避雷器性能
CT 端子排滑块过短无法闭合回路	厂家生产缺陷	更换厂家端子排，责令厂家写保证书	测直阻，也要测滑块通断
本体智能终端非电量跳闸未选用大功率继电器	不符合反措要求	非电量跳闸启动应采用动作电压在额定直流电源电压55%~70%范围以内的中间继电器，动作功率不低于5W	加强反措规定学习
断路器本体端子箱 CT 无法就地接地，开关分合震动易使端子排开路	设计错误	① 增加电缆在智能柜转接处的接地 ② 更换为防震端子，调整电缆顺序，在机构箱接地	提前设计审图
500kV 站 220kV 母线电压转接柜错误使用并列装置	设计错误	取消电压并列装置，拆除多余电压电缆	提前与设计验收沟通
扩建后Ⅰ区通信网关机容量不足	设计未考虑远动增容问题	厂家更换远动机板卡后解决	大型改扩建需重点关注公用设备增容问题
站公用测控 MMS 网物理链路通，同后台显示通信正常，但后台不显示 400V 断路器位置	站公用测控与 500kV 故录 IP 冲突	拔掉站公用测控网线，在后台测控 IP，仍然通，则存在 IP 冲突，联系厂家修改 IP 后恢复	监督厂家组网时避免 IP 冲突
测控装置电源与信号电源取自直流屏同一空开	设计错误	敷设电缆将两路电源分开	关注冀北运行习惯

续表

问题描述	原因分析	处理方案	改进重点
断路器遥控回路未经过硬压板	虚端子配置错误	南瑞智能终端断路器遥控节点不用固定节点，用备用遥合遥分，修改 SCD	SCD 审核关注遥控虚端子
断路器无法正常进行手分手合/遥分遥合	手分遥分/手合遥合重动继电器错误使用保持继电器	将保持继电器改为大功率中间继电器	注意厂家元件的使用
10kV 手车具备电动功能时，需具备遥控功能	设计错误	设计变更，出电缆清册，敷设电缆接线至站变测控	提前审图
电能表屏电压空开 设计缺失	设计习惯与冀北运检习惯冲突	调试指导，二次安装电压空开	尽早与设计、物资沟通，尽量参加设联会
主变油温表误差过大	蛇皮管内感温线芯接地	联系主变厂家处理	关注不同时间油温表温度差

6.4.2　继电保护及安全自动装置二次回路"雷区"隐患清单

隐患清单见表 6-2。

表 6-2　继电保护及安全自动装置二次回路隐患清单

项目分类	检查内容	问题及案例
CT 回路	引入两组及以上电流互感器构成合电流的 220kV 及以上电压等级的线路保护装置，各组电流互感器应分别引入保护装置，不应通过装置外部回路形成合电流。对已投入运行采用合电流引入保护装置的，应结合设备运行评估情况，逐步技术改造	某电厂 1 个半接线方式，进入发变组的电流为合电流方式，某日边开关停运检修，高压试验人员认为边开关 CT 也已停运，在对 CT 进行高压试验时误封二次绕组，造成发变组差动动作
	所有保护用电流回路在投入运行前，除应在负荷电流满足电流互感器精度和测量表计精度的条件下测定变比、极性以及电流和电压回路相位关系外，还必须测量各中性线的不平衡电流	某厂高厂变更换后未做相量，未及时发现相量错误，运行中差流过大，存在误动隐患
	电流互感器的二次回路必须且只能有一个接地点	在多个变电站基建复查时发现 CT 二次中性线多点接地，各接地点电位大于一定差值时，可能造成保护误动
	电流回路在端子箱和保护屏内应使用试验端子	某站主变端子箱 CT 回路使用普通端子，不利于运行维护安全
	独立的、与其他互感器二次回路没有电气联系的电流互感器二次回路可在开关场一点接地，但应考虑将开关场不同点地电位差至同一保护柜对二次回路绝缘的影响。多个电流互感器绕组接地线不应串联后接地	某站微机变压器保护使用的多个电气上没有直接联系的电流回路在保护屏端子排串联接地；某站线路间隔多个电流互感器绕组接地线串联后接地
	CT 端子排金属连片间是否可靠隔离	某站 500kV 线路某套保护存在端子排金属连片间短路问题，区外故障误动跳闸
	严禁在保护装置电流回路中并联接入过电压保护器	防止过电压保护器不可靠造成分流引起差动保护误动作
	多套装置串接共用电流回路时，如果部分设备未投运，投运设备与未投运设备的回路应做好隔离	某 500kV 站线路故障测距装置未投运，其电流回路与已投运的 500kV 线路保护共用，现场在线路保护端子排内侧处将至测距装置的电流短封，但至测距装置电流线仍接在端子排上

项目分类	检查内容	问题及案例
PT 回路	双重化配置保护电压切换回路隔离开关辅助接点应采用单位置输入方式,电压切换直流电源与对应保护装置直流电源取自同一段直流母线且共用直流空气开关	某电厂在进行停 220kV 5 母线操作时,所有元件已倒到 4 母运行,电压切换回路隔离开关采用双位置开入,其中一个间隔的第一套保护取的 5 母刀闸位置接点在 5 母刀闸拉开后因回路问题未接通,造成 4、5 母 PT 至第一套保护的二次回路仍处于并列状态,在拉 2245 开关时造成 PT 反充电,4、5 母 PT 第一套保护 PT 开关全部跳闸,全站第一套保护失压
	电流互感器或电压互感器的二次回路,均必须且只能有一个接地点。当两个及以上电流(电压)互感器二次回路间有直接电气联系时,其二次回路接地点设置应符合以下要求:①便于运行中的检修维护。②互感器或保护设备的故障、异常、停运、检修、更换等均不得造成运行中的互感器二次回路失去接地	某电厂保护改造时在#1 发电机出口开关断路器保护屏内,将#1 发电机主变高压侧二次电压 N600 与网控 YMN 短接。电压互感器二次回路上出现两个接地点。当系统发生故障时,地网中有电流流过,接地网络中各点之间将不再完全等电位,保护得不到系统电压的真实信息,发生误动
	全站 PT 一点接地的接地点应设置标识牌	某站基建复查发现全站 PT 一点接地的接地点未设置标识牌,如误打开该接地点会造成 PT 失去接地点
	端子排不同相别电压端子间有隔离措施	某站交流电压端子相间无隔离措施,容易造成 PT 二次短路
	未在开关场接地的电压互感器二次回路,宜在电压互感器端子箱处将每组二次回路中性点分别经放电间隙或氧化锌阀片接地	某 500kV 站 PT 端子箱未在开关场接地的电压互感器二次回路加装氧化锌避雷器,不能防止 PT 二次回路过电压
	电压互感器端子箱处应配置分相自动开关,零序电压绕组和另有特别规定者,二次回路不应装设自动空气开关或熔断器	某电厂加装零序电压开关,因为正常运行过程零序电压几乎为零,空开断开后不易发现,容易造成保护拒动
	电压回路在保护屏内应使用试验端子	某站电压回路使用带熔丝端子,未使用试验端子,不利于运行维护
防交直流互串	避免一个继电器的两副接点分别供直流回路和交流回路使用(电压切换 YQJ 继电器除外),容易引起接点击穿造成交直流互串	某电厂交直流回路所用辅助接点置于同一辅助片上,刀闸操作中辅助接点拉弧,造成 220kV 全停
	接入交流电源的端子是否与其他回路(如直流、CT、PT 等回路)端子采取有效隔离措施,并有明显标识	某电厂开关汇控箱交流开关(电机电源)和直流开关(就地信号位置指示电源)之间无隔离措施和警示。应采取安全措施,可加绝缘隔片并做明显警示,防止交流串入直流回路
	对经长电缆跳闸的回路,应采取防止长电缆分布电容影响和出口继电器误动的措施	某电厂未对长电缆跳闸回路采取防误动措施,发生交直流串电造成全停事故
	采用交直流双电源供电的设备,空开选择合理,定期检测直流电源下的交流分量,检修时测试交、直流回路间绝缘	通过这种方式排查交直流互串隐患。某厂升压站刀闸电机交流电源电缆绝缘损坏后发生短路,交流空开因选型问题未能跳开切除故障,最终造成同端子箱刀闸直流控制电源电缆绝缘熔化,导致交流串入直流 I 段负极,造成多个断路器跳闸

项目分类	检查内容	问题及案例
电缆及连接	不同截面的电缆不应并接于同一端子；电流回路端子的一个连接点不应压两根导线，也不应将两根导线压在一个压接头上	多个站置端子排有一个端子压两根电缆芯的现象，部分汇控柜及保护柜内散股铜线未压接线鼻；存在同一端子压接不同截面双芯情况；某站线路保护屏内，电压回路两根不同截面的电缆线芯接于一个端子，可能造成虚接
	端子排、元器件接线端子及保护装置背板端子螺钉应紧固可靠，端子无锈蚀现象	某站部分端子排存在变形、安装角度不合理的情况，内侧接线无法进行工作；主变端子箱端子排中间短接连片螺钉锈蚀情况较严重；端子排积灰严重
	安装调试完毕后，在电缆进出盘、柜的底部或顶部以及电缆管口处进行防火封堵，封堵应严密	某站内汇控柜、保护屏等的封堵不严或已风化；防火封堵不到位；机构箱内电缆孔洞未封堵到位
	导线束不宜直接紧贴金属结构件敷设，穿越金属结构件应有保护导线绝缘不受损坏的措施	盘柜内除湿器、加热器和电缆过于贴近，某站线路汇控柜有一整排电缆标牌直接覆盖在除湿器、加热器上，该除湿器、加热器正在除湿加热，电缆牌已发烫并挡住了热气流通，存在安全隐患
	所有电缆及芯线应无机械损伤，绝缘层及铠甲应完好无损	某站线路 CVT 端子箱接线端子上已运行的芯线裸露部分长约 1cm，存在误碰安全隐患；某二次回路电缆外皮破损，影响绝缘
	二次接线连接牢固、接触良好，红外测温无异常发热现象	某变电站巡视时发现电缆连接处测温异常，检查发现回路接触不良
	控制电缆铠装钢带应予以一点接地	某站电缆铠装层与主接地网双端连接
	电缆芯线号头应清晰、正确	电缆芯线号头缺失、标注不全，不利于运行维护
	电缆标牌完整、正确	电缆标牌缺失，不利于运行维护
	交流电流和交流电压回路、不同交流电压回路、交流和直流回路、强电和弱电回路、来自电压互感器二次的四根引入线和电压互感器开口三角绕组的两根引入线均应使用各自独立的电缆	某厂电压互感器二次四根引入线与开口三角两根引入线使用同一根电缆，可能造成互相干扰
光纤通信回路	尾纤不得直接塞入线槽或用力拉扯，铺放盘绕时应采用圆形弧形弯曲，弯曲直径不应小于 100mm；光纤尾纤应呈现自然弯曲，不应存在弯折、窝折的现象，不应承受任何外重，尾纤表皮应完好无损	多个站保护屏内光纤布置不规范，弯曲半径过小，部分屏内光纤放在二次槽盒里，易被割破；尾纤、光缆布置杂乱，未设置有效支撑防护；尾纤有弯折、窝折现象；某站线路保护装置的纵差通道尾纤弯曲接近 90°，可能造成光纤折断或衰耗过大，引发通道故障；某电厂发生因线路保护尾纤折断造成保护异常
	注意校核继电保护通信设备（光纤、微波、载波）传输信号的可靠性和冗余度及通道传输时间，检查是否设定了不必要的收、发信环节的延时或展宽时间，防止因通信问题引起保护不正确动作	某站改造更换线路保护光电接口装置，改造后的 GXC-01U 光纤信号传输装置收信延时大于 50ms，可能造成保护不正确动作，该站改造前的 GXC-01 光纤信号传输装置收信延时满足要求
	保护复用通道的 SDH 和光电转换接口装置的接地情况良好	保护复用通道的 SDH 和光电转换接口装置未接地，易受干扰
	装置重要的告警信息，如采样异常、装置告警、通信中断等应在监控系统配置并显示	某站保护装置有链路中断、CT 断线，并有短时闭锁母差保护的报文，但监控系统未显示

项目分类	检查内容	问题及案例
光纤通信回路	光缆及终端盒安装牢固	某站光缆终端盒安装不牢固；法兰盒安装不牢固，用光纤法兰连接头缺少法兰盖，备用头有积尘
	线路保护未使用的光纤通道不应接入保护装置	多个特高压变电站线路保护选用单套通道，其备用光纤通道直接接入保护装置
	保护屏至继电保护接口设备的备用纤芯应做好防尘和标识	保护屏内备用光纤、尾纤未加防尘帽，光纤配线架备用口未加防尘帽
	所有光缆应悬挂标示牌；光纤通道标示规范，连接正确	光纤回路标识不规范，内容不齐全、有歧义。光纤标识内容仅有"收（发）"字样，未按规范命名标签；保护装置与光电接口屏中光电接口装置标识对应关系不准确，不利于运行维护
直流电源	操作箱中两组操作电源不应有自动切换回路，公用回路应采用第一组操作电源，第一组操作电源失电后不应影响第二组跳闸回路的完整性	某500kV变电站220kV线路保护的操作箱中，公用回路电源经两组操作电源自动切换，公共压力回路发生故障时，由于存在切换回路，两组操作电源将相继消失，开关无法跳闸
	当保护采用双重化配置时电压切换直流电源与对应保护装置直流电源取自同一段直流母线且共用直流空气开关	某电厂双重化保护与相应的电压切换箱的直流电源没有取自同一组电源而是分别取自不同直流段，当其中一段直流失去时将会同时影响一套保护装置和另一套电压切换箱，双套保护性能同时受损
	两套保护装置的直流电源应取自不同蓄电池组连接的直流母线段。每套保护装置与其相关设备（电子式互感器、合并单元、智能终端、网络设备、操作箱、跳闸线圈等）的直流电源均应取自与同一蓄电池相连的直流母线，并应分别由专用的直流空气开关供电。避免因一组站用直流电源异常对两套保护功能同时产生影响而导致的保护动作	监督检查过程中发现某电厂双套线路保护直流电源取自同一段直流，当该段直流失去时双套保护将同时失去作用。某厂发现第一套保护装置与第二组跳闸线圈同一组直流，第二套保护与第一组跳闸圈用另外一组直流，一组直流电源异常对两套保护功能同时产生影响
	220kV及以上电压等级线路按双重化配置的两套保护装置的通道应遵循相互独立的原则，采用双通道方式的保护装置，其两个通道也应相互独立。保护装置及通信设备电源配置时应注意防止单组直流电源系统异常导致双重化快速保护同时失去作用的问题	某厂同一线路两套保护对应的数字接口装置电源和通信终端电源交叉使用，存在双重化保护同时失去作用的风险
	端子排正负电源之间、跳（合）闸引出线之间以及跳（合）闸间引出线与正电源之间等应至少采用一个空端子隔开	某站保护跳闸回路与直流正电源之间未用空端子隔开，导致保护跳闸
	主变、电抗器电气量保护与非电量保护等多类型保护组屏时不应共用一路直流空开供电	某站主变、电抗器电气量保护与非电量保护等多类型保护组屏时共用一路直流空开供电
	直流电源系统除蓄电池组出口保护电器外，应使用直流专用断路器；严禁在直流断路器的下级使用熔断器	某变电站通信机房内直流电源空开及光电转换屏空开采用交流空开。交流空开灭弧特性与专用直流空开相比相差较大差距
	设计资料中应提供全站直流系统上下级差配置图和各级断路器（熔断器）级差配合参数	某电厂接地刀闸电机电源电缆地埋部分绝缘损坏后发生短路，交流空开因级差过大，未能跳开切除故障，造成断路器交流端子箱内刀闸交流电机电源线电缆绝缘熔化，继而造成旁边刀闸直流控制电源线电缆绝缘熔化、线芯搭接，导致交流串入直流系统，造成多个断路器跳闸某变电站装置直流空开为8A，直流馈线屏空开为10A，不满足级差配合要求

续表

项目分类	检查内容	问题及案例
直流电源	直流空气开关的额定工作电流应按最大动态负荷电流（即保护三相同时动作、跳闸和收发信机在满功率发信的状态下）的 2.0 倍选用	某厂基建传动开关三跳时控制电源跳闸，经查是控制电源开关选型不合适
	直流电源系统馈出网络应采用集中辐射或分层辐射供电方式，分层辐射供电方式应按电压等级设置分电屏，严禁采用环状供电方式	部分保护装置直流电源取自保护屏顶直流母线。保护电源直流系统馈线方式存在采用屏顶母线方式的情况
直流回路	保护装置的跳闸回路和启动失灵回路均应使用各自独立的电缆	某变电站双重化配置的保护装置、母差和断路器失灵等重要保护的启动和跳闸回路共用电缆。如电缆损坏，造成无法跳闸、启动失灵，扩大事故
	220kV 及以上电压等级断路器的压力闭锁继电器应双重化配置	防止其中一组操作电源失去时，另一套保护和操作箱或智能终端无法跳闸出口
	断路器就地汇控柜非全相出口继电器应有防误碰措施	某电厂非全相出口继电器未加防护罩，工作人员误碰造成开关跳闸
	外部开入直接启动，不经闭锁便可直接跳闸（如变压器和电抗器的非电量保护、不经就地判别的远方跳闸等），或虽经有限闭锁条件限制，但一旦跳闸影响较大（如失灵启动等）的重要回路，应在启动开入端采用动作电压在额定直流电源电压的 55%~70% 范围以内的中间继电器，并要求其动作功率不低于 5W	某电厂起备变重瓦斯保护为光耦输入，在机组整套启动期间发生直流接地故障，重瓦斯保护误动作，机组失去厂用电源，试运中断
	单套配置的断路器失灵保护动作后应同时作用于断路器的两个跳闸线圈	保证失灵保护动作后可靠切除故障
	保护屏直流开入端子排接线应牢固，端子排中间连片要可靠连接，防止接触不好造成开入异常引起保护误动、拒动	某站纵联方向保护拒动，检查发现本屏保护功能未投入，原因是开入端子排短接线螺钉未紧固；某电厂机组并网后因端子排连片未压紧造成断路器位置未变位，负荷增大后电流达到误上电定值，机组跳机
等电位地网	保护室内的等电位地网应与变电站主地网一点相连，应使用 4 根及以上，每根截面积不小于 50mm² 的铜排（缆）	某变电站保护小室内的等电位接地网与站内的主接地网仅使用一根 100mm² 的铜排进行连接
	微机保护和控制装置的屏柜下部铜排应使用截面积不小于 50mm² 的铜缆至保护室内的等电位接地网	某 500kV 变电站 220kV A、B 段母线 NSR-371A-G 保护屏等电位接地铜排均未与等电位地网连接。#1 主变保护屏柜内部分电缆屏蔽层接地未接入等电位地网铜排
	为防止地网中的大电流流经电缆屏蔽层，应在开关场二次电缆沟道内沿二次电缆敷设截面积不小于 100mm² 的专用铜排（缆）；对于有复用通道保护的变电站，应将铜网延伸到通信机房，并将铜网和通信设备的接地点连接起来	某变电站二次电缆沟道中的等电位地网未与保护小室内的等电位地网连接；某电厂升压站有复用通道保护，但未将保护等电位地网延伸到通信机房
	接有二次电缆的开关场就地端子箱内（汇控柜、智能控制柜）应设有铜排（不要求与端子箱外壳绝缘），二次电缆屏蔽层、保护装置及辅助装置接地端子、屏柜本体通过铜排接地。铜排截面应不小于 100mm²，通过截面积不小于 100mm² 的铜缆与电缆沟内专用铜排（缆）及变电站主地网相连	检查中多次发现开关场的就地端子箱内接地铜排未与电缆沟道内的等电位铜排连接

项目分类	检查内容	问题及案例
等电位地网	由一次设备（如变压器、断路器、隔离开关和电流、电压互感器等）直接引出的二次电缆的屏蔽层应使用截面不小于 4mm² 的多股铜质软导线仅在就地端子箱处一点接地，在一次设备的接线盒（箱）处不接地，二次电缆经金属管从一次设备的接线盒（箱）引至电缆沟，并将金属管的上端与一次设备的底座或金属外壳良好焊接，金属管另一端应在距一次设备 3～5m 之外与主地网焊接	某 500kV 变电站 500kV 及 35kV 各间隔 CT 接线盒未与电缆立管焊接在一起，不满足反措要求，可能因电位不同对电流回路电缆产生干扰，影响保护装置采样准确性
	直流电源系统绝缘监测装置的平衡桥和检测桥的接地端以及微机型继电保护装置柜屏内的交流供电电源（照明、打印机和调制解调器）的中性线（零线）不应接入保护专用的等电位接地网	某变电站存在保护屏打印机交流电源的零线接入站内等电位地网的情况
	微机型继电保护装置之间、保护装置至开关场就地端子箱之间以及保护屏至监控设备之间所有二次回路的电缆均应使用屏蔽电缆，电缆的屏蔽层两端接地，严禁使用电缆内的备用芯线替代屏蔽层接地	某变电站线路保护屏内电缆备用芯代替电缆屏蔽层接地
	光电转换接口柜和光通信设备的接地铜排应同点与主地网相连	某站线路保护光纤接口柜的屏内接地铜排没有和等电位 100mm² 缆连接
其他	断路器和操作箱的防跳功能不应同时投入	某站开关汇控箱防跳回路和操作箱的防跳回路同时接入，产生寄生回路
	变电站内的故障录波器应能对站用直流系统的各母线段（控制、保护）对地电压进行录波；应接入开关本体三相不一致信号	某站直流电源正、负对地电压未接入故障录波器；某特高压站开关就地汇控箱内的非全相保护动作信号未接入故障录波器
	变压器户外安装的瓦斯继电器应安装防雨罩，且安装结实牢固，保证罩住电缆穿线孔	多站瓦斯防雨罩安装不规范，未将电缆接头处罩住，存在被雨淋造成直流接地的风险
	在断路器失灵保护、母线差动保护，远跳、远切回路等有关的二次回路上工作时，以及 3/2 断路器接线等主设备检修而相邻断路器仍需运行时，应特别认真做好安全隔离措施	曾发生多起安全措施不到位，误碰启动失灵回路，跳运行开关事件
	现场二次回路的变更须经相关保护管理部门同意，并及时修订相关的图纸资料	某站 PT 端子箱接地点与现场图纸不对应，图纸为 PT 回路在端子箱就地接地，现场实际在 PT 转接屏接地；某站在设备改造、运维单位变更后，现场二次设备图纸与实际不相符，未及时更新图纸
	检查端子箱的驱潮回路是否完备，温控器是否正常工作。应注意额外附加采用交流电源的驱潮等设备时，防止误接入直流系统	某变电站端子箱加热器电源接线脱落。箱柜中温控器损坏
	端子箱、户外接线盒和户外柜应封闭良好，应有防水、防潮、防小动物进入和防止风吹开箱门的措施	某站户外端子箱箱体密封不严
	功能压板、出口压板、备用压板应采用不同颜色区分，与运行无关压板应拆除	某站部分保护屏柜压板未按规定着色，备用压板未解除；三相不一致功能压板与出口压板未区分

6.4.3　廊坊北调试问题及分析

（1）廊坊北自动化调试代表性问题

设计断路器遥控回路没过遥控压板，存在误操作隐患。原因分析：南瑞继保智能终端断路器遥控节点设计与 SCD 虚端子配置关联不一致，修改 SCD，遥控虚端子关联与实际配线回路一致。智能终端控制图如图 6-1 所示。

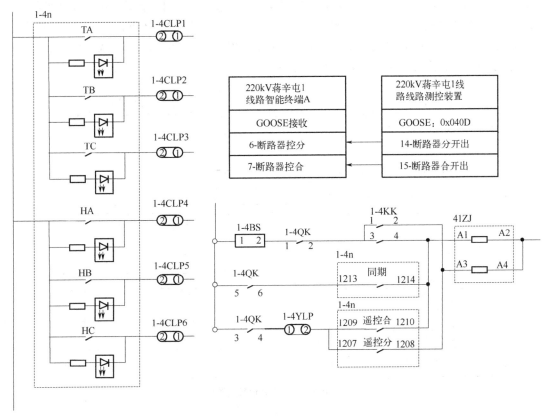

图 6-1　智能终端控制图

（2）220kV GIS 设备耐压击穿

GIS 设备需现场组装对接，容易因工艺不当或环境影响，造成腔体内或筒壁上出现粉尘、碎屑、异物等，在进行耐压试验时容易造成绝缘击穿。

GIS 设备交流耐压过程中击穿放电并不罕见，调试时需要注意把握工期，避免在已经邻近验收节点时才开展耐压试验，为可能出现的设备问题留有处理时间。

（3）主变压器局放后低压套管乙炔超标

廊坊北 500kV 变电站 2 号主变压器低压 x、y、z 套管及 1 号站用变压器高压侧 A 相套管耐压局放后均检测出乙炔，乙炔由设备放电在绝缘油中产生，乙炔含量是判断变压器绝缘油状态的重要指标，通过油化试验及时发现绝缘油反映的设备缺陷并及时处理，是保障设备安全投运的重要手段。

6.5　调试时间节点

廊坊北站 2021 年 11 月 1 日前完成一次设备高压试验，二次调试人员进场，11 月 15 日完成 220kV、10kV、400V、主变三侧的单体及分系统调试工作，11 月 20 日站公用系统临时上电监控后台的组网工作，11 月 22 日开始第一阶段远动、调度端对点工作，11 月 30 完成了廊坊北 220kV、10kV、400V、主变三侧验收工作并具备送电条件，12 月 1 日站外电源 0 号变启动，12 月 3 日 220kV 香淑一线、香翟二线启动，12 月 10 日完成 500kV、66kV 单体及分系统调试工作，12 月 14 日 220kV 香淑二线、香翟一线启动，12 月 20 日 500kV 廊香双回线及 2、3 号变压器系统启动。系统调试横道图如图 6-2 所示。

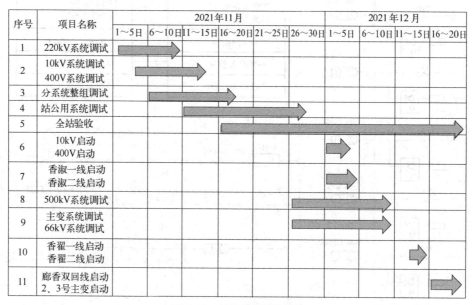

图 6-2　系统调试横道图

6.6　现场调试要点

① 工程建设初期（高压试验班组尚未正式进驻工程），根据主变压器施工安装流程，应在主变压器安装前开展变压器套管安装前试验及套管式电流互感器的常规试验，试验合格后变压器方可正常施工安装。同时，根据现场实际情况，有条件的应对避雷器、电容式电压互感器等设备在安装前提前开展部分试验，因为这些设备安装、接线后开展试验安全风险及难度较大。以廊坊北 500kV 变电站为例，我们通过与施工项目部的沟通，在调试队伍未正式进驻工程前，将主变压器套管、套管式电流互感器、避雷器及部分电容式电压互感器部分常规试验一次性开展，节省人力物力，提高了工作效率，规避了设备安装后开展高电压试验造成的安全风险和麻烦，为将来工程正式开展大规模调试工作打下基础、创造便利。

② 工程高压调试正式开始后，结合施工情况，考虑工程进度，对设备的调试先后顺序，应有合理化的安排。比如，对于互感器设备，应视二次接线情况，尽量待互感器二次接线完成后再开展试验，一是因为电流互感器的末屏以及电压互感器的 N、X 接线端子等重要部位通常会位于二次接线盒内，如果在二次接线前开展试验，那么后续二次接线过程对这些关键部位可能造成的影响和改变将无法及时地发现；二是互感器，尤其是高电压等级的独立电流互感器，设备支柱高度较高，二次接线前须于二次接线盒进行试验接线，有高空作业风险。

③ 变电站工程调试计划还应视工程具体情况及验收计划而定，比如，廊坊北 500kV 变电站工程一次设备进度中，主变压器的进度尤为紧要，故调试队伍进驻现场后，先集中力量开展主变压器试验，配合业主、监理、施工单位等，确保工程总体施工进度按计划执行，后续再开展其他区域设备试验，在调试过程中还应及时变通，以尽量避免交叉作业为前提，以保证安全为首要原则，及时调整具体调试计划。

④ 整组传动过程必须严格按步骤执行，问题无处不在，丢项、漏项会留下严重隐患，影响调试质量。单体调试前应提前审阅厂家原理图纸，提前发现设计错误，避免重复工作。

⑤ 对于 CT、PT 等重要回路，应规范检查过程，严格执行自查、互查、专查过程，确保重要回路零隐患零缺陷。CT、PT 二次通流、通压前，应将各个采集系统单体调试完毕，避免重复工作。

⑥ 管控已调试完成的保护装置配置情况，避免配置被更改，导致投运后误动或拒动；具有双套保护的设备，建议将两套保护电流回路串接，检查开关动作行为，避免因开关线圈极性接反导致拒动。保护光差通道，2M 通信电缆两端的设备屏之间，需要敷设铜缆减少干扰。

⑦ 长电缆直跳回路，失灵开入、失灵联跳等回路应满足反措要求，加装大功率继电器，防止直流接地、交流串入直流等造成误动。主变、高抗等非电量跳闸信号绝缘试验，对地、结点间绝缘均需要测试。

参考文献

［1］国家电力调度通信中心. 国家电网公司继电保护培训教材.北京：中国电力出版社，2009.

［2］DL/T 995—2016 继电保护和电网安全自动装置检验规程.

［3］GB/T 50976—2014 继电保护及二次回路安装及验收规范.

［4］GB/T 14285—2006 继电保护和安全自动装置技术规程.

［5］GB/T 7261—2016 继电保护和安全自动装置基本试验方法.

［6］国家电网有限公司十八项电网重大反事故措施（2018 修订版）.

［7］DL/T 516—2017 电力调度自动化系统运行管理规程.

［8］DL/T 5003—2017 电力系统调度自动化设计技术规程.

［9］Q/GDW 431—2010 智能变电站自动化系统现场调试导则.

［10］华北电网故障录波装置管理规定.网调继 2008 年 3 号.

［11］GB/T 7261—2016 继电保护和安全自动装置基本试验方法.

［12］DL/T 1350—2014 变电站故障解列装置通用技术条件.

［13］GB/T 32901—2016 智能变电站继电保护通用技术条件.

［14］DL/T 993—2019 电力系统失步解列装置通用技术条件.

［15］DL/T 1403—2015 智能变电站监控系统技术规范.

［16］NB/T 42015—2013 智能变电站网络报文记录及分析装置技术条件.

［17］NB/T 42088—2016 继电保护信息系统子站技术规范.

［18］GB/T 51420—2020 智能变电站工程调试及验收标准.

［19］GB/T 50328—2014 建设工程文件归档规范.

［20］Q/GDW 10580—2016 变电站智能化改造工程设备竣工（预）验收规范.

［21］Q/GDW 534—2010 变电设备在线监测系统技术导则.

［22］Q/GDW 535—2010 变电设备在线监测装置通用技术规范.

［23］Q/GDW 11309—2014 变电站安全防范系统技术规范.

［24］Q/GDW 688—2012 智能变电站辅助控制系统设计技术规范.

［25］GB 50116—2019 火灾自动报警系统设计规范.

［26］GB 50054—2011 低压配电设计规范.

［27］GB 50058—2014 爆炸危险环境电力装置设计规范.

［28］GB/T 50062—2008 电力装置的继电保护和自动装置设计规范.

［29］GB/T 50063—2017 电力装置的电测量仪表装置设计规范.

［30］DL/T 1773—2017 电力系统电压和无功电力技术导则.

［31］DL/T 5003—2017 电力系统调度自动化设计规程.

［32］DL/T 5044—2014 电力工程直流电源系统设计技术规程.

［33］DL/T 5136—2012 火力发电厂、变电站二次接线设计技术规程.

［34］GB 50150—2016 电气装置安装工程　电气设备交接试验标准.

［35］GB 1094.3—2017 电力变压器 第 3 部分：绝缘水平、绝缘试验和外绝缘空气间隙.

［36］DL/T 555—2004 气体绝缘金属封闭开关设备现场耐压及绝缘试验导则.

［37］Q/GDW 11957.1—2020 国家电网有限公司电力建设安全工作规程 第 1 部分：变电.

［38］Q/GDW 12152—2021 输变电工程建设施工安全风险管理规程.

［39］GB/T 17623—2017 绝缘油中溶解气体组分含量的气相色谱测定法.

［40］GB/T 507—2002 绝缘油 击穿电压测定法.

［41］GB/T 261—2021 闪点的测定 宾斯基-马丁闭口杯法.

［42］GB/T 7595—2017 运行中变压器油质量.

［43］GB/T 7597—2007 电力用油（变压器、汽轮机油）取样方法.

［44］GB/T 7598—2008 运行中变压器油水溶性酸测定法.

［45］GB/T 7600—2014 运行中变压器油水分含量测定法.

［46］GB/T 6541—1986 石油产品油对水界面张力测定法（圆环法）.

［47］GB/T 5654—2007 液体绝缘材料 相对电容率、介质损耗因数和体积电阻率的测量.

［48］DL/T 423—2009 绝缘油中含气量测定方法 真空压差法.

［49］DL／T 540—2013 气体继电器校验规程.

［50］DL／T 259—2012 六氟化硫气体密度继电器校验规程.

［51］DL/T 5293—2013 电气装置安装工程 电气设备交接试验报告统一格式.